航空伽马能谱探测技术与应用

Airborne Gamma ray Spectrum Detection and Application

葛良全 熊盛青 曾国强
范正国 倪卫冲 周四春 著

科学出版社
北京

内 容 简 介

航空伽马能谱探测技术是一种寻找放射性矿产和在成因上与放射性元素相关的非放射性矿产的航空地球物理勘探技术，也是环境放射性污染调查与评价、核设施监测和核事故应急事件监测的主要支撑技术。本书较系统地论述了航空伽马能谱探测技术的理论基础、航空伽马能谱测量仪器、航空伽马能谱测量的方法技术和数据处理方法，较全面地介绍了航空伽马能谱探测技术在地质填图、固体矿产勘查、油气勘探、辐射环境调查和核应急监测中的应用依据与实例。

本书可供从事航空地球物理勘探的科技人员和工程技术人员参考，也可供相应学科专业的高校研究生和高年级大学生参考。

图书在版编目（CIP）数据

航空伽马能谱探测技术与应用/葛良全等著. —北京：科学出版社，2016.7

ISBN 978-7-03-047291-5

Ⅰ. ①航…　Ⅱ. ①葛…　Ⅲ. ①航空–γ能谱测量–探测技术　Ⅳ. ①P631.6

中国版本图书馆 CIP 数据核字（2016）第 021153 号

责任编辑：韩卫军/责任校对：刘亚琦

责任印制：余少力/封面设计：墨创文化

科学出版社 出版

北京东黄城根北街 16 号

邮政编码：100717

http://www.sciencep.com

成都锦瑞印刷有限责任公司 印刷

科学出版社发行　各地新华书店经销

*

2016 年 8 月第 一 版　开本：787×1092　1/16

2016 年 8 月第一次印刷　印张：18　3/4

字数：440 000

定价：168.00 元

（如有印装质量问题，我社负责调换）

前　言

本书较系统地介绍了航空伽马能谱探测技术的理论基础、测量仪器、方法技术和应用实例。重点探讨了地-空界面上伽马射线的来源、地-空界面上天然伽马射线能谱特征、不同形状辐射体空中伽马射线照射量率特征和伽马射线仪器谱的形成及影响因素等基础理论；介绍了航空伽马能谱勘查系统的组成、航空伽马能谱探头设计和全数字化航空伽马能谱仪的电子线路单元；论述了不同高度大气中伽马射线照射量率变化规律、不同岩性和不同湿度条件下地-空界面上空中伽马能谱分布特征、航空伽马射线仪器谱的解析技术、大气氡校正技术、低能谱段地质响应等航空伽马能谱测量的方法技术；重点介绍了航空伽马能谱测量数据处理方法和弱信息提取技术；较全面地介绍了航空伽马能谱探测技术在固体矿产勘查、油气勘探、辐射环境调查和核应急监测中的应用依据与实例。

本书的主要内容是基于国家 863 计划资源环境技术领域重大项目“航空地球物理勘查系统”之第七课题“航空伽马能谱勘查系统研发”（课题编号：2006AA06A207）和国家自然科学基金项目“核地球物理学天然伽马场研究”（项目编号：40774063）的研究成果。研究群体主要由成都理工大学相关学科的教师和研究生、中国国土资源航空物探遥感中心的科研人员和技术人员、核工业航测遥感中心的科研人员和技术人员组成。由于研究人员较多，这里不便全部列举他们的姓名与成果贡献，可以参阅本书的参考文献。在此，我们向所有支持和关心相关研究工作的单位、个人和所引用的参考文献作者表示崇高的敬意。

全书共分 6 章。第 1 章绪论由葛良全教授编写，第 2 章由葛良全教授和杨强副教授编写，第 3 章由曾国强教授、赖万昌教授和王广西副教授编写，第 4 章由葛良全教授、张庆贤副教授和谷懿副教授编写，第 5 章由周四春教授编写，第 6 章由熊盛青教授级高级工程师、范正国教授级高级工程师和倪卫冲教授级高级工程师编写。全书由葛良全和熊盛青统编。由于我们的知识水平和研究能力有限，不足之处在所难免，诚望各位同行、专家批评指正。

Preface

This book gives a systematic introduction to the theory, instruments, techniques and application examples of airborne gamma ray spectrometry (AGS) technology. It focuses on some key topics described as following: the sources of gamma ray on air-ground interface, the spectrum features of natural gamma ray on air-ground interface, the exposure rate features of aerial gamma rays from different shaped radioactive bodies, the formation and influent factors of gamma ray instrumental spectra. Meanwhile, it introduces the components of airborne gamma ray spectrometry system, the design of AGS probe, and the electronic unit of digital AGS. And it also discusses the variation of the gamma ray exposure rate in different height of atmosphere, the distribution of air-ground AGS under different lithology and humidity conditions, the decomposition techniques of gamma ray instrumental spectrum, and the relative methods and techniques of AGS including atmospheric radon correction and the geological response of low energy spectrum. The data processing methods of AGS and the techniques to extract weak information is also introduced. A relative comprehensive introduction is also made on practical bases and examples of AGS detection technology, which is applied to solid mineral exploration, oil-gas exploration, radioactive environment investigation and nuclear emergency monitoring.

The main content of this book is based on research results of two national projects: "Research and Development of Airborne Gamma ray Spectrum Exploration System", which is the sub-project of Airborne Geophysics Exploration System, National High-Tech Research and Development Program (863 Program) (project number: 2006AA06A207); and Research of Natural Gamma ray Field in Nuclear Geophysics, the National Natural Science Foundation of China (project number: 40774063). Members of the research teams come from Chengdu University of Technology, China Aero Geophysical Survey & Remote Sensing Center for Land and Resources, Airborne Survey and Remote Sensing Center of Nuclear Industry. Some researchers'achievements are listed in the References. We would like to thank the many colleagues and research units for their supports. And our sincere thanks go to the authors whose articles are cited in this book.

The book consists of six chapters. Chapter one is written by Professor Liangquan Ge; chapter two is written by Professor Liangquan Ge and Associate Professor Qiang Yang; chapter three is written by Professor Guoqiang Zeng, Professor Wanchang Lai and Associate Professor Guangxi Wang; chapter four is written by Professor Liangquan Ge, Associate Professor Qingxian Zhang and Associate Professor Yi Gu; chapter five is written by Professor Sichun Zhou; chapter six is written by Professor Shengqing Xiong, Professor Zhengguo Fan; Professor Weichong Ni. And the whole book is compiled by Professor Liangquan Ge and Professor Shengqing Xiong. We expect some valuable suggestions to this book from our colleagues and other experts.

目　录

Contents

第 1 章　绪　论

1.1　航空伽马能谱探测技术的效能

航空伽马能谱探测技术是将专用的航空伽马能谱仪安装在飞机、飞艇、气球等飞行器上，在飞行过程中测量地表岩矿石、土壤、风化物等介质中放射性物质和大气放射性物质所放出的伽马射线，通过分析伽马能谱数据来获得地表介质和大气中放射性核素或元素含量的分布，进而寻找放射性矿床、非放射性矿床和评价地-空界面上放射性水平的核探测技术。该技术能适应复杂条件下的测量工作，尤其是在中低山区、平原、戈壁等地区更为优越，实践证明具有成果好、效率高、成本低等显著优势。

航空伽马能谱探测技术是寻找铀、钍等放射性矿床和钾盐的最有效方法之一。在各种元素含量接近克拉克值的岩石中，平衡铀系及锕铀系放出的 γ 射线能注量约占地-空界面上天然放射性核素总光子能注量的 25%以上，平衡钍系约占 32%，钾-40 核素占 42%[1]。出露地表或埋藏较浅的铀、钍矿体和钾盐矿体是近地表强的伽马辐射体，不论是地面伽马能谱测量方法，还是航空伽马能谱测量方法，都是一种直接寻找铀、钍放射性矿床和钾盐的有效勘查方法。据不完全统计，我国大约 80%的大中型铀矿床是通过航空和地面放射性测量发现的。

航空伽马能谱探测技术也可用来普查在成因上与放射性元素相关的其他矿产，如稀土矿、贵金属矿、多金属矿、铁矿、石油及天然气等；还可用来进行地质填图（如圈定地层、岩体和构造等）、探测地下燃煤区、寻找地下水资源，以及为解决其他地质问题提供依据。

航空伽马能谱测量已发展成为环境放射性污染调查与评价（如估算陆地伽马空气吸收剂量率、编制氡地质潜势图）、核设施监测、核事故应急事件监测的主要支撑技术。1986 年 4 月，苏联切尔诺贝利核电站发生特大核事故（7 级）后，其产生的放射性烟羽云飘散到瑞典大部分地区并沉降下来。瑞典快速进行了核应急航空伽马能谱测量，完成了放射性沉降物填图和相关核素的活动分布图，随后每隔一年进行一次监测。美国、加拿大、瑞典、法国、英国、德国、日本、俄罗斯、瑞士、比利时、印度等国家均建立了核事故应急航空监测系统。我国也建立了核应急系统，航空伽马能谱测量已成为核应急的重要技术支撑。在广东南部的珠海—深圳地区，通过航空伽马能谱测量取得了珠海、深圳等城市的地面天然辐射测量数据和海面宇宙射线电离辐射剂量率，查清了珠海—深圳地区的天然辐射水平及其对人文活动造成的影响程度，进行了环境评价研究，探索出一套适合城市环境调查的测量技术、质量控制和解释方法[2]。

1.2　航空伽马能谱探测仪器的进展

航空放射性测量在 20 世纪 60 年代以前仅是总量测量，随后开发了航空伽马能谱测量系统。欧美地区于20世纪70年代开发了256道航空伽马能谱测量系统，采用了恒温方式的稳谱技术，增加了上测探测器的大气氡监测与修正功能，测量数据为数字式输出、磁带记录。代表性产品有美国GR-800型和加拿大MCA-2型256道航空伽马能谱测量系统等，其采用5条长方体NaI（Tl）晶体组合成一箱，每条晶体大小为10cm×10cm×40cm。以4条为下测晶体，记录地面放出的伽马射线；以1条为上测晶体，进行大气氡的监测与修正。20世纪80年代以来，国外开发的航空伽马能谱仪主要有加拿大的SAIC-Exploranium公司研制的GR-820、GR-460系列；Pico Envirotec公司研制的GRS-10、GRS-16系列及Radiation Solutions公司研制的RS-500、RS-700系列。均采用自动稳谱技术，伽马能谱测量道数为256道或者512道，测量数据是数字输出、硬盘记录。采用两箱晶体的地面探测灵敏度一般可达到：钾，150cps①/%；铀，15cps/（10^{-6}g/g）；钍，8cps/（10^{-6}g/g）。Exploranium公司于2004年为UAV（无人驾驶飞机）设计了新的伽马能谱测量仪GR-460，以期应用于核应急事件探测，也可应用于矿业勘探。随着航空伽马能谱系统的发展，国际原子能机构和欧美部分国家已逐步形成了航空伽马能谱测量可供参考的操作规范（如METHOD323），并配套了较完善的测量软件。

我国在20世纪70年代以前，航空放射性测量工作是以找铀矿为目的，主要采用苏联研制的АСГ-10М型、АСГ-25М型航空伽马测量仪，空中记录放射性总量数据、磁测数据和雷达高度数据，记录方式是模拟记录。20世纪70年代，我国研制了FD-123四道航空伽马能谱测量系统。该测量系统由北京703航测队（核工业航测遥感中心前身）与北京综合仪器厂联合研制，采用国产圆柱形NaI（Tl）晶体（体积大小为ϕ200mm×100mm）的双探头，并在探测器内加入人工核素辐射源实现仪器微分谱线漂移的自动校正，记录方式是纸带模拟记录。由于该仪器晶体体积小，灵敏度低，且未考虑大气氡的修正，因而能谱窗数据质量较差。该测量系统在20世纪70年代我国铀矿勘探中发挥了一定作用。到80年代中期，由当时的北京铀矿地质研究院采用国外探测器组件，组装了AS2000型4道航空伽马能谱测量系统，也未进行大气氡修正，采用数字式磁带记录方式。

自20世纪80年代中期以后，国内对航空伽马能谱仪的研制开发工作一直处于停顿状态，航空伽马能谱测量的硬件完全依赖进口。但是，对航空伽马能谱测量结果的解释技术与应用研究从未间断。中国国土资源航空物探遥感中心、核工业航测遥感中心先后开展了航空放射性测量技术在地质矿产调查、铀资源调查、环境调查与监测、国土资源调查、核应急航空监测、海洋地质调查等领域的应用与研究，形成了较系统的航空伽马能谱测量资料解释技术，开发了相应的数据处理软件（如空中探针 Geoprobe），建立了航空伽马能谱测量的行业标准（如EJ/T1032-2005航空伽马能谱测量规范）。

在“十一五”期间，为了提升我国航空地球物理勘查的装备水平和技术水平，在国家863计划资助下，在“资源环境技术”领域设立了“航空地球物理勘查系统”重大项目，在该重大项目中设置了“航空伽马能谱勘查系统研发”课题（课题编号：2006AA06A207）。经课题组4年的科技攻关，于2010年研制成功了具有自主知识产权的AGS-863全数字化航空伽马能谱测量系统，该测量系统可同时接入NaI（Tl）晶体20条，可探测能量范

① cps为每秒计数。

围为 0.02～10.0MeV，采样周期为 0.5～1s，最大计数通过率大于 10^5cps，1024 道谱漂小于±1 道。该系统在内蒙古地区完成了 2 万多公里测线的航空物探飞行，在东部沿海地区完成了 3 架次核应急监测，获得了高质量的航空伽马能谱数据，表明该测量系统具有良好的低能谱段分辨能力和高精度的对地探测能力。

1.3 各章节主要内容安排

全书共分 6 章。第 1 章绪论部分主要介绍了航空伽马能谱探测技术的效能和航空伽马能谱仪的进展。

第 2 章论述了航空伽马能谱探测的理论基础。重点探讨了地-空界面上伽马射线的来源、地-空界面上天然伽马能谱成分的变化、不同形状辐射体空中伽马射线照射量率和航空伽马射线仪器谱的形成及复杂化。

第 3 章介绍了航空伽马能谱仪。包括航空伽马能谱探头和航空伽马能谱仪的电子线路单元等。

第 4 章论述了航空伽马能谱测量方法技术。重点探讨了不同高度空中伽马射线照射量率变化规律、不同湿度土壤上方伽马射线能谱变化、航空伽马射线仪器谱的解析技术、航空伽马能谱测量大气氡校正技术、航空伽马能谱测量低能谱段地质响应和航空伽马能谱仪标定技术。

第 5 章论述了航空伽马能谱测量数据处理与解释技术。重点介绍了航空伽马能谱测量数据处理方法、航空伽马能谱测量数据弱信息提取技术。

第 6 章介绍了航空伽马能谱探测技术的应用。论述了航空伽马能谱探测技术在地质填图、固体矿产勘查、油气勘探、辐射环境调查和核应急中的应用实例。

参 考 文 献

[1] 成都地质学院三系. 放射性勘探方法. 北京：原子能出版社，1977

[2] 熊盛青. “十五”以来我国航空物探进展与展望. 物探与化探，2007，31（6）：279-284

第 2 章　航空伽马能谱探测的理论基础

2.1　地-空界面上伽马射线的来源

地-空界面上伽马射线的主要来源可以分成 3 类，即地表伽马射线、空间伽马射线和人工伽马射线。

2.1.1　地表伽马射线

地壳中的各种岩石和土壤都含有一定的天然放射性元素，能够自发地放出伽马射线，形成地表伽马射线。地表放射性物质一部分是以放射性系列的形式存在，另一部分是以不成系列的放射性核素形式存在。天然放射性系列有 3 种，即铀系列、钍系列和锕铀系列。3 种天然放射性系列核素的衰变纲图如图 2-1～图 2-3 所示[1]。

铀系共有 18 个放射性核素。铀系的起始核素为 ^{238}U，它的半衰期为 4.47×10^9a，经过 α 衰变后变成 ^{234}Th。^{234}Th 经 β 衰变而成为 ^{234}Pa，它有两种衰变方式，其大部分经 β 衰变而成为 ^{234}U，小部分（占 0.15%）的原子核先经同质异能跃迁，放出 γ 射线，再经 β 衰变成 ^{234}U。^{234}U 的半衰期为 2.44×10^5a，是铀系子体中最长的半衰期的核素。^{234}U 以后是一连串的 α 衰变，先衰变成 ^{230}Th，^{230}Th 经 α 衰变为 ^{226}Ra。^{226}Ra 半衰期为 1600a，经 α 衰变为 ^{222}Rn。^{222}Rn 是铀系中唯一的放射性气体，其半衰期为 3.825d。^{222}Rn 经过 α 衰变后成为 ^{218}Po；^{218}Po 的半衰期为 3.05min，它有两种衰变方式，其大部分（99.97%）

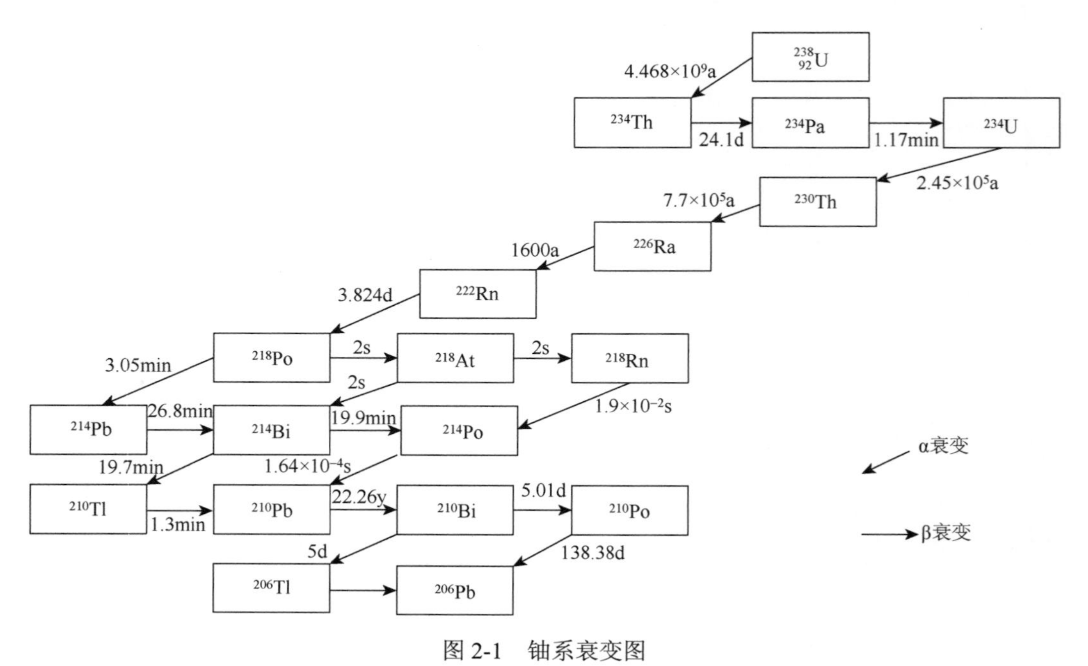

图 2-1　铀系衰变图

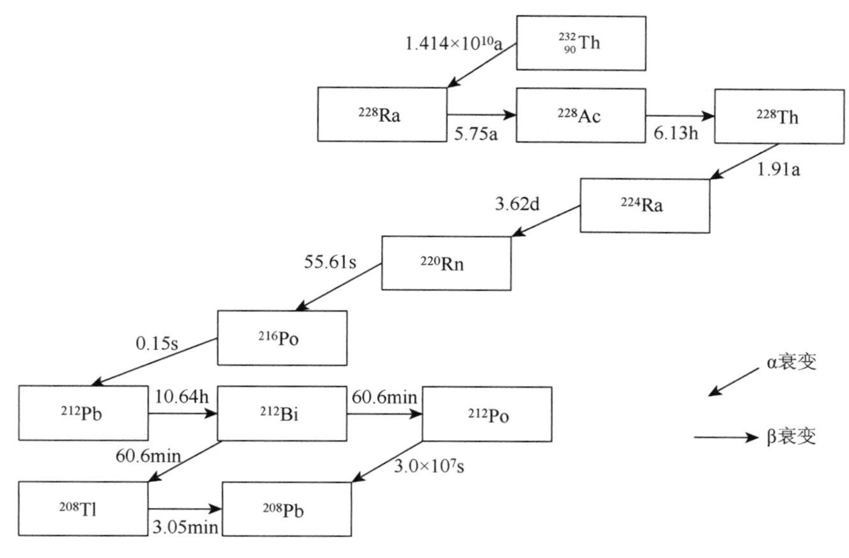

图 2-2　钍系衰变图

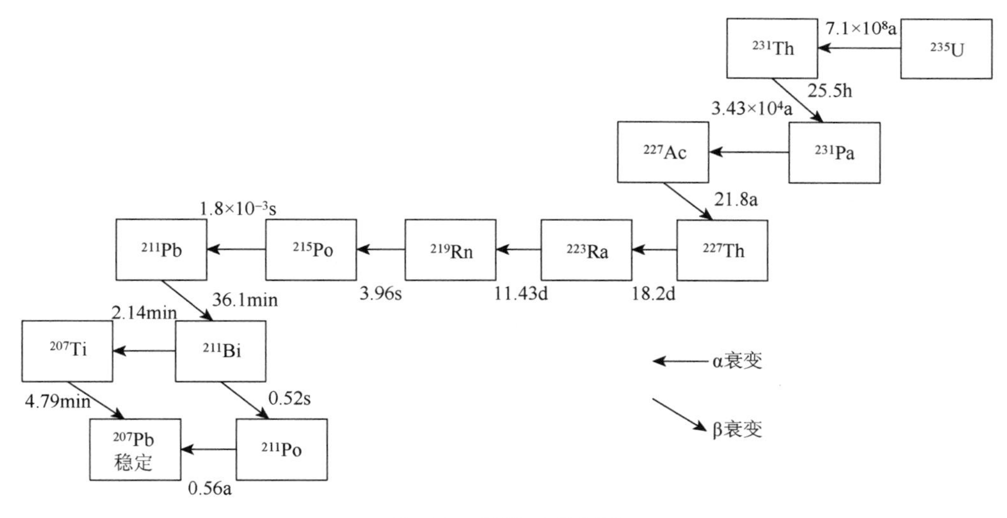

图 2-3　锕铀系衰变图

经 α 衰变成 ^{214}Pb，极少部分（0.03%）以 β 衰变的形式变为 ^{218}At，^{218}At 的寿命很短，半衰期为 2s，以 α 衰变的形式变为 ^{214}Bi。^{214}Bi 的半衰期为 19.7min，它的极大部分是由 ^{214}Pb 经 β 衰变而成的。99.96%的 ^{214}Bi 经 β 衰变而成为 ^{214}Po，^{214}Po 的半衰期极短，仅为 1.64×10^{-4}s，它经 α 衰变而成为 ^{210}Pb；0.04%的 ^{214}Bi 经 α 衰变而成为 ^{210}Tl，^{210}Tl 半衰期为 1.32min，经 β 衰变而成为 ^{210}Pb。

^{218}Po、^{214}Pb、^{214}Bi、^{214}Po 和 ^{210}Tl 的寿命都很短，习惯上称为氡的短寿放射性子体。^{210}Pb 的半衰期为 22a，经 β 衰变为 ^{210}Bi，^{210}Bi 又经 β 衰变为 ^{210}Po，最后 ^{210}Po 以 α 衰变方式变为铅的稳定同位素 ^{206}Pb。因为 ^{210}Pb、^{210}Bi 和 ^{210}Po 的半衰期比较长，所以称它们为氡的长寿放射性子体。铀系各核素的衰变常数和半衰期列于表 2-1，表中还列出了 ^{238}U

的各子体与 ^{238}U 处于放射性平衡时的相对于铀的质量数。

表 2-1　铀系衰变常数及半衰期[1]

元素名称	符号	半衰期 T	衰变常数 $\lambda/(s^{-1})$	与铀处于平衡时的质量数
铀Ⅰ（UⅠ）	$^{238}_{92}U$	4.47×10^{9}a	4.91×10^{-18}	0.9927
铀 X_1（UX_1）	$^{234}_{90}Th$	24.1d	3.33×10^{-7}	1.44×10^{-11}
铀 X_2（UX_2）	$^{234}_{91}Pa$	1.17min	9.87×10^{-3}	4.85×10^{-16}
铀 Z（UZ）	$^{234}_{91}Pa$	6.75h	2.85×10^{-5}	2.52×10^{-16}
铀Ⅱ（UⅡ）	$^{234}_{92}U$	2.44×10^{5}a	9.01×10^{-14}	5.32×10^{-5}
锾（Io）	$^{230}_{90}Th$	7.7×10^{4}a	2.85×10^{-13}	1.65×10^{-5}
镭（Ra）	$^{226}_{88}Ra$	1602a	1.37×10^{-11}	3.40×10^{-7}
氡（Rn）	$^{222}_{86}Rn$	3.825d	2.10×10^{-6}	2.16×10^{-12}
镭 A（RaA）	$^{218}_{84}Po$	3.0min	3.85×10^{-3}	1.16×10^{-15}
镭 B（RaB）	$^{214}_{82}Pb$	26.8min	4.31×10^{-4}	1.02×10^{-14}
砹（^{218}At）（$3.1\times10^{-2}\%$）*	$^{218}_{85}At$	2s	0.347	3.99×10^{-21}
镭 C（RaC）	$^{214}_{83}Bi$	19.7min	5.86×10^{-4}	7.49×10^{-15}
镭 C′（RaC′）	$^{214}_{84}Po$	1.64×10^{-4}s	4.23×10^{3}	1.03×10^{-21}
镭 C″（RaC″）（$2.1\times10^{-2}\%$）*	$^{210}_{81}Tl$	1.32min	8.75×10^{-3}	1.96×10^{-19}
镭 D（RaD）	$^{210}_{82}Pb$	22.3a	9.87×10^{-5}	4.36×10^{-9}
镭 E（RaE）	$^{210}_{83}Bi$	5d	1.60×10^{-6}	2.69×10^{-12}
镭 F（RaF）	$^{210}_{84}Po$	138.4d	5.79×10^{-8}	7.42×10^{-11}
铊（^{206}Tl）（$5\times10^{-5}\%$）*	$^{206}_{81}Tl$	4.2min	2.75×10^{-3}	7.65×10^{-22}
镭 G（RaG）	$^{206}_{82}Pb$	稳定	—	—

＊ 括号内为该核素分支比

铀系放射性核素在 α 衰变和 β 衰变时，一般都伴随发出 γ 射线。表 2-2 列出了铀系放射性核素每百次 α 衰变和 β 衰变所发出的 α 粒子和 β 粒子的粒子辐射概率，以及某核素一次衰变发出 γ 光子的光子辐射概率。根据铀系衰变特征、元素和地球化学性质，铀系可以分为铀组（原子序数 90～92 的 3 个核素）和镭组（原子序数小于 88 的核素）。铀系核素在衰变过程中能够放出 α 射线、β 射线和 γ 射线。从表 2-2 可知，铀组放射性核素一次衰变发出 γ 光子的辐射概率较小，而且 γ 光子的能量较低，铀组光子注量仅占铀系光子注量的 18%。放出光子注量较大的核素是 ^{238}U 发出的 0.048MeV 的 γ 光子，其光子辐射概率为 0.187；^{234}U 发出的 0.093MeV、0.064MeV 和 0.02MeV 的 γ 光子，其光子辐射概率分别为 0.148、0.065 和 0.065。铀组其他核素的光子辐射概率更小，不到 0.01。在航空伽马能谱测量中，由于大气介质、探测器封装材料和飞行器外壳的存在，铀组放出的 γ 射线因其能量较低而被屏蔽，一般不选择铀组 γ 射线作为探测对象。

表 2-2 铀系 α 射线、β 射线、γ 射线能谱及其相对能注量[1]

同位素	α 射线			β 射线			γ 射线		
	每百次衰变的粒子数 n	能量 E /MeV	相对能注量 $\frac{nE}{\sum nE}$/%	每百次衰变的粒子数 n	能量 E /MeV	相对能注量 $\frac{nE}{\sum nE}$/%	每百次衰变的粒子数 n	能量 E /MeV	相对能注量 $\frac{nE}{\sum nE}$/%
U Ⅰ（$^{238}_{92}U$）	100	4.185	9.8	—	—	—	0.00023 0.187	0.112 0.048	0.5
UX_1（$^{234}_{90}Th$）	—	—	—	35 — 65	0.103 — 0.193	2.7	0.148 0.065 0.065	0.093 0.064 0.02	1
UX_2+UZ（$^{234}_{91}Pa$）	—	—	—	0.56 1.44 97.85 0.12 0.027 0.003 —	0.600 1.370 2.30 0.465 0.843 1.350 —	38.3	0.0019 0.0012 0.0060 0.007 0.0037 0.0002 0.0004	0.250 0.750 0.760 0.910 1.000 1.680 1.810	0.6
U Ⅱ（$^{234}_{92}U$）	100	4.756	11.1	—	—	—	0.0003	0.121	～0
Io（$^{230}_{90}Th$）	100	4.660	10.9	—	—	—	0.00017 0.00014 0.0007 0.0059	0.253 0.184 0.142 0.068	～0
铀组总和	—	—	31.8	—	—	41	—	—	2.1
Ra（$^{220}_{88}Ra$）	100	4.761	11.1	—	—	—	0.012	0.184	～0
Rn（$^{222}_{86}Rn$）	100	5.482	12.8	—	—	—	0.00064	0.51	～0
RaA（$^{218}_{84}Po$）	100	6.002	14.0	—	—	—	—	—	—
RaB（$^{214}_{82}Pb$）	—	—	—	2.2 91.5 6.3	0.350 0.680 0.980	11.5	0.377 0.189 0.052 0.105	0.352 0.295 0.285 0.242	12.4
RaC（$^{214}_{83}Bi$）	0.021 0.011	5.448 5.512	～0	10 58.98 11.99 18.99	0.380 1.290 2.100 3.200	27.6	0.016 0.002 0.004 0.052 0.014 0.001 0.001 0.004 0.008 0.020 0.163 0.024 0.010 0.004 0.011 0.008	2.446 2.410 2.297 2.204 2.117 2.090 2.017 1.900 1.862 1.848 1.764 1.728 1.668 1.605 1.583 1.541	—

续表

同位素	α射线			β射线			γ射线		
	每百次衰变的粒子数 n	能量 E /MeV	相对能注量 $\frac{nE}{\sum nE}$/%	每百次衰变的粒子数 n	能量 E /MeV	相对能注量 $\frac{nE}{\sum nE}$/%	每百次衰变的粒子数 n	能量 E /MeV	相对能注量 $\frac{nE}{\sum nE}$/%
RaC（$^{214}_{83}Bi$）	—	—	—	—	—	—	0.022	1.509	—
							0.040	1.403	
							0.048	1.378	
							0.017	1.281	
							0.060	1.238	
							0.006	1.207	
							0.018	1.155	
							0.166	1.120	
							0.005	1.050	
							0.005	0.960	
							0.033	0.935	
							0.004	0.885	
							0.009	0.837	
							0.015	0.806	
							0.012	0.787	
							0.053	0.769	
							0.004	0.740	
							0.007	0.721	
							0.008	0.703	
							0.023	0.666	
							0.471	0.609	
							0.009	0.535	
							0.013	0.509	
							0.015	0.485	
							0.019	0.465	
							0.010	0.450	
							0.008	0.417	
							0.013	0.395	
RaC′（$^{214}_{84}Po$）	99.96	7.687	17.9	—	—	—	—	—	—
RaC″（$^{210}_{81}Tl$）	—	—	—	0.04	1.96	~0	—	—	—
RaD（$^{210}_{82}Pb$）	—	—	—	100	0.023	0.4	0.0025	0.047	~0
RaE（$^{210}_{83}Bi$）	—	—	—	100	1.17	19.5	—	—	—
RaF（$^{210}_{84}Po$）	100	5.301	12.4	—	—	—	—	—	—
镭组总和	—	—	68.2	—	—	59	—	—	97.9

镭组核素放出的γ光子的光子注量约占整个铀系的 82%，其中 ^{214}Pb 和 ^{214}Bi 是主要的γ辐射体。^{214}Pb 有四组γ射线，其能量和辐射概率分别为：0.352MeV，0.377；0.295MeV，0.189；0.285MeV，0.052；0.242MeV，0.105。^{214}Bi 是铀系中最强的γ辐射体，其放出的γ光子注量约占铀系的 54%，可放出几十种不同能量的γ光子，几组较强的γ光子能量与一次衰变光子辐射概率分别是：0.609MeV，0.471；1.764MeV，0.163；1.120MeV，0.116；1.238MeV，0.060；0.769MeV，0.053；2.204MeV，0.052；1.378MeV，0.048；1.403MeV，

0.040。在航空伽马能谱测量中，常常采用的是 1.764MeV 的 γ 射线。

钍系共有 11 个放射性核素，经 8 个 α 衰变和 5 个 β 衰变后，形成铅的稳定同位素 ^{208}Pb，如图 2-2 所示。起始核素为 ^{232}Th，半衰期是 1.414×10^{10}a。除 ^{232}Th 外，钍系子体的半衰期都相对较短，最长的是 ^{228}Ra，其半衰期只有 5.75a。钍系核素的衰变常数、半衰期和钍系子体与 ^{232}Th 处于放射性平衡时的质量数见表 2-3。钍系中也有一个气态放射性核素，它是 ^{224}Ra 经 α 衰变后形成的 ^{220}Rn，其半衰期为 54.5s。钍系放射性核素一次衰变光子辐射概率大于 0.1 的 γ 射线共有 8 条，它们分别是：^{232}Th 发出的 0.060MeV γ 射线，光子辐射概率为 0.197；^{228}Ac 发出的 0.960MeV、0.908MeV、0.338MeV、0.129MeV 和 0.058MeV 五种能量 γ 射线，其光子辐射概率分别是 0.100、0.250、0.095、0.106 和 0.700；^{212}Pb 发出的 0.239MeV γ 射线，光子辐射概率为 0.470；^{208}Tl 发出的 2.62MeV 和 0.583MeV γ 射线，光子辐射概率为 0.337 和 0.293。表 2-4 列出了钍系放射性核素每百次 α 衰变和 β 衰变所发出的 α 粒子和 β 粒子的粒子辐射概率，以及某核素一次衰变发出 γ 光子的光子辐射概率。^{208}Tl 是钍系最主要的伽马辐射体，放出的 2.62MeV 伽马射线能量是 3 种天然放射性系列中能量最大的伽马射线，而且光子辐射概率也很高，它是航空伽马能谱测量实现对钍元素定性定量测定的最优选择谱线。

表 2-3　钍系衰变常数及半衰期[1]

元素名称	符号	半衰期 T	衰变常数 λ/（s^{-1}）	与钍处于平衡时的质量数
钍（Th）	$^{232}_{90}$Th	1.40×10^{10}a	1.57×10^{-18}	1
新钍 1（$MsTh_1$）	$^{228}_{88}$Ra	5.75a	3.83×10^{-9}	4.03×10^{-10}
新钍 2（$MsTh_2$）	$^{228}_{89}$Ac	6.13h	3.14×10^{-5}	4.92×10^{-14}
射钍（RdTh）	$^{228}_{90}$Th	1.913a	1.15×10^{-8}	1.34×10^{-10}
钍 X（ThX）	$^{224}_{88}$Ra	3.64d	2.21×10^{-6}	6.86×10^{-13}
钍射气（Tn）	$^{220}_{86}$Rn	54.5s	1.27×10^{-2}	1.17×10^{-16}
钍 A（ThA）	$^{216}_{84}$Po	0.15s	4.62	3.16×10^{-19}
钍 B（ThB）	$^{212}_{82}$Pb	10.64h	1.81×10^{-5}	7.93×10^{-14}
砹 ^{216}At（1.3×10^{-2}%）	$^{216}_{85}$At	3.5×10^{-4}s	1.98×10^{3}	9.61×10^{-26}
钍 C（ThC）	$^{212}_{83}$Bi	60.6min	1.91×10^{-4}	7.52×10^{-15}
钍 C′（ThC′）（66.3%）	$^{212}_{84}$Po	3.05×10^{-7}s	2.27×10^{6}	4.19×10^{-25}
钍 C″（ThC″）（33.7%）	$^{208}_{81}$Tl	3.1min	3.73×10^{-3}	1.27×10^{-16}
钍 D（ThD）	$^{208}_{82}$Pb	稳定	—	—

表 2-4　钍系 α 射线、β 射线、γ 射线能谱及其相对能注量[1]

同位素	α 射线			β 射线			γ 射线		
	每百次衰变的粒子数 n	能量 E /MeV	相对能注量 $\frac{nE}{\sum nE}$/%	每百次衰变的粒子数 n	能量 E /MeV	相对能注量 $\frac{nE}{\sum nE}$/%	每百次衰变的粒子数 n	能量 E /MeV	相对能注量 $\frac{nE}{\sum nE}$/%
Th（$^{232}_{90}$Th）	100	3.993	11.1	—	—	—	0.197	0.060	0.6
$MsTh_1$（$^{228}_{88}$Ra）	—	—	—	100	0.035	1	—	—	—

续表

同位素	α射线			β射线			γ射线		
	每百次衰变的粒子数 n	能量 E /MeV	相对能注量 $\frac{nE}{\sum nE}$/%	每百次衰变的粒子数 n	能量 E /MeV	相对能注量 $\frac{nE}{\sum nE}$/%	每百次衰变的粒子数 n	能量 E /MeV	相对能注量 $\frac{nE}{\sum nE}$/%
							0.100	0.960	
				67	1.18		0.250	0.908	
				21	1.76	37.6	0.016	0.831	
				12	2.10		0.045	0.790	
							0.008	0.779	
$MsTh_2$（$^{228}_{89}Ac$）	—	—	—				0.095	0.338	26.2
							0.033	0.328	
							0.031	0.270	
							0.040	0.209	
							0.106	0.129	
							0.700	0.058	
							0.0027	0.217	
							0.0003	0.205	
RdTh（$^{228}_{90}Th$）	100	5.412	15.0	—	—	—	0.0012	0.169	0.1
							0.0023	0.133	
							0.0160	0.084	
ThX（$^{224}_{88}Ra$）	100	5.677	15.8	—	—	—	0.0303	0.241	0.4
Tn（$^{220}_{86}Rn$）	100	6.282	17.5	—	—	—	0.0003	0.542	～0
ThA（$^{216}_{84}Po$）	100	6.774	18.8	—	—	—	—	—	—
				78.1	0.320		0.0016	0.415	
				21.9	0.569	10	0.0320	0.300	
ThB（$^{212}_{82}Pb$）	—	—	—				0.4700	0.239	6.1
							0.0024	0.177	
							0.0066	0.115	
							0.01680	1.620	
							0.00648	1.073	
							0.00389	0.953	
							0.00389	0.893	
				4.7	0.640		0.01040	0.786	
ThC（$^{212}_{83}Bi$）	33.7	6.051	5.6	5.0	1.520	36.2	0.06600	0.727	5.6
				56.6	2.25		0.00454	0.513	
							0.00127	0.493	
							0.00370	0.453	
							0.00151	0.328	
							0.00366	0.288	
							0.0105	0.040	
ThC′（$^{212}_{84}Po$）	66.3	8.785	16.2	—	—	—	—	—	—
				9.33	1.25		0.337	2.620	
				24.23	1.72	15.2	0.0404	0.860	
				0.14	2.387		0.0067	0.763	
							0.2932	0.583	
							0.0842	0.511	
ThC″（$^{208}_{81}Tl$）	—	—	—				0.0017	0.486	—
							0.0377	0.277	
							0.0034	0.252	
							0.0010	0.233	

锕铀系的起始核素是 ^{235}U，半衰期为 7.1×10^8 a，它是铀的同位素。自然界铀有 3 个同位素：^{238}U、^{234}U、^{235}U，它们之间的质量比例为 1∶1/17000∶1/140。

虽然锕铀系是一个独立的放射性系列，但在自然界中总与 ^{238}U 共生在一起。锕铀系共有 16 个放射性核素，含 13 个 α 辐射体和 9 个 β 辐射体，最后的稳定同位素是 ^{207}Pb。也有一个气态放射性核素 ^{219}Rn，其半衰期为 3.96s，如图 2-3 所示。γ 光子辐射概率较强的主要有 ^{211}Pb 发出的 0.829MeV γ 射线，一次衰变光子辐射概率为 0.130；^{211}Bi 发出的 0.351MeV γ 射线，一次衰变光子辐射概率为 0.137。锕铀系核素的衰变常数、半衰期和锕铀系子体与 ^{238}U 处于放射性平衡时的质量数见表 2-5。表 2-6 列出了锕铀系放射性核素每百次 α 衰变和 β 衰变所发出的 α 粒子和 β 粒子的粒子辐射概率，以及某核素一次衰变发出 γ 光子的光子辐射概率。在自然界中锕铀系放出的 γ 射线光子注量率相对较小，这主要是因为其母体 ^{235}U 的同位素丰度较低，对航空伽马能谱测量的贡献很小。

表 2-5　锕铀系衰变常数及半衰期[1]

元素名称	符号	半衰期 T	衰变常数 λ/（s^{-1}）	与铀处于平衡时的质量数
锕铀（AcU）	$^{235}_{92}$U	7.04×10^8a	3.12×10^{-17}	7.3×10^{-3}
铀 Y（UY）	$^{231}_{90}$Th	25.25h	7.54×10^{-6}	2.91×10^{-14}
镤（Pa）	$^{231}_{91}$Pa	3.25×10^4a	6.79×10^{-13}	3.30×10^{-7}
锕（Ac）	$^{227}_{89}$Ac	21.77a	1.01×10^{-9}	2.18×10^{-10}
射锕（RdAc）（99.8%）	$^{227}_{90}$Th	18.2d	4.41×10^{-7}	4.93×10^{-13}
锕 K（AcK）（1.2%）	$^{223}_{87}$Fr	22min	5.25×10^{-4}	4.90×10^{-18}
锕 X（AcX）	$^{223}_{88}$Ra	11.43d	7.01×10^{-7}	3.09×10^{-13}
锕射气（An）	$^{219}_{86}$Rn	3.96s	1.75×10^{-1}	1.21×10^{-18}
锕 A（AcA）	$^{215}_{84}$Po	0.0018s	3.85×10^2	5.42×10^{-22}
锕 B（AcB）	$^{211}_{82}$Pb	36.1min	3.19×10^{-4}	6.42×10^{-16}
砹（^{215}At）（5×10^{-4}%）	$^{215}_{85}$At	10^{-4}s	6.93×10^3	1.51×10^{-28}
锕 C（AcC）	$^{211}_{83}$Bi	2.14min	5.41×10^{-3}	3.79×10^{-17}
锕 C′（AcC′）（0.32%）	$^{211}_{84}$Po	0.56s	1.24	5.28×10^{-22}
锕 C″（AcC″）	$^{207}_{81}$Tl	4.79min	2.41×10^{-3}	8.33×10^{-17}
锕 D（AcD）	$^{207}_{82}$Pb	稳定	—	—

表 2-6　锕铀系 α、β、γ 射线能谱[1]

同位素	α 射线		β 射线		γ 射线	
	每百次衰变的粒子数 n	能量 E/MeV	每百次衰变的粒子数 n	能量 E/MeV	每百次衰变的粒子数 n	能量 E/MeV
AcU（$^{235}_{92}$U）	100	4.372	—	—	0.04	0.200
					0.55	0.185
					0.04	0.165
					0.12	0.143
					0.05	0.110
					0.09	0.095

续表

同位素	α射线		β射线		γ射线	
	每百次衰变的粒子数 n	能量 E/MeV	每百次衰变的粒子数 n	能量 E/MeV	每百次衰变的粒子数 n	能量 E/MeV
					0.015	0.310
					0.015	0.218
					0.0508	0.1693
					0.220	0.164
					0.015	0.096
					0.0509	0.0851
UY（$^{231}_{90}$Th）	—	—	48	0.165	0.290	0.0842
			52	0.302	0.0282	0.0812
					0.1611	0.0732
					0.015	0.073
					0.0282	0.0665
					0.1611	0.0621
					0.3190	0.0585
					0.0509	0.0579
					0.0140	0.356
					0.0275	0.329
					0.0275	0.302
					0.0275	0.299
					0.0275	0.283
$^{231}_{91}$Pa	100	4.964	—	—	0.0210	0.260
					0.0140	0.101
					0.0490	0.097
					0.2340	0.064
					0.5020	0.046
					0.1670	0.030
$^{227}_{89}$Ac	1.2	4.942	98.8	0.040	—	—
					0.015	0.350
					0.020	0.343
					0.029	0.334
					0.017	0.330
					0.029	0.304
					0.017	0.300
					0.019	0.296
					0.080	0.286
					0.020	0.282
					0.080	0.256
RdAc（$^{227}_{90}$Th）	98.8	5.887	—	—	0.020	0.250
					0.003	0.248
					0.080	0.236
					0.0033	0.205
					0.0033	0.174
					0.0300	0.113
					0.0540	0.080
					0.0120	0.061
					0.0290	0.048
					0.1200	0.031
					0.2000	0.030

续表

同位素	α射线		β射线		γ射线	
	每百次衰变的粒子数 n	能量 E/MeV	每百次衰变的粒子数 n	能量 E/MeV	每百次衰变的粒子数 n	能量 E/MeV
AcK（$^{223}_{87}$Fr）	—	—	0.072 1.128	0.805 1.110	0.008 0.030 0.240 0.400	0.310 0.215 0.080 0.050
AcX（$^{223}_{88}$Ra）	100	5.651	—	—	0.0028 0.0195 0.230 0.465 0.0050 0.0550 0.0410 0.0034	0.371 0.338 0.324 0.270 0.180 0.154 0.144 0.122
An（$^{219}_{86}$Rn）	100	6.722	—	—	—	—
AcA（$^{215}_{84}$Po）	～100	7.365	—	—	—	—
$^{215}_{85}$At	5×10^{-4}	8.00	—	—	—	—
AcB（$^{211}_{82}$Pb）	—	—	8 92	0.580 1.350	0.130 0.010 0.003 0.060 0.060 0.010	0.829 0.764 0.487 0.425 0.404 0.065
AcC（$^{211}_{83}$Bi）	99.68	6.562	—	—	0.137	0.351
AcC′（$^{211}_{84}$Po）	0.32	7.423	—	—	—	—
AcC″（$^{207}_{81}$Tl）	—	—	99.68	1.436	0.005	0.890

除上述成系列的天然放射性元素外，在自然界中还有 180 余种原子序数中等、不成系列的天然放射性元素，它们经过一次衰变后即成为稳定同位素，如 ^{40}K、^{87}Rb 等。其中，以 ^{40}K 放出的伽马射线照射量率为最强。图 2-4 和图 2-5 是 ^{40}K、^{87}Rb 的衰变纲图。K 是自然界中造岩元素之一，在沉积岩中的平均含量约为 2.28%，K 有 3 个同位素，其中 ^{40}K 在自然界的丰度为 0.012%。表 2-7 中列出了常用的不成系列的放射性核素及其衰变能量和衰变概率。

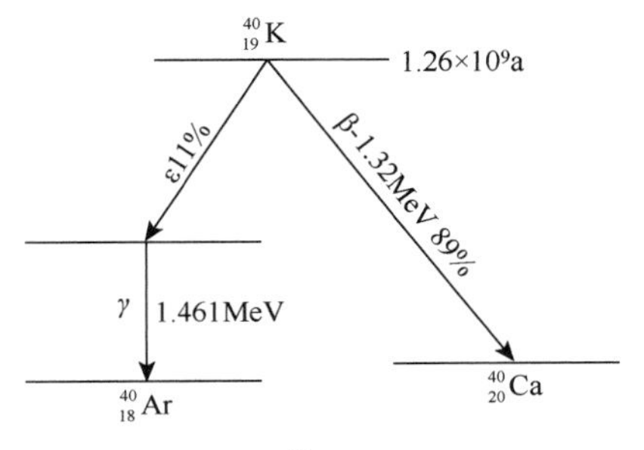

图 2-4　^{40}K 衰变纲图

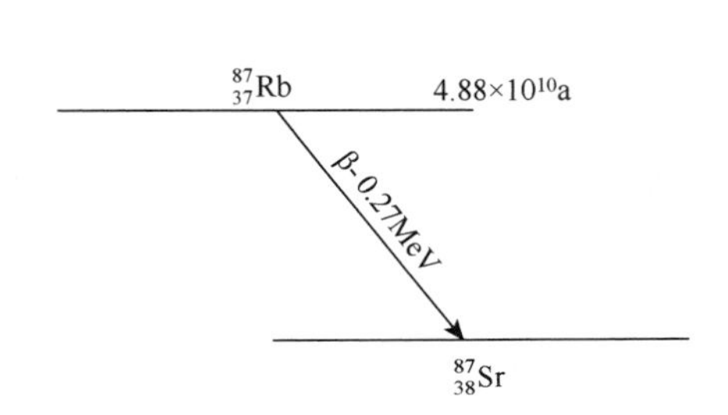

图 2-5　^{87}Rb 衰变纲图

表 2-7　常用不成系列放射性核素伽马射线能量与光子辐射概率

核素	伽马射线能量/MeV	光子数（每次衰变）
^{40}K	1.4609	0.110
^{241}Am	0.0264	0.025
	0.0332	0.0007
	0.0435	0.0007
	0.0595	0.359
^{133}Ba	0.0532	0.0195
	0.0796	0.0304
	0.0810	0.3600
	0.1606	0.0076
	0.2763	0.075
	0.3027	0.1960
	0.3559	0.6700
	0.3837	0.0940
^{137}Cs	0.6616	0.8510
^{60}Co	1.7321	0.9986
	1.3325	0.9999

2.1.2　空间伽马射线

空间伽马射线包括太阳伽马射线、宇宙伽马射线和宇生伽马射线。叶宗海[2]在收集大量空间伽马射线观测数据的基础上，对空间伽马射线的强度和能谱作了较深入的论述。

太阳伽马射线是太阳耀斑期间产生的，如 1972 年 8 月 4 日安装在 OSO-7 卫星上的 NaI（Tl）闪烁计数器观测到了 0.35～8MeV 的伽马射线连续谱，还观测到了 2.22MeV、0.51MeV、4.44MeV 和 6.13MeV 四个线谱[2]。这些线谱以 2.22MeV 最强，其通量为（2.8±0.22）×10^{-1} 光子/（cm^2·s）；其次是 0.51MeV，它的通量为（6.3±2.0）×10^{-2} 光子/（cm^2·s）；4.44MeV 和 6.13MeV 两条线的通量差不多，大约是（3±1）×10^{-2} 光子/（cm^2·s）。这次大耀斑产生的伽马射线持续时间大约在 1000s。2.22MeV 伽马射线认为是在耀斑的剧烈核反应中产生了中子，其能量为 1～100MeV，然后变成热中子，在光球上被氢原子捕获，其核反应是 $n+p—{}^2H+\gamma$。0.51MeV 谱线是正电子湮灭所放出的伽马射线；4.44MeV 和 6.13MeV 是由于重粒子 $^{14}C^*$和 $^{16}O^*$的退激辐射产生的。

宇宙伽马射线是指太阳以外的宇宙空间发射的伽马射线，包括宇宙伽马射线弥散背景、宇宙伽马射线分立源和宇宙伽马射线暴[2]。可划分为三个能量区域的伽马射线：核区，0.2～10.0MeV；“π^0 区”，50MeV～1.0GeV；非常高能区，能量大于 10^6MeV。宇宙伽马射线弥散背景在宇宙空间是各向同性的。综合卫星观测的资料，能量在 100keV～100MeV 能量的弥散伽马背景如图 2-6 所示。根据 OSO-3 的观测，能量大于 100MeV 的伽马射线强度为（3.0±0.9）×10^{-5} 光子/（cm^2·s·sr）。宇宙伽马射线分立源是指探测器能够分辨的，具有一定方向、一定位置、发射伽马射线的局部区域。这些分立源发射的伽马射线强度各不一样，如能量大于 100MeV 的一般银河伽马射线为（3.4±1.0）×10^{-5} 光子/（cm^2·s·sr），而银河中心的伽马射线为（1.3±0.3）×10^{-4} 光子/（cm^2·s·sr）。除分立源的连续谱外，也观测到了线状谱。如上所述的太阳发射的 4 个线状谱，在宇宙中也探测到了，特别是 0.511MeV 的特征线，在宇宙中是相当强的。根据 1979 年的测量，银河中心附近的 0.511MeV 的伽马射线的通量为 1.8×10^{-3} 光子/（$cm^2\cdot s$）。

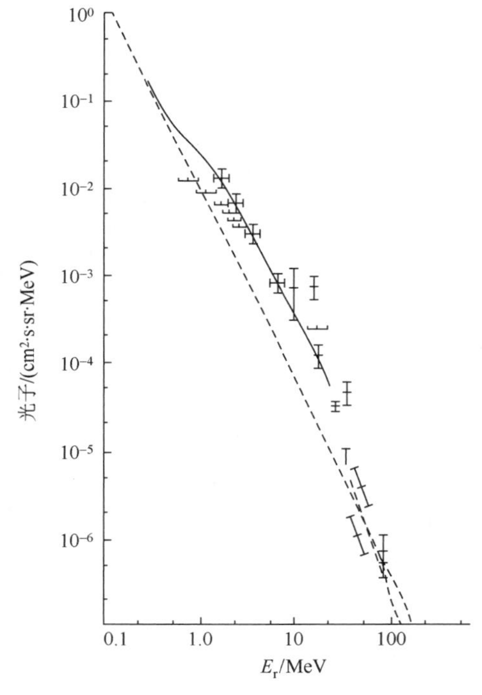

图 2-6　100 keV～100MeV 能量的弥散伽马背景[2]

图 2-7 是我国嫦娥一号卫星在环月 200km 轨道上位于月球赤道某 5°×5°区域对应的 3s 平均伽马射线能谱。从图 2-7 中看出 4 个明显的特征峰，分别位于第 24 道、第 33 道、第 66 道和第 265 道附近。这些特征峰形成的主要伽马射线贡献分别对应 0.511MeV 的湮没伽马射线、^{40}K 的 1.461MeV 伽马射线、^{214}Bi 的 0.609MeV 和 ^{16}O 的 6.129MeV 伽马射线[3~6]。

宇宙伽马射线暴是 20 世纪 60 年代后期观测到的，到目前能够确定的伽马射线暴已经有 150 个以上。不同的伽马射线暴其持续时间是不同的，一般从几百毫秒到大约一百秒。在一个事件里有许多明显的峰值，许多表现为双峰结构，峰值持续时间大约为 10ms，峰值之间相差 2～3s，有时双峰结构在一个事件内是重现的。图 2-8 是 Venera12 观测到的 1979 年 1 月 13 日事件，这是伽马射线暴的典型事件。伽马射线暴的能量分布在几千电子伏到几兆电子伏都能被观测到[2]。

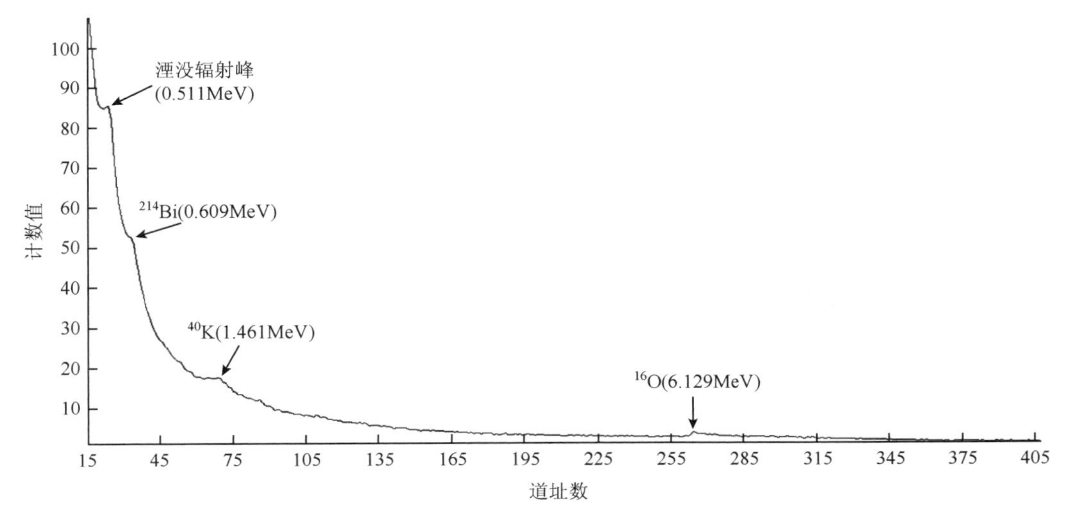

图 2-7　嫦娥一号卫星在环月 200km 轨道上测得的伽马射线能谱

（在月球赤道某 5°×5°区域对应的 3s 平均谱线）

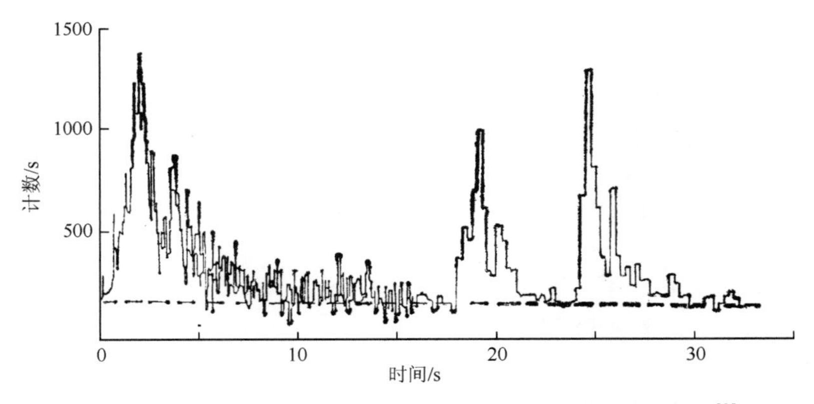

图 2-8　Venera12 观测到的 1979 年 1 月 13 日伽马射线暴事件[2]

宇生伽马射线是初级宇宙线与大气介质和地表介质发生相互作用后产生的次级伽马射线，这是近地表空间伽马射线的主要组成部分。根据其成因可分为宇生大气伽马射线和宇生地表伽马射线。一般认为，宇生大气伽马射线有两种来源，一部分是初级宇宙线同大气相互作用产生 π^0介子的衰变，大约在 70MeV 左右有一明显的峰值；另一部分是初级和次级电子，以及反照电子重新进入大气，由韧致辐射产生的伽马射线。因此，宇生大气伽马射线能量与大气深度、天顶角、观测点所处的地磁纬度有关。在大气某一深度产生的伽马射线并不是各向同性的，随着天顶角有一个分布，通常在天顶角 100°左右有极大值，图 2-9 给出了理论计算和实验观测的伽马射线的天顶角分布。宇生大气伽马射线的能谱也与大气深度、地磁纬度有关。宇生大气伽马射线除连续谱外，也存在 0.511MeV 的线谱，它的来源一部分是大气中产生的 π^+介子衰变，或者 π^0介子衰变成正、负电子对，正电子湮灭而产生 0.511MeV 伽马射线；另一部分是由于大气中质子和中子的相互作用，在大气局部区域产生了放射性核素，发出正电子，然后湮灭形成 0.511MeV 伽马射线[2]。

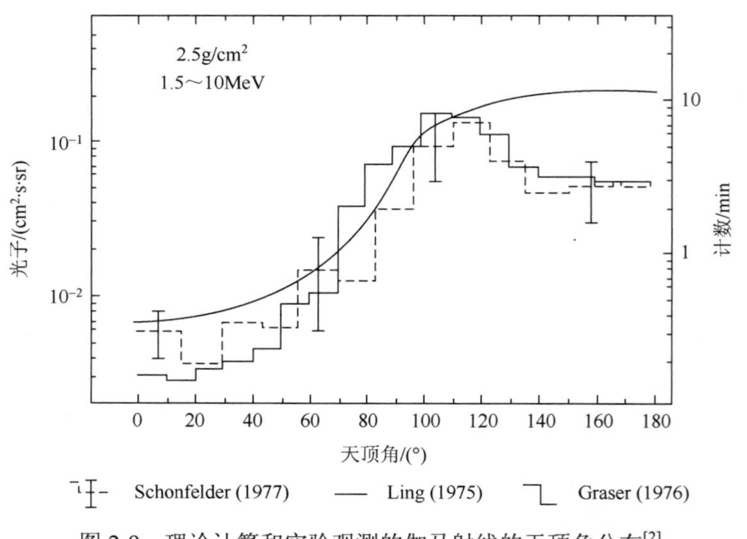

图 2-9　理论计算和实验观测的伽马射线的天顶角分布[2]

2.1.3　宇生地表伽马射线

初级银河系宇宙射线主要由高能质子组成（约 80%），并伴有 10%左右的α粒子，其余为少量的重粒子、电子、光子和中微子。当高能宇宙射线透过大气层入射到地球表面，与地球表面介质的原子核发生相互作用，使原子核产生裂变反应，由裂变反应产生的高能中子，一部分高能中子与地表元素发生非弹性散射反应，中子把动能的一部分传给原子核作为核的激发能，处于激发态的原子核通过放出特征伽马射线而回到基态；另一部分高能中子经地表介质的慢化成为低能中子（主要是热中子），低能中子被靶核吸收而形成复合核，复合核比原来的核多了一个中子，往往处于激发态，此时通过发射一种或多种特征伽马射线而实现退激。这两个过程均能发出伽马射线。图 2-10 是宇生地表伽马射线产生的物理过程示意图。

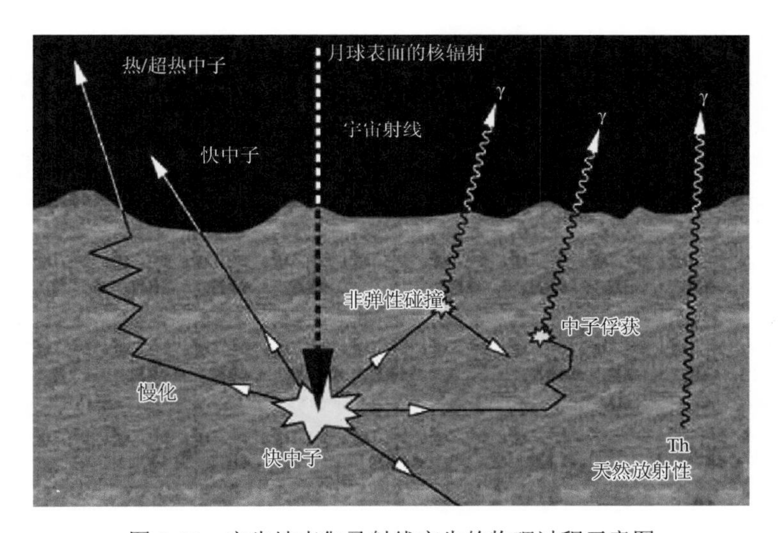

图 2-10　宇生地表伽马射线产生的物理过程示意图

中子非弹性散射时，中子损失的能量较弹性散射时大。中子非弹性散射的中子阈能为

$$E_{阈}=E_{\gamma}\frac{M+m}{M} \tag{2-1}$$

式中，E_{γ} 为放出的伽马射线能量；M 为原子核质量；m 为中子质量。只有当中子能量超过阈值时，非弹性散射才能发生。非弹性散射用 (n,n') 表示[7]。

除了 H、He 等较轻元素外，几乎所有的元素通过中子反应都可以产生非弹性散射伽马射线。一些元素的同位素“偶-偶”（中子数和质子数都为偶数）可以产生一个较强的特征伽马射线。例如，对于元素 $^{56}_{26}Fe$，与中子发生非弹性散射反应会放出 0.847MeV 的特征伽马射线。而元素 $^{24}_{12}Mg$ 发生中子非弹性散射反应时，放出特征伽马射线的能量为 1.369MeV。

热中子俘获反应可表达为

$$ {}_{Z}^{A}X + {}_{0}^{1}n \rightarrow {}_{Z}^{A+1}X + \gamma \text{ 或 } {}_{Z}^{A}X(n,\gamma){}_{Z}^{A+1}X \tag{2-2}$$

式中，括号内表示作用前的中子与作用后核辐射放出的伽马射线。括号前、后分别表示作用前的靶核和作用后的生成核。一个稳定同位素经中子照射后，生成放射性核，这种现象称为激活或活化。辐射俘获用 (n,γ) 表示。

例如，对于钛元素，发生辐射俘获的表达式为 ${}_{22}^{48}\mathrm{Ti}(n,\gamma){}_{22}^{49}\mathrm{Ti}$，产生 1.382MeV、6.419MeV 及 6.762MeV 的特征伽马射线。而 ${}_{26}^{56}\mathrm{Fe}$ 俘获中子后发生 ${}_{26}^{56}\mathrm{Fe}(n,\gamma){}_{26}^{57}\mathrm{Fe}$，产生 7.631MeV 和 7.646MeV 的特征伽马射线。

有关地-空界面上宇生地表伽马射线的研究文献很少，但在人类探月活动中，探测月球表面宇生伽马射线是研究月球表面物质成分的重要手段。Reedy 模拟出了在月球表面平均物质组成成分条件下，月表发出伽马射线的能量值及其光子注量率，见表 2-8[8]。月球表面发出伽马射线的 4 种来源分别是：天然放射性核素的衰变，太阳质子激发产生的放射性核素的衰变，与高能的银河系宇宙射线（GCR）粒子反应（包括中子非弹性散射、质子裂变、放射性核素产生），以及中子俘获反应。表 2-8 还分别列出了计算采用的月球表面各元素的平均丰度，各元素俘获低能中子的概率及各元素对应的从月球表面逃逸出来的强度最大的伽马射线。表 2-9 列出了采用轨道伽马射线能谱测量技术，探测到的 10 种元素所发出的强烈伽马射线能量值，它们可用于从环月轨道上测量月球表面的元素构成。

表 2-8 Reedy 模拟月球表面各元素发出最强烈伽马射线的能量值及光子注量率列表

元素	假定丰度/（mg/g[a]）	中子俘获概率	强度最大的伽马射线		
			反应类型[b]	能量值/MeV	光子注量率/（cm^{-2}/min）
H	0.04	0.0012	${}^{1}\mathrm{H}(n,\gamma)$	2.2233	0.00349
C	0.1[c]	—	${}^{12}\mathrm{C}(n,n')$	4.4383[d]	0.00163
N	0.1[c]	—	${}^{14}\mathrm{N}(n,n')$	2.3127	0.000323
O	435.0	0.0007	${}^{16}\mathrm{O}(n,n')$	6.1294	2.592
F	0.1	—	${}^{19}\mathrm{F}(n,n')$	0.1971	0.00144
Na	3.5	0.0075	${}^{23}\mathrm{Na}(n,n')$	0.4399[d]	0.0558
Mg	40.0	0.0096	${}^{24}\mathrm{Mg}(n,n')$	1.3686[d]	0.727
Al	110.0	0.0868	${}^{27}\mathrm{Al}(n,n')$	2.2104	0.675
Si	200.0	0.105	${}^{28}\mathrm{Si}(n,n')$	1.7788	3.223
P	0.6	0.0003	${}^{31}\mathrm{P}(n,n')$	1.2661	0.0038
S	0.7	0.0010	${}^{32}\mathrm{S}(n,n')$	2.2301[d]	0.0067
Cl	0.02	0.0017	${}^{35}\mathrm{Cl}(n,\gamma)$	6.111	0.00215
Ar	0.1[c]	—	${}^{40}\mathrm{Ar}(n,n')$	1.4608[d]	0.0013
K	1.2	0.0059	${}^{40}\mathrm{K}$	1.4608	2.352

续表

元素	假定丰度/（mg/g[a]）	中子俘获概率	强度最大的伽马射线		
			反应类型[b]	能量值/MeV	光子注量率/（cm^{-2}/min）
Ca	100.0	0.099	$^{40}Ca(n, n')$	3.7366	0.346
Ti	14.0	0.165	$^{48}Ti(n, \gamma)$	6.7615	0.412
Cr	1.0	0.0055	$^{52}Cr(n, n')$	1.4342[d]	0.0160
Mn	0.8	0.0179	^{56}Mn	0.8467[d]	0.0243
Fe	90.0	0.380	$^{56}Fe(n, n')$	0.8467	1.149
Ni	0.4	0.0028	$^{58}Ni(n, \gamma)$	8.999	0.00732
Sr	0.18	0.0002	$^{88}Sr(n, n')$	1.8360	0.0019
Y	0.06	0.0001	$^{89}Y(n, n')$	1.5074[d]	0.00024
Zr	0.25	—	$^{90}Zr(n, n')$	2.1865	0.00089
Ba	0.20	0.0002	$^{138}Ba(n, n')$	1.4359[d]	0.00147
La	0.010	—	^{138}La	1.4359[d]	0.00247
Nd	0.017	0.0005	$^{143}Nd(n, \gamma)$	0.697	0.00043
Sm	0.007	0.027	$^{149}Sm(n, \gamma)$	0.3340	0.014
Eu	0.0005	0.0008	^{152}Eu	1.409[d]	0.00024
Gd	0.008	0.072	$Gd(n, \gamma)$	1.187	0.014
Lu	0.0005	—	^{176}Lu	0.3069	0.00756
Th	0.0019	—	^{208}Tl	2.6146	2.193
U	0.0005	—	^{214}Bi	0.6093	1.118

注：a 为含量单位，表示每克月球表面物质中的元素含量（mg/g）；b 为元素发出最强烈伽马射线所对应的反应类型或放射性核素；c 为计算采用的名义上的丰度值，而不是月球表面元素的真实丰度；d 采用该伽马射线来研究对应元素会受到阻碍或不可能，因为该伽马射线受到相同或几乎相同能量的其他伽马射线的干扰

表 2-9　轨道伽马射线能谱测量技术探测到 10 种元素发出的伽马射线能量值列表

元素	假定丰度	能量/MeV	光子注量率估计值[a]	反应类型
O	43.5wt%	2.741	5.98×10^{-3}	非弹性散射反应
		3.086	4.72×10^{-3}	非弹性散射反应
		3.684	1.15×10^{-2}	非弹性散射反应
		3.854	6.20×10^{-3}	非弹性散射反应
		4.438	2.02×10^{-2}	非弹性散射反应
		6.129	4.78×10^{-2}	非弹性散射反应
		6.917	1.23×10^{-3}	非弹性散射反应
		7.117	1.35×10^{-2}	非弹性散射反应
Mg	4wt%	1.369	1.33×10^{-2}	非弹性散射反应
Al	11wt%	2.210	1.13×10^{-2}	非弹性散射反应
		7.724	2.88×10^{-2}	中子俘获反应

续表

元素	假定丰度	能量/MeV	光子注量率估计值 [a]	反应类型
Si	20wt%	1.779	6.54×10^{-2}	非弹性散射反应
K	1200μg/g	1.461	3.92×10^{-2}	放射性衰变反应
Ca	10wt%	1.943	3.42×10^{-3}	中子俘获反应
		3.737	5.77×10^{-3}	非弹性散射反应
		3.904	3.87×10^{-3}	非弹性散射反应
		6.420	4.02×10^{-3}	中子俘获反应
Ti	1.4wt%	1.382	4.48×10^{-3}	中子俘获反应
		6.419	4.67×10^{-3}	中子俘获反应
		6.762	6.87×10^{-3}	中子俘获反应
Fe	9wt%	0.847	1.92×10^{-2}	非弹性散射反应
		7.631	1.00×10^{-2}	中子俘获反应
		7.646	9.20×10^{-3}	中子俘获反应
Th	1.9μg/g	0.911	1.76×10^{-2}	放射性衰变反应
		0.965	3.37×10^{-2}	放射性衰变反应
		0.969	1.09×10^{-2}	放射性衰变反应
		2.615	3.66×10^{-2}	放射性衰变反应
U	0.5μg/g	0.609	1.86×10^{-2}	放射性衰变反应
		1.120	8.02×10^{-3}	放射性衰变反应
		1.765	1.06×10^{-2}	放射性衰变反应
		2.204	3.73×10^{-3}	放射性衰变反应

注：a 光子注量率估计值的单位是 cm^{-2}/s，丰度为第 2 栏中的假定值。关于模拟的 γ 射线光子注量率的其他假设和细节详见文献[8]

图 2-11[8]显示的是在月球表面平均物质组成成分条件下（各元素采用的平均丰度与表 2-9 相同），模拟月球表面发出的伽马射线辐射能谱序列图。图中描述了月球表面发出伽马射线的能量值与其光子注量率之间的对应关系。对于强度大的伽马射线，图中标识出了产生该伽马射线对应的元素或放射性核素。

月球表面宇生伽马射线能谱与强度的研究表明，在地-空界面上宇生地表伽马射线贡献较大的伽马射线谱线是氧的 6.129MeV、硅的 1.779MeV、铁的 7.632MeV、7.646MeV 和 0.847MeV，以及铝的 7.240MeV、2.210MeV 和镁的 1.369MeV。在月球表面上，上述伽马射线的光子注量率与月球岩石或月壤中铀、钍、钾等放射性元素衰变所产生的伽马射线光子注量率大小在同一数量级。但是，考虑到地球表面大气层对初级宇宙线的屏蔽，在地-空界面上，上述伽马射线的光子注量率相对于铀、钍、钾等放射性元素衰变所产生的伽马射线要低得多。

在航空伽马能谱测量中，空间伽马射线对航空伽马能谱的贡献是必须考虑的，一般是作为宇宙射线的本底计数来扣除，伽马射线的能量范围为 3.0～10.0MeV。航空伽马能

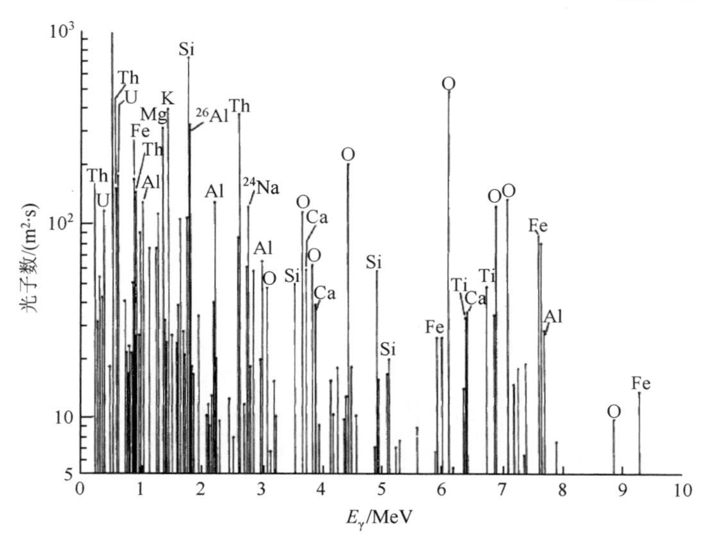

图 2-11　月表伽马射线的辐射能谱序列图

谱探测器接收的宇宙射线的可能成分包括以下几部分：①初级宇宙线，包括太阳伽马射线和宇宙伽马射线，它们对航空伽马能谱测量的贡献率极小，可以忽略不计；②宇生伽马射线，这是航空伽马能谱测量中宇宙射线本底的主要贡献成分，尤其是宇生大气伽马射线；③次级宇宙带电子粒子流，主要是初级宇宙线与大气相互作用产生的次级带电粒子，如较高能的正、负电子，它们是宇宙射线本底的另一重要来源。航空伽马能谱探测器采用较大晶体的 NaI（Tl）晶体，对伽马射线和带电粒子都具有较高的探测效率，在航空伽马能谱测量中要准确区分宇生大气伽马射线、宇生地表伽马射线和次级宇宙带电粒子的贡献是困难的。由于宇宙射线本底的贡献主要是宇生伽马射线和次级宇宙带电粒子，它们的能量大小都与大气深度、地磁纬度有关。图 2-12 是 AGS-863 航空伽马能谱仪在渤海湾不同高度测得的宇宙射线本底计数变化曲线，采样能量范围为 3.0～10.0MeV。从图 2-12 中可看出，随着高度增加，宇宙线本底计数增大。

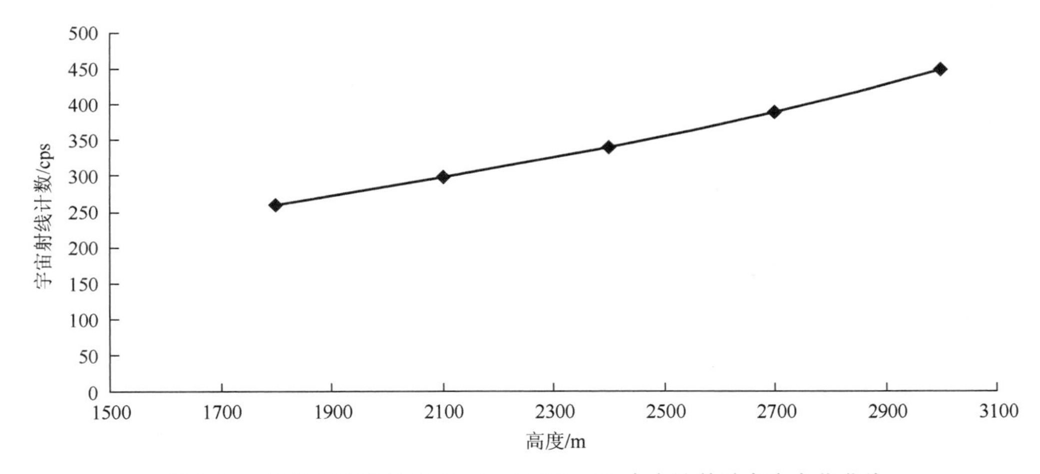

图 2-12　渤海湾宇宙射线（3.0～10.0MeV）本底计数随高度变化曲线

2.1.4 人工伽马射线

人工放射性核素主要来源于大气层核试验产生的放射性尘埃和各种核设施（主要是核电站和核医学设施）在正常及事故情况下的释放。随着大气层核试验的停止，后者逐渐成为环境中人工放射性核素的主要来源。

目前人工放射性主要是在核反应过程中裂变或聚变过程中的产物，若其产生伽马射线衰变则会对航空伽马能谱测量产生影响。表 2-10 中列出了常见的人工放射性核素。在矿产资源勘查工作中，人工放射性对航空伽马能谱测量的影响一般可忽略。

表 2-10　常见的人工放射性核素表

元素名	同位素及半衰期	伽马射线能量/MeV	主要产生途径
锶	^{89}Sr，50.5d	0.909	核爆和核反应堆
	^{90}Sr，28.8a	—	—
铯	^{134}Cs，2.06a	0.605，0.796，0.569 等	中子活化
	^{137}Cs，30.17a	0.662*	
铈	^{144}Ce，384d	0.133，0.696 等	核武器爆炸
	^{141}Ce，32.5d	0.145 等	
钷	^{147}Pm，2.62a	0.121	核裂变
碘	^{131}I，8.02d	0.364，0.637，0.284 等	大气核试验、核裂变
钌	^{106}Ru，367d	0.512，0.622，1.051 等*	核爆炸
	^{103}Ru，39.4d	0.497，0.610，0.557 等	
铁	^{59}Fe，44.6d	1.099，1.292 等	活化
锌	^{65}Zn，244.1d	1.116 等	活化
锰	^{54}Mn，312d	0.835 等	活化
钚	^{239}Pu，2.41×10^4a	衰变系列能量*	热中子反应
镅	^{241}Am，433a	几十千电子伏	中子照射钚
	^{243}Am，7370a	几十至一百千电子伏	

* 核素衰变产物及其子体放出的 γ 射线能量

2.1.5 天然放射性核素的伽马射线能谱

在地-空界面上天然 γ 射线主要来自地表介质中天然放射性核素的核衰变，极少部分来自宇宙射线和人工放射性核素。在自然界中，不论铀系、钍系和锕铀系列的放射性核素，还是不成系列的天然放射性核素，它们放出 γ 射线的能量都具有特征性，其能谱是离散的，能量范围从几十千电子伏到 2.62MeV。由于地表介质对 γ 射线的吸收作用，只有光子注量和能量都较高的 γ 射线才对地-空界面上 γ 射线的能谱有较大贡献。

表 2-2 列出了铀系放射性核素放出的不同能量伽马光子的相对能注量比率。在铀系中，铀组核素仅占 2.1%，镭组占 97.9%。在铀系 18 种放射性核素中，^{214}Bi 是铀系中最强的 γ 辐射体，其 γ 射线的能注量占整个系列总能注量的 85%。铀系中近一半光子的能

量小于 0.5MeV，70%的光子能量小于 1.0MeV，能量介于 1.0～2.0MeV 的光子数占铀系总光子数的 23.8%（表 2-6）。

钍系中主要 γ 辐射体有 ^{228}Ac 和 ^{208}Tl，其次有 ^{212}Pb 和 ^{212}Bi，钍系中有 85%的光子数能量小于 1MeV。钍系中 2.62MeV 谱线的光子数虽然占钍系总光子数的 8%，但其能注量占钍系光子总能注量的 46%。

锕铀系中近 70%的 γ 射线能注量是由 ^{221}Pb、^{211}Bi、^{235}U 和 ^{231}Th 四个放射性核素放出的，其主要谱线有 0.185MeV、0.084MeV、0.351MeV 和 0.829MeV。由于 ^{235}U 在铀同位素中其丰度仅为 1/140，所以锕铀系放射性核素放出的伽马射线能注量的贡献相对很小。

在不成系列的天然放射性核素中，^{40}K 放出的伽马射线能注量贡献最大，1g 天然钾 1s 内放出约 28 个能量为 1.31MeV 的 β 粒子和 3 个能量为 1.46MeV 的 γ 光子。

在各种元素含量接近克拉克值的岩石中，^{40}K 放出的 γ 射线能注量约占地-空界面上天然放射性核素总光子能注量的 42%，平衡铀系及锕铀系约占 25%，平衡钍系约占 32%，其他不成系列的放射性核素约占 1%[1]。图 2-13 是在各种元素含量接近克拉克值的岩石中几种较强的 γ 射线谱序列图。

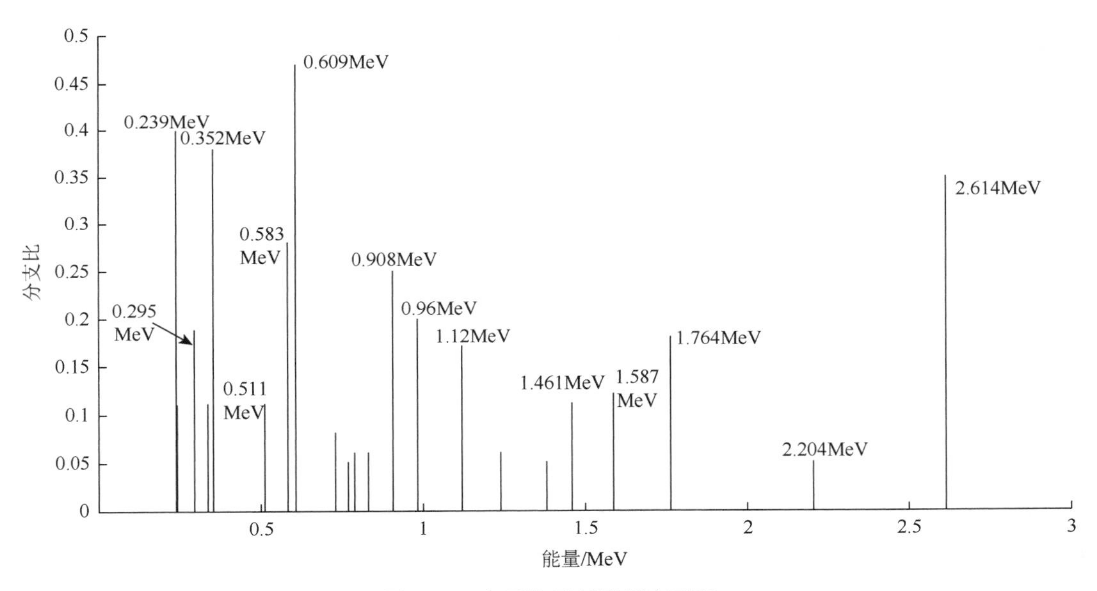

图 2-13　主要伽马射线谱序列图

2.2　地-空界面上天然伽马能谱成分的变化

在航空伽马能谱测量中，地面放射性核素放出的原始伽马射线经岩石、土壤和空气的散射和吸收作用后其谱成分将发生变化。因此航空伽马能谱探测器记录的伽马射线谱成分与原始伽马射线谱成分已存在较大差异。为便于描述，这里把放射性核素放出的伽马射线称为初级伽马射线谱，而把初级伽马射线经介质相互作用后形成伽马射线谱称为次级伽马射线谱。本节主要讨论次级伽马射线谱的特征，这也是进入探测器的伽马射线谱分布。

2.2.1　伽马射线与物质相互作用

对地–空界面上天然伽马射线，由于其能量为 0～2.62MeV，它与地表介质相互作用的主要形式有：光电效应、康普顿效应和形成电子对效应[1]。

伽马射线与物质发生作用都具有一定的概率，用反应截面表示，截面大小与伽马射线能量和靶物质性质有关。一个伽马光子与一个原子发生作用总反应截面是上述 3 种作用截面之和，即[1]

$$\Sigma_a = T_a + \sigma_a + k_a \tag{2-3}$$

式中，Σ_a 为总反应截面；T_a 为光电效应截面；σ_a 为康普顿效应截面；k_a 为形成电子对效应截面。

光电效应：伽马光子与物质原子的束缚电子作用时，光子把全部能量转移给某个束缚电子，使之发射出去，而光子本身消失掉，发射出去的电子称为光电子，如图 2-14 所示。在光电效应中，入射伽马射线能量必须大于电子的结合能，同时越靠近原子核的电子放出光电子的概率越大。

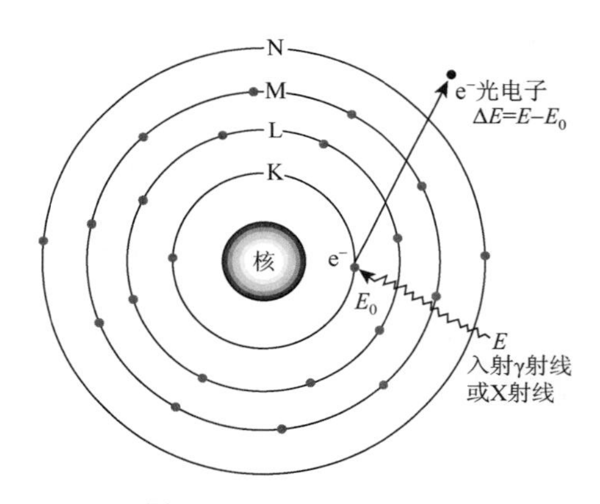

图 2-14　光电效应示意图

光电效应的截面与入射射线的能量和吸收物质的原子序数有关。一般来说，在考虑相对论理论的情况下，即 $h\nu \gg m_0c^2$ 时，K 层电子发生光电效应的截面 τ^k 为[1]

$$\tau^k = \frac{8\pi}{3} r_0^2 \frac{Z^5}{137^4} 4\sqrt{2} \left(\frac{m_0c^2}{h\nu}\right)^{7/2} \tag{2-4}$$

式中，r_0 为经典电子半径；Z 为原子序数；m_0 为正负电子的静止质量；$h\nu$ 为入射光子能量；c 为例常数。对于岩石及土壤 K 层电子光电效应截面公式近似可用式（2-5）表示[1]：

$$\tau^k=0.0089 Z_{\text{eff}}^{4.1} \lambda^n \rho / A_{\text{eff}} \tag{2-5}$$

式中，ρ 为介质密度；Z_{eff} 为吸收介质有效原子序数；A_{eff} 为吸收介质有效原子量；λ 为入射光子波长；n 为 Z_{eff} 的函数（Z=11～26 时，n=2.85）。

由此可见，光电截面随原子序数的增大迅速增大，而随入射伽马光子能量的增大而减小。

康普顿效应：入射光子与自由电子发生非弹性碰撞，其一部分能量转移给电子，使之成为反冲电子，光子的运动方向和能量发生变化，见图 2-15。

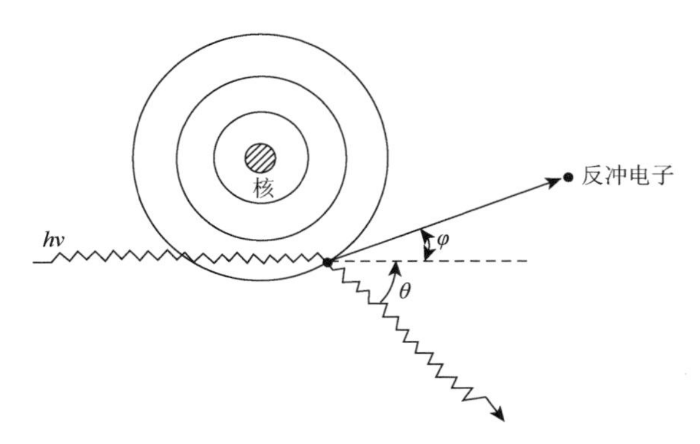

图 2-15　康普顿效应示意图

康普顿效应的截面在入射光子能量较低时仅与原子序数成正比，而与入射光子能量几乎无关。而当入射光子能量较高时，原子的康普顿散射截面 σ_c 为[1]

$$\sigma_c = Z\pi r_0^2 \frac{m_0c^2}{h\nu}\left(\ln\frac{2h\nu}{m_0c^2}+\frac{1}{2}\right) \tag{2-6}$$

式中，Z 为原子序数；r_0 为经典电子半径；m_0 为正负电子的静止质量；$h\nu$ 为入射光子能量；c 为例常数。此时截面与 Z 成正比，近似地与光子能量成反比。

形成电子对效应：伽马光子从原子核旁经过时，在原子核的库仑场作用下，伽马光子转化成一个正电子和一个负电子。发生电子对效应要求入射光子能量大于 1.02MeV。形成电子对效应的原子截面 k_α 为[1]

$$k_\alpha = c_1Z^2(h\nu-1.02) \tag{2-7}$$

式中，c_1 为比例常数；Z 为吸收物质的原子序数；$h\nu$ 为入射光子能量。

由此可见，在能量较低时，形成电子对效应截面随入射光子能量的增加而增加；而在高能区，电子对截面与原子序数平方成正相关。

3 种效应对于吸收物质的原子序数和入射光子能量都有一定的依赖关系，因而对于不同的吸收物质和能量区域，3 种效应的相对重要性是不同的。图 2-16 中给出了各种效应占优势的区域，图中 2 条曲线分别表示 $T_a=\sigma_a$ 和 $\sigma_c=k_a$ 时的 Z 与 E 的关系。

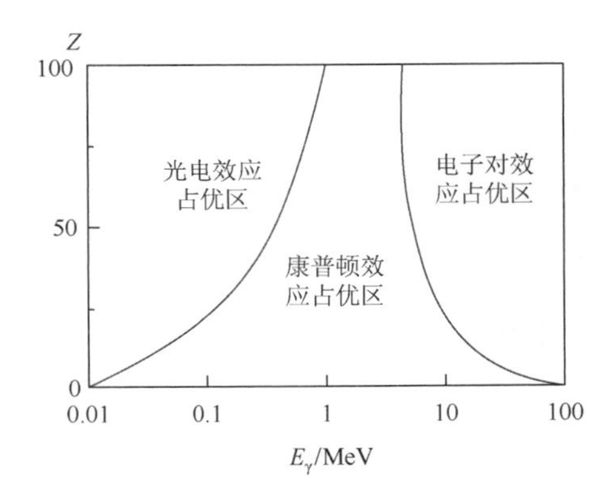

图 2-16　3 种效应占优势区域对比图

由图 2-16 中可以得出以下结论：①对于低能伽马射线和原子序数高的吸收物质，光电效应占优；②对于中能伽马射线和原子序数低的吸收物质，康普顿效应占优；③对于高能伽马射线和原子序数高的吸收物质，电子对效应占优。

2.2.2　地–空界面上天然伽马射线谱平衡

单能伽马射线束通过地表介质后，由于射线与物质的相互作用，射线谱成分要发生变化。光子与物质产生光电效应和形成电子对时，光子被吸收。这两种作用吸收光子使射线束强度减弱，射线束的能谱成分不会变化。但是康普顿效应形成次级的散射光子，光子能量则减小。随着吸收层厚度增大，散射光子可再次与物质作用形成更次一级的散射光子，若散射次数增多，则形成多次散射光子，散射光子的能量则更小。因此，单能伽马射线束，经过一定厚度的介质层后，其伽马光子的能谱将复杂化。既有起始光子能量 $h\nu_0$，又有一次散射、二次散射以至多次散射光子，他们的能量范围为 0～$h\nu_0$。随着吸收层厚度增大，散射光子注量与起始光子注量比值增大。图 2-17 是起始光子与一次、二次、三次、四次散射线光子相对注量和吸收层厚度的关系曲线[1]。这是一组理论曲线，其假定条件是起始光子能量为 3MeV，吸收介质是轻物质，康普顿效应是唯一的作用过程。图中横坐标是以光子的平均射程 l（为介质对光子吸收系数的倒数）为吸收厚度；纵坐标是散射光子与起始光子的相对光子注量。从图 2-17 可看出，一次散射光子随吸收屏增厚而增长很快，当吸收层厚度为 $3l$ 时，一次散射光子注量趋最大值；当吸收层厚度为 $5l$ 时，一次散射光子与起始光子相对注量相等；以后随吸收层厚度的增加而逐渐减弱，但一次散射光子相对注量大于起始光子；二次、三次、四次散射光子的注量随厚度增加而增加。显然，起始光子随吸收层厚度增加，相对光子注量逐渐减小，散射射线相对光子注量却随厚度增加而增加，所以，吸收层厚度增加到一定厚度时，起始光子注量减弱到很小，各次散射光子却成为主要成分。

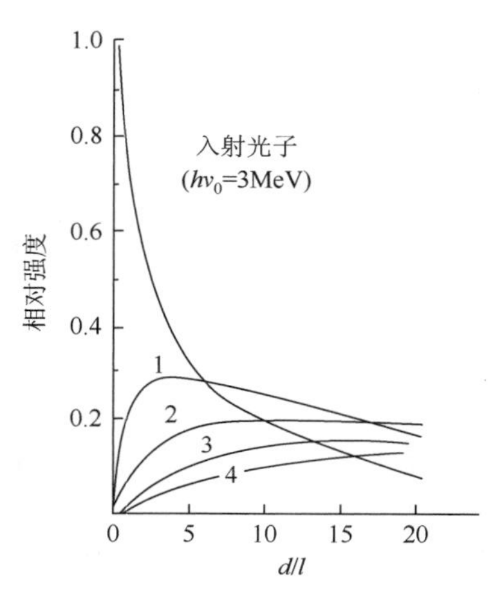

图 2-17　一次、二次、三次、四次散射光子相对注量和吸收层厚度关系曲线[1]

含有天然放射性元素的地表岩石或土壤实际上是一个具有多组能量的复杂伽马射线源。当复杂伽马射线束通过物质时，低能量的射线因发生光电效应很快被吸收，使低能量组分相对减少，高能量组成相对提高；而康普顿效应产生的次级散射射线，又提高了谱成分的低能组分；这两种作用的综合结果，使吸收介质达到一定厚度时，谱成分保持一定组分基本不变，这一现象称为“谱平衡”。图 2-18 是点状镭源通过水泥吸收层时谱成分的变化。镭源是有多组能量的复杂伽马源。图中直线表示无吸收层时的仪器谱。当吸收层厚度为 5cm 时，低能段（0～400keV）谱线已发生很大变化，次级散射射线向 100keV 积聚的趋势已显出；在高能段（大于 400keV）仍可见到 609keV 和 1120keV 等几组能量的特征峰。当吸收层厚度大于 45cm 后，谱线的形状基本保持不变，起始能量较高的几组伽马射线，经过多次散射也都向 100keV 方向积聚，谱线成分相对稳定，达到“谱平衡”。

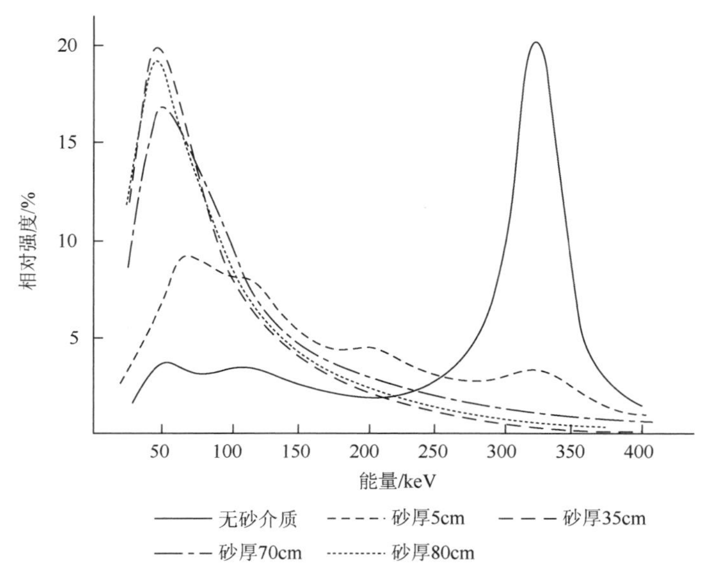

图 2-18 点状镭源通过水泥吸收层时谱成分的变化图[1]

由于放射性谱平衡现象，岩石或土壤中放射性核素放出的伽马射线经上覆岩石或土壤层的吸收与散射，在出射地表时天然伽马射线谱已是处于谱平衡状态的能谱形状。对天然伽马射线而言，只要存在上覆介质层，岩石或土壤中任何能量的伽马射线都要与介质发生吸收与散射作用，而对平衡谱有贡献。一般，达到谱平衡时的岩石或土壤层的厚度为 40～60cm。在地-空界面上天然伽马射线能谱由两部分组成，一部分是较深部岩石或土壤中（40～60cm）放射性核素放出伽马射线的平衡谱；另一部分是较浅部岩石或土壤中产生的伽马射线线状谱的叠加。因此，航空伽马射线能谱测量中，实际上记录的是天然伽马射线的平衡谱和较浅部岩石或土壤中放射性核素放出的较高能伽马射线线状谱的叠加。下面运用蒙特卡罗数值模拟技术预测地-空界面上处于谱平衡状态下的天然伽马能谱分布，在第 4 章还将进一步论述不同岩性上方天然伽马能谱成分的变化，以及低能谱段与浅表层岩性或土壤密度的相关性。

2.2.3 地-空界面上天然伽马能谱的数值模拟

由于地表介质和空气介质对 γ 射线的吸收与散射，使得地-空界面上次级 γ 射线能谱的成分向低能方向聚集。在实际应用中，对天然放射性 γ 射线能谱的分布一般采用能谱仪直接测量的方法获得，一方面 γ 射线探测器对不同能量 γ 射线的响应不同；另一方面，能谱仪记录的是伽马射线与探测器介质相互作用后的电子沉积谱。显然，采用能谱仪测量方法很难准确获得地-空界面上天然伽马射线平衡谱的初始分布。

蒙特卡罗（Monte Carlo）方法是一种基于随机数的数值计算方法，它可以直接模拟实际物理随机过程，是实现物理思想的有力数学工具，该方法被认为是解决粒子在物质中输运问题的最有效的方法之一。将蒙特卡罗模拟技术应用到地-空界面上天然放射性 γ 射线的能谱模拟，可以根据地表介质天然放射性核素分布、γ 光子与地表介质的相互作用，模拟地-空界面大气一侧天然γ射线谱的分布；进而模拟NaI（Tl）闪烁体对γ射线的电子沉积谱[9~16]。主要的随机抽样模型说明如下。

1）地质体中放射性核素位置抽样

假定地质体中天然放射性核素分布均匀。放射性核素的原子在地质体中的位置抽样在水平方向上采取均匀抽样。在垂直方向上，为减小蒙特卡罗数值模拟的方差，采用指数抽样。γ射线通过厚度为d的吸收介质的照射量率为

$$I=I_0e^{-\mu d} \tag{2-8}$$

式中，I为通过厚度为d的吸收屏时的γ照射量率；I_0为无吸收屏时的γ照射量率；μ为吸收介质的线衰减系数，单位为cm^{-1}。由此，得出垂直方向上位置抽样公式：

$$d=-\ln(\varepsilon)/\mu \tag{2-9}$$

式中，d为垂直方向上抽样距离，单位为cm；ε为[0，1]区间内均匀分布的随机数，下同。

2）光子的抽样

由于对地-空界面上γ射线照射量贡献较大的是能量较高、光子产额较大的γ光子，对γ光子的抽样主要考虑表2-11中各核素原子放出的不同能量的γ光子。每种核素原子数的多少取决于该核素在地质体中的重量含量。对铀系列与钍系列的放射性核素，则第i个子体核素含量C_i与起始核素（铀或钍）含量（C_U或C_{Th}）之间的关系及单位体积岩石或土壤中产生第i种γ光子的概率η_i分别为

$$C_i=\theta\lambda_u C_U A_U/（\lambda_i A_i）$$

$$\eta_i=\theta\rho C_i\lambda_i N_0\delta_i/A_i$$

式中，λ_i为放出第i种光子核素的衰变常数，单位为s^{-1}；C_i为地质体中放出第i种光子核素的重量含量；A_i为放出第i种光子核素的质量数；N_0为阿佛加得罗常数6.023×10^{23}；δ_i为某种核素放出第i种γ光子的分支比；ρ为地表介质密度$2.3g/cm^3$；θ为起始核素的丰度。对铀系列，铀镭平衡系数和射气系数均假定为1。

表2-11　地-空界面上部分放射性核素γ射线及相对能注量

核素	一次衰变的光子数n	能量E_γ/MeV	相对能量百分比（$nE/\sum nE$）/%	元素含量接近克拉克值的岩石中光子的相对产生概率η_i
^{40}K	0.110	1.46	42	0.1344
^{214}Pb	0.337	0.352	2.02	0.0088
	0.189	0.295	—	0.0044
	0.052	0.285	—	0.0012
^{238}U	0.187	0.048	—	0.0040
^{234}Th	0.148	0.093	—	0.0036
	0.065	0.064	—	0.0016
^{208}Tl	0.337	2.62	14.99	0.0100
	0.293	0.583	2.90	0.008
	0.842	0.511	0.73	0.0025

续表

核素	一次衰变的光子数 n	能量 E_γ/MeV	相对能量百分比（$nE/\sum nE$）/%	元素含量接近克拉克值的岩石中光子的相对产生概率 η_i
^{214}Bi	0.052	2.204	1.20	0.0012
	0.163	1.764	3.00	0.0038
	0.040	1.403	0.59	0.0008
	0.048	1.378	0.69	0.0012
	0.166	1.12	1.94	0.0040
	0.053	0.769	0.43	0.0012
	0.471	0.609	3.00	0.0120
^{228}Ac	0.100	0.960	1.78	0.0030
	0.250	0.908	4.22	0.0050
	0.095	0.338	0.60	0.0025
	0.106	0.129	—	0.0030
^{224}Ra	0.0303	0.241	—	0.0280
^{212}Pb	0.032	0.300	—	0.0010
	0.470	0.239	—	0.0130
^{212}Bi	0.0066	0.727	—	0.0020

对 ^{40}K，其放出 γ 光子的能量为 1.46MeV，单位体积岩石或土壤中 ^{40}K 产生光子的 η_K 为

$$\eta_K=\rho C_K\theta\delta\lambda N_0/A \tag{2-10}$$

式中，C_K 为 ^{40}K 在介质中的重量含量；θ 为 ^{40}K 核素的丰度，值为 0.014%；λ 为核素的衰变常数 1.7303×10^{-17}，单位为 s^{-1}；δ 为分支比，值为 11%；A 为钾元素的质量数，值为 40；其他参数物理意义同前。

单位体积的岩石或土壤中主要光子发射的概率 η_i 列于表 2-11。若有 N 种光子，则地表介质中第 i 种光子的抽样为

$$\sum_{j=1}^{i}\eta_j \leqslant \varepsilon\sum_{j=1}^{N}\eta_j < \sum_{j=1}^{i+1}\eta_j \tag{2-11}$$

若随机数 ε 满足式（2-11），则取第 i 种光子为所选光子。

3）光子碰撞点间距离抽样

光子在反应介质中行进距离 l 后（到 P 点），在 dl 内发生碰撞的概率为

$$P(l)=\exp(-\Sigma l)\Sigma \mathrm{d}l$$

式中，Σ 为总截面——光电效应、康普顿效应和电子对效应的宏观截面之和。光子从起点到 P 点间任何一点发生碰撞的累积概率 P 为

$$P=\int_0^l \exp(-\Sigma s)\Sigma \mathrm{d}s$$

令碰撞距离 $l\to\infty$，对式（2-11）积分可得光子碰撞点间的距离抽样。

$$l=\frac{-1}{\Sigma}\ln(1-\varepsilon)=\frac{-1}{\Sigma}\ln(1-\varepsilon) \tag{2-12}$$

设 D 是沿粒子行进方向到介质边界的距离。若 $l<D$，则光子在介质中 P 点发生碰撞；若 $l\geqslant D$，则光子在该介质中不发生碰撞。

4）光子与介质作用类型抽样

光子与物质相互作用类型为 n 种，第 i 种作用的微观截面为 ξ_i，若随机数满足

$$\sum_{i=1}^{k-1}\xi_i\leqslant\varepsilon\sum_{i=1}^{3n}\xi_i\leqslant\sum_{i=1}^{k}\xi_i \tag{2-13}$$

则选第 k 种作用类型。式中，k 为作用类型（k=1、2、3，分别代表光电效应、康普顿散射和电子形成效应）。

根据 γ 光子在介质中的运移过程，采用蒙特卡罗方法模型的主要步骤是：①确定 γ 光子的位置。在水平方向上采用均匀抽样，在垂直方向上采用指数抽样。②确定出射的光子及其出射方位。出射的光子抽样由式（2-10）给出。光子的出射方位在 4π 立体角内是均匀分布的，在实际抽样中，为提高抽样效率，减小方差，在向上的 2π 立体角空间内均匀抽样。③确定光子在岩石或土壤中的行进距离，由两碰撞点间的距离抽样公式确定。④确定被选定的光子与介质作用的类型。对光子能量大于 1.02MeV 的光子将给予光电效应、康普顿效应、电子对效应 3 种效应的抽样，而能量小于 1.02MeV 的光子仅给予光电效应和康普顿效应的抽样。若是光电效应，则光子被介质吸收，本次事件结束，再从步骤①开始；若是康普顿效应，则进行散射光子的能量抽样与其方位抽样，从而确定散射光子的能量与出射方位，然后重复步骤③；若是形成电子对效应，则分别追踪正电子湮灭的两个光子（其能量均为 0.511MeV），首先确定其中一个光子的出射方位（在 4π 立体角内是均匀抽样），重复步骤③；然后再追踪另一个光子，其出射方位与前一个光子相差 π，重复步骤③。如此反复直到光子被岩石或土壤吸收或跃出地表，记录跃出地表光子的能量、位置和出射方位。

假设地质体为天然放射性核素分布均匀的扁长方体，地质体的密度为 2.3g/cm^3，平均原子序数为 13.5，建立如图 2-19 的直角坐标系。

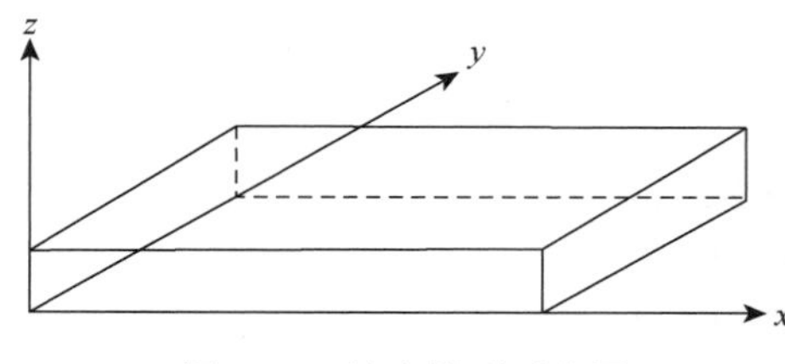

图 2-19　地表模型示意图

地表介质分别对天然土壤（放射性本底区）、铀矿区、钍矿区、钾矿区 4 个区域，不同区域天然放射性元素 K、U 和 Th 的含量见表 2-12，并假定铀镭平衡系数和射气系数均为 1，伽马光子的种类主要考虑 ^{214}Bi 放出的 0.609MeV、1.12MeV 和 1.76MeV，^{228}Ac

放出的 0.908MeV，^{208}Tl 放出的 2.62MeV 和 ^{40}K 放出的 1.46MeV。取随机采样次数为 1.0×10^9 次。铀矿区、钍矿区和钾矿区 4 种放射性异常区地-空界面上蒙特卡罗数值模拟得出的主要 γ 光子数与本底区放出的模拟 γ 光子数的比值见表 2-13。

表 2-12　模拟放射性地区 K、U 和 Th 元素的含量

核素	放射性本底区	铀矿区	钍矿区	钾矿区
K	1.7%	3%	1%	10%
U	3×10^{-6}g/g	100×10^{-6}g/g	5×10^{-6}g/g	3×10^{-6}g/g
Th	10×10^{-6}g/g	10×10^{-6}g/g	1000×10^{-6}g/g	8×10^{-6}g/g

表 2-13　放射性异常区蒙特卡罗数值模拟的主要 γ 光子数与本底区 γ 光子数的比值

放射性异常区	铀矿区			钍矿区		钾矿区
核素	^{214}Bi			^{228}Ac	^{208}Tl	^{40}K
γ 光子能量/MeV	0.609	1.12	1.76	0.908	2.62	1.46
异常区与本底区放出 γ 光子数比值	12.369	12.250	13.33	1.811	1.827	2.011

2.2.4　放射性本底区地-空界面上 γ 射线谱

放射性本底区地表介质上方空气中天然 γ 射线能谱如图 2-20 所示。

从图 2-20 可看出，虽然天然地质体中的放射性核素放出的 γ 光子能量是离散的，具有特征性，但经过 γ 射线与地层物质相互作用后，在地-空界面上出射的 γ 射线能谱呈连续分布，且连续谱的能量向低能方向汇集，并在 100keV 左右形成峰值。

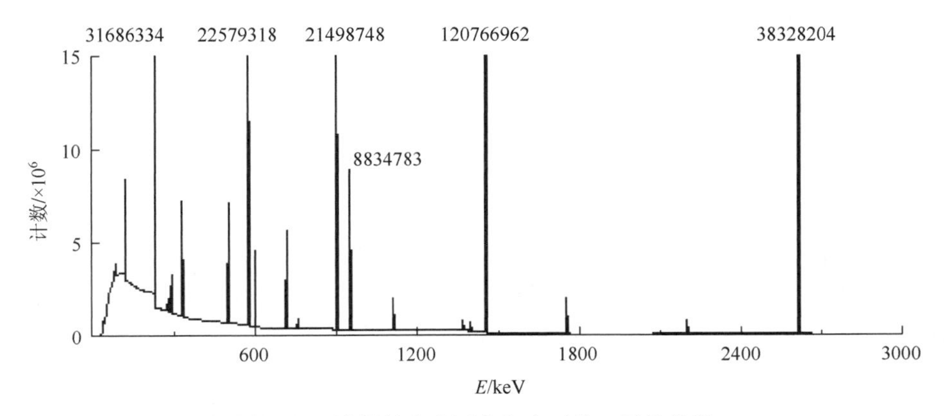

图 2-20　放射性本底区空气中天然 γ 射线能谱

2.2.5　放射性异常区地-空界面上 γ 射线谱

不同矿区（钾矿区）地-空界面上方空气中天然 γ 射线能谱如图 2-21 所示。

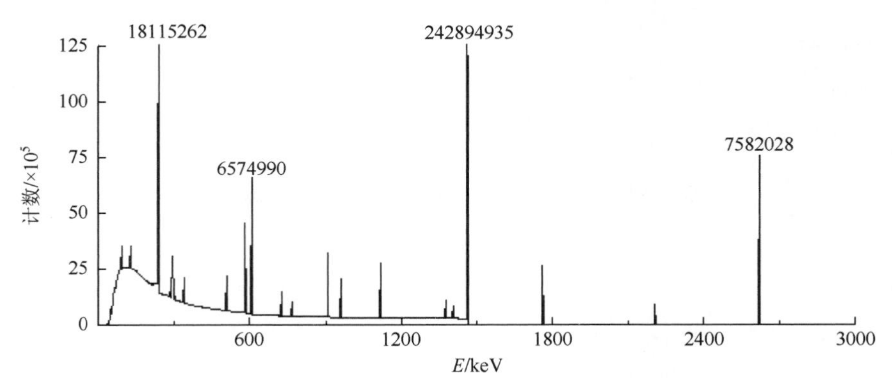

图 2-21　钾矿区空气中天然 γ 射线能谱

比较图 2-20 和图 2-21 可看出如下。

（1）在放射性异常地区地-空界面上方的 γ 射线谱与放射性本底区基本一致，在较低能区均形成连续 γ 射线谱，并在 100keV 能量左右形成较强的峰值。

（2）地层中铀含量从 3×10^{-6}g/g（本底区）提高到 10×10^{-6}g/g（铀矿区）时，则在空气中产生的铀系主要 γ 谱线的光子数增加约 12 倍（表 2-13），这表明在地表应用 γ 能谱方法确定地层中的铀含量具有较高的探测灵敏度。

（3）地层中钾含量从 1%变化到 10%，^{40}K 放出的 1.46MeVγ 射线的光子数比为 1.4；钍含量从 10×10^{-6}g/g 变化到 1000×10^{-6}g/g 时，钍系 γ 谱线光子数比为 1.2～1.6。

（4）对野外 γ 能谱测量，为减少低能区散射背景的干扰，优选的铀道和钍道的 γ 射线谱能量应大于 1.0MeV，分别可设定为 1.76MeV 和 2.62MeV。

2.3　不同形状辐射体空中伽马射线照射量率

2.3.1　点状辐射体

对点状辐射体（图 2-22），在航空放射性测量中源所产生的伽马场强以 S_p/r^2 表示。仪器所测场强为每秒计数，以 S_p 表示。对点源，仪器接收的计数率为 N，则有[1]

$$N=\frac{K\cdot S_p}{r^2}\mathrm{e}^{-\mu\cdot r} \tag{2-14}$$

式中，S_p 为源活度，单位为 Bq；S_p/r^2 为场强，单位为 Bq/m^2；K 为探测灵敏度，表示在无吸收情况下，仪器所接收到的每单位场强所产生的每秒计数，单位为 cps/(Bq/m^2)；r 为源到探测器间距离，单位为 m；μ 为线有效吸收系数，单位为 m^{-1}。

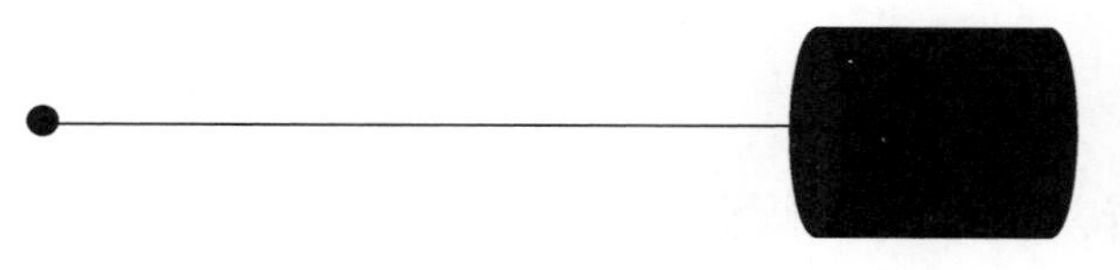

图 2-22　点源探测器

2.3.2　线状辐射体

对线源伽马场，点状探测器，按对点源，仪器接收的计数率按式（2-14）计算，有线源（长无限，线活度 S_l）如图 2-23 所示。取源中心为 D，铅垂向上取一点 O（$OD=H$），在源上取任一点 P（$DP=x$），OD 与 OP 夹角为 θ，$OP=r$，则 P 处线元 dx，在 O 点所产生的伽马照射量率以 ϕ 函数表示为[17]

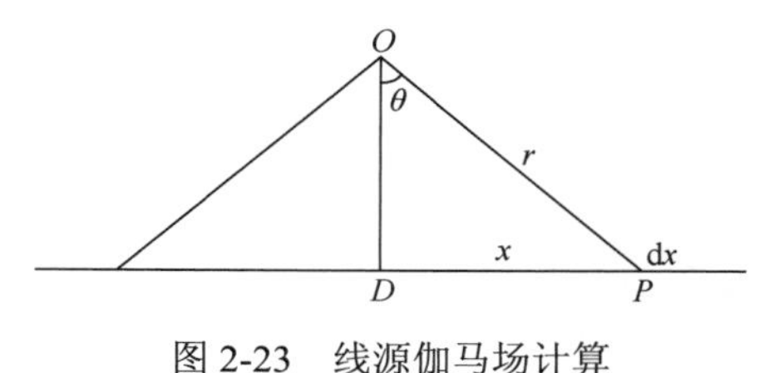

图 2-23　线源伽马场计算

$$N=\frac{S_l BF}{2\pi \mathrm{H}}\phi(\mu H) \tag{2-15}$$

2.3.3　面状辐射体

1. 环状面源伽马场

对面源首先考虑点状接收。有环状面源（面活度为 S_A，内外半径各为 R_1、R_2），如图 2-24 所示，取中心为 D，P 点取于 R_1、R_2之间，R_1、R_2对应的半张角为 θ_1、θ_2，其他与式 2-15 中假设相同。则在 P 点处环状小面积源 $S_A\cdot 2\pi x\mathrm{d}x$ 在 O 点处所产生的伽马照射量率以 U 函数表示为[17]

$$N=\frac{S_A AF}{2}-U(\mu H,0,\theta_1,\theta_2) \tag{2-16}$$

对面源伽马场，暂不考虑侧面接收的伽马场计算。

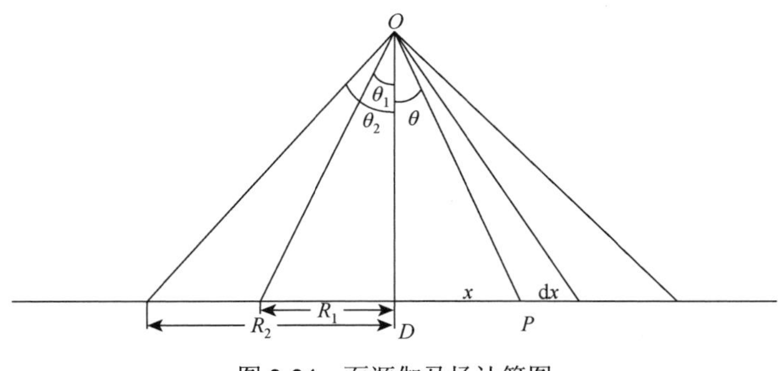

图 2-24　面源伽马场计算图

2. 矩形面源伽马场

对矩形面源伽马场如图 2-25 所示，宽度为 h，长度为 $2l$，源内任一点 P，过 P 作 MN 线平行 Y 轴交 X 轴于 M，下部边界于 N。令$\angle YON=\theta_0$，$\angle XOE=\phi_0$，则有

$$\left.\begin{aligned}\theta_0 &= \arctan\left(\frac{H}{l}\csc\phi\right)\\ \phi_0 &= \arctan\left(\frac{H}{h}\right)\end{aligned}\right\}\tag{2-17}$$

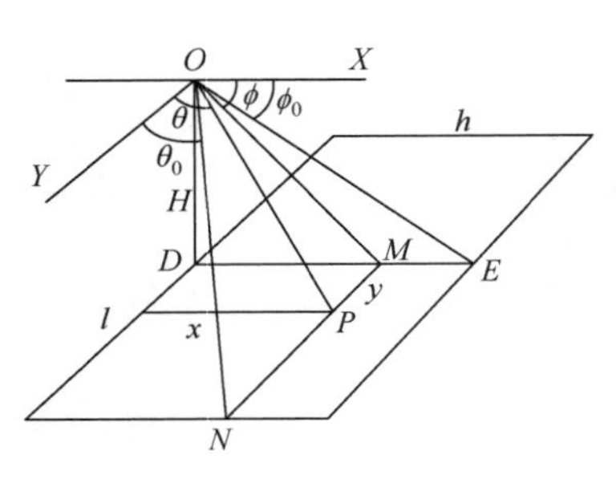

图 2-25 矩形面源伽马场计算图

式中，H 为面源距探测器中心 O 点高度；OD 为垂直源面，$OD=H$。对矩形面源，不单对铅直方向的 θ 角做射线入射方向与底面法线交角不垂直的修正，同时对水平方向的 ϕ 角也应做相应修正。如图 2-25 所示，按式 $N=\frac{S_pK}{r^2}\mathrm{e}^{-\mu r}$ 计算。

P 处小面源 dxdy 在 O 点产生的伽马照射率，对 θ（$\theta_0 \sim \frac{\pi}{2}$）、$\phi\left(\phi_0 \sim \frac{\pi}{2}\right)$ 积分，得该面源在 O 点产生的伽马照射量率为[17]

$$N=\frac{2S_AAF}{4\pi}\int_{\phi_0}^{\frac{\pi}{2}}\int_{\arctan\left(\frac{H}{l}\csc\phi\right)}^{\frac{\pi}{2}}\mathrm{e}^{-\mu H\csc\theta\csc\phi}\sin\theta\mathrm{d}\theta\mathrm{d}\phi\tag{2-18}$$

以 W 函数表示，得

$$N=\frac{S_AAF}{4\pi}W\left(\mu H,\frac{H}{l},\phi_0\right)\tag{2-19}$$

式中，$\phi_0=\arctan\frac{H}{l}$。

2.3.4 圆锥台状辐射体

对锥状体源，使用球坐标（r, θ, ϕ）进行伽马场计算，均可先对 r 积分，得出积分表达通式（图 2-26）。对球坐标，任一点 P 处体积元 $\mathrm{d}v=r^2\sin\theta\mathrm{d}r\mathrm{d}\theta\mathrm{d}\phi$ 在原点产生之伽马照射量率按式（2-14）有[17]

$$\mathrm{d}N=\frac{S_v\mathrm{d}vK}{r^2}\mathrm{e}^{-\mu(r-r_1)-\mu_a r_a-\mu_b r_b}\tag{2-20}$$

式中，S_v 为体活度；μ_a、μ_b 为吸收层 a、b 的为线吸收系数；r_a、r_b 为吸收层 a、b 的吸收距离；r_1 为 r 的积分上限。

经对 r 由 r_1 积分到 r_2，得源体在原点 O 处所产生的伽马照射量率为[17]

$$N=\frac{S_vK}{\mu}\int_\phi\int_\theta(1-\mathrm{e}^{-\mu(r_2-r_1)})\mathrm{e}^{-\mu_a r_a-\mu_b r_b}\sin\theta\mathrm{d}\theta\mathrm{d}\phi\tag{2-21}$$

有体源厚为 h，观测点 O 半张角为 θ_0，上覆非放射性屏蔽层，厚为 l，O 点的伽马照射量率以 U 函数表达，得[17]

$$N = \frac{2\pi S_v K}{\mu}[U(\mu_a H + \mu_b l, 0, 0, \theta_0) - U(\mu_a H + \mu_b l + \mu h, 0, 0, \theta_0)] \tag{2-22}$$

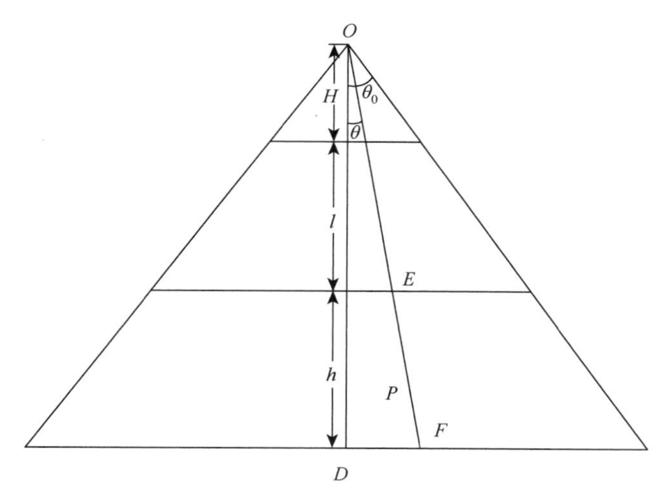

图 2-26　锥状体源伽马场计算图

2.4　航空伽马射线仪器谱的形成及复杂化

地面天然放射性物质放出的伽马射线经岩石、土壤、空气发生吸收散射等作用后到达探测器，由于伽马射线与探测器的相互作用，形成的伽马射线仪器谱又进一步复杂化，如在仪器谱中可形成全能峰、康普顿坪、单逃逸峰和双逃逸峰，以及探测器周围介质形成干扰峰等。

2.4.1　航空伽马射线仪器谱的形成

在航空伽马能谱测量中，地面放出的伽马射线到达仪器后由探测器实现信号的转换。常用的探测器为 NaI（Tl）闪烁体，其一般工作过程为：入射射线进入闪烁体通过光电效应、康普顿效应和形成电子对效应损失其能量，并使闪烁体发出荧光，荧光光子数与入射伽马射线的能量成正比；荧光光子经出射窗汇集到光电倍增管（PMT）的光阴极上，通过发生光电效应打出光电子；光电子在光电倍增管中不断运动并实现倍增，最后在阳极输出电流或电压脉冲信号，电流脉冲强度或者电压脉冲幅度与 PMT 中电子数和入射的荧光光子数成比例，即与入射伽马射线能量成比例；系列的电压脉冲信号经多道脉冲幅度分析器采集得到脉冲幅度谱。该脉冲幅度谱经入射伽马射线能量的刻度，即得航空伽马射线仪器谱。

因此，仪器谱的产生是探测器对入射射线能量的一种响应。若入射伽马射线为单能，且与闪烁体物质仅发生光电效应，伽马光子全部能量传递给光电子。由于电子在固体闪烁体中自由程很小，可忽略光电子逃逸出闪烁体晶体，光电子全部能量将沉积在闪烁体中。此时航空伽马射线仪器谱为单一谱峰，该谱峰被称为光电峰，光电峰能量为入射

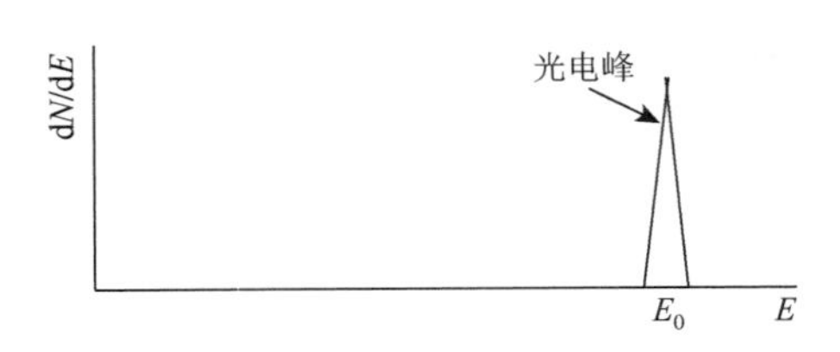

图 2-27　单能光子光电效应能谱响应

伽马光子的能量（实际上，该能量为入射伽马光子能量与电子结合能之差，由于电子结合能远小于入射伽马光子能量，一般可忽略），如图 2-27 所示。

如果单能入射伽马射线与闪烁体物质发生康普顿效应，则伽马光子的部分能量传递给反冲电子，另一部分能量由散射光子携带。对于散射光子将有三种可能事件：第一种可能事件是散射光子与闪烁体物质发生光电效应，并形成光电子。忽略反冲电子和光电子逃逸出闪烁体晶体，则沉积在闪烁体中的能量仍然等于入射伽马能量，在航空伽马射线仪器谱上也是单一谱峰，该谱峰被称为全能峰，它是由一次散射反冲电子能量和一次散射光子的光电子能量的叠加，如图 2-28 中标注的全能峰。第二种可能事件是散射光子逃逸出闪烁体晶体，此时沉积在闪烁体内的能量仅仅是一次反冲电子的能量。由于一个伽马光子与自由电子发生康普顿散射时，散射角或反冲角是随机的，反冲电子的能量大小也是随机的，对于一束单能伽马光子与闪烁体物质发生康普顿散射所形成的反冲电子的能量将在 0 至最大反冲电子能量的连续分布，如图 2-28 中标注的康普顿坪。第三种可能事件是散射光子又与闪烁体物质发生康普顿效应产生二次散射光子和二次反冲电子。若二次散射光子又出现上述第一种可能事件，则在航空伽马仪器谱上仍然只出现图 2-28 中的全能峰，此时该全能峰是一次散射反冲电子能量、二次散射反冲电子能量和二次散射光子的光电子能量的总和；若二次散射光子出现上述第二种可能事件，则沉积在闪烁体内的能量可能大于一次散射反冲电子的最大能量，如图 2-28 中标注的多次散射拖尾。因此，即使是单能入射的伽马射线，当与闪烁体晶体发生康普顿效应时，其仪器谱已是一条较复杂的连续谱线，该谱线由反映入射伽马射线能量大小的全能峰、康普顿电子平台和多次散射拖尾组成。

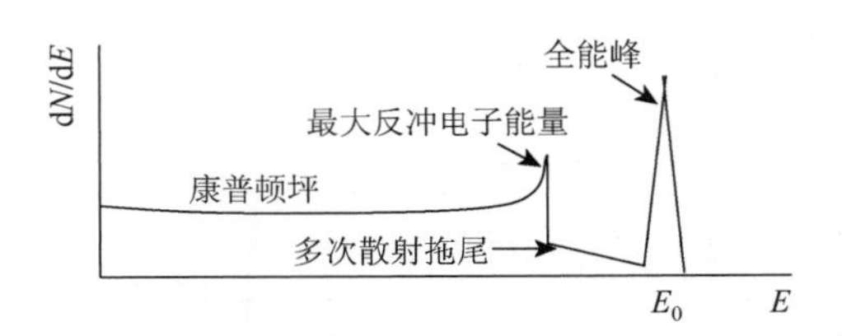

图 2-28　单能光子康普顿效应能谱响应

如果单能伽马射线与闪烁体发生形成电子对效应（光子能量大于 1.02MeV），忽略正、负电子逃逸出闪烁体，其全部动能消耗在闪烁晶体中。正电子动能消耗后将产生两上能量为 0.511 MeV 的湮灭光子，对于这两个湮灭光子若不考虑康普顿效应，还有两种可能事件：第一种可能事件是一个湮灭光子逃逸出闪烁体，另一个湮灭光子阻止于闪烁体内。此时，在航空伽马射线仪器谱上，除了入射伽马射线的全能峰外，在低能端还将出现一个单逃逸峰，全能峰能量与单逃逸峰能量的差值为 0.511MeV。第二种可能事件是两个湮灭光子都逃逸出闪烁体，此时在航空伽马射线仪器谱上将出现一个双逃逸峰，全能峰能量与双逃逸峰能量的差值为 1.02MeV，如图 2-29 所示。

综合考虑入射伽马射线与闪烁体物质作用的光电效应、康普顿效应和形成电子对效应所形成的航空伽马射线仪器谱，即使是单能的入射伽马射线，其仪器谱已是一个连续的复杂能谱，如图 2-30 所示。该谱线由入射伽马射线的全能峰（其能量近似为入射线伽马能量）、康普顿坪、多次散射拖尾，以及叠加在康普顿坪上的单逃逸峰和双逃逸峰组成。

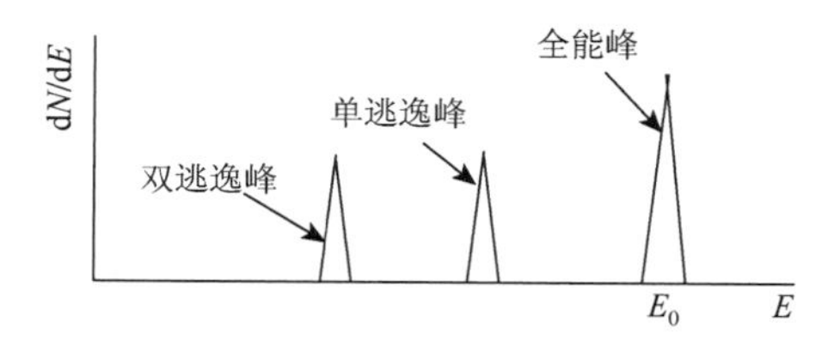

图 2-29　单能光子形成电子对效应能谱响应

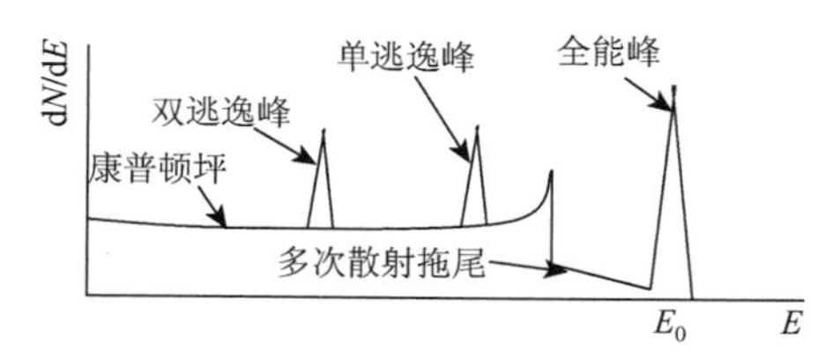

图 2-30　单能入射伽马射线仪器谱

2.4.2　航空伽马射线仪器谱的复杂化

在实际测量中，伽马能谱形成过程中还伴随着其他的作用过程，他们使得航空伽马射线仪器谱更加复杂。下面介绍几种主要的干扰和伴生辐射的特征峰。

1. 散射光子与反散射峰

伽马射线在探头外壳上及在周围屏蔽物质上都会发生散射，产生散射辐射。它们进入晶体吸收会使得康普顿坪区的计数增加。特别是在康普顿坪上 200keV 左右的位置，经常能看到一个小的突起，它是散射光子造成的，称为反散射峰。反散射光子的能量随入射光子能量的变化不大，通常为 200keV 左右。图 2-31 给出了 NaI（Tl）闪烁计数器为伽马射线探测器测得的 ^{137}Cs 仪器谱，其反散射峰的能量为 184keV。

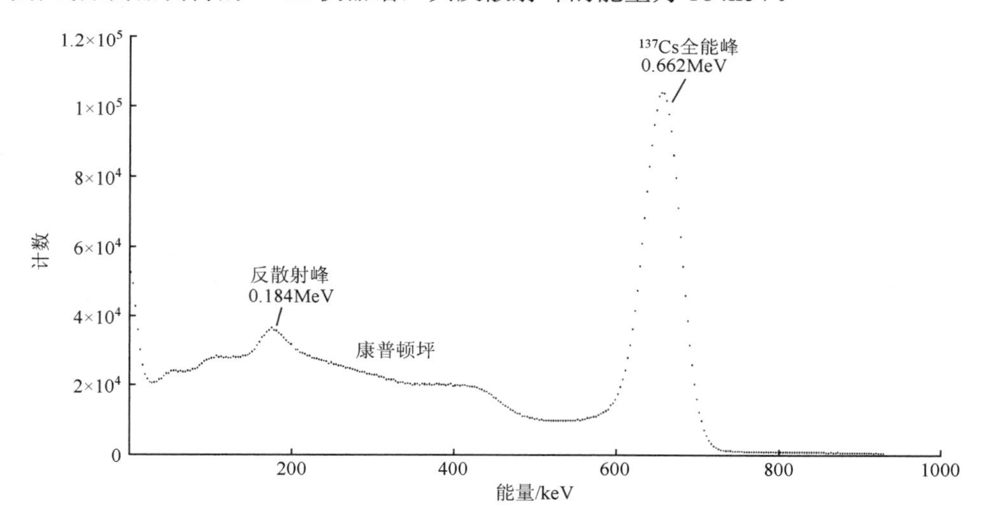

图 2-31　NaI（Tl）闪烁计数器的 ^{137}Cs 能谱

2. 湮灭辐射峰

对较高能量的伽马射线来说，当它在周围物质材料中通过电子对效应产生的正电子湮灭时，放出的两个 0.511MeV 的伽马光子可能有一个进入晶体，产生一个能量为 0.511MeV 的光电峰及其相应的康普顿坪，称为湮灭辐射峰。

3. 特征 X 射线峰

入射探测器的伽马射线与周围物质原子发生光电效应可以放出特征 X 射线。通常特征 X 射线的能量较低（和天然放射性核素放出的能量相比），只有几千电子伏到几十千电子伏左右。在做低能谱测量时，航空伽马能谱仪的探测下限较低，可以达到 30keV 以下。图 2-32 是 ^{241}Am 和 ^{137}Cs 源的仪器谱，除 59keV 和 661keV 伽马射线全能峰外，在低能区域还出现了 Ba 的 32keV 的特征 X 射线，这是 ^{137}Cs 经 β 衰变后形成 ^{137}Ba，^{137}Ba 原子放出的 K 层特征 X 射线形成的光电峰。

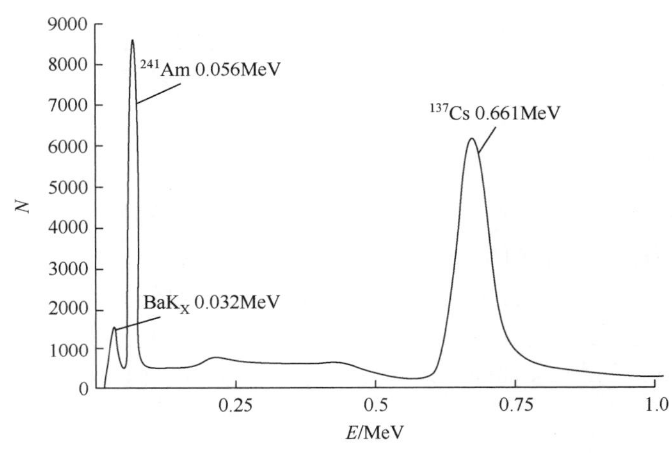

图 2-32　低能伽马能谱谱线

4. 碘逃逸峰

使用 NaI 晶体作为伽马射线探测器时，碘原子的 K 层特征 X 射线能量是 28.61keV。若光电效应在靠近晶体表面处发生，该 X 射线可能逸出晶体，相应的脉冲幅度所对应的能量将比入射光子的能量小 28.61keV，这种脉冲所组成的峰称为碘逃逸峰。由于航空伽马能谱测量的主要核素所放出的伽马射线能量较高，碘逃逸峰能量与全能峰的能量几乎一致。例如，对 U 的 1.764MeV 的射线碘逃逸峰的能量为 1.735MeV，其能量差仅为 1.6%，对于 NaI（Tl）闪烁计数器探测器，其能量分辨率为 8%左右，故碘逃逸峰的影响可以忽略。

5. 边缘效应

当伽马射线在晶体物质深处发生相互作用时，伽马光子转移给次级电子的动能一般情况下都为晶体所吸收。若次级电子产生的地点靠近晶体边缘时，次级可能逸出晶体将部分动能损失在晶体外，所引起的脉冲幅度相应减小，这称为边缘效应。边缘效应使谱仪的能量分辨率变差。

在航空伽马能谱测量中，尤其是对于高能伽马射线，由于次级电子的能量较高其射程较长，更容易产生边缘效应。

参 考 文 献

[1] 成都地质学院三系. 放射性勘探方法. 北京：原子能出版社，1978

[2] 叶宗海. 空间粒子辐射探测技术. 北京：科学出版社，1986

[3] 杨佳，葛良全，熊盛青. NASVD 方法在 CE1-GRS 谱线分析中的应用研究. 核电子学与探测技术，2010，(01)：145-150

[4] 杨佳，葛良全，张庆贤，等. NASVD 方法在航空伽马能谱数据降噪中的应用. 铀矿地质，2010,（02）：108-113

[5] 杨佳，葛良全，熊盛青. 基于奇异值分解方法的嫦娥一号 γ 射线谱仪谱线定性分析. 原子能科学技术，2010，（03）：348-353

[6] 杨佳，葛良全，熊盛青，等. 利用 CE1-GRS 数据分析月表钍元素分布特征. 核电子学与探测技术，2010，（04）：581-584

[7] 刘圣康. 中子物理. 北京：原子能出版社，1978

[8] Reedy R C. Planetary gamma-ray spectroscopy//Merrill R B. Proc.Lunar Planet. New York：Pergamon Press，1978：2961-2984

[9] 李婧，张江，葛良全. 蒙特卡罗模拟 NaI 探测天然 γ 能谱的软件设计方法及应用. 核电子学与核探测技术，2005，（4）25：423-425

[10] 郭生良，葛良全，程锋. 点源 γ 光子穿越特定形状屏蔽层的 Monte Carlo 计算与模拟. 核电子学与探测技术，2007，（04）：537-540

[11] 钱远琥，葛良全，吴祥余，等. 蒙特卡罗模拟光子输运中截面数据的拟合. 核电子学与探测技术，2009，（01）：211-213

[12] 吴祥余，葛良全，朱迪，等. γ 光子在 NaI（Tl）晶体中响应函数的蒙特卡罗计算. 物探化探计算技术，2009，（02）：175-178

[13] 吴祥余，朱迪，葛良全，等. Monte Carlo 方法对不同尺寸 NaI（Tl）晶体探测效率的刻度. 核电子学与探测技术，2009，（01）：207-210

[14] 曾兵，葛良全，郭生良，等. NaI（Tl）晶体对 γ 射线响应函数的蒙特卡罗模拟. 核电子学与探测技术，2009，（02）：394-397

[15] 朱迪，葛良全，吴祥余，等. 航空伽马测量中的虚拟探测器的蒙特卡罗模拟.中国水运，2009，（04）：90-91

[16] 林帆，张庆贤，葛良全，等. 多晶体 γ 探测器相互影响的蒙特卡洛数值模拟. 核技术，2010，（09）：675-678

[17] 李波. 航空 γ 能谱照射量率的正演问题研究. 成都：成都理工大学硕士学位论文，2009

第 3 章　航空伽马能谱仪

3.1　航空伽马能谱探头

航空伽马能谱探头是航空伽马能谱勘查系统的关键部件，其主要作用是在空中获取地面引起的空中伽马辐射信息，将伽马光子变换为可供后续电子线路单元处理的模拟脉冲信号。航空伽马能谱勘查系统的后续处理、方法技术研究、数据解释等均以此信号为基础，因此，航空伽马能谱探头的设计将对航空伽马能谱勘查系统性能指标的优劣起到决定性作用。由于搭载航空伽马能谱探头的飞行器都具有较高的飞行速度，要保证航空伽马能谱对地测量的空间分辨能力，对巡航速度为 150km/h 的飞行器，一次伽马能谱采集时间一般为 1s。在此采集时间内，为了保证航空伽马能谱测量的精确度，要求航空伽马能谱探头具有较高的伽马射线探测灵敏度。目前，用于航空伽马能谱测量的伽马射线探测器普遍采用大体积的 NaI（Tl）闪烁晶体，本章主要针对该探测器论述航空伽马能谱探头的设计及其相关技术。

3.1.1　航空伽马能谱探头的组成

航空伽马能谱探头由 1～4 箱晶体构成，每箱包括五条 4.19L 大小的方柱状 NaI（Tl）晶体，以及配套的光电倍增管（photo multiplier tube，PMT）、光耦、电磁屏蔽装置、前置电子线路、低噪声高压电源及滤波电路等[1]，组成框图如图 3-1 所示。

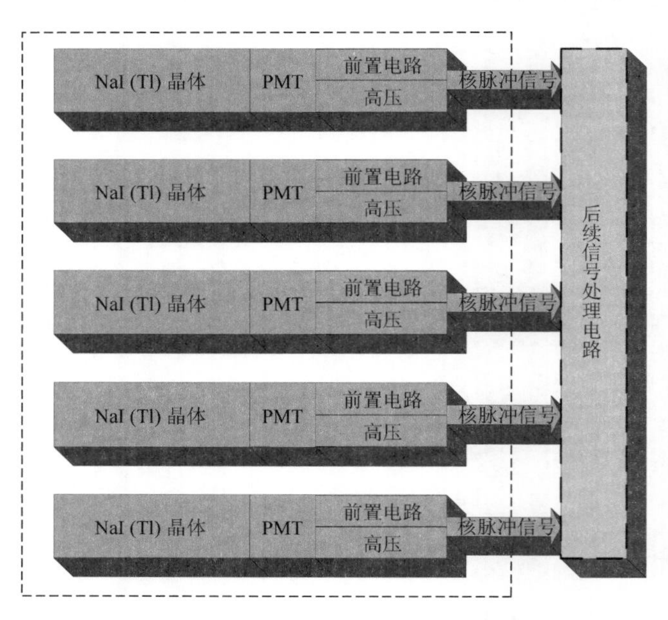

图 3-1　航空伽马能谱探头组成框图

NaI（Tl）晶体是对伽马射线探测效率特别高的一种闪烁体，其测量伽马射线时能量分辨率也是闪烁体中较好的一种。其主要作用是将伽马光子的能量转换为波长更长的闪烁光子。

PMT 是灵敏度极高，响应速度极快的光探测器，其输出信号在相当大范围内保持着高度的线性输出。其主要作用是将闪烁光子在 PMT 的光阴极产生光电子，并由 PMT 的各个倍增极倍增，在 PMT 的阳极负载上形成电信号。

光耦是加在 NaI（Tl）闪烁体与 PMT 之间的一层“耦合剂”，其作用是减少闪光在闪烁体射出的面上发生反射，使得大部分光线能够有效地传给 PMT 的光阴极。

前置电子线路包括有源分压电路、前置放大器、温度补偿电路。其功能是给光电倍增管提供最佳、恒定的偏置电压和输出信号的初级放大与阻抗匹配，提高探测器信号的信噪比和抗干扰能力，并抵消晶体管温度漂移的影响。

高压电源及滤波电路用于提供 PMT 工作所必需的高压，PMT 需要在阴阳极之间加上近千伏的高压，并对阴极、聚焦极、倍增极、阳极之间分配一定的极间电压，才能正常工作。PMT 的增益非常大，高压电源的稳定性对增益影响很大，PMT 对高压供电电源的稳定性一般要达到 0.01%～0.05%，稳定性比光电倍增管所要求的稳定性约高 10 倍。

航空伽马能谱探头一箱晶体的排列结构如图 3-2 所示，其中一个为上测晶体，摆放在四个晶体上面，用于实现对大气氡的监测与校正；下测晶体用于测量地面岩石、土壤放射性伽马射线，每条晶体用隔温材料包装，可装在飞机舱底板上。

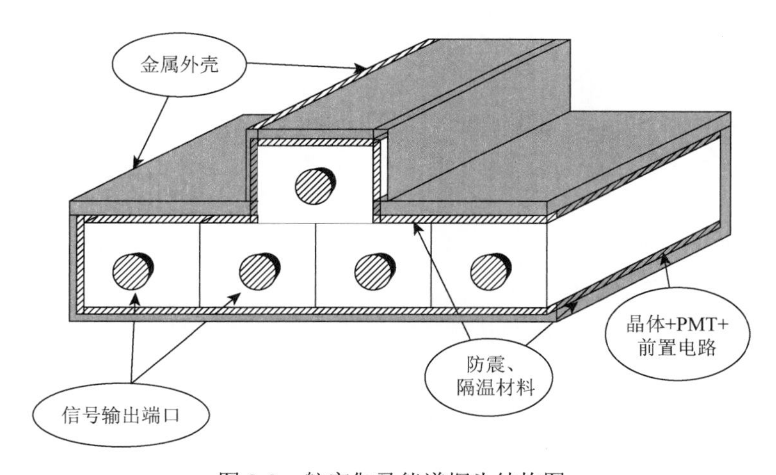

图 3-2　航空伽马能谱探头结构图

从伽马光子进入 NaI（Tl）闪烁体开始，到航空伽马能谱探头输出核脉冲信号，一共经历如下几个过程：伽马光子进入 NaI（Tl）闪烁体并与之发生相互作用[2]，闪烁体中伽马射线产生的次级电子引起闪烁体的电离激发，若入射粒子能量为 E_0，则在闪烁体中损失的能量见式（3-1）。

$$E = E_0 A \tag{3-1}$$

式中，A 为入射粒子能量留在闪烁体中的份额。

（1）损失在 NaI（Tl）闪烁体中的能量 E 使闪烁体发射光子。发射总的光子数为

$$n_{\mathrm{ph}} = \frac{E_0 A C_{\mathrm{np}}}{\overline{h\nu}} \tag{3-2}$$

式中，$\overline{h\nu}$ 为对发射光谱平均后的光子能量。

（2）闪烁光子在到达光阴极之前，有 3 种可能使光子损失的方式：①闪烁体壁的吸收；②闪烁体对荧光光子的自吸收；③光导系统中的吸收及全反射损失。因此能够到达光阴极的光子数为 $F_{\mathrm{ph}} \times n_{\mathrm{ph}}$，$F_{\mathrm{ph}}$ 为光子收集效率。

（3）光子到达 PMT 的光阴极后发射光电子，这些光电子到达 PMT 的第一倍增极仍有损失，若收集效率为 g_c，则在 PMT 第一倍增极上收集到的光电子数为

$$n_e = E_0 A F_{\mathrm{ph}} g_c \int_0^{\infty} \frac{\lambda}{hc} C_{\mathrm{np}}(\lambda) Q_k(\lambda) \mathrm{d}\lambda \tag{3-3}$$

式中，Q_k（λ）为光阴极对波长为 λ 的光子的量子效率。

（4）PMT 的第一倍增极上收集到的光电子经 PMT 放大 M 倍后，由于闪烁体发射的总光子数 n_{ph} 和 PMT 的放大倍数 M 均有涨落，因此，在 PMT 的阳极上所收集到的总电荷为

$$\overline{q} = \overline{n_e M e} = \overline{n_{\mathrm{ph}} T M e} \tag{3-4}$$

从航空伽马能谱探头的脉冲输出过程来看，为增大航空伽马能谱探头的输出脉冲幅度，必须考虑在每个环节中尽量增大对输出光子（或电子）数量的贡献，主要包括：①增大闪烁体的尺寸，闪烁体有效体积增大可以使入射粒子能量留在闪烁体中的份额增大；②选择发光效率大的闪烁体；③选择反射系数大的反射层及性能良好的光导系统，这样可以提高光子收集效率；④调整 PMT 各倍增极之间的分压比，使静电聚焦系统获得尽可能大的收集效率；⑤选择能与闪烁体匹配的 PMT。

同时，航空伽马能谱勘查系统的特殊工作场合和工作条件对航空伽马能谱探头的设计提出了如下要求[1]。

（1）探头中伽马射线探测器应具有较大的体积，以提高对地探测伽马射线的灵敏度，保证航空伽马能谱的测量精度。

（2）探头有可靠的稳谱措施，以提高伽马能谱勘查系统的稳定性，克服伽马谱线受温度等影响所产生的漂移。

（3）探头应具有良好的隔温能力，使系统能在不同空中环境温度中正常工作。

（4）较强的电场、磁场屏蔽能力，消除或降低飞机上电磁设备及大地磁场对 PMT 输出信号的影响；稳定性好，有良好的克服谱线。

（5）防震能力强，避免在飞行过程中引起的剧烈震动对 NaI（Tl）晶体的破坏。

（6）能提供大气中氡的初步校正。

3.1.2　射线探测器的选型

航空伽马能谱探头应具有较高的伽马能谱分辨率和探测灵敏度，在空中飞行测量时

能可靠地区分 K、U、Th 的特征谱峰及反映地面 KU、Th 含量的相对微弱变化。

伽马射线探测器主要有气体探测器、闪烁探测器和半导体探测器，其中气体探测器多用于伽马射线照射量率测量，且适合制造大体积的探测器，可作为辐射环境监测用的航空放射性测量仪器，但难以满足航空伽马能谱探测的要求；闪烁探测器具有伽马光子探测效率高，能量分辨率较好的显著优点，大体积闪烁探测器是航空伽马能谱仪的优先选择，能满足可靠区分 K、U、Th 的特征谱峰的要求；半导体探测器尽管能量分辨率很高，但探测器的体积有限，且价格昂贵，采用阵列式半导体探测器是航空伽马能谱仪进行核素判别的理想选择，可应用于核事故应急监测。因此，航空伽马能谱勘查系统主要以闪烁体探测器为主，尤以 BGO 晶体、$LaBr_3$（Ce）闪烁体和 NaI（Tl）晶体最为合适，表 3-1 给出了他们的主要特性[3]。

表 3-1　几种闪烁体的性能参数对比

闪烁体	发光效率 /（光子/keV）	发光衰减时间/ns	密度 /（g/cm^3）	半吸收厚度/cm	FWHM （@662keV）/%	峰计数率 （@2615keV）	价格
BGO	9	300	7.13	1.0	26.0		昂贵
$LaBr_3$（Ce）	63	16	5.08	1.8	2.9	1.65	昂贵
NaI（Tl）	38	250	3.67	2.5	7.0	1.0	便宜

BGO 晶体的最大特点是原子序数高，密度大，因此它对伽马射线的探测效率高。缺点是尽管其发光效率很高，但晶体自身折射系数，很难与光耦合剂、PMT 耦合，导致实际的发光效率仅为 NaI（Tl）的 8%～14%。对伽马能量分辨率（^{137}Cs）为 26%，但对高能伽马分辨率优于 NaI（Tl）。主要用于探测低能 X 射线和高能伽马射线。

近年来发展起来的氯化镧闪烁体 $LaCl_3$（Ce）和溴化镧闪烁体 $LaBr_3$（Ce），由于闪烁体的有效原子系数大、密度高、发光效率高、发光时间短等优点，因而比 NaI（Tl）具有更高的探测效率和更好的能量分辨率，在伽马能谱测量方面显示出优越的性能，但目前价格较高[4]。BGO 晶体的另一个不足之处是该类晶体的辐射本底较高，尤其是在 1.5MeV 能量附近有较强的干扰伽马射线谱，严重影响 K 元素的最低可探测限[5]。

NaI（Tl）闪烁体是一种广泛使用的无机晶体，其体积可以做得很大，它的单晶具有非常好的透明度，晶体密度大，约 3.67g/cm^3，平均原子序数高，为 32 左右（碘含量占 85%），因此它对伽马射线的阻值本领大，探测效率高；同时，NaI（Tl）晶体的光谱波长分布曲线的最大值（发射光谱最强处）位置为 410nm，与 PMT 的光谱响应匹配较好（图 3-3）[6]。

充分考虑现有闪烁体探测器的技术性能指标后，航空伽马能谱探头采用大体积方柱形 NaI（Tl）晶体做伽马射线探测器，通常一条晶体的尺寸大小为 10.2cm×10.2cm×40.6cm，其主要等参数如下：①密度：3.67g/cm^3；②莫氏硬度：2；③热膨胀系数：47.4×10^{-6}/℃；④最大发射波长处折射率：1.85；⑤最大发射波长：415nm；⑥衰减常数：250ns；⑦光产额：3.8×10^3Photons/MeV。

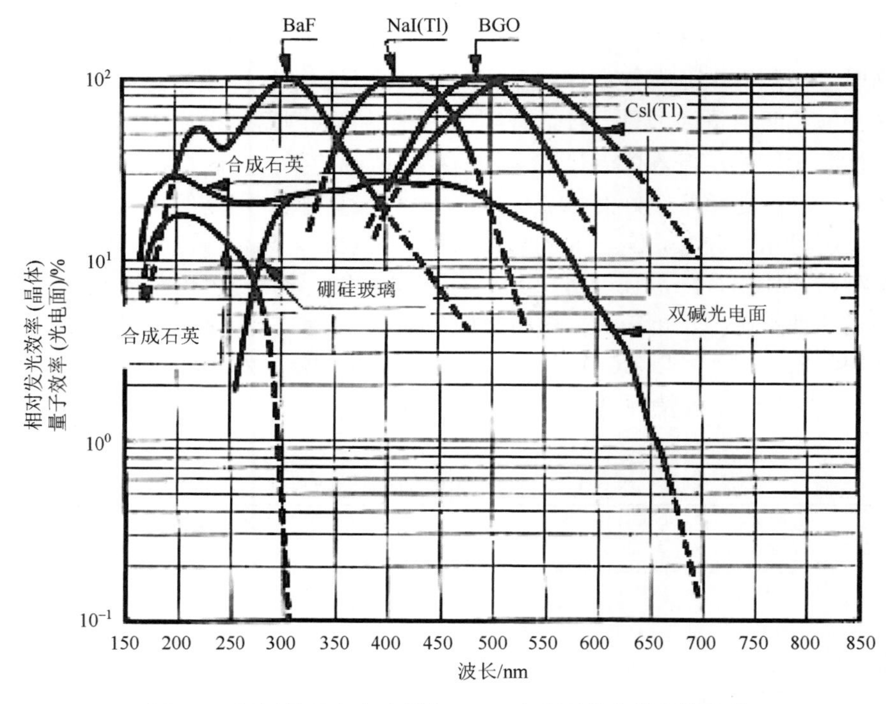

图 3-3　闪烁体的发光光谱与 PMT 光电面的光谱特性曲线

PMT 是基于光电子发射、二次电子发射和电子光学的原理制成的、透明真空壳体内装有特殊电极的光探测器件[7]，它能测量波长 200～1200nm 的极微弱辐射功率。因为采用了二次发射倍增系统，所以光电倍增管在探测紫外、可见和近红外区的辐射能量的光电探测器中，具有极高的灵敏度和极低的噪声。另外，光电倍增管还具有超快时间响应、成本低、阴极面积大等优点。图 3-4 给出了双碱面 PMT 的典型光谱响应曲线。

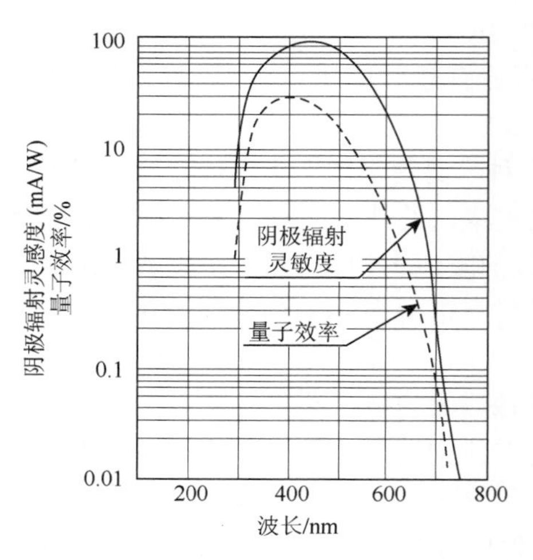

图 3-4　双碱面 PMT 的典型光谱响应曲线图

航空伽马能谱探头宜选用直径为ϕ8.89cm 的半透明锑钾铯 Sb-K-Cs 阴极材料的硼硅玻璃外壳 PMT。其主要参数如下：①光谱响应范围为 300～650nm（S-4）；②峰值响应波长 420nm；③光阴极（半透明）双碱光阴极；④阴极最小有效尺寸ϕ8.89cm；⑤侧筒及窗材料硼硅玻璃；⑥倍增系统结构盒栅型（8 级）。

从 PMT 与 NaI（Tl）晶体的性能参数可以看出二者是能够保证光输出与光采集的有效匹配。PMT 的有效阴极面积与 NaI（Tl）闪烁体的光输出端面大小也是匹配的，从而确保从闪烁体输出的闪烁光子能在 PMT 的光阴极端面上产生尽可能多的光电子。同时，为防止闪烁体与光电面窗材料间的光损失，使用折射率和硼硅玻璃相近的硅油做光学耦合剂代替其间的空气层，尽量减少光线在交界面上发射全反射，使闪烁体发射的光能够均匀、有效地收集在 PMT 的光阴极上。另外，通过试验的方法调整 PMT 前面几级的分压电阻，使静电聚焦系统获得尽可能大的收集效率。从而，有效提高航空伽马能谱探头的光子收集效率和能量分辨率。

由于 PMT 的输出脉冲幅度强烈地受到环境磁场变化的影响，这种影响在光阴极和一次阴极之间最为显著，为降低磁场的影响采用高磁导率材料坡莫合金对闪烁探测器进行屏蔽，并使其与 PMT 的阴极有相同的电位，将磁场影响减到最小。同时，通过试验选择光阴极与第一次阴极之间的电压，进一步减小磁场的影响。

3.1.3　NaI（Tl）+PMT 闪烁计数器的温度效应

闪烁伽马能谱探头的输出脉冲幅度与入射伽马射线能量之间存在着线性关系。但是，由于航空伽马能谱探头的工作环境的温度变化范围较大，温度的变化将直接影响航空伽马能谱探头中关键部件的工作特性[8]，从而使线性关系中的比例系数发生变化，包括：①NaI（Tl）晶体的发光效率和衰减时间受温度的影响。②光电倍增管的光阴极光电转换效率、暗电流、各倍增级的二次发射系数随环境温度的变化而变化。③放大器的放大倍数及甄别器的阈值都会随温度和时间而变化。④高压电源的输出稳定性和电子元器件的电气特征受温度的影响。

有资料研究表明：NaI（Tl）晶体在 25～40℃温度变化范围内，其输出光脉冲幅度约有 50%的变化，在 25～100℃温度变化范围内，光脉冲幅度变化小于±10%。

反映闪烁体性能的主要参数有 3 个：发光效率、发光时间和发光光谱，其中 NaI（Tl）闪烁晶体的发光效率受温度的影响是造成 NaI（Tl）闪烁谱仪谱漂移的重要组成部分，以下分别进行介绍。

1）*发光效率*

闪烁体吸收射线能量，不是全部都能用来发射光子，还有其他形式的能量损失，如变为闪烁体晶格的振动能、热运动能等。对于不同的闪烁体，其能量转换效率是不同的，因此，这里定义了发光效率来表示这种差异。

无机闪烁晶体的发光效率是指闪烁体吸收的射线能量中转化成光能的部分与所吸收的射线能量之比。在测定时，使用一种核辐射在不同的闪烁体中损失相同能量，对它们的输出脉冲或电流进行比较。通常规定蒽晶体作为标准，定义蒽晶体的发光效率为 1，其他闪烁体的发光效率相对于蒽晶体发光效率的百分数为该闪烁体的发光效率，通常以百分数表示。

图 3-5 为 NaI（Tl）闪烁晶体相对发光效率随温度的变化曲线。显然，闪烁晶体的发光效率越高越好，这时不仅输出脉冲的幅度大，光子数也增多，可以减少统计涨落带来的影响，使能量分辨率有所改善。在测量低能射线和低水平测量中尤为重要。在进行能谱测量时，为了使线性更好，不仅要求发光效率大，还要求发光效率对核辐射的能量在相当宽的范围内为一常数。

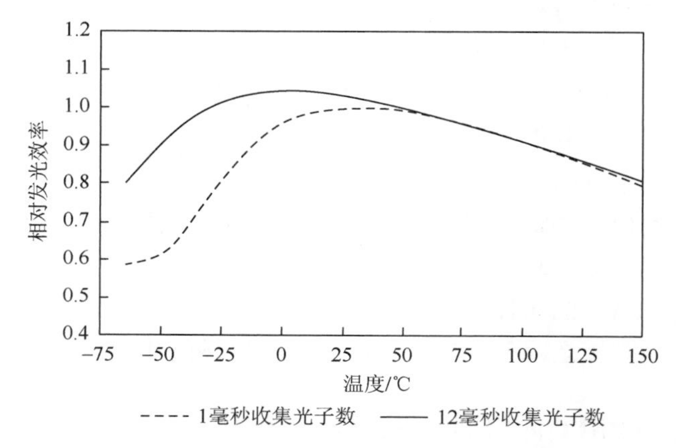

图 3-5　NaI（Tl）闪烁体相对发光效率随温度的变化曲线

由图 3-5 的变化曲线可知，NaI（Tl）闪烁晶体的发光效率在 25℃时为最大。对于 NaI（Tl）闪烁晶体的发光效率受温度影响的特性在实际工作中造成谱仪的谱漂移，是无法克服的，只要选用这种探测器，这种影响始终存在。

2）发光时间

图 3-6 为 NaI（Tl）闪烁晶体发光衰减时间常数随温度的变化曲线。

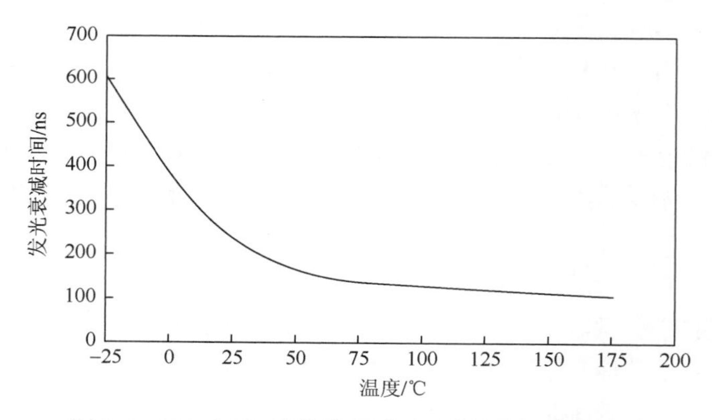

图 3-6　NaI（Tl）晶体的衰减时间常数与温度的关系

由图 3-6 可以看出，NaI（Tl）晶体的衰减时间常数并非一定值，它受外界温度变化的影响，而衰减时间常数的改变又会引起探测器输出脉冲幅度的改变，同样会引起谱线的漂移，且这种谱漂是非线性的。

温度变化对PMT的影响不容忽视，其温度效应主要体现在以下两方面。

1）光阴极的热发射

光阴极具有很低的脱出功率，在室温下也可以发射电子，称为热发射。光阴极的热发射会直接影响光电倍增管的“暗电流”，这将导致能量刻度的截距不同，从而引起谱的漂移。由于光阴极常温下发射的热电子同样会被倍增，所以热发射引起的暗电流是不可避免的。光阴极热发射电流密度由下面的理查逊公式决定：

$$I = 120T^2 e^{-\phi/kT} (A/\mathrm{cm}^2) \tag{3-5}$$

式中，T为热力学温度；k为玻耳兹曼常数，ϕ为阴极材料的功函数，对大多数材料其值在1～1.5eV。由式（3-5）可以看出热发射电流随着温度降低迅速减小。由于阴极热发射是暗电流的主要成分，故冷却光电倍增管是降低暗电流最有效的办法。

2）各倍增级二次发射系数受温度的影响

当温度发生变化时，各打拿极材料的功函数随温度的变化而变化，从而影响到达阳极而被收集的电子数目，造成谱的漂移。

构成光电倍增分压器、前置放大器、主放大器、高/低压电源、多道脉冲幅度分析器的、电阻、二极管、三极管、各种芯片等电子元器件都会受温度变化的影响，从而造成谱仪系统的谱漂移。其中高压电源输出电压的变化对系统的谱漂移影响最为显著，因为它直接影响光电倍增管的二次发射系数；分压器影响光电倍增管各级之间加的电压值，从而影响光电倍增管各打拿极电子的二次发射；前置放大器、主放大器的变化，则直接影响输出脉冲的幅度值；多道脉冲幅度分析器的阈值若发生改变，将直接造成多道脉冲幅度分析器的能量积分非线性和微分非线性；低压电源的电压值如果发生改变，系统的静态工作点将受到影响。

组成谱仪系统时，在满足系统测量要求的情况下，应尽量选用具有小温度系数和较高稳定性的电子元器件构成分压器、前置放大器、主放大器、高/低压电源、多道脉冲幅度分析器，尤其是高压电源和分压器。

光电倍增管的工作电压由高压电源提供，高压输出的稳定性对闪烁计数器输出信号幅度的影响是很大的。对一般的光电倍增管而言，其放大倍数M与光电倍增管相邻的倍增电极极间电压V的关系，可以粗略表示为$M=kV^n$，即放大倍数是外加高压的幂函数，外加高压的稳定性对光电倍增管的放大倍数有极大的影响。通常情况下，所加高压变化1%，输出信号的幅度将改变10%，是高压变化的10倍。显然，这种情况在航空伽马能谱测量时是不允许的，一般要求光电倍增管输出信号的幅度变化范围为0.5%～1%，则光电倍增管的高压变化范围应为0.05%～0.1%，即对高压电源稳定性的要求比放大倍数的要求高一个数量级，且不能有纹波和噪声。

为了研究NaI（Tl）闪烁探测器的温度效应对谱漂产生的影响，需要构建一个温度效应试验平台（其结构如图3-7所示），对NaI（Tl）探测器进行温度效应试验。为控制试验时的温度条件，需设计一恒温箱，用来给高/低压电源、多道脉冲幅度分析器等部件提供恒温，以确保它们的工作稳定性。

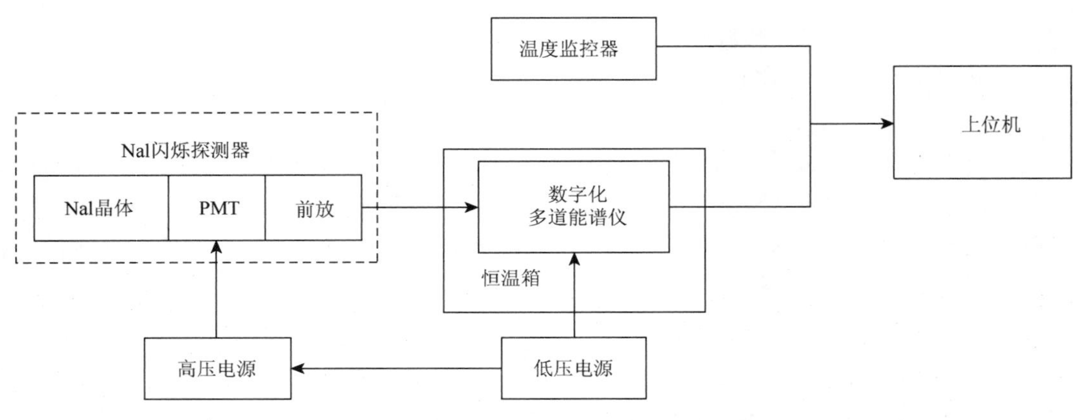

图 3-7　航空伽马测量实验装置结构框图

温度效应试验的主要试验设备有以下 3 个。

（1）带自动控制装置的恒温箱，可自行设定温度，数字显示实时温度，测温范围为−10～50℃，精度为±1℃。可满足本试验对温度的要求。

（2）NaI（Tl）探头温度测量系统，探头温度由两个数字传感器 DS18B20 分别进行采集，每分钟采集一个数据（取平均值），通过串口与 PC 机相连，实时存储并显示，测量精度为±0.5℃。

（3）美国 Canberra 公司生产的 InSpector2000 便携式多道分析器，它采用数字信号处理（DSP）技术，内部集成数字化可调高压电源，增益漂移为 $635\times10^{-6}℃^{-1}$，使用温度范围为−20～50℃，在整个温度范围内，零点漂移小于 1 道（8K 道）。

1. 长期温漂试验

考虑到大晶体易碎、易潮解的特性以及温度剧烈变化时晶体易开裂等因素的影响，在试验中，只将 InSpector2000 便携式多道分析器、高压电源和+12V 稳压电源放入恒温箱内，温度恒定为 25℃，以减少温度变化对主放大器的放大倍数及高低压电源输出电压稳定性的影响。

大体积 NaI（Tl）晶体内部的温度变化是一个缓慢的过程，为了能够正确分析和掌握 NaI（Tl）闪烁探测器的温度特性，将 NaI（Tl）闪烁探测器置于自然环境中（实验室内），利用自然环境的温度变化来反映探测器内部晶体的温度变化，两个温度传感器紧贴探测器晶体端外壁放置，外部包裹塑料泡沫以保证 NaI（Tl）晶体内外温度一致及与温度传感器的温度保持一致。

本次试验分别对 5 条独立的 NaI（Tl）闪烁探测器进行了长期工作的温漂试验。测量时首先对探测器加高压并“预热”20min，以使光电倍增管性能稳定；然后设定测量时间为 100s 开始测量，记录谱线特征峰（K 峰 1.46MeV 和 Th 峰 2.62MeV）的道址和探测器的温度。每个探测器测量三组数据，取三次特征峰道址平均数为有效数据，试验持续时间为 90d。

考虑到 Th 特征峰处于谱线的高能区部分，不受低能谱线和噪声的干扰，因此选取

Th 峰峰位作为“参考峰位”对 NaI 探测器的温度效应进行讨论。图 3-8 为各 NaI（Tl）闪烁探测器在 10～30℃温度范围内其特征峰（Th 峰）道址变化量与温度变化量的关系图，横坐标表示温度变化量 ΔT，纵坐标表示 Th 峰的道址变化量 ΔCh（取温度在 1℃变化范围内的道址变化量的平均值作为该温度时的道址变化量）。

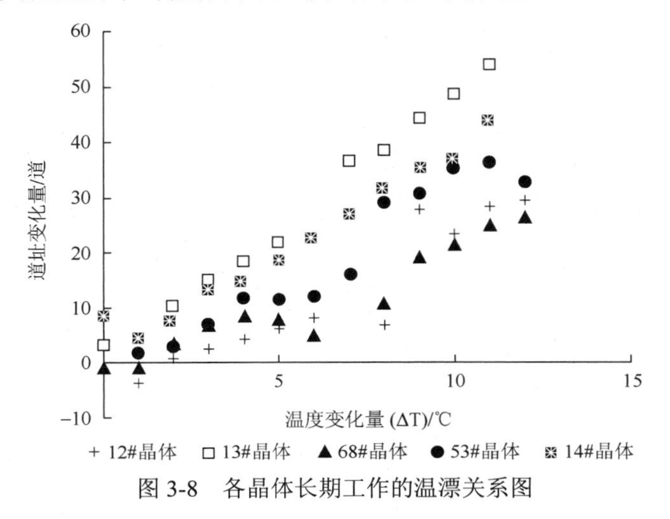

图 3-8　各晶体长期工作的温漂关系图

由图 3-8 可知，5 条晶体的温漂关系图变化规律相似，Th 峰道址变化量与温度变化量之间成正相关。由于每个 NaI（Tl）闪烁探测器内晶体的发光效率、光电倍增管的增益、电子元器件的温度效应等都不相同，所以这 5 条晶体的温漂关系图也不尽相同。

2. 连续温漂试验

本试验的目的是监测 NaI（Tl）闪烁探测器在连续工作情况下的温漂规律，选取其中 3 条探测器，测量其连续工作 24h 的温度变化量和特征峰道址。测量条件与长期工作的温漂试验条件相同，设定谱仪测量时间为 100s，每 10min 读取一次数据，记录温度值和谱线特征峰道址。

这里仍选取了 13#探头的试验数据进行处理，其温度变化量与特征峰（Th 峰）道址变化量之间的关系图如图 3-9 所示。

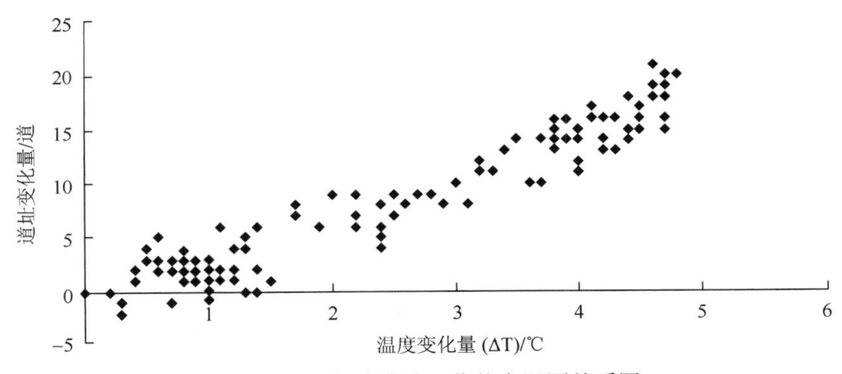

图 3-9　13#探头连续工作状态温漂关系图

试验用的 3 个探测器的温漂关系图变化规律相似，特征峰的道址随温度的变化而变化，温度增加，特征峰道址增大，谱线向右漂移，反之特征峰道址减小，谱线向左漂移。

3. 重复性检查

为保证每个温度下的能谱具有可比性、参照性，在不同的时间、相同的温度和实验室环境条件下对 13#NaI（Tl）闪烁探测器进行了重复性检查试验，测量时间为 100s，记录下实时温度和特征峰道址，试验记录见表 3-2。

表 3-2　重复性检查试验记录表

温度/℃	测定时间	K 峰峰位/道	Th 峰峰位/道	平均漂移/道
10	2009 年 02 月 10 日	438	723.6	1.5
	2009 年 02 月 13 日	436.6	722	
15	2009 年 03 月 03 日	449.7	750.5	1.6
	2009 年 03 月 15 日	448.6	752.7	
20	2009 年 04 月 01 日	458	770.6	0.9
	2009 年 04 月 10 日	459.3	770	
25	2009 年 05 月 03 日	464.8	786.4	1.8
	2009 年 05 月 06 日	466	784	
30	2009 年 05 月 15 日	471.1	797.4	0.7
	2009 年 05 月 16 日	472.5	797.3	

由表 3-2 可以看出，在相同条件下，谱线特征峰道址漂移在 2 道以内。造成这一结果的原因是不同时间地磁场、大气中氡含量的变化及人工寻峰造成的人为误差等，但相对于 1024 道能谱仪而言，温度效应试验数据具有较好的重复性，可以进行下一步的温漂规律研究。

4. NaI（Tl）闪烁探测器的温漂规律

1）曲线拟合[8]

由探测器长期工作温漂试验的温漂关系图（图 3-3）可以看出，温度变化量与特征峰道址变化量的关系曲线不成线性，所以需要对温漂试验得到的数据进行曲线拟合以确定 ΔT 与 ΔCH 两者之间的关系。

关于曲线拟合的方法有许多种，选用何种方法，一般根据研究对象的特点选取拟合函数。由于温漂试验数据为观测数据，因此存在观测误差，用差值方法来建立解析函数的方法是不可取的，这里采用多项式的最小二乘法拟合。

2）多项式模型阶次的确定

在使用多项式对温漂规律进行拟合逼近时，需要确定多项式的阶次。通常，建立模型的阶次越高，逼近的精度越好，但阶次的增大往往会增加模型的计算量。因此，需要一个标准在模型补偿的精度和复杂度之间做一个平衡。在实际应用中，一般采用残差分析判断拟合和回归结果适应性的高低，残差平方和越小越好；相关指数 R^2 作为衡量匹配曲线效果好坏的指标，其越趋近于 1，匹配效果越好。

这里选用 13#探头长期工作的温漂试验数据进行曲线拟合，分别对其建立 1～5 阶多项式模型，各阶温漂模型的残差平方和及相关指数，见表 3-3。

表 3-3　各阶模型下的相关参数

补偿阶次	1	2	3	4	5
残差平方和	1.16	0.053	0.0024	0.0023	0.0023
相关指数	0.83	0.99	0.99	0.99	0.99

由表 3-3 可看出，当模型阶次为 3 阶时，残差变化已不显著，且相关指数变化趋近于 0。

图 3-10 为 13#探头温漂模型的 3 阶拟合曲线，从图中可以看出，拟合曲线和温漂曲线趋势基本一致，可以很好地概括温漂的趋势。所以采用 3 阶多项式补偿模型。

根据实测数据求得温漂模型的 3 阶多项式为

$$y=-0.0177x^3+0.3871x^2+2.4622x+2.8411(R^2=0.99) \tag{3-6}$$

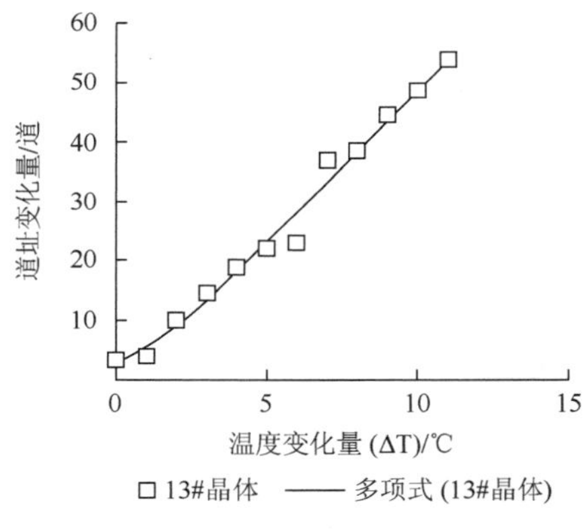

图 3-10　3 阶多项式拟合曲线

由于各个探头的性能参数各不相同，因此，无法对其建立统一的数学模型，但处理方法一致，图 3-11 给出了各晶体的拟合曲线和温漂模型。

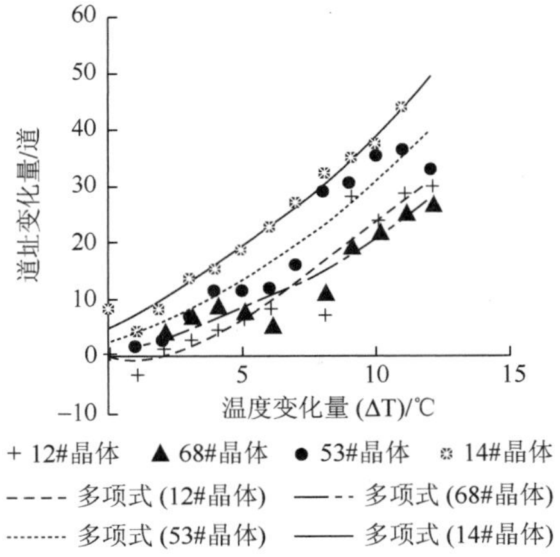

图 3-11　各晶体的拟合曲线

不同晶体的温漂模型分别如下：

$$14\#\ y=0.1299x^2+2.1063x+5.3879(R^2=0.98) \tag{3-7}$$

$$53\#\ y=0.1357x^2+1.4752x+2.6025(R^2=0.89) \tag{3-8}$$

$$12\#\ y=-0.0201x^3+0.5131x^2-0.6247x-0.8491(R^2=0.89) \tag{3-9}$$

$$68\#\ y=0.0188x^3-0.1343x^2+2.3368x-1.1241(R^2=0.92) \tag{3-10}$$

3.2　探测器前置电路设计

3.2.1　前置电路设计的考虑

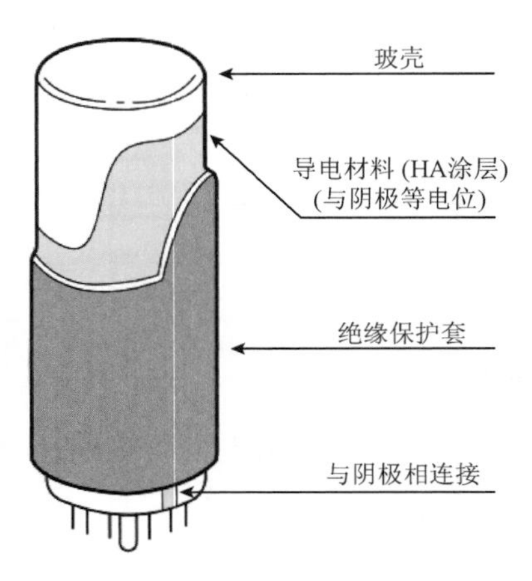

图 3-12　HA 涂层

供给光电倍增管的高压电源，根据需要可以采用正高压和负高压，一般有三种接地法。选择电源极性必须考虑到每一种方式的优缺点[6]。采用负高压电源，阳极输出不要隔直电容（或耐高压电容），可用于直流法测量阳极输出电流；在时间测量中，阳极输出信号可以直接与同轴电缆连接。一般阳极分布参数也较小。可是在这种情况下，必须保证作为光屏蔽的金属筒距管壳至少要有10～20mm，否则由于屏蔽筒的影响，可能相当大地增加阳极暗电流和噪声。可以采用在靠近管壳处再加一个屏蔽罩的方法，将它连接到阴极电位上，即所谓 HA 涂层（图 3-12），但要注意安全。采用正高压电源就失去了采用负高压电源的优点，这时阳极输出端上需安装一个耐高压、噪声小的隔直电容，它可获得比较稳定的暗电流和噪声。当要求倍增极作为信号输出电极时，才采用中间接地法。由此可见，除了对光电倍增管的暗电流和噪声有苛刻要求的场合外，一般采用负电压供电是较为可取的。AGS-863 型航空伽马能谱仪采用的光电倍增管内部管芯与金属外壳之间嵌套有环状绝缘胶垫，且金属外壳与管芯间距大于 10mm，因此选用的是负高压供电方法，即阳极接地法。

合理设计分压器对正确使用光电倍增管是非常重要的，不恰当的分压器会引起管子的分辨率、线性和稳定性变差。分压器的设计应根据对光电倍增管的要求（最佳信噪比、高增益、大电流输出等）来考虑。光电倍增的分压器可分为三个部分：前级倍增极（阴极-第一倍增极），中间级倍增极，末级倍增极。

1）前级倍增极

维持阴极与第一倍增极之间具有适当的电场是很重要的。前级电压的分配是由电子收集效率、第一倍增极二次电子发射系数、时间特性、信噪比的要求决定的，应用于能谱分析的光电倍增管前级电压，应从脉冲幅度分辨率或噪声这些参数来确定。

2）中间倍增极

中间倍增极的电压可根据需要的增益来选择，在某些场合，希望降低管子的增益而不改变总电压，最简单的方法是调节中间倍增极之间的电位来达到（在一定范围内是适用的）。中间倍增极一般采用均匀分压器，但对聚焦型结构（直线聚焦结构）前面几个倍增极之间的电压，对脉冲幅度分辨率和时间特性等参数有相当大的影响，应仔细挑选。

3）末级倍增极

末级倍增极分压器由输出线性决定。在一些应用中（如高能物理）有强的脉冲信号输出，为了降低空间电荷效应，在电荷密度较高的后几个倍增极和阳极上所加电压应适当地提高，增加后几个倍增极和阳极的电位梯度，基于这种考虑，一般采用锥形分压器（图 3-13）。为了避免在最后几个倍增极由于信号脉冲电流过大而影响倍增极电位分布，往往需要在最后若干个倍增极之间接上去耦电容（脉冲信号型分压器）。电容值依赖于输出电荷。如果线性要求优于 10%，电容的取值至少要达到每个脉冲的输出电荷的 100 倍，即：$C>100\ (It)\ /V$，这里 I 为峰值输出的电流，单位为 A；t 为脉冲宽度，单位为 s；V 为电容上所加的电压，单位为 V。

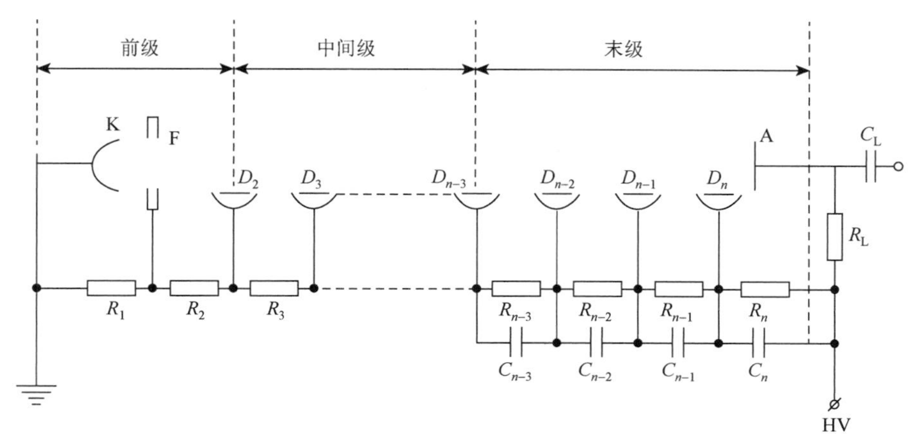

图 3-13　基本分压器电路

输出电路的考虑是如何获取信号，以便后接电路进行分析和处理。光电倍增管通常是处在直流或脉冲工作状态，根据能谱探测的要求，通常选择脉冲工作状态的输出电路。

用负载电阻进行电流-电压变换在决定负载电阻时，要注意以下几点。

（1）在重视频率与振幅特性的场合，务必使用小阻值，另外杂散电容尽量小。

（2）在输出幅度成线性场合，其负载电阻应使负载电阻两端产生输出电压为末级——阳极间的电压的百分之几以下。

（3）负载电阻值等于或小于后接主放大器的输入阻抗。用运算放大器进行电流-电压（I-V）变换。如图 3-14 所示，输出电压可表示为 $V_o=-I_A \times R_f$。

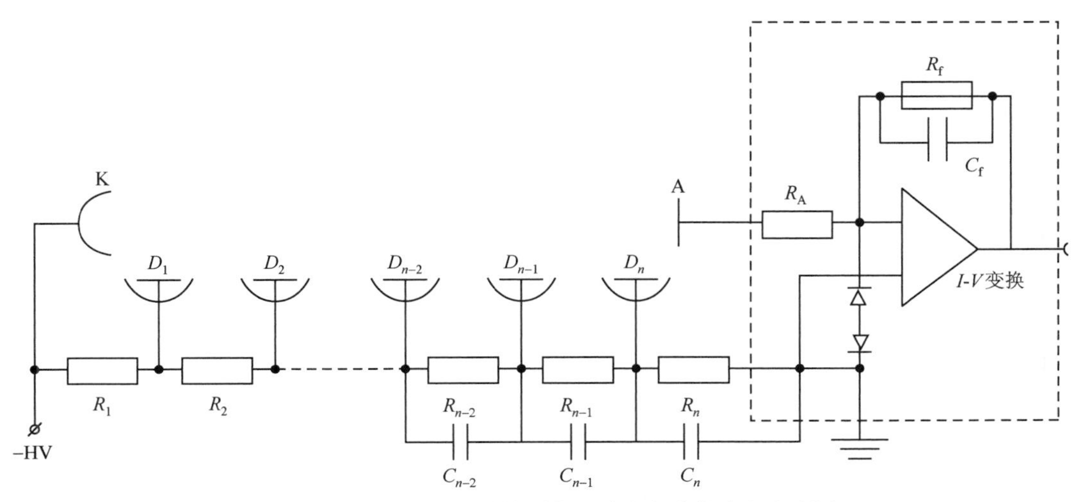

图 3-14　用电流-电压转换型前置放大电路的读出电路图

使用前置放大器（I-V变换器）时，决定最小测试电流的因素是I-V变换器的运算放大器的输入偏置电流I_b、反馈电阻（R_f）的质量、使用的绝缘材料质量、布线的方法等。此外，因为光电倍增管加上高压工作，为了保护I-V变换器，如图 3-14 所示，必须设计由保护电阻R_A和保护晶体管D_1及D_2构成的保护回路；当测量较小的电流时（如10^{-11}A），并由同轴电缆输入，由于电缆的容抗和R_f形成震荡回路，使信号产生摆动现象和产生噪声，解决的方法是给R_f并联一个漏电的电容C_f，但那时会降低响应速度。

在用光电倍增管检测快脉冲信号时，通常使用图 3-15 所示的具有 50Ω 或 75Ω 特性阻抗的同轴电缆，连接光电倍增管输出后续电路，这样传输波形不会失真。如果后续电路匹配不好，从光电倍增管来看，阻抗与频率有关，而且这个阻抗值因电缆长度而变，波形将发生畸变。此外，光电倍增管输出端也应加一个与电缆阻抗相匹配的电阻（50Ω），这样反射脉冲影响可以消除，但同时光电倍增管的输出脉冲幅度减小。

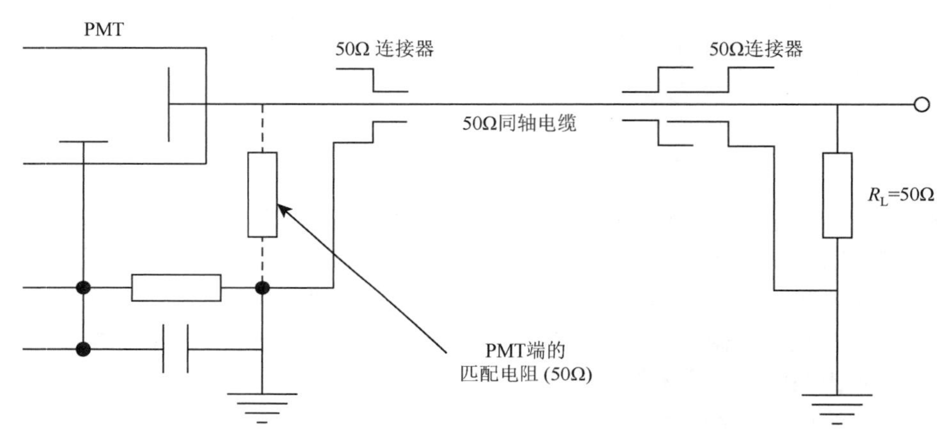

图 3-15 输出电路的阻抗匹配

3.2.2 低噪声前置跟随器设计

为了高精度地检测微弱信号，低噪声前置放大器是不可或缺的。尽管低噪声集成运算放大器不断涌现，但是其噪声系数很难达到专门设计的分立元件低噪声放大器的指标，为了适合于光电倍增管前置放大器的需要，AGS-863 型航空伽马能谱仪采用了一款结型场效应管低噪声前置放大器，实测其输入阻抗高达 60MΩ，等效输入噪声电压为 $0.7\,\mathrm{nV}/\sqrt{\mathrm{Hz}}$，单位增益带宽达 30MHz（图 3-16）。

微弱信号的检测在多个领域内有广泛的应用，由于被测信号非常微弱，通常必须经过几级放大，才能得到足够大的信号用于数据采集。在有用信号被放大的同时，前置级的噪声也被放大，由弗里斯公式可知级联放大器的总噪声系数F为

$$F=F_1+（F_{2-1}）/K_1+（F_{3-1}）/K_1K_2+\cdots+（F_{n-1}）/K_1K_2\cdots K_{n-1} \tag{3-11}$$

式中，F_n、K_n分别为第N级的噪声系数、有效功率增益。由式（3-11）可知，当前置级的增益K_1足够大，且噪声系数F_1足够小时，多级串联放大器的噪声系数F才会较小，可见，仪器可检测的最小信号主要取决于前置放大器的噪声。

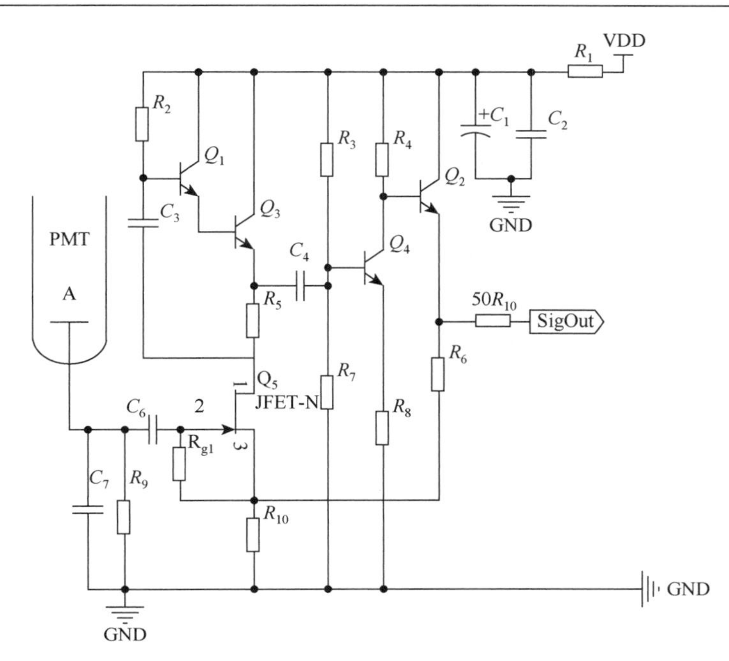

图 3-16　前置放大器原理图

对于场效应管而言，不同的 I_D，场效应管的 e_N 和 i_N 随频率 f 会发生变化。i_N 随漏极电流 I_D 的变化较小，e_N 随工作电流的变化而有较大变化；在低频时，场效应管的噪声主要是 $1/f$ 噪声，且 $1/f$ 噪声随着漏极电流 I_D 的增加而减小。根据上面的分析，为了得到较小的噪声，综合考虑电路的性能及成本，在选用场效应管时，选择电压噪声系数（e_N）小、跨导（G_m）高、漏极饱和电流（I_{DSS}）大、漏极电流（Cgs）小的结型场效应管；并选取工作电流 $I_D \approx I_{DSS}$，因当 $I_D=I_{DSS}$ 时，e_N 较小，i_N 也略有减小；同时 V_{DS} 调节在较低电压的工作状态，最大限度地减小了 JFET 的发热而导致其噪声的增大；另外电路中的电容、电阻及晶体管也采用了低噪声的元器件，所设计的电路如图 3-16 所示。电路以两级质监的耦合电容 C_4 为界，前级是 JFET 反相放大器，后级是共射-共集组合电路。电路的整体结构属于电压串联负反馈放大器，中频段的电压放大器数 K_{vm} 为 $R_6/R_{10}+1$。当 R_6、R_{10} 分别在精度为 0.1%的精密电阻中选配为 2.7kΩ 和 300Ω 时，K_{vm} 为 10 倍。因为前后两级之间采用电容耦合，所以各自的直流工作点基本上是独立的，相互间的影响甚小。由式（3-11）可知，降低第一级的噪声系数 F_1，以及增大第一级的放大倍数 K_1，是低噪声设计的关键。对于 JFET 放大器，K_1 为 $K_1=-G_mR_d/$（$1+G_mR_s$），当选用 Q_1、Q_3 组成的恒流源电路替代 R_d 之后，因为恒流源电路的等效电阻（dV/dI）可达 $n\times10^5$ 数量级，采用 Q_1、Q_3 组成的达林顿电路，电流放大倍数是 $\beta2$ 与 $\beta3$ 的乘积，故可用很大阻值的 R_2，利于提高恒流电路的等效电阻。故保证了 JFET 的等效负载的高阻抗值，K_1 很容易达到 $n\times10^2$ 倍。第一级放大器由 Q_4 的发射极输出，有输出阻抗低的特点。

另外，第二级共射-共集组合电路，有工作点稳定、工作频率高、输出阻抗低、带负载能力强等优点，但容易产生寄生振荡是其突出的缺点，所以在元器件排布、去耦等多方面需下工夫处理，加以解决。

3.2.3　低纹波高压电源设计

现有光电倍增管的高压电源[9, 10]主要的实现方式有半桥逆变、全桥逆变和单管反激等。半桥式变压器开关电源的电源利用率比较低，不适宜用于工作电压较低的场合。全桥逆变电路则是功率损耗较大，4 个开关器件会同时出现一个很短时间的半导通区域，产生很大的功率损耗。单管反激电路的缺点在于开关管截止时，变压器初级的反峰能量会被前级的电路消耗掉，而且在一般情况下，单管反激电路的开关管通过电流很大，导通压降高、损耗大，所以效率和可靠性不高[11, 12]。

由于光电倍增管的高压电源应具有体积小、轻便、纹波低等优点，本设计的逆变电路部分采用了罗耶谐振电路，电路自激振荡，不需要额外的振荡源，相对于半桥式或全桥式开关电源，它的驱动电路更加简单，并且它处于线性的工作状态，纹波很低，没有开关噪声。

1. 总体设计

该电源[13]单元电路的供电电压为 9V，输出最高为−2000V，以保证光电倍增管能正常工作。电源整体结构由直流电源、罗耶谐振电路、高频变压器、倍压整流电路、取样反馈电路等几部分组成，系统总体原理如图 3-17 所示。电源的工作过程是：供电电源提供输入的直流电压 V_{cc} 到罗耶谐振电路，罗耶谐振电路将直流电转换为高频的类正弦波到变压器 T_1 的初级，然后通过高频变压器 T_1 进行第一级升压，变压器 T_1 次级输出再通过正负双向倍压整流电路进行第二级升压得到需要的直流负高压。通过反馈回路的放大器 U_1 的输出，控制三极管 Q_4 的基极电流，进一步控制罗耶谐振电路中三极管 Q_1 与 Q_2 的基极电流来控制变压器初级的电压，从而稳定高压的输出[14]。

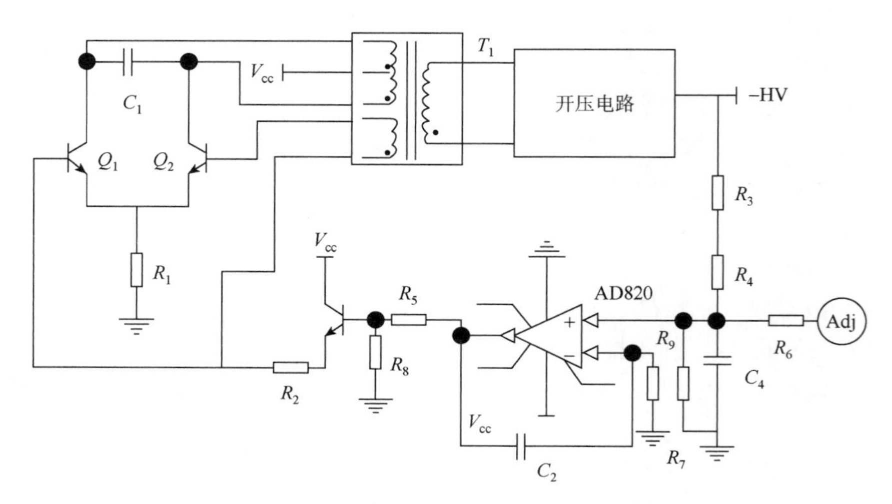

图 3-17　高压电源设计框图

2. 电源主电路原理

罗耶变换电路通常用于 LCD 背光照明驱动电路，它由两个三极管、一个基极电阻、一个谐振电容以及有三个绕组的变压器所组成，其电路如图 3-18 所示。

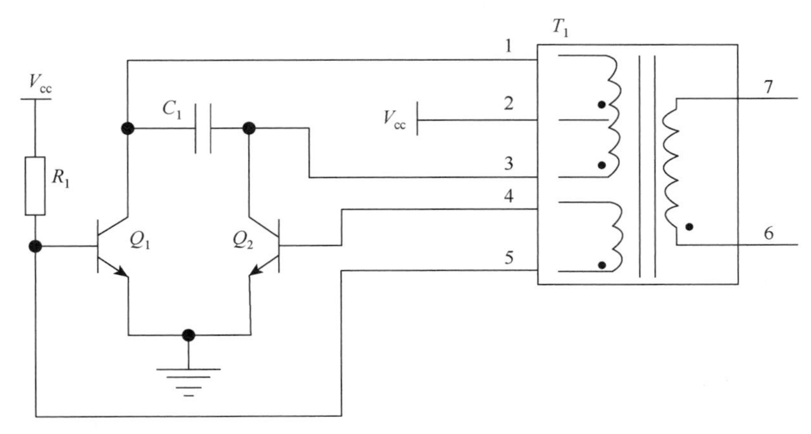

图 3-18 罗耶谐振电路

由于三极管 Q_1、Q_2 的性能不可能完全一样，所以在接通电源的瞬间，V_{cc} 向三极管基极注入的电流也不可能绝对平衡。所以电路能通过初级线圈磁通量的变化来控制三极管的电流从而产生类正弦信号，将直流电逆变为交流电，再通过变压器实现升压。由于需要驱动电路产生比较标准的正弦波，因此需要较大的谐振电流，所以本电路中谐振三极管选用峰值电流较大的型号为 ZTX853 的 NPN 型三极管。测试时变压器的初级形成的全波波形（a）与半波波形（b）如图 3-19 所示。

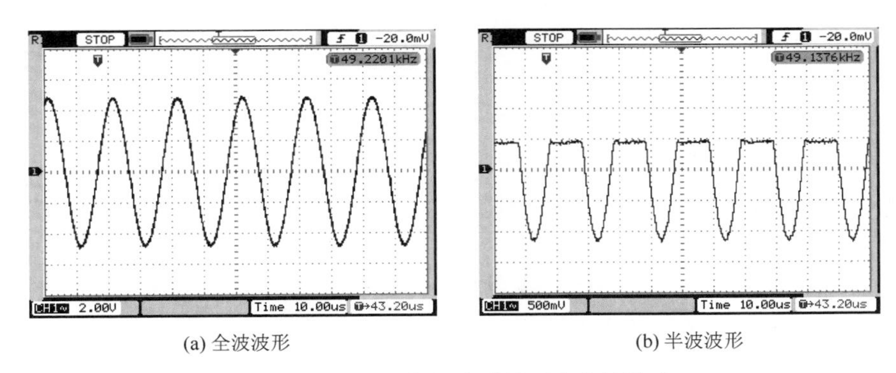

(a) 全波波形　　(b) 半波波形

图 3-19 变压器初级全波波形和半波波形

谐振电容 C_1 的存在使得振荡电路按照特定的频率进行简谐振荡。振荡频率 f 与变压器线圈的初级电感值 L、谐振电容 C 的关系为

$$f = \frac{1}{2\pi}\sqrt{\frac{1}{LC}} \tag{3-12}$$

罗耶结构的变压器由于结构的原因漏感一般在 20～100mH，通常情况下漏感对频率的影响比较小。实际使用过程中需要工作频率比较高时，往往减小电感 L，然而工作频率升高有限，这是因为此时谐振电感比较小，漏感开始起比较大的作用。所以，考虑到罗耶谐振电路本身的结构、变压器漏感的影响及后续倍压电路中电容的选取，振荡的频率在 40～80kHz 电路的效率最高，谐振电容选用了 22nF 损耗低的德国 WIMA 电容。所以根据式（3-12），设计了谐振电感为 44μH、次级与初级匝数比为 67 的高频变压器。

3. 倍压整流电路

高频变压器要做成高变比，对工艺要求很高，所以后续开压电路部分采用倍压电路。

与传统倍压电路不同，正负双向倍压整流的方案是把高压变压器放在两个极性相反的倍压电路之间，如图 3-20 所示。如果使输出的某一段接地，那么另一端输出的电压相当于两个倍压电路串联所得的高压，正负脉动值能够相互抵消，因此系统输出纹波变得非常小。同时，双向倍压电路还可提高电源的稳定度和效率，增强带负载能力。由于变压器输出电压接近 700V，在考虑压降的情况下，要升至−2000V 高压至少需要用 4 级的倍压电路。

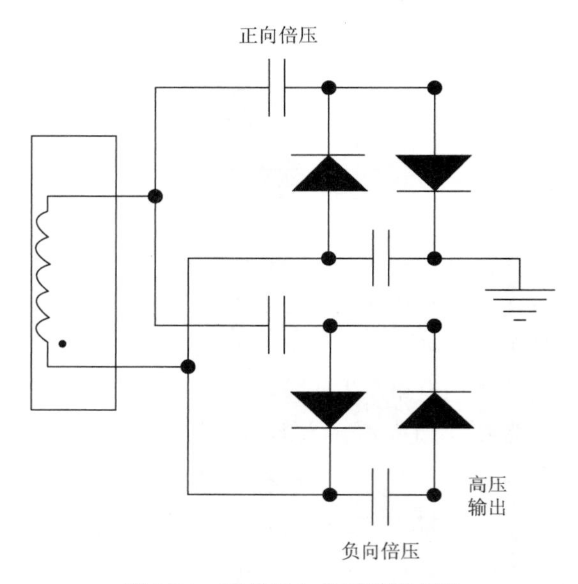

图 3-20　正负双向倍压整流电路

如果不带负载，电容与二极管所承受的最大电压都约为次级输出电压的 2.8 倍，所以电容和二极管均要选择耐压值较高的器件。电容耐压选择是按输入交流电压的 50%选取，原因是交流电的峰值是有效值的 1.4 倍左右，一般电容的最高使用电压是耐压值的 70%左右。而对于电容值大小的选取要看倍压电路的负载电流大小，输出电流越大，电容量就需要越大，否则不能提供足够的输出电流，但电容越大充电的时间也越长，电压上升的速度也越慢。本设计实际选用的电容是 1nF/2kV 的高压贴片陶瓷电容，二极管选用耐压值为 3kV 的高压二极管 ESJA04-03，完全符合电路所需。

4. 取样反馈电路

由于受高压变压器分布参数、倍压电路电容充放电等因素的影响，输出直流高压并不是很稳定，因此采用取样反馈的方式进一步稳定输出高压。罗耶谐振电路的反馈控制可采用两种不同的方式：反馈控制输入电压与控制基极电流。

反馈控制输入电压一般采取的办法是直接从高压输出端对电压取样，将取样信号与基准电压比较，将比较的差值信号放大后送到电源输入端进行反馈控制，直至电压输出稳定。本设计采用的是控制基极电流的方式，电路如图 3-21 所示。放大器件选用单电源低功耗的 AD820AR 集成运放，电容 C_2 起到了相位补偿的作用。根据虚短、虚断原理，在稳定的时候 A 点的电压应该保持为零，而从调整端 Adj 经 R_6 流入的电流应与 A 点朝负高压（–HV）端所流入的电流相等。如果负高压值过高，则 A 点的电压将被拉低变负，此时 B 点输出的电压将降低，从而使三极管 Q_4 的基极电流变小，反馈端 FB 所控制的罗耶谐振电路中三极管的基极电流也将变低，导致变压器输出电压降低，从而使负高压值下降；反之，如果高压值偏低，则 A 点的电压将升高，B 点的电压也将升高，三极管 Q_4 的基极电流增加，罗耶谐振电路中三极管的基极电流也增加，变压器初级电压升高，负高压值也随之升高，直至稳定。

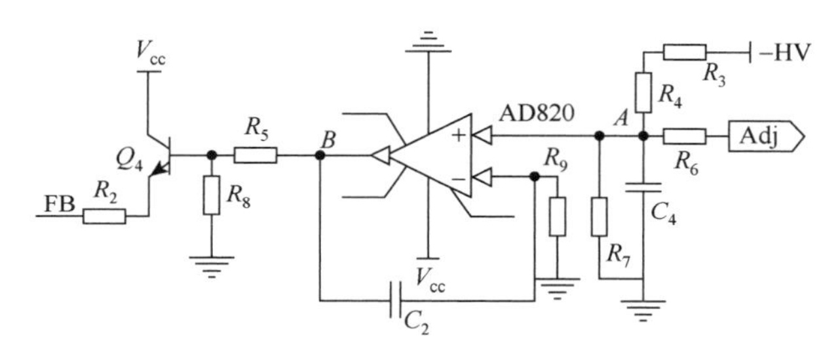

图 3-21　反馈控制电路

5. 实际输出电压的测试

经过测试，电源输出在 0～2000V 可调。当调整输出电压为−2000V 时，对电源进行稳定性测试，通过每隔 30 min 对高压数字表读数，测量结果如图 3-22 所示，由图 3-22 看出电压稳定度优于 0.2%/6 h。

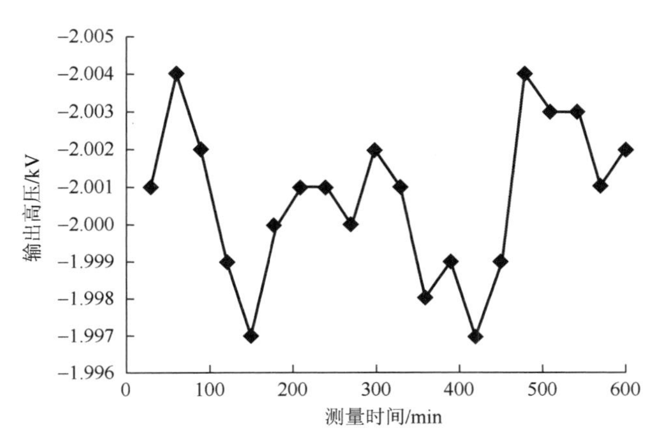

图 3-22　电源电压输出稳定度测量

保持输入电压不变，通过改变负载电阻的大小，测试出当电源电压输出为−2000V时的带负载能力，结果见表 3-4。

表 3-4　电源带负载能力

负载电阻/MΩ	输出电流/mA	输出电压/kV
9.76	0.205	−2.001
6.42	0.312	−2.003
4.78	0.418	−2.000
3.52	0.570	−2.004
3.20	0.625	−2.000
2.70	0.742	−2.001
2.32	0.859	−1.997
1.86	1.073	−1.999

6. 纹波的测量

从直流高压计量的角度而言，考虑纹波主要是为了控制其对直流高压测量准确度的影响，经过大量试验表明，在用示波器高压探头和示波器测量直流高压纹波时，适当提高示波器的触发电平至其峰值附近，可以获得稳定的纹波信号，该信号的峰-峰值即为纹波的峰-峰值。而本设计中测量纹波的方法是利用电容隔直通交的特性，在高压的输出端接上耐压值为 6kV 的高压电容与 10MΩ 的电阻，经过高压电容隔直后，将交流量耦合在 10MΩ 的电阻上，再用示波器观察纹波电压的大小[15]。通过控制调整端的电压，测试不同输出时的纹波大小，数据见表 3-5。通过表 3-5 中的数据看出，输出纹波电压百分比小于 0.3%。

表 3-5　纹波电压测量

输出电压/kV	纹波电压/mV	千分比/‰
−0.275	30.8	0.112
−0.564	59.2	0.105
−0.874	85.7	0.098
−1.043	96.0	0.092
−1.332	113.2	0.085
−1.570	128.7	0.082
−1.735	138.8	0.080
−2.001	158.1	0.079

3.3　大气氡校正的硬件措施

大气中的放射性核素主要是从岩石、土壤、地表水中放出的 Rn、Tn、An 及其衰变产物，以及宇宙射线与氮作用而生成的 ^{14}C 和 ^{3}H。大气中 Rn、Tn 及其衰变产物（^{210}Pb、^{214}Pb、^{211}Pb）在大气中的浓度随高度而变化，Rn 半衰期比较长，其浓度随高度衰减较慢，而 Tn 半衰期较短，其浓度随高度衰减很快。

航空伽马能谱测量中所记录到的空气中放射性核素的伽马射线信息主要是空气中 Rn 的衰变字体 ^{214}Bi 引起的，而 ^{214}Bi 正是铀系中最主要的伽马辐射体。所以当大气中存在有较高浓度的 ^{214}Bi 时，其对测量结果的准确性是一种不可忽视的干扰，必须对 ^{214}Bi 产生的计数率进行测量，并加以自动扣除。

1988 年，Grasty 等提出了通过设计上测晶体，并组成单独谱仪测量道，通过测量氡衰变子体的伽马射线，专门实现对大气氡的监测。在 1991 年，IAEA 报告中也推荐此方法校正大气氡对航空伽马能谱测量的影响。该技术主要利用在主探测器上增加一条晶体探测器对大气氡本底进行实时监测。这额外的大气氡本底监测晶体放置在主探测器的正上方，下部与主探测器之间填充材料屏蔽地面伽马射线。使用这样的布置，使得这个上测大气氡监测探测器和下测主探测器有了方向敏感性，从而整个系统能够区分大气氡能谱和陆地伽马射线能谱，并分别得到大气氡能谱和陆地伽马射线能谱为后续的测量数据处理工作做好准备。

航空伽马能谱测量的钾、铀、钍 3 个能窗伽马射线的主要能量分别为 1.46MeV、1.76MeV 和 2.62MeV，根据格罗斯丁（G.W.Grodstein）给定的伽马射线质量衰减系数表，分别求得 10cm 厚的碘化钠晶体对 3 种能量的伽马射线的吸收衰减情况，见表 3-6。

表 3-6　碘化钠晶体对钾、铀、钍 3 个能窗伽马射线的衰减

项目	钾	铀	钍
伽马射线能量/MeV	1.5	1.76	2.62
质量衰减系数/[μm/(g·cm^{-2})]	0.0465	0.043744	0.03843
透过率（I/I_0）/%	18.1	20.08	24.41

由表 3-6 可见，经过下测晶体的衰减作用后，钾、铀、钍 3 个能窗的伽马射线不足入射射线的 1/4，结合项目大气氡校正方法[16]，可以不需要在上测晶体和下测晶体之间填充屏蔽材料，仅以下测晶体作为上测晶体的屏蔽。

在调研国际航空伽马能谱探测系统的基础上，AGS-863 型航空伽马能谱仪对大气氡的校正在硬件上采取了如图 3-23 所示的晶体排列布局，在箱体内部 5 块晶体成“品”字形排列，4 条下测晶体用于探测来自地面的伽马辐射，1 条上测晶体用于监测大气中氡浓度的变化。下测晶体作为上测晶体的屏蔽，上测晶体用来记录空气中的 ^{214}Bi 产生的计数。

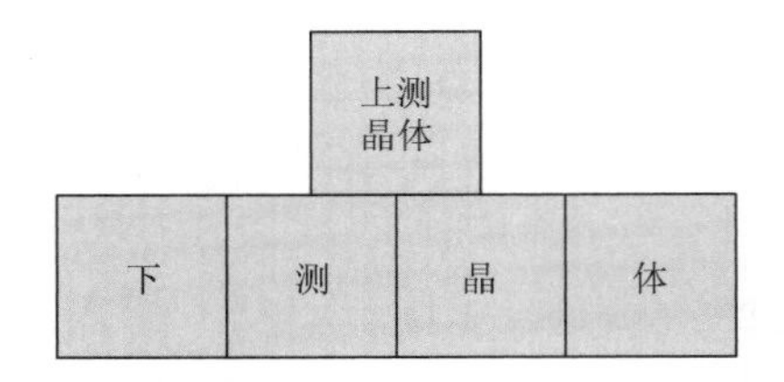

图 3-23　大气氡校正晶体排列示意图

仪器硬件大气氡校正方法的优点：首先，能够准确地测量在航空伽马能谱测量时大气氡本底值。其次，该方法能够实时的对大气环境氡本底进行监测，能够反映出大气氡本底值在测量过程随测量环境参数的变化，受环境改变的影响相对较小。

3.4　航空伽马能谱探头的封装技术

航空伽马能谱探头的封装要保证探头及其零件的固定，还要兼顾射线透过率高、散热、保温、抗震和抗压等功能。整个探头装置有多个零件需要组装，在安装的同时需要对每一个零部件进行固定处理，并合理安排内部空间。在封装的过程中，密封环境下对散热和保温都提出了很高的要求，既要对电子元器件进行散热，又要对晶体探测器进行保温，这样就涉及安装和密封的问题。

3.4.1　探头的机械设计

1. 材质的选择

由于航空伽马能谱探头中 NaI（Tl）晶体重量较大，探头外封装材料的机械强度要求较大。虽然新型钢材在机械强度上完全能符合设计要求，但是自重较大，且对伽马射线的透过率小，因此一般选择航空镁铝合金材质，既轻便又有高的抗压性。

镁铝合金是用镁锭和铝锭在保护气体中高温熔融而成。长期以来关于镁铝合金的结构有两种说法。一种说法是镁铝合金是简单的物理混合；另一说法是镁铝合金内部改变了晶体结构，不是简单的物理混合。通过人工阳极氧化和着色，可获得良好铸造性能的铸造铝合金或加工塑性好的变形铝合金。它具有以下一些特点：①密度小，铝及铝合金的密度接近 $2.7g/cm^3$，约为铁或铜的 1/3；②强度高，铝及铝合金的强度高。经过一定程度的冷加工可强化基体强度，部分牌号的铝合金还可以通过热处理进行强化处理；③导电导热性好，铝的导电导热性能仅次于银、铜和金；④耐蚀性好。铝的表面易自然生产一层致密牢固的 Al_2O_3 保护膜，能很好地保护基体不受腐蚀。

表 3-7 给出了铝合金材质对钾、铀、钍 3 个能窗伽马射线的衰减情况，从表 3-7 中可以看出，采用 3mm 厚的铝合金材质可以透过 96%的钾、铀、钍 3 个能窗的伽马射线，对航空伽马能谱测量产生的影响可以忽略不计。

表 3-7 重复性检查试验记录表

项目	钾	铀	钍
伽马射线能量/MeV	1.5	2	3
质量衰减系数/[μm/(g·cm^{-2})]	0.05	0.0431	0.0353
透过率（I/I0）/%	96.0	96.0	96.0

2. 探头外封装结构设计

AGS-863 型航空伽马能谱仪探头外封装采用 3mm 厚度的铝合金加工成型，机身外延为合金整体焊接，保证了探头外壳的强度。探头外壳结构分上、下盖设计，方便仪器内部零件的安装和拆卸。上、下盖合缝采用子母扣的开合方式，解决了安装过程上下盖定位的问题。连接部位用铝合金型材刨铣而成，下盖凹槽处设有密封条，当上盖下压时，上下同时挤压密封条使密封效果更好。由于航空伽马能谱仪内部零件重量较大，在运送过程中会产生搬运困难的问题。这样，在机身外部前后设有 4 个合金橡胶把手。由于下盖的设置把晶体和电路板与外部连接分离出来，下盖内部为半密封状态，上盖需要用两段采用锁扣分段密封。当实际操作时，下盖的后半段为全密封状态，机身的前半段则无需全密封。这样设计既保证了晶体的安全又方便了安装和调试，为机身的完整性提供了可靠的保障。

为了防止机体产生横向形变，在机体的下方安装了 2 根加强胫，该加强胫同样选择强度较高的 3mm 厚角状铝条加工而成，在机体下方由螺丝固定。2 根加强胫的使用增加了横向牵引力，降低了形变的可能性。

3.4.2 散热与保温设计

航空伽马能谱测量仪内部 NaI（Tl）晶体的温度变化是直接影响谱线参数的重要原因，因此设计良好的保温环境和散热装置是必不可少的。保温主要是针对 NaI（Tl）晶体而言的，而散热主要是针对壳体内电子线路单元而言的。

AGS-863 型航空伽马能谱仪中晶体的保温采用聚氨酯硬质泡沫塑料，该塑料为闭孔结构，具有绝热效果好、质量轻、比强度大、施工方便等优良特性，同时还具有隔声、防震、电绝缘、耐热、耐寒、耐溶剂等特点，广泛应用于冰箱、冰柜、冷库、冷藏车的绝热材料，建筑物、储罐及管道的保温材料等。下盖的箱体中，5 个晶体呈品字形排列，各晶体中间加隔薄型软质泡沫，避免在晃动中晶体之间的相互挤压碰撞。下盖装置晶体的部分，采用泡沫整体填充方式完成。在中间隔板处打上一个填充孔和一个放气孔，扣好上盖后填充软性泡沫进行整体填充。按一定比例分别称取蔗糖聚醚、复合催化剂、发泡剂、二甲基硅氧烷放入塑料烧杯中，按配比加入改性剂后，搅拌使其混合均匀制成聚氨酯泡沫用 A 料。称取一定量 A 料于小烧杯中，再加入 B 料（PAPI）快速搅拌，待混合液颜色开始变化时，倒入模具中使其发泡。固化后冷却一段时间即得到新型聚氨酯保温材料。在填充完成后给填充孔和气孔填好合金盖片，保障晶体箱的完整性。这样填充的方法可以减少制作泡沫模具的工序，既节约了成本，又方便快捷。使安装和灌装一体化，在内部晶体安装调试完成后，液体聚氨酯泡沫整体成型。在保证了内部保温的同时还对晶体的固定起到了重要的作用。

AGS-863 型航空伽马能谱探头中封装有能谱仪的主控电子线路单元。该仪器采用了大量的高集成度芯片和光电器件，且体积较小。众所周知，电子系统的热量控制就是把所有的热过程和工艺中产生的热量，都通过有效的方法从产生热量的元器件传送到系统的散热器件上去，以保证系统的所有元器件都处在正常工作的温度环境中。如果超过了这个限定的温度，将导致系统中某些电子元件的物理破坏或者过早失效。由于体积减小，导致功率密度增加，因发热升温问题而导致能谱仪失效的风险性就增大。为了解决高集成芯片和光电器件的热障问题，各类芯片普遍采用受迫对流空气来冷却发热器件，即通过扩展肋片，改进气流分布，增大风压，将冷却空气压送至散热器件表面以将该处热量散走。为了达到良好的散热效果，在仪器机体内部为铝合金板材未喷涂烤漆。让机身金属表面直接与外部接触，增加散热面积。同时加装金属基板作为散热结构，在电路板的固定处，设置了2mm 铝合金板，对电路板工作产生的热量进行热能引导，使其直接把热量导出机体以外，而减少对晶体工作环境的温度贡献。

3.4.3　抗震设计

振动是仪器正常运转中的一大危害，当振动达到一定程度时，还会使内部零部件连接处产生松动，从而引起新的危险因素并导致零部件损坏、失效，甚至造成重大事故。此外。振动还会影响仪器的动力性及稳定性。所以，为了使振动受到较好控制与衰减，在机体外部系统中必须设置减震器。其作用是不仅要承受仪器自身质量系统负载由于运动平衡所形成的扭振，还要承受因工作环境等形成的冲击。

由于航空伽马能谱测量仪的工作环境会长期处于晃动状态，因此需要加入一定的抗震设计，尽量保证机体在一定程度上的稳定。在航空伽马能谱测量仪机身外部用螺丝分别以 7～8cm 为间距连接了 3mm 厚度的铝合金板。在铝合金板下部首尾处共装置了 4 个高强度减震弹簧。该弹簧以硬性钢丝制成，能最大限度地降低因晃动给仪器带来的冲击力，保证仪器正常运转。

减震弹簧的下端加装铝板，方便在具体使用时与工作环境相连。

3.5　航空伽马能谱仪主控系统

3.5.1　航空伽马能谱仪主控系统的参数指标

航空伽马能谱仪参数指标的一般要求有以下五点：①可接入晶体数为 5 条、10 条、15 条、20 条四种模式，可任选；②谱线分辨率 256、512、1024 任选；③积分非线性小于 0.2%，微分非线性小于 1.0%；④系统的能量分辨率优于 8.0%～8.5%；⑤起始能量阈值小于或等于 50keV。

系统要求能量起始阈值 50keV，探测伽马光子最大能量 6MeV，考虑到要保留一定的设计余量，因此在设计时规定能量起始阈值为 10keV、伽马能谱最高能量为 3.6MeV，即系统的信号动态范围为 20Log（3600/10）dB≈51dB。据此可知所选择的模数转换器的转换分辨率至少为 51dB/6=8.52bit，因此所选择的模数转换器的分辨率至少要为 9 位，又考虑到谱线分辨率能够实现 256、512、1024 可调，即模数转换器的分辨率至少要 10 位，故选择上述两者中较大的值——选择 10 位分辨率以上的模数转换器。为了保证能量起始阈值低于 10keV，由于 ADC 的最大输入信号幅度为 4.096V，对应的最大粒子能量为 3.6MeV，因此 10keV 对应的脉冲信号幅度值为 11.38mV，前置放大器的信噪比必须要优于 20log（4096/11.38）dB≈51.124dB。

积分非线性与微分非线性直接影响系统的能量分辨率。由于采用数字化能谱仪架构，模拟电路部分只有前置放大器和模数转换器，因此只要求前置放大器的非线性失真系数较小，模数转换器的积分非线性和微分非线性能够达到要求即可。前置放大器选择的是分立结型场效应管与双极型晶体管组合的方式，总的谐波失真系数（THD）实测小于 0.01%。模数转换器可选择 ADI 公司生产的 40Mb/s 转换速率的 12 位高速模数转换器 AD9224，其典型微分非线性为 0.33LSB，换算为百分制为：$0.33/2^{12}=0.008\%$；积分非线性为 1.5LSB，换算为百分制为 $1.5/2^{12}=0.036\%$，可满足要求。

3.5.2　主控系统的基本构架

主控系统可采用以下两个设计方案：方案一为半数字化能谱主控系统；方案二为全数字化能谱主控系统。

1. 半数字式脉冲幅度分析器

1）基本构架

半数字化能谱仪的脉冲幅度分析器采用的是基于峰值采样保持的脉冲幅度分析器，主要由前置放大电路、可控增益放大器、ADC 处理单元、数据传输模块、高压电源模块及主控器等组成（图 3-24），主控器控制高压电源提供探测器工作的高压电源。

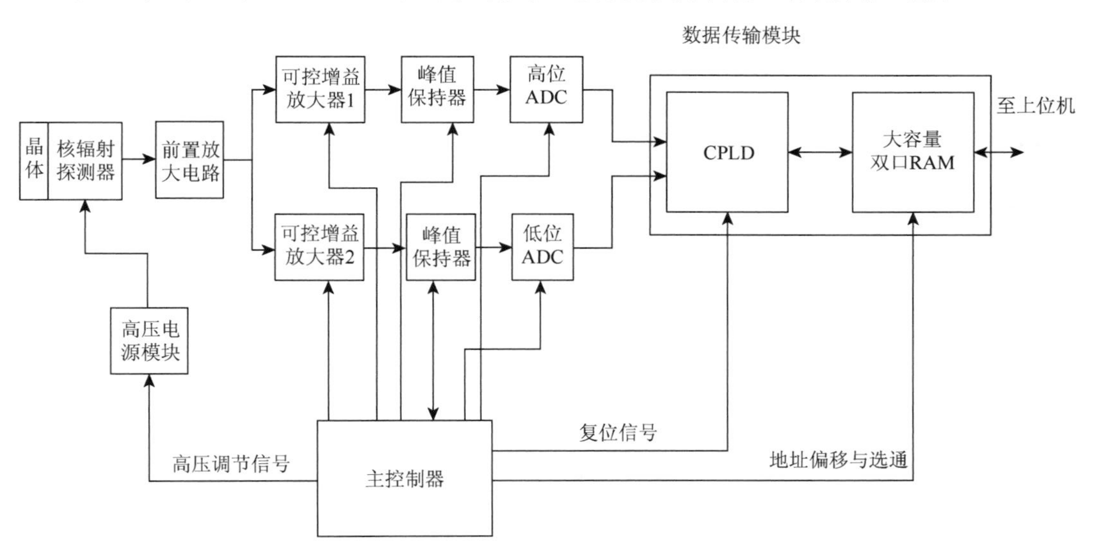

图 3-24　半数字式能谱仪电路结构框图

核脉冲信号经过前置电路和甄别电路被放大和成形，到达两路可编程的增益放大器，当峰值准备信号有效时，高位 ADC 和低位 ADC 开始对经过不同放大倍数的核脉冲信号进行模数转换。高位 ADC 数据转换通道的整体信号增益较小，因此可以保证对高能光子的核脉冲信号完成幅度提取；低位 ADC 数据转换通道的整体信号增益较大，可以保证对低能光子的核脉冲信号完成幅度提取。当双路 ADC 并行转换完毕之后，ADC 以中断的方式触发 CPLD 读取转换后的数据，且将该数据存入 CPLD 内部寄存器单元，之后以此数据和主控器控制的当前段偏移作为大容量双口 RAM 存储器单元的读地址，读取双口 RAM 中对应地址单元的数据，执行“+1”操作之后再次存入上步骤中的地址单元。当定时采样时间结束时，大容量双口 RAM 中存取了两条能谱曲线，分别为高能谱线和低能谱线。主控制器控制段偏移地址发生改变，使幅度分析器转换出来的计数结果放在不同的存储区，而存有谱线数据的区域等待上位机将数据读走。

半数字式能谱仪系统总图如图 3-25 所示，主控制器对 CPLD 的复位信号以及双口 RAM 的段偏移地址进行管理，当 ADC 模块电路转换结束后，AD 转换模块以中断的方式通知对应的 FIFO 控制器开始读取数据。FIFO 控制器先将读取的数据写入对应的 FIFO 中，

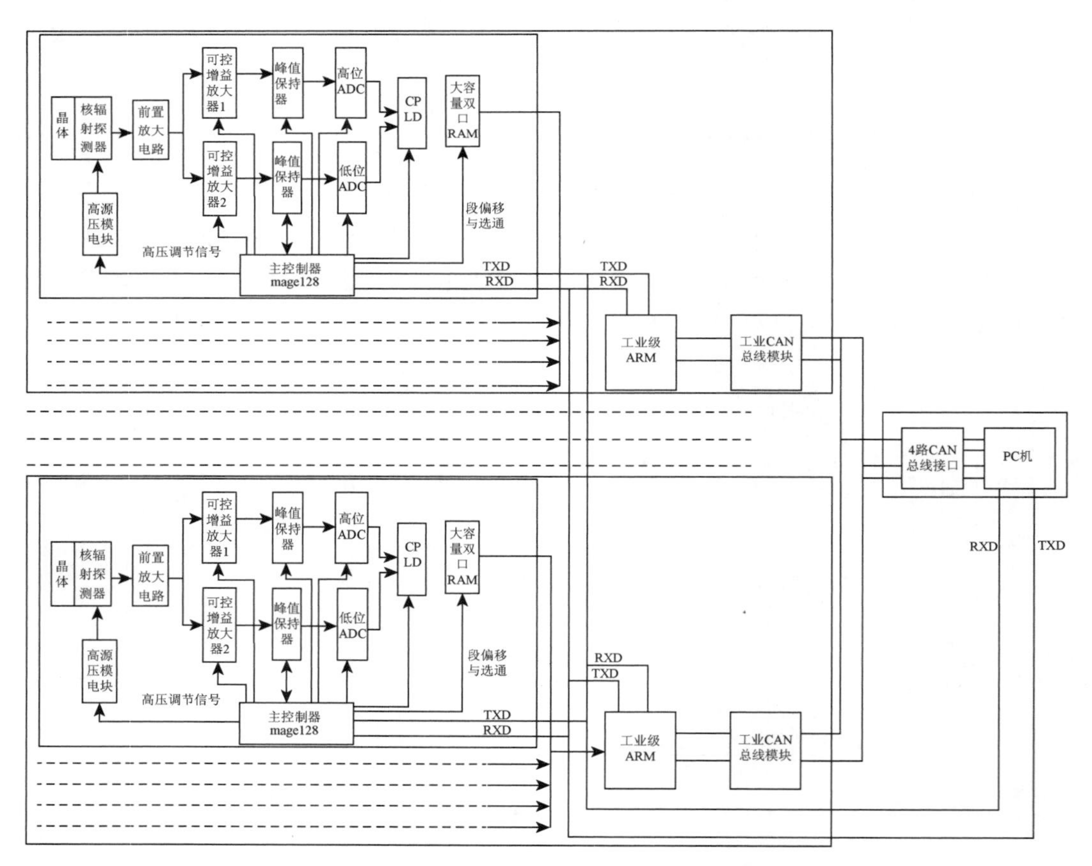

图 3-25　半数字式能谱仪系统结构示意图

高位 ADC 放入高位 FIFO 中去，低位 ADC 的数据写入低位 ADC 的 FIFO 中。然后 FIFO 控制器将数据从 FIFO 中读出之后，送入读写外部 RAM 控制器中去，并且告知外部 RAM 控制器。在收到 FIFO 控制器送来的数据之后，外部 RAM 控制器以主控器控制的段偏移和 FIFO 控制器送来的数据作为地址读取外部 RAM 控制器中的数据。读写外部 RAM 控制器读取数据之后，将数据加 1 并再次存入这个存储单元。

在读取高位 ADC 的 FIFO 控制器送来的数据时，需要对高能和低能的不同存储区进行区分，一般在存储高能谱线数据的时候，读写外部 RAM 控制器控制地址最高位为 1，即当前数据被存储在相对段的 0X8000-0XFFFF，对于低能谱线数据，读写外部 RAM 控制器控制地址最高位为 0，即存储在当前段地址下的 0X0000-0X7FFF。

外部寄存器使用双口 RAM 作为外部存储单元，其控制结构图如图 3-26 所示，实际应用中，先将存储器分为多个段，每个段是 1024 个存储单元，段偏移地址由主控制器进行控制。当前谱线数据存储地址由 CPLD 和主控制器管理的段偏移地址所决定。主控制器管理段偏移地址，占据地址总线的 9～11 位，CPLD 管理的是相对段偏移的地址占据地址总线的 0～8 位。上位机在读取数据的时候，控制读取的谱线数据的存储区和下位机存储谱线的存储区不交叉，实现了零时间等待的测量。

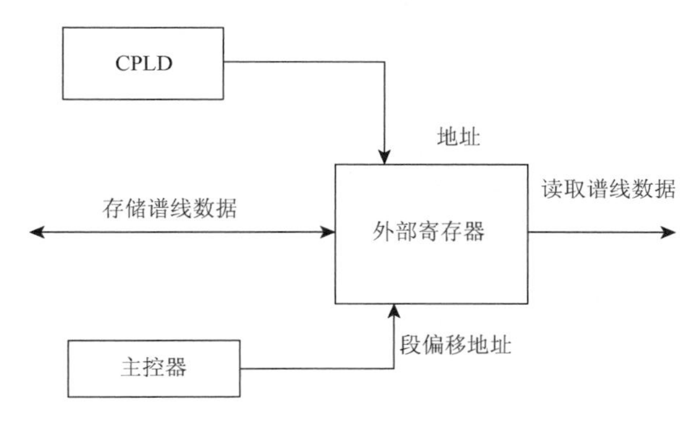

图 3-26　外部寄存器读写单元示意图

2）关键性技术

该方案的核心部分采用了两套独立并联的模拟类型的脉冲幅度分析器，其放大倍数不同，所分析的核脉冲信号范围不同，分为高位 ADC 与低位 ADC。高位 ADC 的放大倍数较低，用以处理高能部分的粒子信号；低位 ADC 放大倍数较大，用以处理低能部分的粒子信号。两路 ADC 的输出数字量由一片 CPLD 内部的双路 FIFO 和控制逻辑电路获取，并存储为谱线，实现谱线的拼接。谱线数据与数据采集底板之间的通信全部采用双口 RAM 来完成，由于双口 RAM 的左右端口具备独立的控制逻辑，可同时对双口 RAM 中的存储单元实现读写操作，也具备了邮件通道，实现左右端口的即时消息的处理，具有可行性。底板上的 ARM 器件同时控制来自四箱晶体的双口 RAM，并通过 PC 机上的控制逻辑控制 ARM 芯片对双口 RAM 的同步读取。此种方案利用了 PC 机的串口来完成对底板、四个能谱采集器共 5 个单元电路的同步时序控制，并制定了相应的控制传输协议，保证数据传输的可靠性和实时性。

此方案的关键性技术在于以下两点。

（1）CPLD 内部的双路 FIFO 和控制逻辑电路的实现。此时 CPLD 必须能够保证双路 ADC 并发的数据传输请求，而且每路 ADC 的并发请求最快达到 5μs 的时间，因此合理的设计并发逻辑是个难点，同时还需要将获取的双路 ADC 数据写入单片的双口 RAM 中，并通过双口 RAM 的邮件通道完成与底板 ARM 芯片的消息通信，此部分功能皆由 CPLD 单片完成，技术复杂，难度较大。

（2）PC 机与 5 个单元电路的同步以及 4 个能谱采集器数据的同步传输。PC 机段需要设计合适的通信协议，依此来同步底板与 4 个能谱采集器的时序，同时底板还必须在 0.5s 或者 1s 周期内全部读取 4 个能谱采集器的数据，还要保证数据的读写正确，由于 ARM 芯片不如 CPLD 那样可以并发，只能是单线程的，因此，ARM 芯片固件程序的编写与优化，是个难点。

3）优缺点

半数字式脉冲幅度分析器的优点在于能够同时获取高能与低能端的谱线，而且可以保证这两条谱线的能量分辨率较高。缺点是：①整套系统过于复杂，而且系统的耦合性太强，不利于后期的故障诊断与排除。系统中的所有单元都是出于紧耦合的状态，一旦某个小部件发生了问题，将很难定位和排除故障。在实际开发过程中就出现了类似的例子，而且所出现的现象很难分析；②整套系统功耗大。由于该方案采用的器件很多，尤其是双口 RAM 普遍的功耗都是高达 0.5W 以上，功耗大，在长期运行测试过程中，双口 RAM 会出现发热现象，因此存在安全隐患；③抗堆积性能差，从而影响大计数率下的能量分辨率。当脉冲通过率较低时，可以保证能量分辨率低于 8%，但是脉冲通过率一旦升高到设计指标的 30%处即超过预期指标，当脉冲通过率继续升高，能谱曲线成为一条直线，无法使用。这也是模拟式脉冲幅度分析器不可避免的问题，当脉冲堆叠比较严重时，基线恢复、脉冲抗堆积都无从谈起；④温度特性差，该方案的核心为核脉冲峰值采样保持器，采样保持电路的分析精度主要取决于核心部件——采样保持电容的吸收效应和温度系数。而要同时达到这两个指标优异的电容很难找到，而且参数的分散性较大，在实际生产过程中，很难保证每套仪器的一致性，加大了生产的难度。

2. 全数字式脉冲幅度分析器

1）基本构架

图 3-27 为全数字式航空能谱勘查主控系统总图。该系统包含 20 条（40cm×10cm×10cm）NaI（Tl）晶体，每 5 条晶体组成一箱，每箱晶体按照品字形叠放，上视一条，下视 4 条。在实际谱线测量中，所有上测晶体的谱线合成为一条上测合成谱，所有下测晶体的谱线合成为一条下测合成谱。由图 3-27 可知每条晶体都配套有独立的光电倍增管、前置放大器、Y/U 双通道 16 位数控增益放大器、数字能谱仪、高压模块、电源变换电路、磁耦合串口隔离电路和 DC-DC 隔离变换电源模块。上述模块为一个安装单位，据此可复

制出任意数量的能谱采集器。每个能谱采集器都通过专属的 RS232 接口与安装于工控机上的 PCI 转多路串口卡通信，从而实现工控机对能谱采集器的控制与谱线获取，工控机可通过巡检命令检测实际生产时采用的晶体数量，方便生产的需要。通过磁耦合串口隔离电路与 DC-DC 隔离变换电源模块实现了本系统与飞机上电源系统的隔离，大大提高了系统的抗干扰性能。电源变换电路实现将单路航空直流电源变换为多路模拟电源、数字电源等功能。高压模块提供光电倍增管工作所需的稳定负高压，为了提供光电倍增管输出信号的信噪比，采用了多级电子滤波器电路，很好地抑制了高压电源中的交流噪声，提高了信噪比。光电倍增管输出的电流信号通过本书设计的电流反馈型前置放大器，送入 Y/U 双通道 16 位数控增益放大电路，通过两个 16 位分辨率的 DAC 控制高速精密乘法器实现谱漂的精密调节。能谱采集器的核心是由高速 ADC 模数转换器和 CPLD 可编程逻辑器件组成的数字能谱仪。由于采用了高速模数转换器，因此省略了传统模拟能谱仪中的峰值采样保持电路、成形放大器、基线恢复电路等，并可显著减小系统的死时间，避免了模拟能谱仪温漂的影响，提高了稳定性，且由于采用数字化设计提高了系统的灵活性。

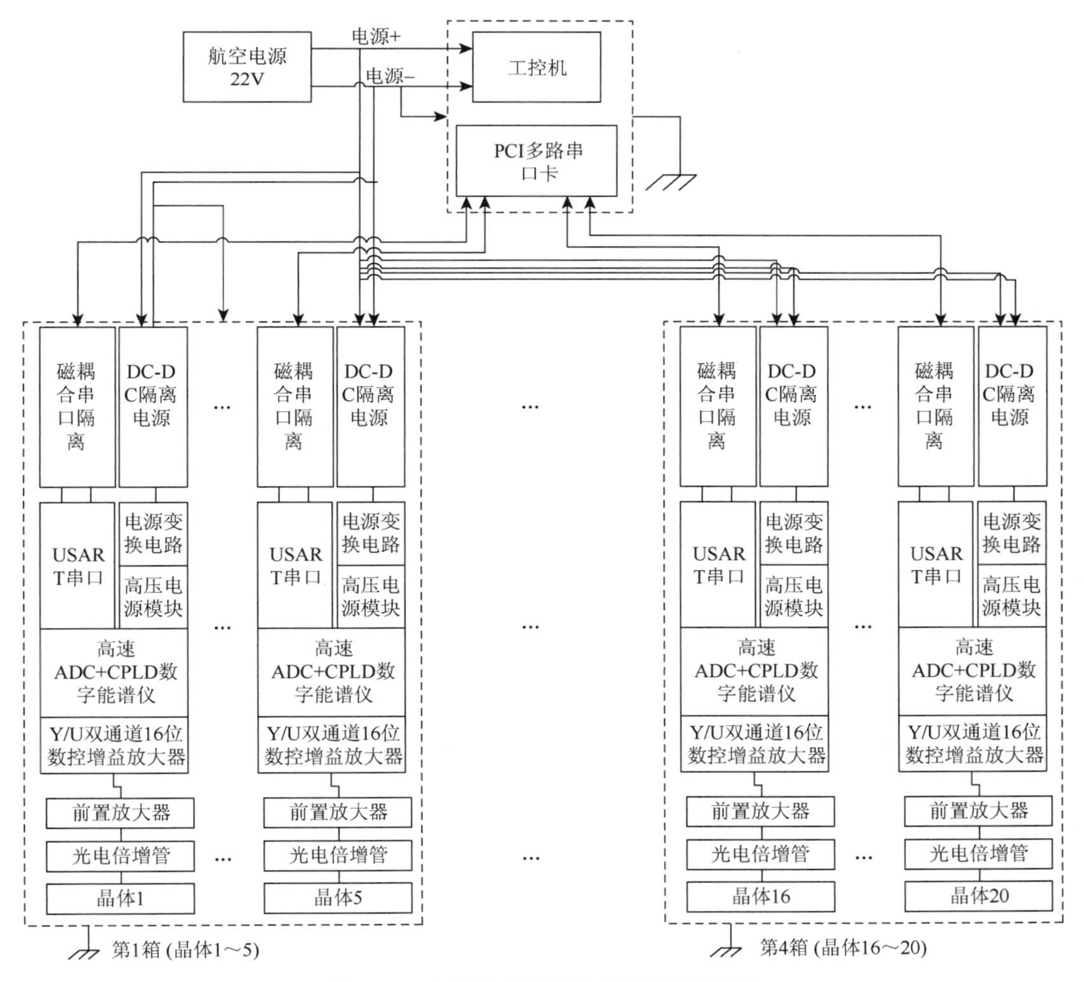

图 3-27　全数字式能谱勘查主控系统总图

2）关键性技术

该方案的核心是基于 CPLD 的全数字式能谱仪[17]，它是通过高速 ADC 配合 CPLD 的内部快速并行数字信号处理算法，实现核脉冲的高度信息提取。经过高速 ADC 量化后的数字序列进入 CPLD 内部，再经过数字滤波、数字抗堆积、基线恢复器以及脉冲幅度提取器实现谱线的获取。由于 CPLD 的可编程逻辑特性，可以随时调整数字信号处理算法，与 QuartμsII 软件配合采用内嵌硬件逻辑分析仪，方便数字信号处理算法结果的查看。CPLD 优于 DSP、MCU 等控制器的最重要一点是可以实现并行算法，因此不存在 DSP、MCU 中的流水线问题，所有信号处理算法都是并行执行的，因此整个算法的响应周期仅仅取决于 CPLD 本身的逻辑门速度和全局时钟的速度。系统中采用的是 40MHz 的全局时钟，因此算法的响应周期仅需要 25ns。这种方案实现起来更加灵活，所能达到的指标也更高，但是带来的难度也更大，要在 CPLD 有限的逻辑门单元基础上实现复杂的信号处理算法是不太实际的，因此如何进行算法的最优化设计是至关重要的。采用数字能谱仪还有一个好处是减少了模拟成形滤波器所带来的弹道亏损，可大大提高能量分辨率。这种方案实现多晶体能谱数据的采集和通信，采用的是 MOXA 的多串口卡扩展串口来实现。这个方案中使得每个能谱采集器完全相同，唯一的区别只是挂接的串口不同，根据串口号来区别能谱采集器所对应的晶体，因此有利于后期的故障排除。

此方案的关键技术在于数字能谱仪的核心数字信号处理算法的实现，尤其是采用了逻辑单元更少、资源紧缺的 CPLD，使得算法的设计难度更大。此方案不采用 FPGA，其主要原因是：FPGA 需要专用的配置芯片，所占用的芯片面积大；FPGA 外围芯片更多，功耗更大，其速度要略慢于 CPLD。在系统中要实现 20 个能谱采集器，因此减小单个能谱采集器的体积和面积是很重要的。

3）优缺点

此方案的优点主要有以下 4 点。

（1）抗高计数率和脉冲堆积能力较强。由于系统中采用的是大尺寸的 NaI 晶体，虽然在实际生产时其脉冲通过率并不高，但是由于其体积较大，那么脉冲同时到达形成脉冲重叠的概率则大大增加，采用传统模拟式能谱采集器则较难解决这个问题。而且在实际标定时，往往采用的是活度较大的放射源，加上晶体的体积大，所以其脉冲通过率较高，在采用此方案时，与第一种方案作比较发现，第一种方案在脉冲通过率 30k 时即已不能工作，而本方案的能谱采集器在 200kHz 的脉冲通过率情况下仍可以稳定工作，且能谱分辨率变化不明显。

（2）能量分辨率较高。由于大大减小了弹道亏损，且采用数字滤波器的滤波效果更好，故谱线的能量分辨率更好。

（3）温度稳定性大大提高。该方案的模拟部件主要就是前置放大器，因此谱线的漂移的主要因素是晶体的温度系数和前置放大器的温度系数。而模拟式能谱采集器则受制于峰值采样保持电路的温度特性，该特性是较难保持的。

（4）属于松散耦合，有效降低了故障率。该方案中每个晶体对应的能谱采集器完全相同，可以任意替换，因此即使出现了故障也能迅速定位和排除。

表 3-8 列出上述两种方案的优缺点，从表中可见，全数字式能谱采集器的指标优于半数字式能谱采集器，因此，全数字式能谱采集器是今后的发展方向。

表 3-8 两种方案的优缺点比较

方案	复杂度	算法设计难度	系统可靠性	温度特性	能量分辨率	脉冲通过率	基线恢复能力	功耗	体积
半数字式能谱采集器	高	无	差	差	一般	<30kHz	一般	一般	大
全数字式能谱采集器	中	较难	好	好	较好	>200kHz	好	一般	小

3.5.3 全数字化能谱仪的关键性电路

1. 低噪声电源

一个仪器设计的好坏很大程度决定于电源设计的好坏。由于采用高速ADC，其转换频率为40MHz，功耗0.4W左右，而且系统的航空电源的电压为22～32V直流电。如果直接采用线性稳压电源，则其效率非常低，会导致电源转换芯片释放出大量的热能，这部分热能会堆积在密封的箱体内部，无法散热，箱体温度会逐步增加，进一步降低电源芯片的转换效率，形成热正反馈现象，很可能在长时间运行情况下，导致电源芯片工作异常。因此需采用DC-DC开关电源给系统供电[18]。

开关电源的转换频率的选择至关重要，因为该频率是无法完全消除的，最终都会耦合到前置放大器、ADC等灵敏器（部）件上，直接影响系统的信噪比。由于FPGA内部数字滤波器的成形时间为5～100μs（实际采用5μs左右）。为了使开关电源转换频率带来的噪声信号能够不产生影响，就必须使得转换频率远离200kHz，即为大于200kHz，而且转换频率越高，被数字成形滤波器滤除后的效果越好。为了降低电源板的面积，可采用内部集成MOS管的电源转换芯片，如转换频率高于1MHz的DC-DC电源转换芯片：LT3970、LT3462、LT3461、LT1931。为了尽可能降低开关电源引入的噪声，需要采取有效的措施降低该噪声。通常的措施有：①LC电感电容滤波方法；②严格按照开关芯片制造商推荐的电路布局；③采用具有高电源抑制比的LDO芯片。选用合理的开关电源储能电感、电容及LC滤波器的电感、电容会较大程度上降低电源噪声。通常而言，尽量采用一体成型电感，此种电感的座体系将绕组本体埋入金属磁性粉末内部压铸而成，SMD引脚为绕组本体的引出脚直接成形于座体表面，较传统电感有更高的电感和更小的漏电感。一体成型结构可避免发生噪音，其全封闭结构磁屏蔽效果好，可有效降低电磁干扰，直流阻抗低，效率更高，相对于常规功率电感，其应用频率可高达5MHz，而常规电感通常在1MHz以下。在电容的选取方面，要根据所设计的电源类型进行选取。针对开关型直流变换器，在DC-DC转换芯片的电源输入端及稳压输出端应该连接等效串联阻抗（ESR）较小的电容，如聚合物钽电容、多层叠片电容和固态电容。而在采用线性稳压器的场合，如三端稳压器、低压差稳压器，则所选用电容的ESR值应该严格参照芯片制造商的推荐值，通常不建议采用ESR过低的电容，否则引入附加相移，产生自激振荡，因此选用普通的钽电容是比较合适的选择。由于LC滤波器在滤除高频噪声方面效果比较优异，但对于中低频的干扰噪声则无能为力，因此选择具有极高电源抑制比（HPSRR）的LDO是一个较好的选择。

采用 LC 滤波与 LDO 滤波，使得能够在尽量较宽的频段范围内滤除电路噪声。LDO 芯片可采用美国 TI 半导体制造商生产的 TPS7A3001DG 与 TPS7A4901DG，图 3-28 展示了这两款 LDO 芯片对不同频率噪声的抑制能力。

从图 3-28 可知，TI 的这两款正负 LDO 具有比常规 LDO 更高的电源抑制比，而且直到 1MHz 频率时，仍然具有高达 40dB 以上的抑制能力，因此与一体成型电感构成的 LC 滤波器配合起来可以实现很宽范围内的噪声抑制，从而可得到低噪声高效率的电源。

另外，为了提高系统的可靠性，降低航电电源对仪器的噪声污染和仪器系统对航电电源的影响，航电提供的 28V 直流电经过隔离型 DC-DC 电源转换模块，输出变为 9V，然后再经过 DC-DC 电源转换板得到±5V、±12V、+9V。其中±5V 提供 ADC 板供电使用，±12V 提供前置放大器与 ADC 板使用，+9V 提供高压电源模块使用。

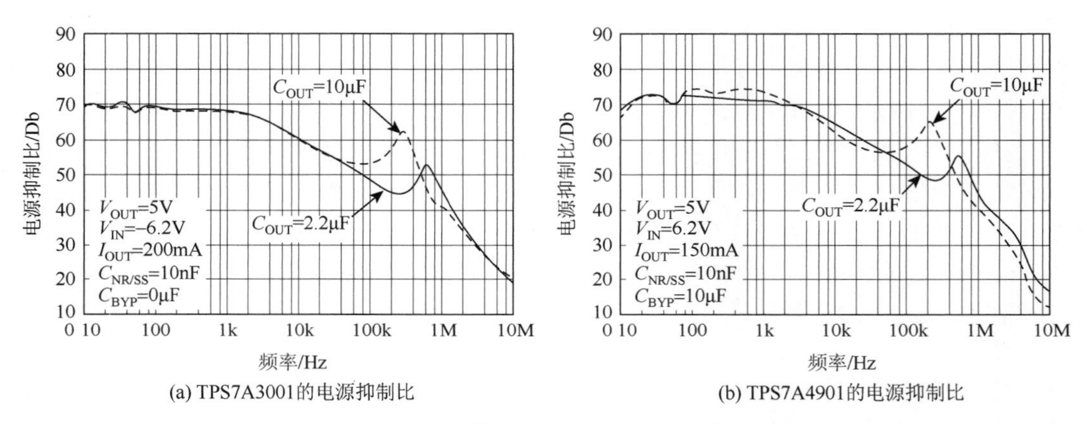

(a) TPS7A3001的电源抑制比　　(b) TPS7A4901的电源抑制比

图 3-28　TI 的高电源抑制比 LDO 芯片

如图 3-29 所示，LT3970 将 DC-DC 电源模块输出的电气隔离+9V 变换为+5V，再由 LT3462 转换得到–5V。此处±5V 分别经过 LC 滤波滤除交流噪声。LT3970 工作与 1MHz 的转换频率，LT3462 工作与 1.2MHz 转换频率，因此 LC 的滤波器的截止频率高于 1.5MHz 即可，因此也减小率滤波电感的感值，降低了电感的体积。

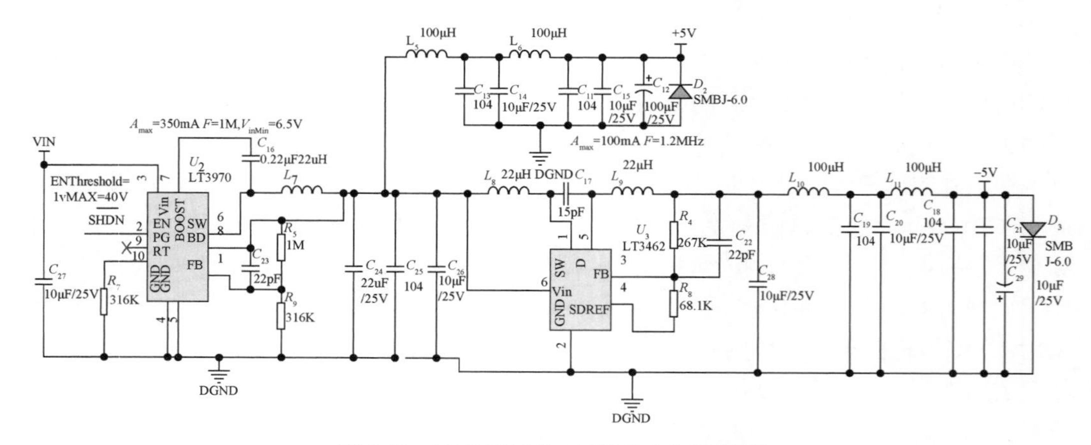

图 3-29　高效率正负 5V 转换电源原理图

图 3-30 为采用 LT1931 实现的+9V 转换为–12V 的电路。当供电电压低于 6V 时，电路自动关闭，进行低压保护。

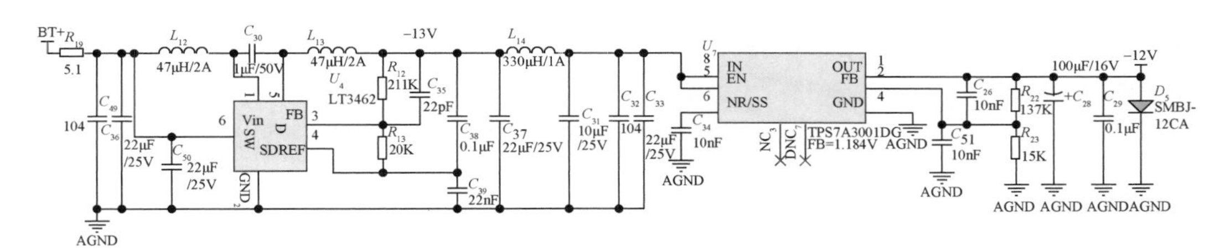

图 3-30　低噪声高效率负 12V 模块电路原理图

图 3-31 所示为采用 LT3461 实现的+9V 升压转换为+12V 的电路。该芯片工作于升压降压自动切换模式，因此允许的输入电压的波动范围可以为+2.6～16V。

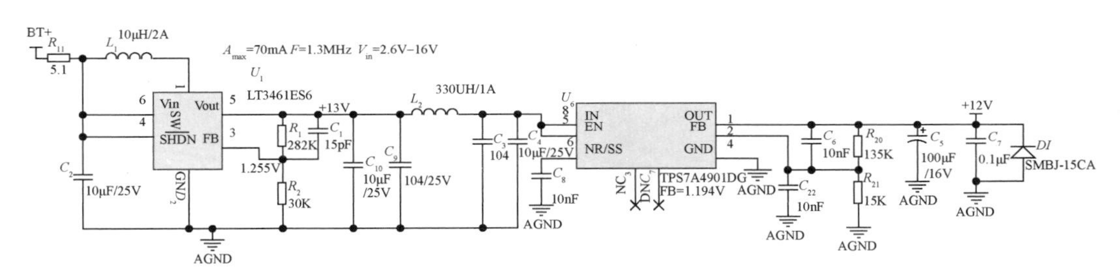

图 3-31　低噪声高效率正 12V 模块电路原理图

图 3-32 为采用 LT3461 的高压电源模块供电电源设计，图 3-33 所示为电源电压欠压关断保护电路。

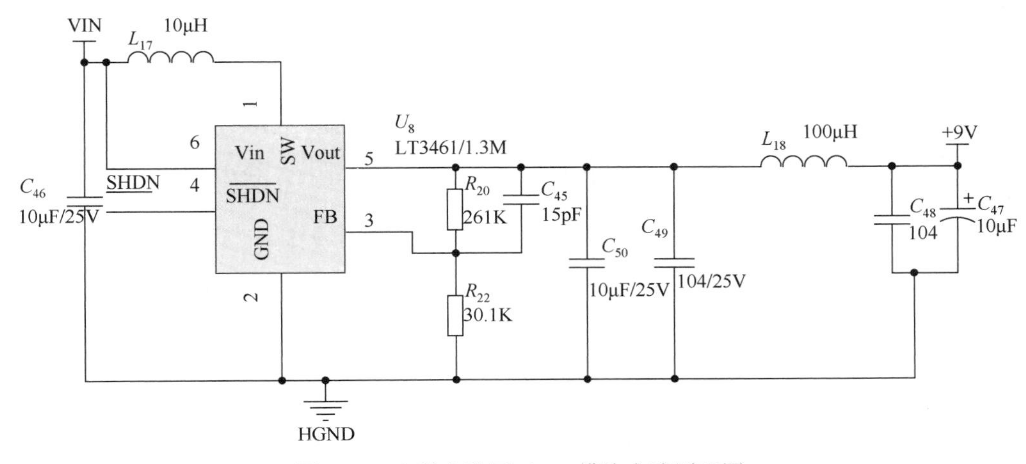

图 3-32　高效率稳压正 9V 模块电路原理图

为了保证系统中多个模块之间的地线互相干扰，必须采用“一点接地”的方式。在开关电源的设计中，最为重要的是合理的布局和布线，在布局时尽量让开关电源芯片远离对噪声敏感的元件，同时保证开关电源中交变电流流经的路径尽量保证在一个平面内，使电流完整，减小焊盘带来的电感电容寄生效应，可降低输出噪声。由于采用的都是高频率的转换芯片，为此滤波电容全部选用多层陶瓷电容，其 ESR 非常小，可明显降低输出信号的交流噪声。在每一路电源的输出端都并联了瞬态抑制二极管，可有效吸收电源浪涌和突波的影响，如图 3-33 所示。

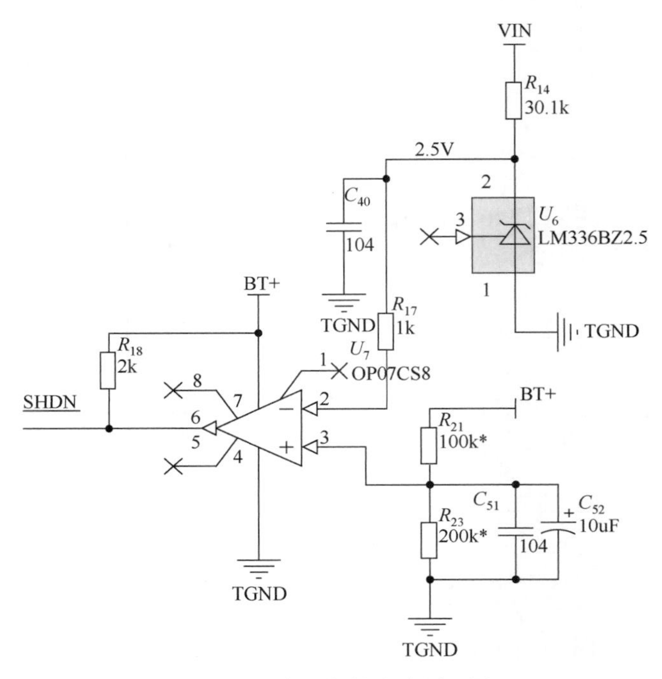

图 3-33　电源保护电路原理图

前置放大器输出信号的信噪比很大程度上取决于高压电源的干净程度。高压电源本身是工作于开关震荡升压模式，因此不可避免地往外辐射电磁波，而且也会在输出高压中叠加较多的交流分量。系统中的高压模块电源是采用的定制方式，采用全金属外壳屏蔽，防止电磁辐射干扰。为了降低输出高压中叠加的交流分量，采用了图 3-34 中的电子滤波器，有效地滤除了交流分量。

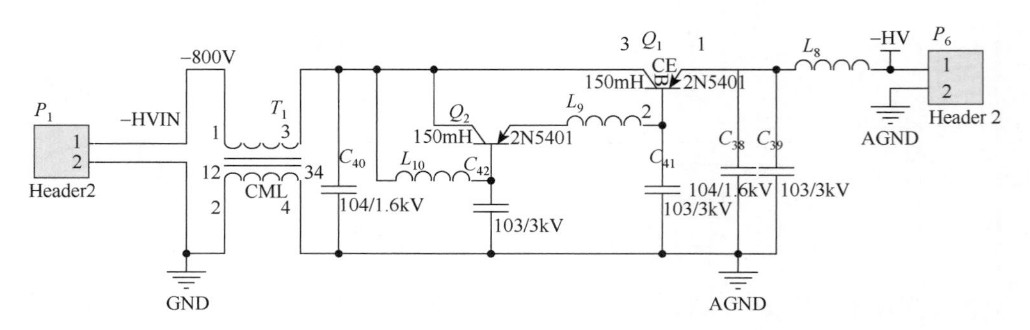

图 3-34　高压电源降噪电路原理图

2. 高精度 Y/U 程控增益放大器[19]

传统的模拟能谱仪其前端电路普遍采用RC-CR极零相消电路与Sallen-Key有源成形电路将快速上升、缓慢下降的双指数核脉冲信号变成标准的高斯信号，该高斯信号的脉冲宽度一般在几十微秒到上百微秒，因此频率较低，后级可用数字电位器结合运算放大器组成的程控增益放大器用来调节谱线漂移。针对数字能谱仪结构，传统的数字电位器的通过信号频率较低（一般低于 1MHz），抽头数有限（一般低于 1024），输入信号范围较窄，满足不了数字能谱仪前端高频核脉冲信号的幅度增益控制的要求。航空伽马能谱测量要求钍峰的谱漂在 1024 分辨率下小于±1 道，能够满足高能模式测量和低能应急测量，在这两种测量模式下，对应 1024 道满度值的伽马射线能量分别为 3MeV 和 0.6MeV，前置放大器输出的 137Cs 对应的 0.661MeV 的核脉冲信号幅度值在 1.5V，系统的 ADC 满量程电压为 4.096V，根据以上条件可知程控增益放大器在低能模式下最大放大倍数约为 2.73，在高能模式下约衰减 1.70，故增益的跨度值为 4.4。根据钍峰的稳峰条件可知，假设钍峰在高能模式下，其道址约为 900 道，则谱漂调节±1 道，对应的增益步进值应该为 1/900=0.001111；而如果采用 10 位分辨率的程控增益放大器，其表达式为 Gain=Dx/1024×K①，其中 K 为增益跨度也就是 4.4，所以 10 位分辨率的程控增益放大器最小的增益步进值为 0.0043，显然无法满足本系统的指标要求，为此系统采用高速四象限模拟乘法器来实现增益的调节，其增益的表达式为 Gain=Y/U，其中 Y、U 各为 16 位精度 DAC 输出的电压值，因此最大的调节范围可从 1/65535 一直到 65535，理论上可以有 232 个调节值，足以满足要求。

图 3-35 为采用 AD734AQ 的数控增益放大器电路框图。AD734 的 X_1、X_2、Y_1、Y_2、Z_1、Z_2、U_1、U_2 都是差动信号，当连接单端信号时可以讲 X_2、Y_2、Z_2、U_2 都接地，实现单端信号的乘除法运算。当 U_1 的 Z_1 与 W 输出引脚相连，则 AD734 工作在负反馈状态，其完整的传递函数表达式为

$$W=(X_1-X_2)\times(Y_1-Y_2)/(U_1-U_2)+Z_2 \tag{3-13}$$

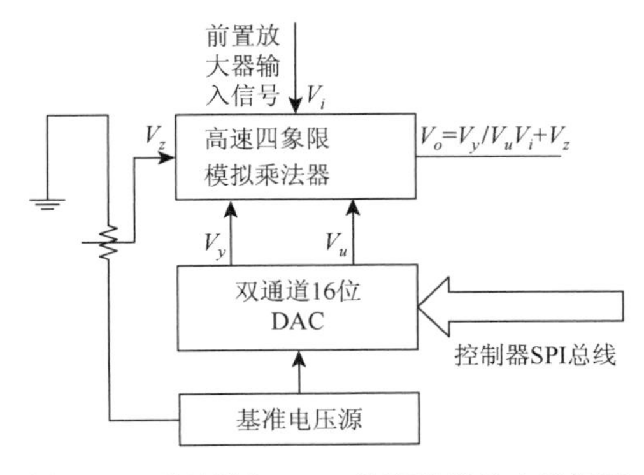

图 3-35　乘法器与 DAC 的程控增益电路框图

① Gain 为增益，Dx 为数字量，K 为增益跨度。

图 3-36 中，X_1 为输入信号；Y_1 为增益控制的分子；U_0 为增益控制的分母，因此实际增益为 $G=Y_1/U_0$。将双路高精度 16 位分辨率数模转换器 DAC8532 输出的双路信号，经过放大后送入 AD734。由于 AD734 最大开环增益的限制，本电路的接法可实现的最大增益范围为±60db，增益调节精度高于 0.002db。

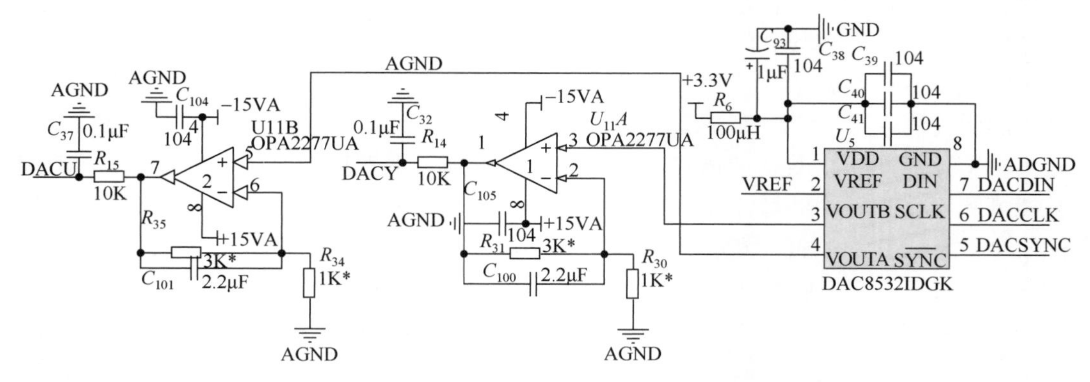

图 3-36　双路高精度 16 位分辨率数模转换电路原理图

在核能谱仪设计中由于前级信号采用直接耦合方式，AD734 构成的增益控制电路也是直接耦合方式，因此在大增益时，不可避免地引入直流漂移，图 3-37 中通过调节 R_8 电位器来消除直流漂移，可以在高计数率、基线发生漂移时，通过调节 R_8 的值，将漂移的基线人为地截止，可适当地改善能谱的分辨率，当然要进一步提高能谱分辨率还需要设计优异的数字滤波与数字基线恢复算法来完成。图 3-37 中的 AD8007 为电流反馈型高速运算放大器用以驱动后级电路，同时也可以进一步地提高信号的增益，同时其输入信号噪声极低。图 3-37 电路构成的增益控制器虽然带宽高，但需要双路 DAC，且 AD734 价格较贵。

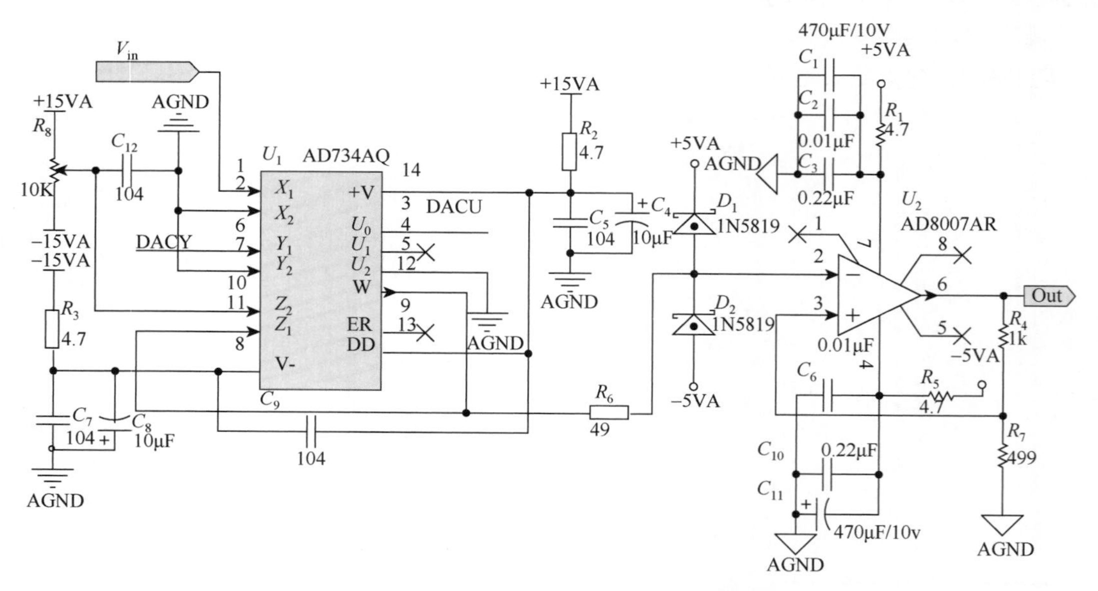

图 3-37　AD734 构成的高速高带宽增益控制器电路原理图

在某些带宽要求不是非常高的场合，则可以考虑使用四象限乘法型 DAC 构成增益放大器，典型的乘法 DAC 主要有 TI 公司的 TLC7528 双通道 8 位分辨率 DAC 与 ADI 公司的 AD5453 单通道 14 位分辨率高速乘法 DAC。

3. 数字化脉冲幅度分析器

传统的模拟能谱仪通常包括：微分电路、极零相消电路、线性脉冲放大器、基线恢复器、脉冲峰值采样保持电路等。由于所涉及的模拟器件较多，系统线性度差，而且随着温度的改变，整体特性变化较大；尤其是峰值采样保持电路高速工作情况下，电容漏电流严重；同时受限于峰值采样保持电路的跟踪采样速度，所以通常脉冲最大通过率小于 50kcps，并且整体电路体积较大。

随着现场可编程逻辑芯片设计能力的加强，数字可编程逻辑门阵列（FPGA）与复杂可编程逻辑器件（CPLD）的等效门单元数目越来越大，其中尤以 FPGA 的发展更为迅猛，目前可达到单芯片千万门级别，内部集成的 RAM 块也越来越大，也就给数字化核脉冲幅度分析器的实现提供了硬件基础，因此数字化脉冲幅度分析器也得到了快速的发展。本课题组在设计之初采用了基于 CPLD 方式实现的伪数字化脉冲幅度分析器，其性能基本可以满足航空伽马能谱的需求，也在实际的航空伽马能谱勘查中得到了有效的验证。CPLD 实现的伪数字化脉冲幅度分析器，由于受限于 CPLD 的内部门单元数目以及可操作的 RAM 单元，故无法实现需要耗费大量 RAM 单元的数字成形算法，同时考虑到主放大器输出的伽马能谱核脉冲信号信噪比较高，噪声分量小，故采用的是自动基线扣除的直接峰高采样方法。该方法在脉冲的计数率较高时，我们实测发现其能量分辨率会有一点下降。原因在于当在高计数率情况下，后脉冲叠加在前脉冲的下降沿之上，在对后脉冲进行直接脉冲峰高信息提取时，忽略了后脉冲信号在其较短上升沿时间内，前脉冲下降沿带来的影响，因此所采集到的峰高信息会略小于后脉冲的真实峰高，因此在高计数率时，能量分辨率会有所下降。为此课题组在此方法基础上又设计了基于 FPGA 设计实现的快慢双通道数字梯形成形算法的数字化脉冲幅度分析器。

基于CPLD的伪数字脉冲幅度分析器[17]与基于FPGA的数字脉冲幅度分析器都是基于高速 ADC 实时采样技术，故其前端硬件电流及选用的高速 ADC 都是相同的，不同的只是对脉冲信号幅度提取单元，采用高速 ADC 实现的核信号离散采集电路如图 3-38 所示。

在电路设计中，高速 ADC 的选择非常重要，既要有足够的能量分辨率，又要保证其优异的差分非线性、积分非线性和高的转换速率，还要保证其信号输入电压范围尽量大、功耗尽量小，可采用 ADI 公司的 AD9224（图 3-38）。该芯片最高转换速率为 40MSPS，分辨率为 12 位，最大功耗 415mW，具有 0～4V 的输入信号范围，在同类高速 ADC 中其功耗低，输入信号范围大，适合数字化能谱仪使用。

为了保证高速 ADC 的采样精度和分辨率，必须采用抖动极小的时钟，一般地，有源晶振输出的时钟信号抖动较大，频率温度特性不好，且容性负载驱动能力不足，往往在接到 ADC 后，时钟信号畸变，抖动变大，从而降低了高速 ADC 的采样分辨率。本系统采用的是 LTC6905 可编程时钟信号芯片，其输出频率范围 17～170MHz，CMOS 电平

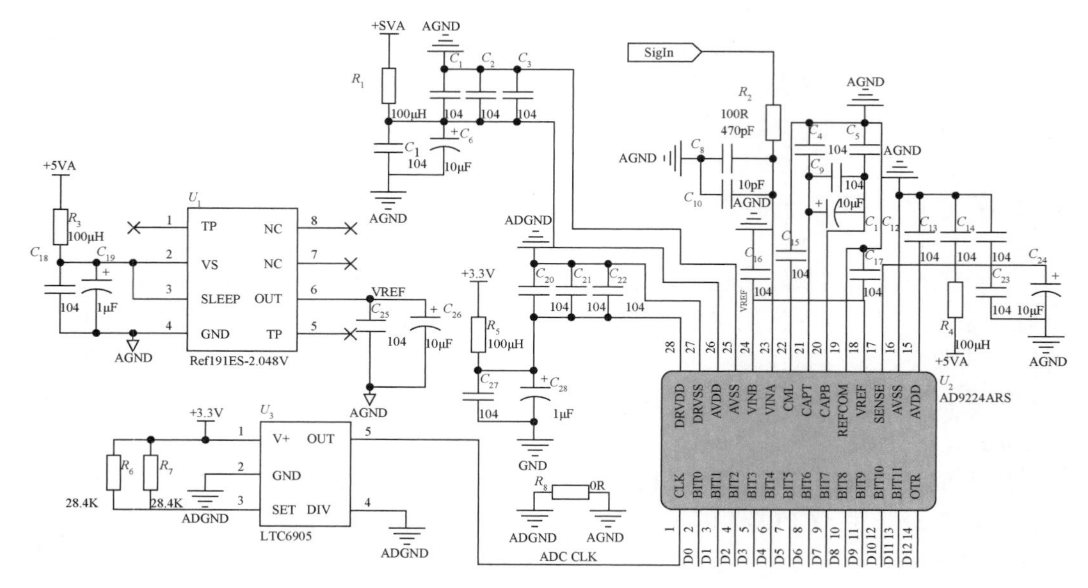

图 3-38　基于 AD9224 的高速 ADC 采样电路原理图

输出可直接驱动 500Ω 负载，在 170MHz 时的时钟抖动小于 50cps，通过外接精密低温度系数电阻，设定输出时钟的频率：

$$\text{Fosc}=(168.5\text{MHz}\times 10\text{k}\Omega/R_{\text{set}}+1.5\text{MHz})/N \quad (3\text{-}14)$$

式中，R_{set} 为外接的精密电阻；N 为分频系数，取决于 DIV 引脚的状态，DIV 引脚悬空则 N=2，DIV 引脚接地则 N=4，DIV 引脚接 VCC 则 N=1。如采用采样频率为 30MHz，由于调理后的核脉冲信号上升时间在 1～1.5μs，因此在该上升期间，至少可以采样得到 30 多个点，可满足本系统的要求。

除了 AD9224 以外，还有多路 16 位 DAC，由于 ADC 和 DAC 是典型的模数混合信号器件，因此为了保证 AD9224 的分辨率，必须合理设计供电电源，接地及元件布局。如图 3-39 所示，系统分成了 3 个电源：模拟电源、数字电源和逻辑电源。3 种电源都通过 LC 滤波隔离得到，根据越容易受到干扰的电源放在越靠后位置的原则，模拟电源连接在数字电源之后，并 LC 滤波隔离。为了保证模拟地平面不被其他的电源干扰，首先要严格保证模拟

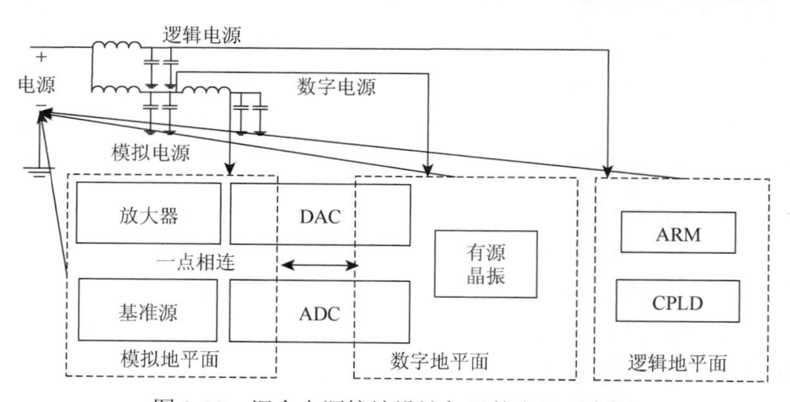

图 3-39　混合电源接地设计与元件布局示意图

地平面垂直立体空间区域内不放置数字芯片或逻辑芯片，同时保证多路 DAC 与 ADC 的芯片的模拟区域和数字区域放置在对应的地平面区域，然后选取模拟地平面与数字地平面的交界处到各 DAC、ADC 距离相同的点，一点连接模拟地与数字地，这样就可以保证模拟地平面与数字地平面的电流不会互相串扰，保证了高速 ADC 与 DAC 的有效分辨率。

1）基于 CPLD 的伪脉冲幅度分析器的设计实现

由于 CPLD 内部门单元数量有限，所以不能采用复杂的滤波[5]算法，如 FIR 滤波，因此采用的是 8 点滑动平均滤波法，对 ADC 输出的数据滤波，但该法对异常的尖峰干扰脉冲抑制能力较弱，为此对前置放大器输出的信号通过一个高频噪声抑制的滤波器，对信号做一次初步降噪处理，可有效抑制尖峰的干扰。由于航空伽马能谱仪采用的是大尺寸晶体，计数率较高，为了保证有较精确计数率，避免由于叠峰引起的峰高判断误差，就必须进行基线扣除。传统模拟能谱仪采用的是硬件电路来完成该功能，但会引入噪声，导致能量分辨率变差。

图 3-40 中 CPLD 内部的单元电路可实现自动的基线恢复[6]与峰高采集。图中的滞回比较器可由外部 ARM 控制器任意设定其上限和下限，以适应不同的应用场合，同时也可以抑制本底噪声的影响。当核脉冲信号落入该比较器上下限范围内，滞回比较器输出高电平，则启动谷值判断与峰值判断，且分别输出在比较器有效期间所出现的所有核脉冲的谷值与峰值，经过减法电路后输出峰高数据，在减法及触发电路中，同时判断谷值变化与峰值变化，当谷值发生变化使得触发信号为低，当峰值发生变化使得触发信号为高，当连续出现多个谷值或峰值发生变化时，触发信号不会误触发。经过内部时钟驱动的计数器延迟几个周期后输出到 ARM 芯片的中断信号，在 ARM 的中断函数中读取扣除了基线的峰高数据。当比较器输出低电平时，清空谷值判断，峰值判断输出的数据，同时使触发信号无效。所有 CPLD 内部单元电路都采用 VHDL 语言编写，经过 QuartμsII 时序分析允许最高的 ADC 数据输入的频率可达 100MHz 以上。

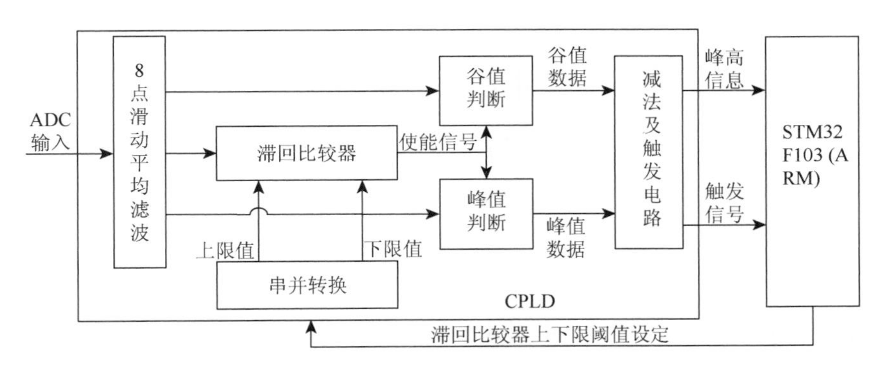

图 3-40　CPLD 内部模块电路结构示意图

2）基于 FPGA 的数字化脉冲幅度分析器的设计实现

A. 最优化滤波器理论[20]

在理论上总是可以根据信号和噪声的不同频谱求出一种最佳滤波器，但是理论上的最佳滤波往往是无法实现的。如图 3-41 所示，为输入有用信号与噪声信号叠加后经过一个滤波器系统传递函数为 h（t）的黑盒子得到的输出有用信号与噪声信号的示意图。

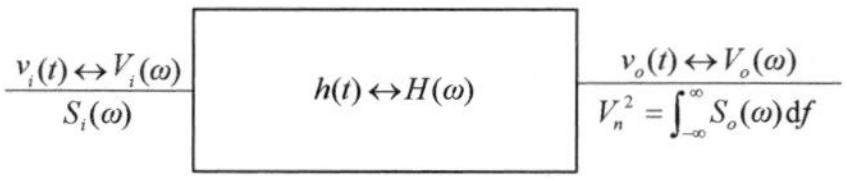

$v_i(t) \leftrightarrow V_i(\omega)$ / $S_i(\omega)$ → $h(t) \leftrightarrow H(\omega)$ → $v_o(t) \leftrightarrow V_o(\omega)$ / $V_n^2 = \int_{-\infty}^{\infty} S_o(\omega)\mathrm{d}f$

图 3-41　输入信号经过传递函数为 $h(t)$ 的黑盒子示意图

式中，$S_i(\omega)$ 为噪声谱密度函数；$h(t)$ 为滤波器系统传递函数；$H(\omega)$ 为滤波器系统频率响应函数；$v_i(t)$ 为输入信号；$V_i(\omega)$ 为输入信号频率响应函数；$v_o(t)$ 为输出信号；$V_o(\omega)$ 为输出信号频率响应函数；V_n^2 为噪声均方值。

由图 3-41 可得到输出信号表达式为

$$V_O(t) = \frac{1}{2\pi}\int_{-\alpha}^{\alpha} H(\omega)V_i(\omega)\mathrm{e}^{\mathrm{j}\omega t}\mathrm{d}\omega \tag{3-15}$$

输出信号的噪声均方值为

$$V_n^2 = \int_{-\alpha}^{\alpha} S_O(\omega)\mathrm{d}f = \frac{1}{2\pi}\int_{-\alpha}^{\alpha} \left|H(\omega)\right|^2 S_i(\omega)\mathrm{d}\omega \tag{3-16}$$

假设输出信号 v_o（t）的峰值在 t_M，则信噪比平方为

$$\eta^2 = \frac{[V_O(t_M)]^2}{V_n^2} = \frac{\left|\int_{-\alpha}^{\alpha} H(\omega)V_i(\omega)\mathrm{e}^{\mathrm{j}\omega t_M}\mathrm{d}\omega\right|^2}{2\pi\int_{-\alpha}^{\alpha}\left|H(\omega)\right|^2 S_i(\omega)\mathrm{d}\omega} \tag{3-17}$$

根据施瓦茨（Schwarz）定理：

$$\left|\int A(\omega)B(\omega)\mathrm{d}\omega\right|^2 \leqslant \int\left|A(\omega)\right|^2\mathrm{d}\omega \cdot \int\left|B(\omega)\right|^2\mathrm{d}\omega \tag{3-18}$$

当 $A(\omega) = kB^*(\omega)$ 时，式（3-18）取等号，令 $A(\omega) = H(\omega)\sqrt{S_i(\omega)}$，$B(\omega) = \dfrac{V_i(\omega)}{\sqrt{S_i(\omega)}}\mathrm{e}^{\mathrm{j}\omega t_M}$

则

$$\eta^2 = \frac{\left|\int A(\omega)B(\omega)\mathrm{d}\omega\right|^2}{2\pi\int_{-\alpha}^{\alpha}\left|A(\omega)\right|^2\mathrm{d}\omega} \tag{3-19}$$

由于 $A(\omega) = kB^*(\omega)$，故

$$H(\omega) = k\frac{V_i^*(\omega)}{S_i(\omega)}\mathrm{e}^{-\mathrm{j}\omega t_M} \tag{3-20}$$

当 $H(\omega) = k\dfrac{V_i^*(\omega)}{S_i(\omega)}\mathrm{e}^{-\mathrm{j}\omega t_M}$ 时，信噪比 η 取最大值，此时

$$\eta_{\max}^2 = \frac{1}{2\pi}\int_{-\alpha}^{\alpha}\frac{\left|V_i^*(\omega)\right|^2}{S_i(\omega)}\mathrm{d}\omega \tag{3-21}$$

因此可得到针对任意输入信号的最佳滤波器输出信号频谱为

$$V_O(\omega)=V_i(\omega)H(\omega)=k\frac{\left|V_i^*(\omega)\right|^2}{S_i(\omega)}\mathrm{e}^{-\mathrm{j}\omega t_M} \tag{3-22}$$

首先我们来研究白噪声输入时的最佳滤波器，当输入噪声是白噪声时，即 $S_i(\omega)=d^2$ 则最佳滤波器的频率响应和信噪比为

$$H(\omega)=\frac{k}{d^2}V_i^*(\omega)\mathrm{e}^{-\mathrm{j}\omega t_M} \tag{3-23}$$

$$\eta_{\max}^2=\frac{1}{2\pi d^2}\int_{-\alpha}^{\alpha}\left|V_i(\omega)\right|^2\mathrm{d}\omega \tag{3-24}$$

所谓的最佳匹配滤波器就是对于迭加白噪声的信号，当滤波器频率响应是输入信号的复共轭时信噪比最佳，拥有此频率响应的滤波器即为最佳匹配滤波器。

当输入噪声不是白噪声时，最佳匹配滤波器的频率响应 $H(\omega)$ 可由以下方法导出：

白化滤波器：$\left|H_1(\omega)\right|^2=\dfrac{d^2}{S_i(\omega)}$，这时

$$V_1(\omega)=V_i(\omega)H_1(\omega)$$

$$H_2(\omega)=\frac{k}{d^2}V_i^*(\omega)H_1^*(\omega)\mathrm{e}^{-\mathrm{j}\omega t_M}$$

$$H(\omega)=H_1(\omega)H_2(\omega)=\frac{k}{d^2}V_i^*(\omega)\left|H_1(\omega)\right|^2\mathrm{e}^{-\mathrm{j}\omega t_M}$$

$$=k\frac{V_i^*(\omega)}{S_i(\omega)}\mathrm{e}^{-\mathrm{j}\omega t_M}\quad\text{（与式（3-20）的结论一致）}$$

图 3-42 即为输入噪声非白噪声情况下的匹配滤波器框图。

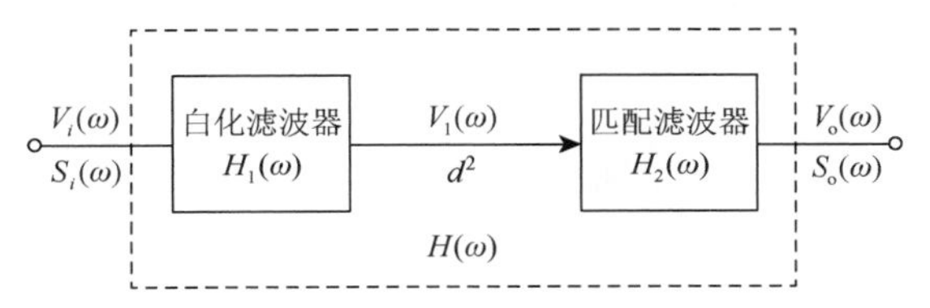

图 3-42　白化噪声的匹配滤波器框图

对于各种核辐射探测器而言，电荷灵敏放大器是最常用的前置信号放大器，故针对电荷灵敏放大器为前放的核谱仪讨论研究其最佳滤波器的设计（图 3-43）。由参考文献[20]可知，前置放大器的噪声可表达为 a 噪声，b 噪声与 c 噪声，其中 $a^2=\dfrac{4KT}{3\pi g_m}\cdot C_\Sigma^2$，$b^2=\dfrac{1}{2\pi}[2\mathrm{e}(I_D+I_g)+4KT\dfrac{R_D+R_f}{R_DR_f}],c^2=A_fC_\Sigma^2$。

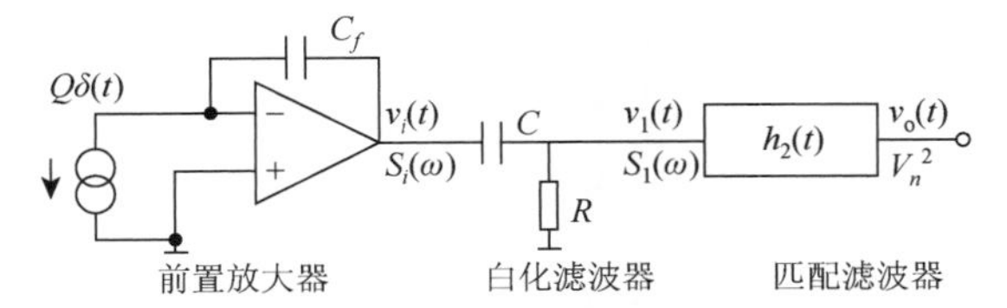

图 3-43　电荷灵敏放大器的最佳滤波器设计框图

$$V_i(t)=\frac{Q}{c_f}u(t) \quad S_i(\omega)=\pi\left[a^2+\frac{b^2}{\omega^2}+\frac{c^2}{\omega}\right] \tag{3-25}$$

式中，$S_i(\omega)$ 为噪声的功率谱密度函数；a 噪声与 ω^2 成正比；b 噪声与 ω 无关；c 噪声与 ω 成正比。

忽略 c 噪声，$\tau_c=\frac{a}{b}$，并令 τ_c 为噪声转角时间，则

$$S_i(\omega)=\pi a^2\left[1+\frac{1}{\omega^2+\tau_c^2}\right] \tag{3-26}$$

前置放大器白化滤波器频率响应应满足

$$|H_1(\omega)|^2=\frac{d^2}{S_i(\omega)}=\frac{d^2}{\pi a^2}\left(\frac{\omega^2\tau_c^2}{1+\omega^2\tau_c^2}\right) \tag{3-27}$$

这时一个时间常数为 $RC=\tau_c$ 的 CR 微分电路正好可以作这样的“白化”滤波器。取 $d^2=\pi a^2$，则经过此白化滤波器后，噪声和信号分别为

$$S_1(\omega)=\pi a^2 \quad v_1(t)=\frac{Q}{c_f}\mathrm{e}^{\frac{-t}{\tau_c}}u(t) \tag{3-28}$$

因此电荷灵敏前置放大器的最佳匹配滤波器的冲击响应 $h_2(t)$ 应为 $v_1(t)$ 的镜像，且该匹配滤波器的冲击响应时域表达如下：

$$h_2(t)=\frac{K}{d^2}\frac{Q}{c_f}\mathrm{e}^{\frac{t-t_M}{\tau_c}}u(t_M-t) \tag{3-29}$$

该最佳匹配滤波器的频率响应表达如下：

$$H_2(\omega)=\frac{1}{1-\mathrm{j}\omega\tau_c}\mathrm{e}^{-\mathrm{j}\omega t_M} \tag{3-30}$$

电荷灵敏前置放大器经过最佳匹配滤波器后所得到的输出信号时域表达式如下：

$$v_0(t)=v_1(t)\times h_2(t)=\frac{Q}{2c_f}\mathrm{e}^{\frac{-|t-t_M|}{\tau_c}} \tag{3-31}$$

由式（3-31）可知，该输出信号为对 t_{M} 两边对称的无限宽指数衰减的尖顶脉冲，如图 3-44 所示。

对应此时的最佳滤波器的信噪比 y 可由式（3-32）推出

$$\eta_\infty^2=\frac{\frac{1}{2\pi}\int_{-\infty}^{\infty}|V_i(\omega)|^2\,\mathrm{d}\omega}{d^2} \tag{3-32}$$

式中，$d^2=\pi a^2$，进一步推导可得

$$\int_{-\infty}^{\infty}{v_1}^2(t)\mathrm{d}t=\int_0^{\infty}\frac{Q^2}{{c_f}^2}\mathrm{e}^{\frac{-2t}{\tau_c}}\,\mathrm{d}t=\frac{\tau_c Q^2}{2{c_f}^2} \tag{3-33}$$

最后求的最佳滤波器对应的信噪比表达式为

$$\eta_\infty=\frac{Q}{c_f\sqrt{2\pi ab}} \tag{3-34}$$

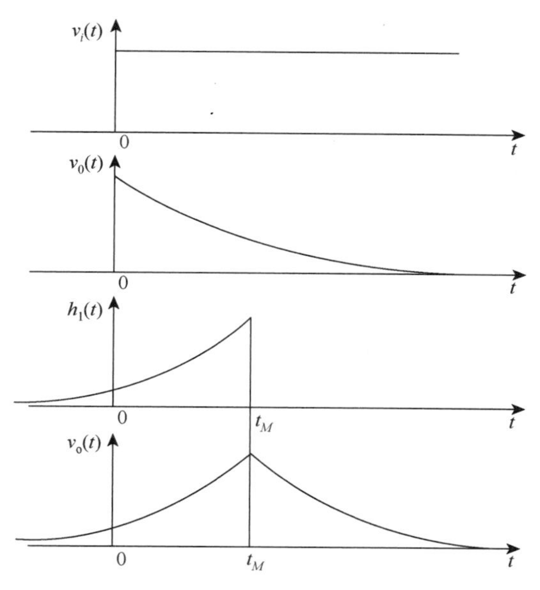

图 3-44　无限宽指数衰减的尖顶脉冲成形示意图

根据式（3-34）可知，从器件本身考虑，提高信噪比有如下几种办法：①选择低频噪声小的器件；②选择栅极漏电流小的场效应管；③热噪声与 R 成反比，R_D 和 R_f 电阻值取大一些，或用其他方法放电，选用低介质损耗的电容；④减少冷电容；⑤选择合适的反馈电容。

从外界环境因素考虑，提高信噪比有如下几种办法：①探测器的反向漏电流在低温下可以降低；②降低温度，减少热噪声。

然而上述的最佳滤波器仅为理想的滤波器在实际中是不可能实现的。因为匹配滤波器的冲激响应是输入信号的镜像，对于 t=0 时，当输入冲激信号时，要求滤波器在信号加入之前就作出响应，也就是说输出要先于输入出现，这显然是违反因果关系的，物理上并不能实现，所求出的最佳信噪比只能是理论上的结果。但它可以作为一个衡量滤波器信噪比的比较标准。通常把理想的最佳滤波器的信噪比与实际滤波器的最佳信噪比的比值定义为信噪比劣值系数 F。

理想最佳滤波器的信噪比为

$$\eta_\infty = \frac{Q}{c_f\sqrt{2\pi ab}} = \frac{Q}{\sqrt{2\pi a_i b_i}} = \frac{Q}{\sqrt{2\pi a_s b_i c_\Sigma}} \tag{3-35}$$

定义实际滤波器输出信号的信噪比为 η；定义它的劣质系数为 F，$F=\dfrac{\eta_\infty}{\eta}$，$F>1$，越接近 1，表明滤波效果越好。

在给定脉冲宽度 t_w 约束下获得最佳信噪比时的滤波器，这种滤波器的输出信号为

$$v_0(t)=\begin{cases}\dfrac{Q}{c_f}\sin h\left(\dfrac{\dfrac{t_w}{2}-|t-t_m|}{\tau_c}\right), & |t-t_m|<\dfrac{t_w}{2}\\[2ex] 0, & |t-t_m|>\dfrac{t_w}{2}\end{cases} \tag{3-36}$$

此时$\eta=\eta_\infty\cdot\left[\tan h\left(\frac{t_w}{2\tau_c}\right)\right]^{1/2}$，$V_o(t)$的波形如图 3-45 所示，在$\frac{t_w}{\tau_c}\to\infty,\frac{\eta_\infty}{\eta}\to 1$时，此时$V_o(t)$为无限尖顶脉冲。在$t_w=4\tau_c$时，$\frac{\eta_\infty}{\eta}=1.018$，已经十分接近理想情况了。$V_o(t)$在$t_w$很小时可以近似看为三角脉冲，而平顶的梯形脉冲可以降低弹道亏损。

综上所述：针对核辐射探测器而言，理想的最佳匹配滤波器的输出信号为无限宽度尖顶脉冲信号，而实际可实现的最佳匹配滤波的输出信号为有限宽度的平顶梯形信号。为此，接下来我们将采用传递函数法与多重积分法来分别设计实现基于数字梯形的脉冲成形算法。

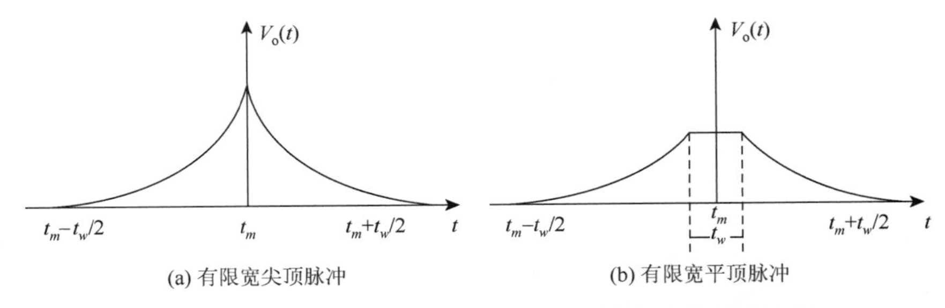

图 3-45　有限宽响应的实际最佳匹配滤波器输出信号波形图

B. 数字梯形成形算法的数学公式推导与算法实现

可以将探测器输出的电流脉冲信号近似看成单位脉冲函数，而经过前端模拟电路放大、滤波处理后，输入给高速 ADC 的是指数信号，因此对于 FPGA 而言，所需要处理的就是离散指数信号。因此，可以将探测器输出开始到高速 ADC 之前的所有模拟电路看成是一个 RC 滤波器，或者看做是做了褶积运算。为此，需要采用反褶积运算将指数信号还原得到探测器输出的原始电流脉冲信号，也就是单位脉冲函数。将一个单位脉冲函数与任意形状的线性函数卷积后，仍然得到一个相同形状的线性函数。因此，可以将单位脉冲函数与一个梯形形状的函数卷积即可得到梯形形状的信号输出，如图 3-46 所示。据此，数字梯形成形算法的两个关键问题为：①将离散指数信号反褶积为单位脉冲函数[21]；②将单位脉冲函数与离散梯形函数卷积[22]。

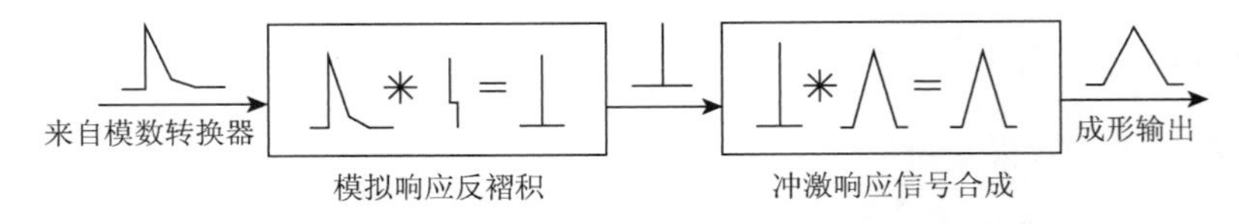

图 3-46　指数信号的反褶积可还原其原始脉冲信号

假设探测器输出的信号为理想电流脉冲信号，经过前置放大器、主放大器之后得到模拟的连续指数信号，如图 3-47 所示。由高速 ADC 采样后得到离散指数信号，如图 3-48 所示。

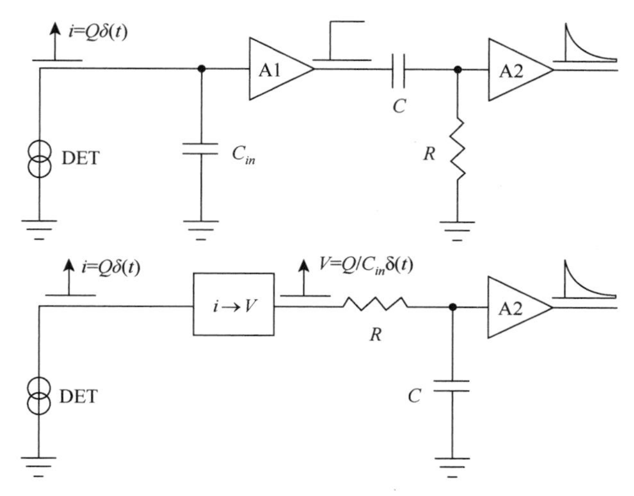

图 3-47　探测器读出电路的两种等效模型

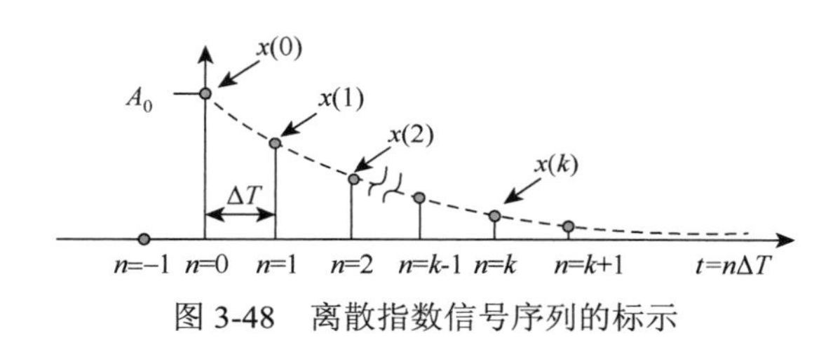

图 3-48　离散指数信号序列的标示

由参考文献[23]可知，RC 低通滤波器的脉冲响应 $h'(t)$可以写成如下形式：

$$h(t)+\tau\frac{\mathrm{d}h(t)}{\mathrm{d}t}=\delta(t)，\ t>-0，\text{其中 } h(0)=0 \tag{3-37}$$

因此低通滤波器的输入信号 V_{in}（t）与输出信号 V_{out}（t）的反褶积可以写成如下：

$$V_{\text{out}}(t)=V_{\text{in}}(t)+\tau\frac{\mathrm{d}V_{\text{in}}(t)}{\mathrm{d}t} \tag{3-38}$$

因此反褶积的脉冲响应 h'（t）可以由单位脉冲函数和二阶脉冲函数来表达如下：$h'(t)=\delta(t)+\tau\delta'(t)$，又由于脉冲函数 $\delta(t)$，可由 $h(t)$ 与 $h'(t)$ 卷积得到，即 $\delta(t)=-h(t)\times h'(t)$。当前放输出的指数信号经过了多级的 RC 成形器后，我们仍然可以通过级联不同时间常数的反褶积器还原得到原始的电流脉冲信号。只要确保每级反褶积器的时间常数与对应的成形器的时间常数相同即可。接下来，需要讨论反褶积的离散数学表达式与实现。

在离散域中式（3-38）可写成如下形式：

$$V_{\text{out}}(n)=V_{\text{in}}(n)+M[V_{\text{in}}(n)-V_{\text{in}}(n-1)] \tag{3-39}$$

其中的系数 M 即为以离散系统采样周期 t_{c} 来表示的时间常数 τ。M 的计算表达式如下：

$$M=\frac{1}{\mathrm{e}^{\frac{t_c}{\tau}}-1} \tag{3-40}$$

当 $\tau/t_{\text{c}}>5$ 时，M 可以近似为：$M\approx\tau/t_{\text{c}}-0.5$；根据式（3-39）可得到实现如图 3-49 所示框图。

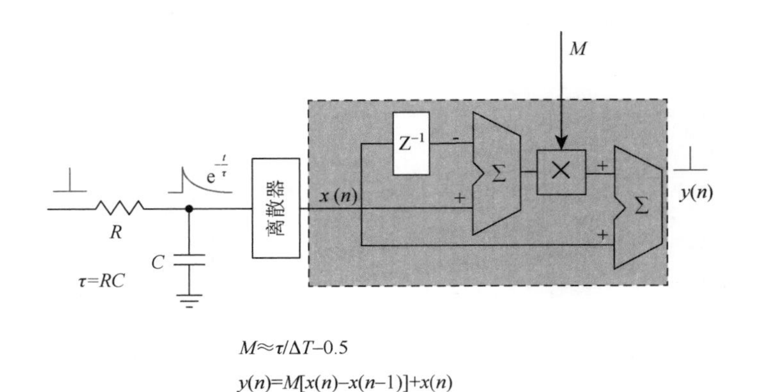

$M \approx \tau/\Delta T - 0.5$

$y(n)=M[x(n)-x(n-1)]+x(n)$

图 3-49　针对脉冲函数经过 *RC* 滤波器后的指数信号的数字反褶积器的实现框图

图 3-49 中，Z^{-1} 为单位延迟器，Σ 为减法器，×为乘法器。当前置放大器输出的指数信号还经过了 *RC* 积分成形器后，那么对应的反褶积器也需要级联一级对应 *RC* 积分成形器的反褶积器[24]，如图 3-50 所示。

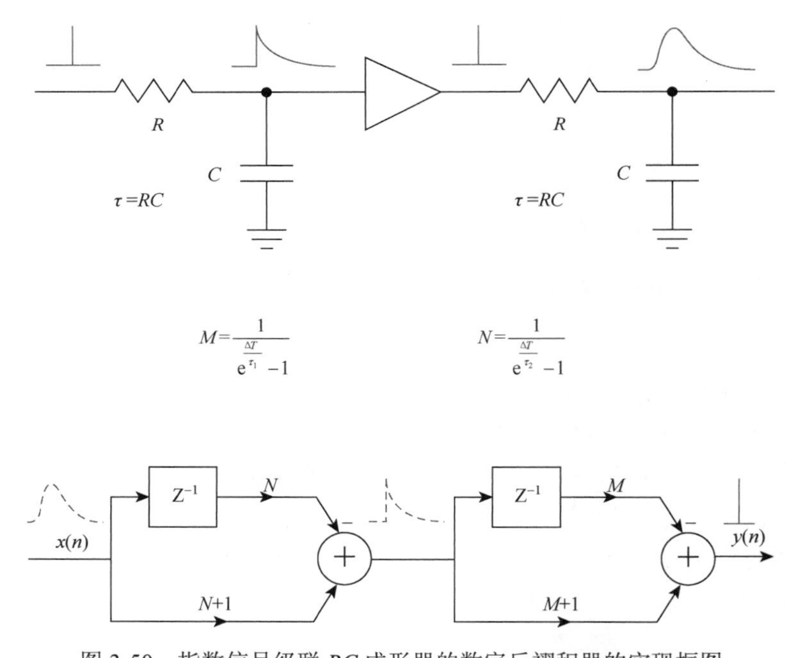

图 3-50　指数信号级联 *RC* 成形器的数字反褶积器的实现框图

在数字反褶积器设计的基础之上，可实现数字式极零相消器，如图 3-51 所示，其中，×为乘法器，ACC 为累加器，Σ 为相加器。

经过了上面的反褶积器后，可以还原得到脉冲函数，而接下来就是需要对脉冲函数卷积上某个函数，从而得到期望的梯形函数。因此首先讨论矩形函数的合成问题，如图 3-52 所示。

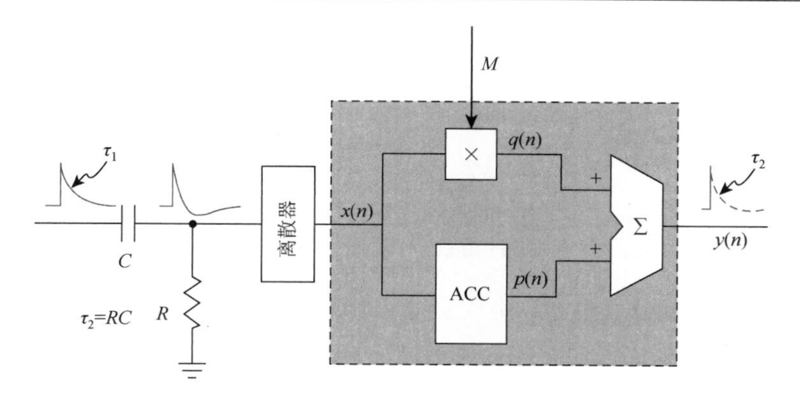

图 3-51　数字极零相消的功能框图

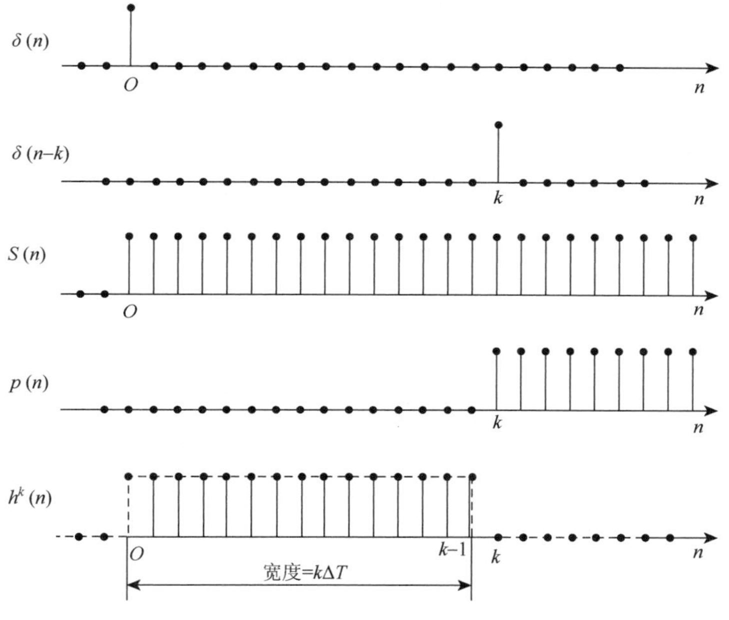

图 3-52　脉冲函数合成矩形函数的波形示意图

由图 3-52 可知：

$$s(n)=\sum\nolimits_{-\infty}^{+\infty}\delta(n) \tag{3-41}$$

$$p(n)=\sum\nolimits_{-\infty}^{+\infty}\delta(n-k) \tag{3-42}$$

$$h^k(n)=s(n)-p(n) \tag{3-43}$$

由此可知，矩形响应可由脉冲函数及延迟脉冲函数运算获得。根据式（3-41）～式（3-43）可从脉冲函数转换得到矩形响应，其实现框图如图 3-53 所示。

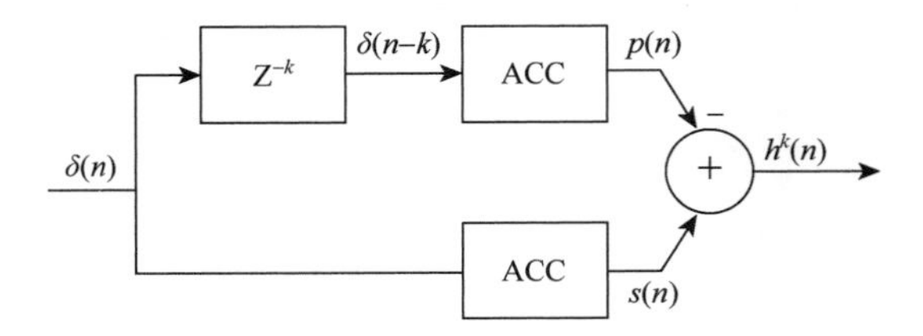

图 3-53　脉冲函数合成矩形函数的实现框图

在图 3-53 中，$s(n)$ 可由脉冲函数经过累加器后得到，而 $p(n)$ 可由脉冲函数经过 k 周期延迟后，再经过累加器而得到，故 $h^k(n)$ 可由 $s(n)$ 与 $p(n)$ 的序列减法得到。还可以通过滑动加权求和的方法求得 $h^k(n)$（图 3-54）。

由图 3-54 可知

$$\mathrm{d}(n)=\delta(n)-\delta(n-k) \tag{3-44}$$

$$h^k(n)=\sum\nolimits_{-\infty}^{n}\mathrm{d}(n) \tag{3-45}$$

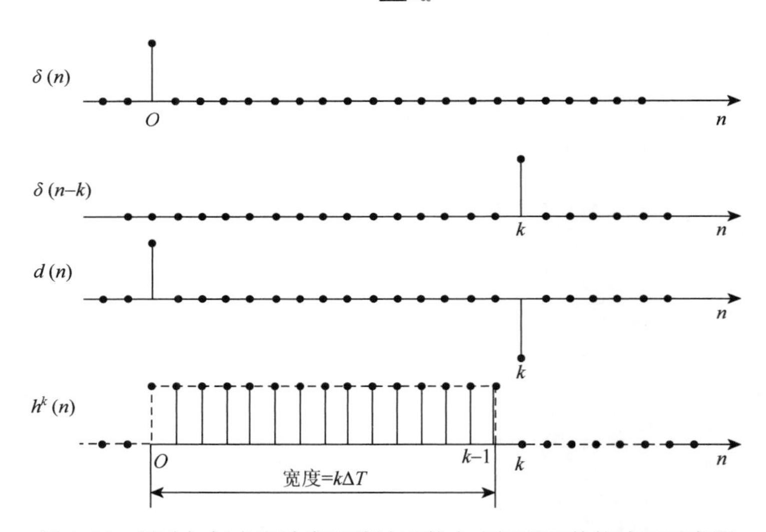

图 3-54　滑动加权求和法实现脉冲函数合成矩形函数的波形示意图

同理，可得 $h^k(n)$ 的功能实现框图如图 3-55 所示。

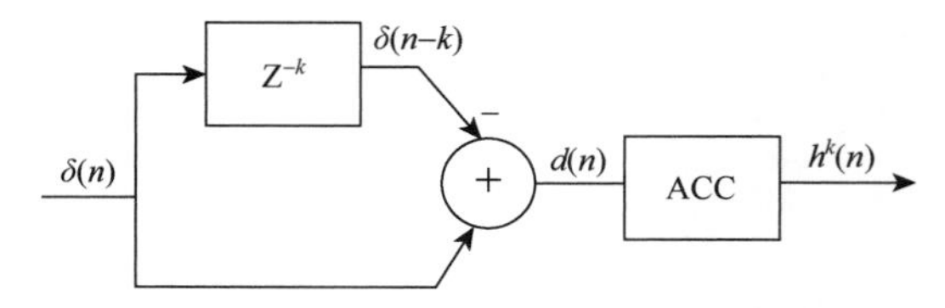

图 3-55　滑动加权求和法获得矩形函数的实现框图

从图 3-55 可知，$h^k(n)$ 可由 $\delta(n)$ 与 $\delta(n)$ 的 k 周期序列相减后再经过累加器而得到。通过矩形响应可以构建出梯形成形滤波器，其实现框图如图 3-56 所示。

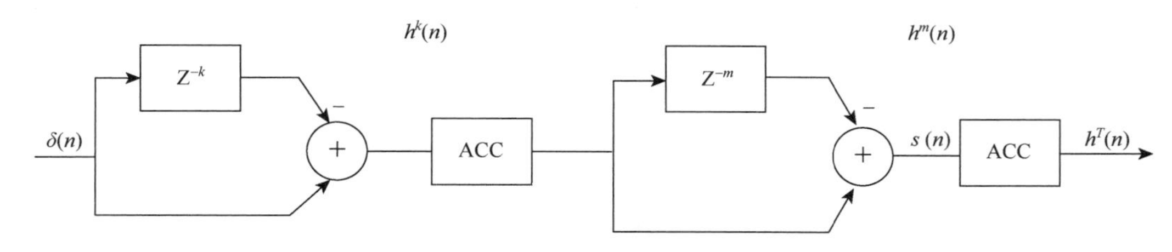

图3-56　梯形成形器的实现框图

对应的$\delta(n)$、$h^k(n)$、$s(n)$及$h^T(n)$的波形图如图3-57所示。

首先，可知$h^k(n)$可由$\delta(n)$合成得到。而$s(n)$则是由$h^k(n)$减去延迟m周期后的$h^k(n)$得到，故波形如图3-57所示。而在图3-56中可知，$s(n)$经过累加器后可得$h^T(n)$。在上面的仿真图中，m必须大于等于k。$s(n)$信号在第0～k周期的累加，而累加器就是对应积分求面积，因此对应$h^T(n)$的上升沿斜率固定，斜率大小取决于$s(n)$信号的幅度；$s(n)$信号在第k～m周期时为零，故对于累加器而言没有输出贡献，故累加器的输出保持不变，对应$h^T(n)$的平顶。$s(n)$信号在第m～（$m+k$）周期时，由于幅度为负，故累加的结果是在原来值基础上不断的递减，递减的速率取决于$s(n)$信号的幅度；当大于等于$m+k$周期时，$h^T(n)$的输出为零。因此我们可以得到一个对称分布的梯形输出信号。当$m=k$时，可得到三角形输出信号。梯形成形的平顶时间即为$m-k$。

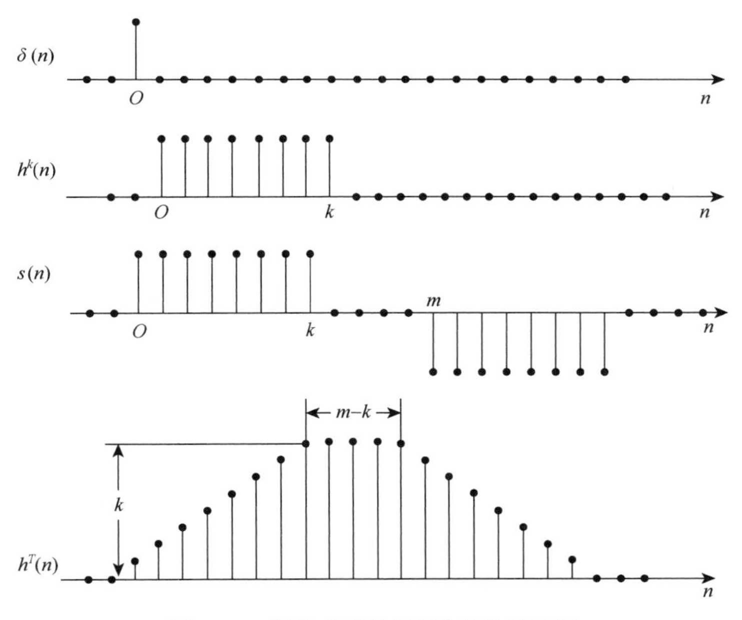

图3-57　梯形成形器实现流程的波形图

由于实际的探测器其输出电流脉冲并不完全等同于脉冲函数，其脉冲维持时间会有一定的变化，也就是说探测器的电荷捕获时间并不是固定的，会有一定的时间分布。因此在上面的梯形成形中，上升沿持续的时间必须大于探测器最大的电荷捕获时间，否则会带来严重的弹道亏损；又由于我们是假定探测器信号为理想脉冲信号，而实际探测器信号为具有一定时间宽度的脉冲信号，故必须保证梯形的平顶持续时间也要大于探测器电流脉冲可能持续的最大时间，通常半导体探测器在 100ns 左右，而电离室等在 1μs 左右。这样我们就可以最大程度减小弹道亏损，提高系统的能量分辨率。

现在，已经能够将离散指数信号通过反褶积还原得到其原始的脉冲函数，并且也设计了从脉冲函数合成梯形成形器，接下来就需要将这两个步骤合二为一，得到完整的可针对实际离散指数信号的数字梯形成形器，实现的设计框图如图 3-58 所示。

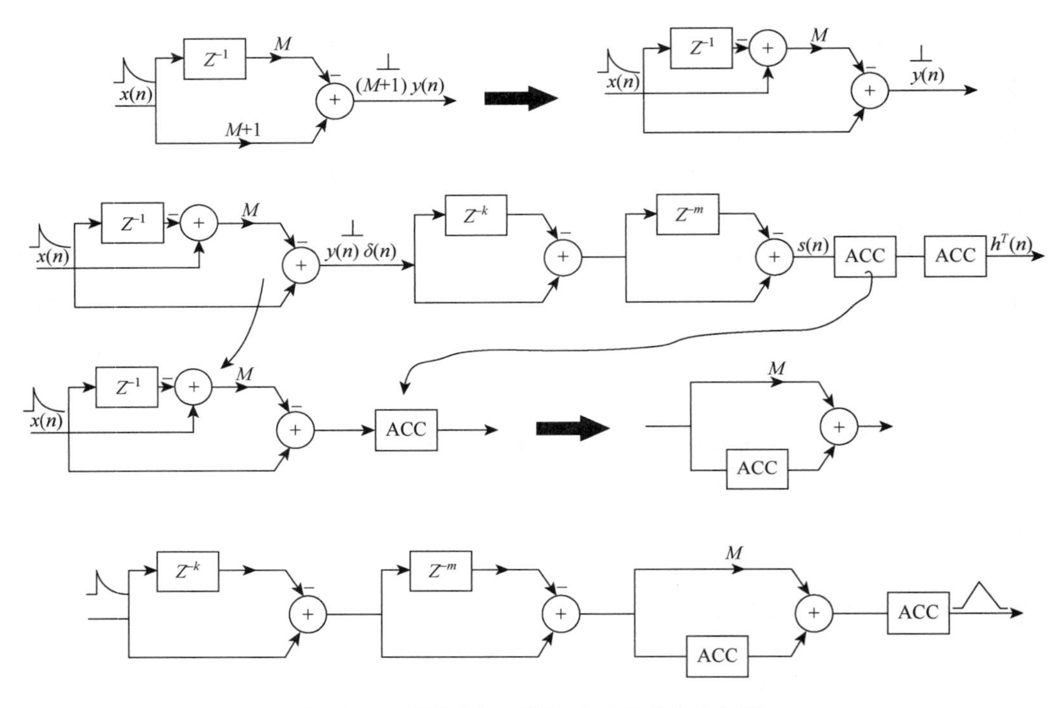

图 3-58　完整的数字梯形成形器的设计框图

C. 采用 FPGA 设计实现数字梯形成形滤波器

为了实现数字波形甄别、脉冲抗堆积，可设计两路并行数字梯形成形滤波器，一路为快速通道，其成形时间仅为 1μs，另一路为慢速通道，其成形时间可调节范围为 5～125μs，通常设定为 50μs。由于核脉冲信号噪声较大，因此不宜直接采用传统的数字比较器进行整形处理，否则整形后的脉冲信号将出现较多的干扰信号，为此选择成形时间为 1μs 的梯形成形滤波器，将输入的离散指数脉冲信号滤波成形为较窄的梯形信号，可有效抑制噪声信号。由于成形时间仅为 1μs，因此不会带来较大的时间延迟，可以较好地表征输入原始信号的上升沿时间。根据图 3-58 所述的数字梯形成形滤波器的设计方法可得到 MATLAB 的 Simulink 仿真实现图，如图 3-59[18]所示。

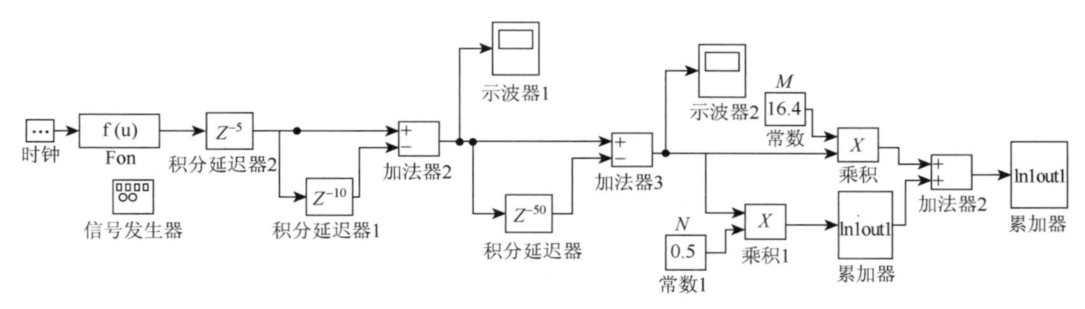

图 3-59　采用 Simulink 工具建立的数字梯形成形算法示意图

由图 3-59 可知算法示意图中的积分延迟器即为延时积分器，可由 FPGA 芯片内部的移位存储器实现，存储器的深度代表延时积分器的延时长度。图 3-59 中有两个延时积分器，其中积分延迟器 1 代表梯形上升沿或下降沿的持续时间，而积分延迟器代表梯形的成形时间。图中标识斜边持续时间为 10 个时间单位，成形时间为 50 个时间单位，也就是平顶时间为 30 个时间单位。在实际实现时，选用两个不同深度的移位存储器即可实现斜边延时积分器与成形延时积分器。图中的加法器可由 FPGA 当中的累加器单元实现，图中还是用到了两个乘积运算，一个为 16.4，一个为 0.5，此处 16.4 为乘积因子 M，0.5 为除法因子 N。M、N 具体的计算如下：ADC 采样得到的双指数核脉冲信号的下降沿的数字序列表达式为 $X(i)=\mathrm{Exp}(-\Gamma/t\cdot n)$ ($i=1, 2, \cdots, n$)；其中 t 即为采样周期，其值为 0.05μs，Γ 为信号的下降时间常数，此处为 3.2μs。由于 $M/N=\Gamma/t$，而 Γ=3.2μs，t=0.05μs，所以 $M/N=64$，因此取 $M=64$，$N=1$；在实现数字梯形滤波器的 FPGA 设计文件中可以左移 6 次实现 M 的乘积，而 $N=1$ 则不处理，可提高 FPGA 的时钟约束后的运行速度，降低对 FPGA 内部逻辑单元的占用。

图 3-60 为采用 QuartusII 自带的硬件逻辑分析仪实测得到的 FPGA 芯片内部快、慢双通道数字梯形成形滤波器的效果图。

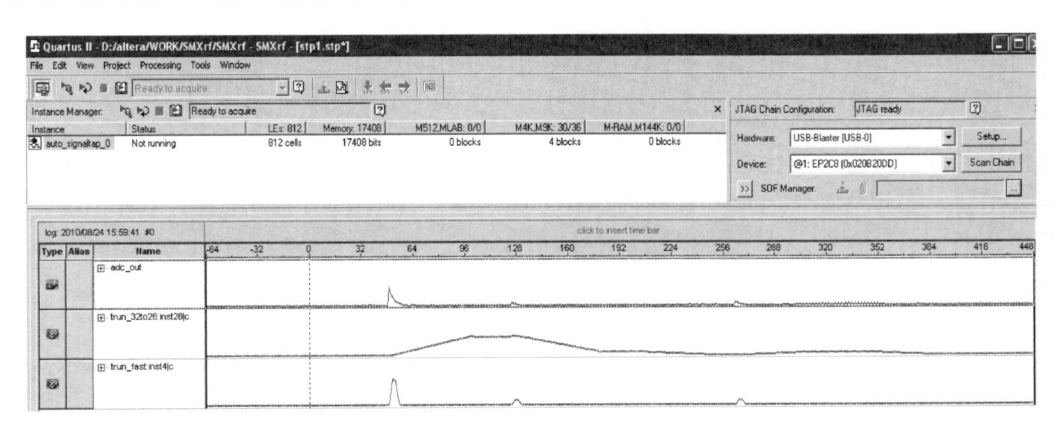

图 3-60　QuartusII 硬件逻辑分析仪实测 FPGA 内部双通道并行成形滤波器效果图

图 3-61 为双路并行成形器为核心的数字多道脉冲幅度分析器的算法示意图。由图 3-61 可知，数字多道脉冲幅度分析器包含了快慢数字梯形成形滤波器、基线估计与复位、

计数率校正、脉冲幅度分析、基线估计、脉冲抗堆积和脉冲波形甄别等模块。由图 3-61 可知，当 A_1、A_2 核脉冲事件间隔大于成形时间的一半时，数字梯形成形后的信号 B_1、B_2 可以完整的提取到幅度信息；当 A_3、A_4 核脉冲事件间隔小于成形时间的一半时，数字梯形成形后的信号 B_3、B_4 已经完全叠加畸形，不能表征核脉冲幅度信息，需要加以剔除；图 3-61 中的 B_5 由于探测器过载或电荷捕获效应等原因使得成形后的信号出现了畸变，需要通过脉冲波形甄别加以剔除。在上述几种情况中被剔除的信号需要采用计数率校正，仍然完整的记录到总计数当中，最后计算得到有效计数与总计数的比值，从而实现计数率的后期校正。

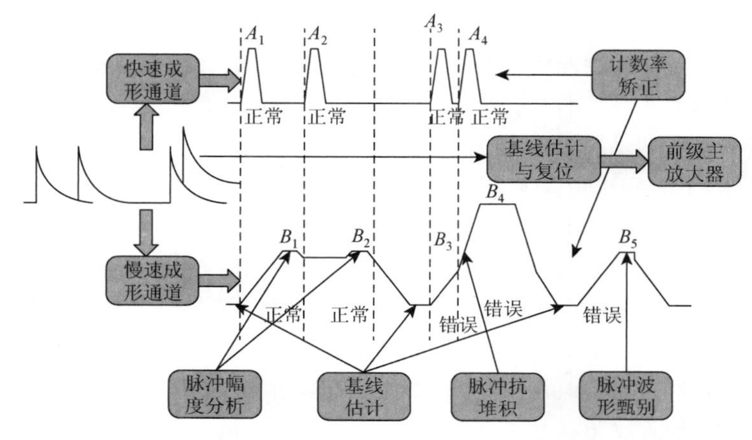

图 3-61　双路并行成形器为核心的数字多道脉冲幅度分析器

限于篇幅，此处不再赘述“数字基线估计与恢复”、“数字脉冲波形甄别”、“数字式计数率矫正与死时间恢复”等多道脉冲幅度分析器的模块设计。

4. 主控 ARM 构架及程序

图3-62为主控系统中单个能谱采集器的控制核心——Cortex-M3 架构的 ARM 芯片及其外围芯片。该部分模块电路主要完成的功能有：①采集 DS18B20 单总线温度传感器的温度信息，实现对箱体温度和晶体内部温度的测量；②响应 CPLD 发送的脉冲高度采集有效中断信号，并在片内的 SRAM 中存储形成谱线；③通过 RS232 接口与 PC 机完成数据的握手和交互；④实现对 CPLD 的部分逻辑时序控制；⑤完成对程控增益控制器的增益设定。

由于 CPLD 输出的脉冲高度采集有效信号为边沿触发，且该中断信号的频率很高，最高可达 1MHz，其电平维持时间不到 1μs，因此就要求控制器必须在极短时间内，读取 CPLD 输出到控制器外部总线的代表脉冲幅度值的数字量，并存储在内部 SRAM 中，同时也可能要响应来自 PC 机的串口中断请求，因此对于控制器的选择要求较严格。

采用 Cortex-M3 架构的 ARM 作为主控制器，ARM Cortex-M3 是一种基于 ARM7v 架构的最新 ARM 嵌入式内核，它采用哈佛结构，使用分离的指令和数据总线（冯诺伊曼结

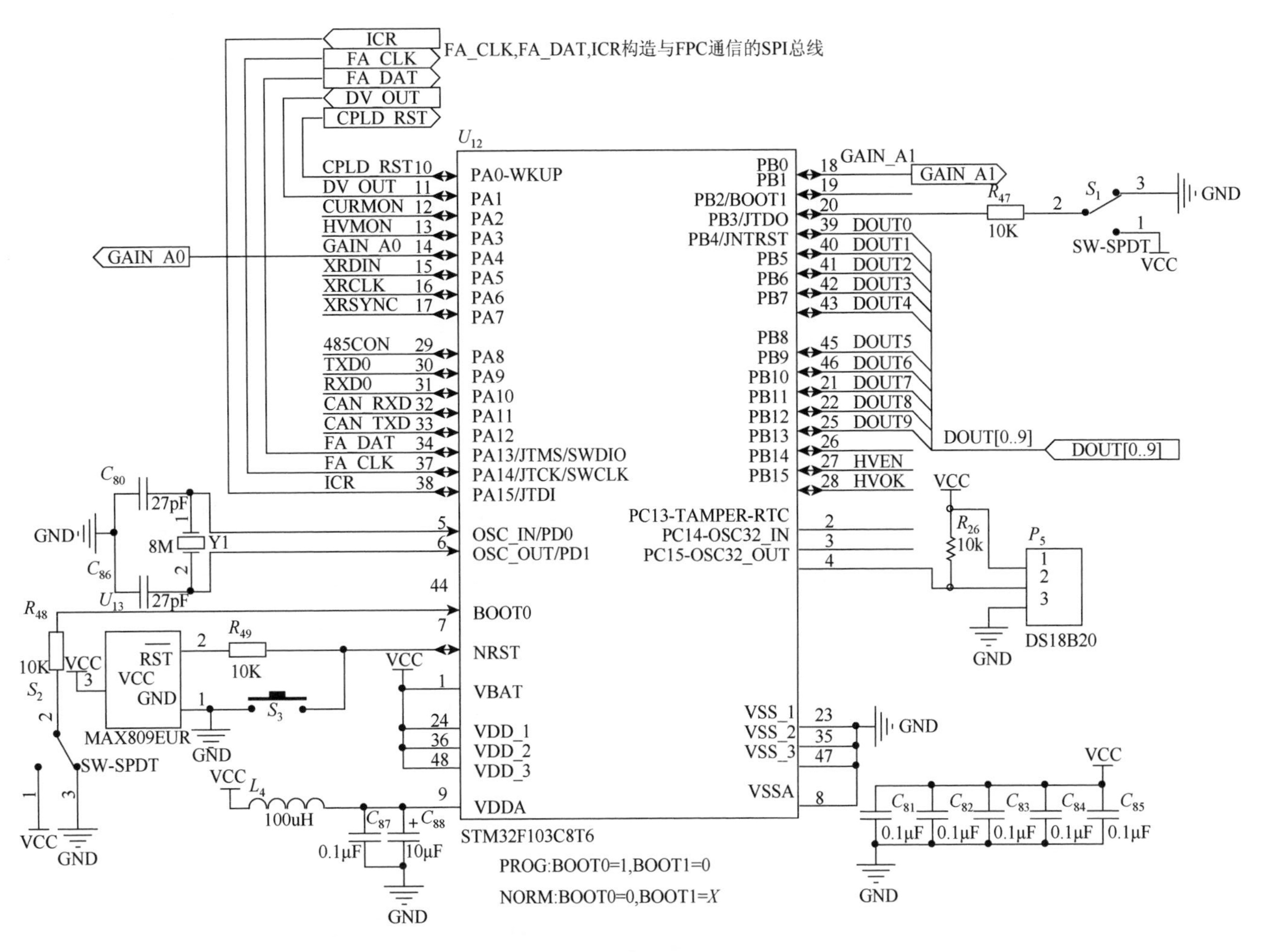

图 3-62　单路能谱采集器控制电路原理图

构下，数据和指令共用一条总线）。从本质上来说，哈佛结构在物理上更为复杂，但是处理速度明显加快。根据摩尔定理，复杂性并不是一件非常重要的事，而吞吐量的增加却极具价值，其中 STM32F103 系列的控制器等效的指令处理速度为 95MIPS，是普通 51 系列单片机的几十倍。在成本和低功耗之间，Cortex-M3 内核的 ARM 控制器具有极高的性能，且其设计之时就是为了满足工业及汽车行业的使用场合，其抗干扰能力强。Cortex-M3 的另一个创新在于嵌套向量中断控制器 NVIC（nested vector interrupt controller）。相对于 ARM7 使用的外部中断控制器，Cortex-M3 内核中集成了中断控制器，芯片制造厂商可以对其进行配置，提供基本的 32 个物理中断，具有 8 层优先级，最高可达到 240 个物理中断和 256 个中断优先级。此类设计是确定的且具有低延迟性，特别适用于汽车应用。NVIC 使用的是基于堆栈的异常模型。在处理中断时，将程序计数器、程序状态寄存器、链接寄存器和通用寄存器压入堆栈，中断处理完成后，再恢复这些寄存器。堆栈处理是由硬件完成的，无需用汇编语言创建中断服务程序的堆栈操作。中断嵌套是可以实现的，中断可以改为使用比之前服务程序更高的优先级，而且可以在运行时改变优先级状态。使用末尾连锁（tail-chaining）连续中断技术只需消耗 3 个时钟周期，相比于 32 个时钟周期的连续压、出堆栈，大大降低了延迟，提高了性能。如果在更高优先级的中断到来之前，NVIC 已经压堆栈了，那就只需要获取一个新的向量地址，就可以为更高优先级的中断服务了。同样的，NVIC 不会用出堆栈的操作来服务新的中断。这种做法是完全确定的且具有低延迟性。

为了保证与 CPLD、PC 机数据交互的实时性，固件程序设计中采用了乒乓缓冲的方式，避免了数据的异常读取操作。使得读取 CPLD 谱线存储器和输出谱线到 PC 机的谱线存储器始终都是交错开的。而 STM32F103 系列的 ARM 芯片，片内具有 20kbytes 的 50MHz 存取速度的快速静态存储器，而系统中设计谱线分辨率为 10 位，每个道址存储的计数率为 65535，因此总共需要的缓冲区大小为：1024×2×2=4kbytes，因此选择的 STM32F103 系列芯片足以满足要求。

5. 多路并行数据采集及通信链路

航空伽马能谱仪中 20 条晶体的能谱采集器无论是从硬件结构还是固件程序来说，都是完全相同的，唯一不同的只是与 PC 机相连的串口。PC 机上运行的能谱系统测量软件，将会根据具体的运行情况，通过串口发送命令让对应该串口号的晶体能谱采集器执行相应的操作或者完成不同的增益配置等工作。在这种情况下，可大大降低技术难度，一旦仪器发生问题，最简单的办法是直接用正确的能谱采集器替换出现问题的能谱采集器，效率也大大得到提高，替换下来的出现问题的能谱采集器则可以离线单独调试，方便找到故障加以维修。这种方案的前提是计算机要求有足够的串口，至少要有 20 个串口。可采用台湾 MOXA 公司生产的 PCI 转多串口卡来实现。该卡可以扩展 16 个符合标准 RIA-RS232 电平的串口，采用 2 张串口卡，最多可以挂接 32 个晶体能谱采集器，能够满足要求（图 3-63）。

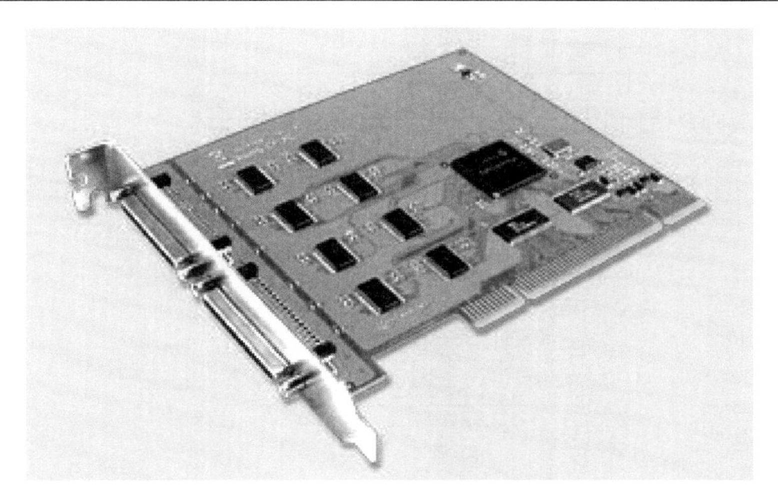

图 3-63　台湾 MOXA 公司生产的工业级多路串口卡图片

6. 数据收录硬件

20 路能谱采集器分布在 4 箱晶体中，能谱采集器的谱线除了存储在主控系统的计算机硬盘上以外，还需要能够按照 0.5s 或者 1s 的周期实时发送给收录系统，使能谱数据和 GPS 数据，雷达高度数据等结合在一起最终进入数据库。收录系统采用的是 INTEL 8255 并行接口协议，为此主控系统设计了基于 PCI 接口的通用并行数据通信卡。其电路原理如图 3-64 所示，其实物如图 3-65、图 3-66 所示。板载有 1k×9Bytes 的高速存取 FIFO 芯片，用于缓存板卡和计算机之间的数据通信。板卡与收录系统之间的接口都设计了专门的保护电路和 74HC245 大电流数据缓存器，确保板卡的安全性。板载的 CH365 实现与计算机之间的 PCI 接口通信，当计算机有数据发送到板卡时，CH365 的 PCI_WR 引脚将输出触发信号，并将数据自动写入 FIFO 芯片，FIFO 芯片的空标志发生改变，触发 ATMEGA16 的中断读信号，控制器读取 FIFO 中的数据，并写入收录系统。当控制器需要发送数据到计算机时，则直接将数据写入 FIFO，FIFO 的数据将被 CH365 读取，并发送到计算机中的动态连接库中，供应用程序读取，其中控制协议见表 3-9。

7. 系统可靠性设计

航空伽马能谱勘查系统在飞机内部工作，因此会受到机载航电设备的电磁干扰，同时也为了防止本系统对飞机上设备的电磁干扰，必须采用合理的抗干扰与防 EMI 辐射措施。

在系统中，工控机与能谱仪采集器的金属箱体（包含 5 条晶体）与飞机直流电源地线连接，而能谱仪采集器通过 DC-DC 隔离电源模块供电，RS232 通过磁耦合器件 ADM3251E 实现电气隔离。因此能谱仪采集器与飞机的电源系统没有任何电气连接，保证了系统的抗干扰性能。

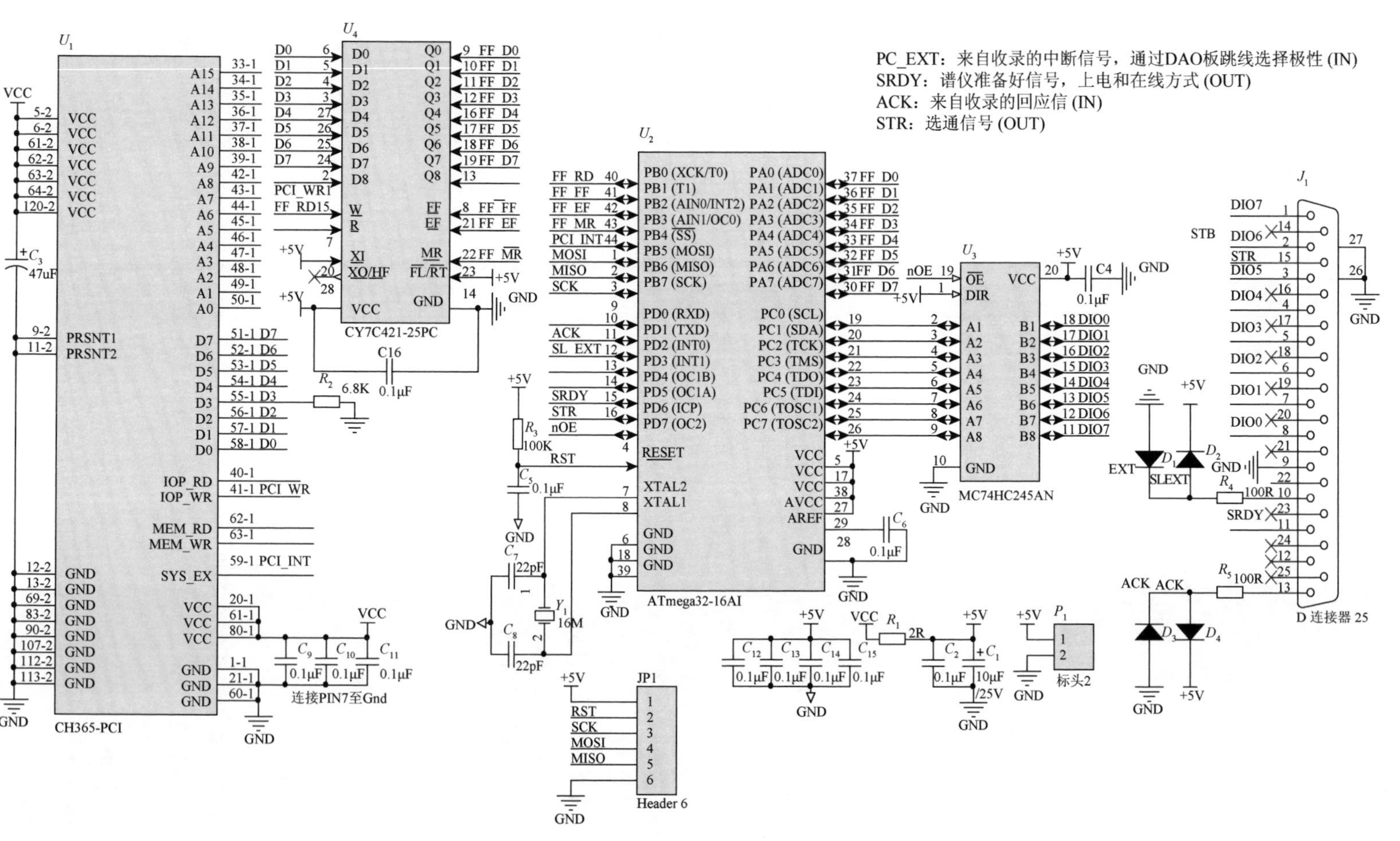

图 3-64 航空伽马能谱勘查系统与数字收录仪的接口卡电路原理图

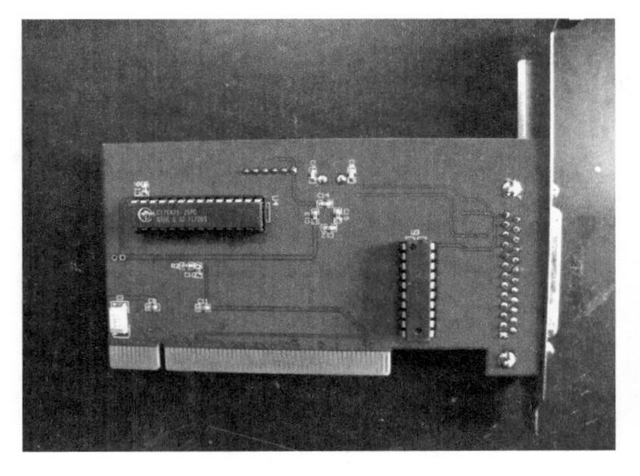

图 3-65　收录接口卡背面图片

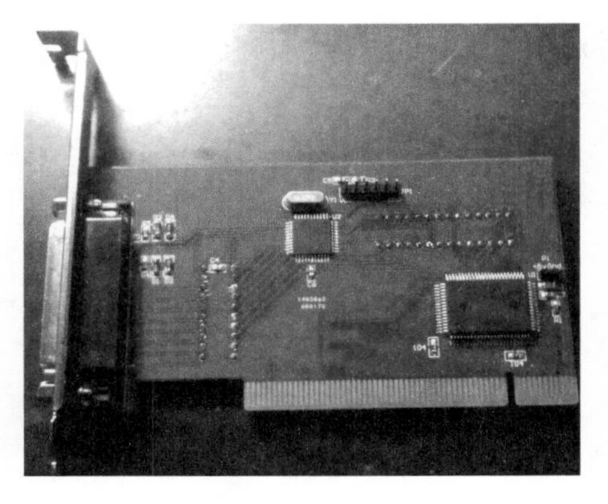

图 3-66　收录接口卡正面图片

表 3-9　控制协议表

命令符	功能描述
3A 30 0D 0A	为巡检命令，上位机发送此命令，下位机回复相同命令，代表下位机是否存在
3A 31 0D 0A	启动测量，无回复信息
3A 32 0D 0A	获取谱线与温度信息，下位机立刻上传谱线，谱线固定为 2050 字节，2 个字节代表一道，高字节在前，低字节在后最后一道为温度
3A 33 0D 0A	停止测量，无回复信息
3A 34 30 31-39 0D 0A	调整增益，增益增加，31-39 代表增益的步进量，无回复信息
3A 34 31 31-39 0D 0A	调整增益，增益减小，31-39 代表增益的步进量，无回复信息
3A 35 30-31 0D 0A	切换工作模式，30 代表低能模式，31 代表高能模式，无回复信息
3A 36 YH YL UH UL 0D 0A	改变增益，YH，YL 表示 Y 增益，UH，UL 代表 U 增益，总增益为 Y/U，Y，U 都为 0-65535Y，U 尽量不要低于 20000 以下，无回复信息

由于系统中采用了 RS232 作为通信接口，但其为非热插拔接口，且传输距离较长，因此必须进行串口隔离保护。传统的串口隔离保护是采用 6N137 光电耦器件来完成的，同时需要从串口窃电或者设计单独的 DC-DC 隔离电源，否则光电耦合器件无法实现双工通信。同时由于 6N137 的工作电压较低，会导致误码率增大，且容易损坏。因此本系统采用的是 ADI 公司最新的高速磁耦合器件完成 RS232 接口的电气隔离。ADM3251E 内部集成了 DC-DC 隔离转换器，自带 ESD 保护，其最高传输速度可达 460kbps，实现±8kV 的电压隔离，具备±15kV 的空气放电功能，共模干扰的瞬间干扰电压可达 25kV/μs，非常适合本系统在苛刻的工作环境中使用，电路连接图如图 3-67 所示。

电子电路系统的可靠性设计主要有几个方面：①电路设计尽量简单化；②按照国家标准进行降额设计；③合理的热设计。由于采用全数字化能谱仪方案，模拟电路的器件大幅度减少，前置放大器的信号经过 ADC 采样后就直接进入 CPLD，因此电路简单，有效提高了电路的可靠性。而且每个能谱采集器都采用相同的设计，对于计算机而言控制简单，时序简单，也能够提高可靠性。主控系统中的电子元器件都按照《GJB/Z35-

1993 元器件降额准则》进行降额设计，并且在设计时，设定主控系统的工作环境温度为–45～75℃，以此选择电子元器件。为了满足飞机上高频振动大，加速度大的工作环境，除了设计减震措施以外，在电子电路的焊接，电路板之间的组装最好按照国标的标准来执行。

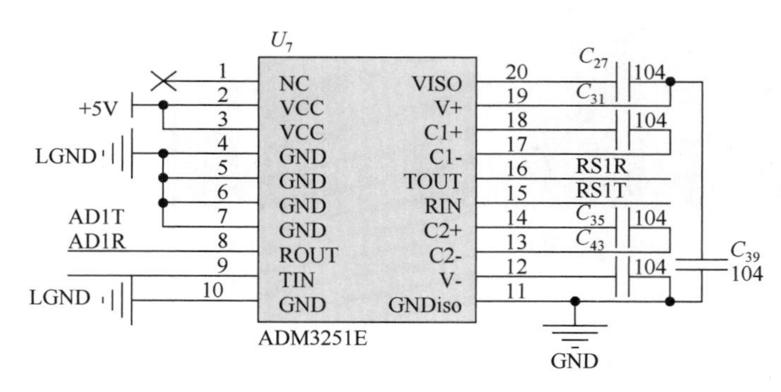

图 3-67　ADM3251 磁耦合电路

8. 实时数字稳谱

在航空能谱勘查系统中，测量周期一般为 1s 或者 0.5s，为了在这么短时间内能够获取足够多的来自放射性核素的信息，需要采用多条大尺寸晶体同时测量，并将每条大尺寸晶体获取的谱线互相叠加从而得到上测合成谱和下测合成谱，并做后续的数据处理。由于大尺寸 NaI 晶体的能量分辨率本身就比较差，通常在 8%左右，而多晶体合成后谱线的能量分辨率会差于能量分辨率最好的单条晶体，为了降低这种影响，就必须使得所有晶体谱线在整个航测过程中都不发生谱漂，且所有相同能量的谱线道址都是一一对应的。传统的地面能谱仪，也有很多种方法可以用来稳定谱漂，但是稳谱的精度通常较低，稳谱的条件也较航空能谱稳谱更加容易。在航空能谱勘探系统中，引起谱漂的因素主要有以下两点。

（1）温度影响：NaI（Tl）晶体的发光效率受温度影响，不同晶体对应的高压模块温度系数不尽相同，不同晶体对应的电子学线路如前置放大器、主放大器、ADC 等的温度系数不同，造成温度发生变化时，每条晶体的谱漂有所不同。

（2）地球磁场的影响：由于每条晶体的光电倍增管都会或多或少受到地球磁场的影响，尤其是飞机在大角度调整飞行方向，导致光电倍增管与地球磁场的偏角发生变化时，使得谱漂不同。

为了克服上述因素的影响，必须设计反应迅速、稳定可靠的自动稳谱方法[25, 26]。通过自动稳谱方法，自动补偿上述影响因素对不同晶体带来的谱漂，使每条晶体最大的谱漂不超过±1 道（1024 道分辨率），这样才可以容易地进行谱线合成，保证合成后的谱线分辨率不至于变差。常用的稳谱方法有：采用放射源形成的特征峰稳谱和采用天然放射性核素特征峰稳谱。由于航空伽马能谱测量不允许使用放射源，因此只能采用天然放射性元素 U、Th、K 作为特征峰进行稳谱，根据不同的环境背景自动选取 U、Th、K 中任意一个为特征峰。实时稳谱算法包含如下 3 个模块（图 3-68）。

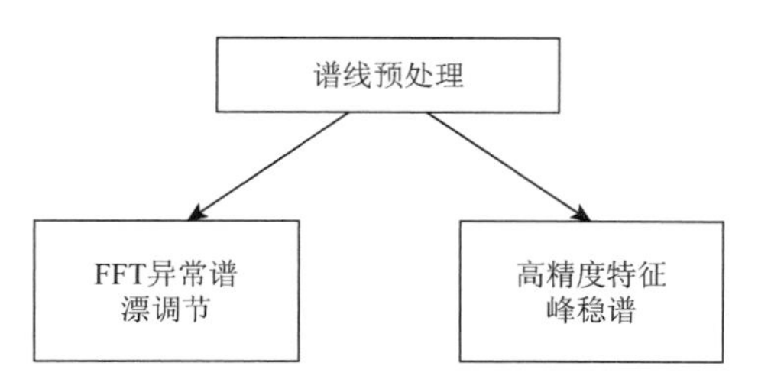

图 3-68　实时稳谱模块

1）基于卡尔曼滤波的谱线光滑预处理

卡尔曼滤波是一种高效率的递归滤波器（自回归滤波器），它能够从一系列的不完全包含噪声的测量中，估计动态系统的状态，同时也可以应用于许多工程预测当中。应用于谱线的噪声剔除时，其最大特点是不仅可以很好地滤除谱线上叠加的高频噪声，同时可以很好地保留谱线的整体形状，在这一点上优于许多传统的滤波算法，如最小二乘法，递推回归滤波法，FFT 滤波法等。

首先利用系统的状态方程，来预测下一状态的系统：

$$X(K|k-1)=A\times X(K-1|k-1)+BU(K) \tag{3-46}$$

式中，$X(K|k-1)$ 是利用上一状态预测的结果，$X(K-1|k-1)$ 是上一状态最优的结果，$U(K)$ 为现在状态的控制量，如果没有控制量，它可以为 0。

$$P(K|k-1)=A\times P(K-1|k-1)\times A'+Q \tag{3-47}$$

式中，$P(K|k-1)$ 是 $X(K|k-1)$ 对应的协方差，$P(K-1|k-1)$ 是 $X(K-1|k-1)$ 对应的协方差，Q 是系统过程的协方差。

$$X(K|k)=X(K|K-1)+\mathrm{Kg}(K)\times(Z(K)-H\times X(K|K-1)) \tag{3-48}$$

$$\mathrm{Kg}(K)=P(K|K-1)\times H|(H\times P(K|K-1)\times H'+R) \tag{3-49}$$

$$P(K|K)=(1-\mathrm{Kg}(K)\times H)\times P(K|K-1) \tag{3-50}$$

$X(K)$ 的最优化估算值为 $X(K|K-1)$，其中 Kg 为卡尔曼增益，$P(K|K)$ 是 $X(K|K)$ 的协方差。

航空伽马能谱测量的最小测量时间一般为 0.5s 或 1s，在这么短时间内获得谱线，粒子能量的随机涨落导致的谱线噪声较大，同时谱线每道的计数率也普遍较低，传统的基于最小二乘法的多点光滑方法，为了较好滤除谱线噪声，会降低谱线的计数率，递推回归和 FFT 滤波算法在保证滤波效果的时候会导致谱线形状畸变。

解决的方法是将开源的 OpenCV 图像处理库移植过来[27]，利用该图像处理库自带的数学矩阵运算函数实现卡尔曼滤波算法，大大提高了卡尔曼滤波的计算时间。在 1024 道分辨率时，每条谱线进行一次卡尔曼滤波所花的时间仅为 20ms（基于 INTEL 双核处理器)，更低分辨率时，所需时间依次减小。在实际应用时，则无需对全谱进行光滑，只需对感兴趣的区域执行谱线光滑，可以进一步降低运算时间。

图 3-69～图 3-73 为采用卡尔曼滤波方式与其他几种常见谱线光滑方式的谱线光滑效果的比较。

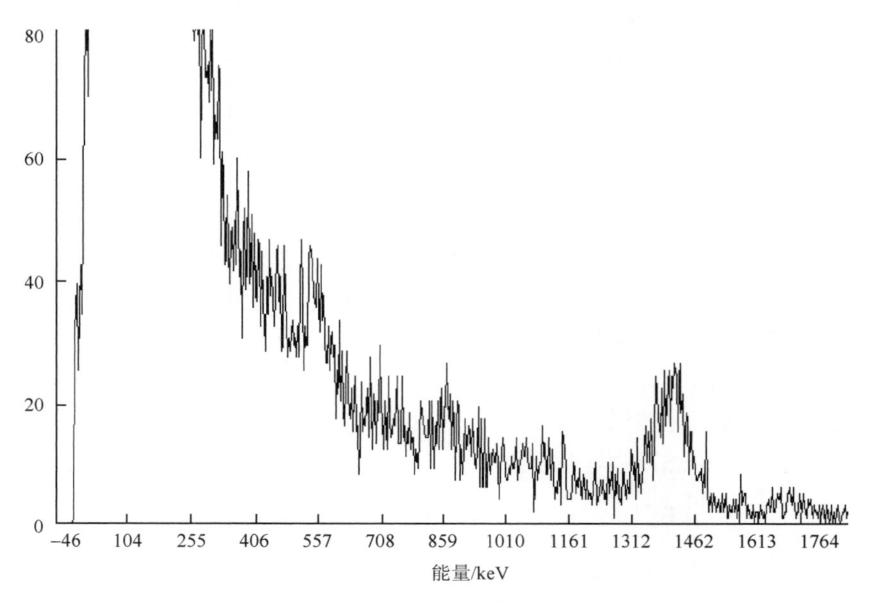

图 3-69　原始谱线

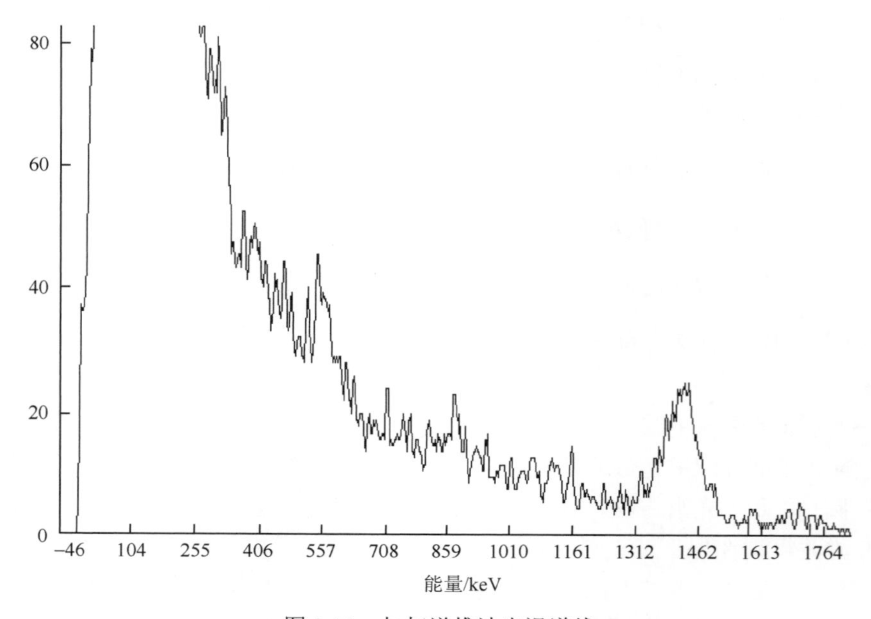

图 3-70　加权递推法光滑谱线

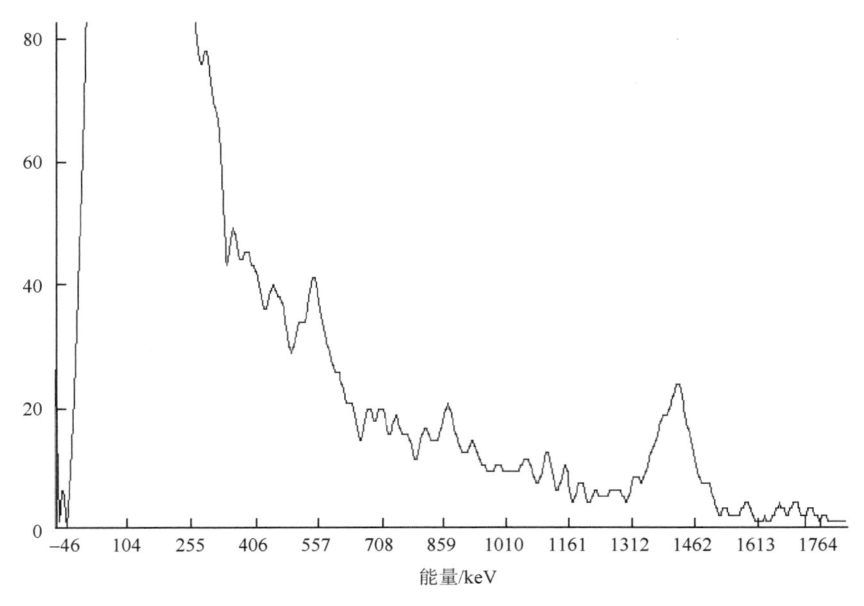

图 3-71　FFT 光滑谱线

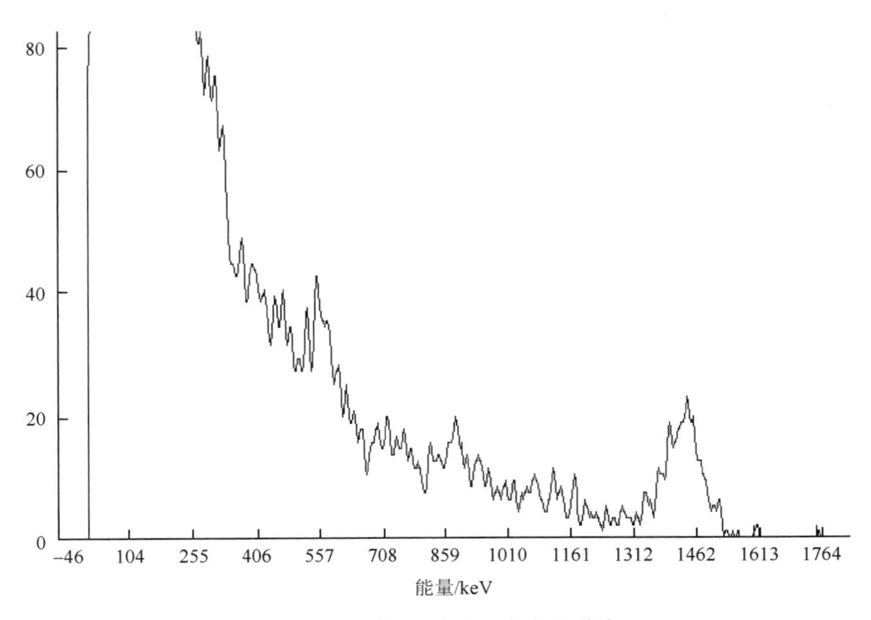

图 3-72　二次多项式五点光滑谱线

图 3-69 为采用 40cm×10cm×10cm 尺寸 NaI（Tl）晶体测量 10s 所得到的原始谱线。由图 3-70～图 3-73 可以看出，加权递推法对谱线上统计涨落引起的噪声滤除效果较差，仍然保留了大量的噪声，给下一步的谱线处理带来困难；FFT 光滑虽然较好地滤除了谱线噪声，可是相应的对谱线整体形状的改变也很大，不适合本系统本身计数率较低的场合；多次二项式五点光滑法对噪声的滤除仍然不够，为此需要多次光滑，而且谱线形状也会发生变化；而图 3-73 中卡尔曼滤波光滑则能很好地滤除谱线中的高

频噪声，且完整保留了谱线的峰形，特别适合低计数率、高噪声的短时测量航空能谱的光滑滤波。

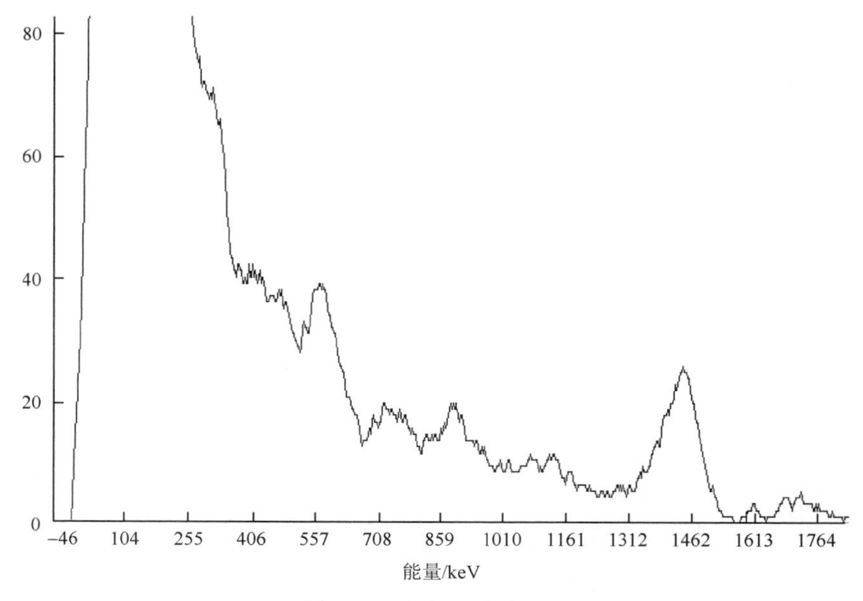

图 3-73　卡尔曼滤波光滑

图 3-74 为采用了卡尔曼滤波后的谱线进行线性叠加后得到的谱线合成效果图。从图中可见合成谱分辨率没有明显地下降，原先单晶体谱中不明显的 K 峰和 Th 峰都变得清晰可见。

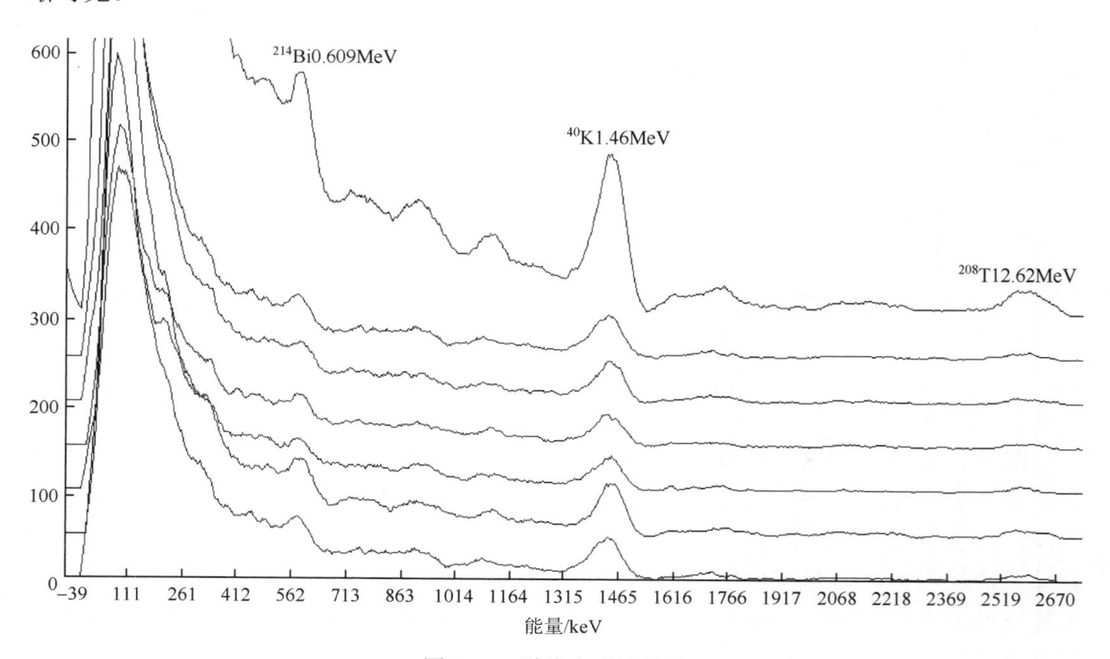

图 3-74　谱线合成结果图

2）基于频谱分析（FFT 变换）的异常谱漂调节算法

航空伽马能谱仪在航测过程中出现谱漂时，系统会自动寻找特征峰（如 ^{40}K）的峰位，并与预设的峰位比较得到谱漂量，再将谱漂量换算为增益调整量，改变系统增益，从而实现实时自动稳谱，这就是传统的特征峰稳谱方法[28]。

传统特征峰稳谱方法能够实现稳谱的前提是 ^{40}K 峰位在一定的区间范围内，如果峰位变化很大，系统就无法找到特征峰，无法自动稳谱，导致异常。航空伽马能谱仪在飞机起飞之前要开机自检，此时系统将采用上一次航测结果所保存的增益值来采集能谱谱线，由于机场与航测环境差异很大，显然此时测量得到的多晶体能谱曲线可能发生较大的谱漂，特征峰（如 ^{40}K）的峰位可能与预设的峰位偏离较大，超出了特征峰稳谱所能允许的最大范围，使程序无法自动寻找到特征峰的峰位，无法自动稳谱，只能人工手动调节每条晶体的增益值，确保消除每条晶体的谱漂。在航空伽马勘查中，通常最多可能使用 20 条晶体，因此人工手动调节谱漂将耗费较多的时间，增加了航操员的工作量和难度；并且有可能发生机场下达可以起飞命令时，航空伽马能谱仪尚未准备完毕，只能延迟到下次起飞命令才能开始空中飞行测量。因此有必要设计一种能够在航空伽马能谱仪开机时可能出现很大谱漂情况下，自动快速实现稳谱的算法。而基于傅里叶变换的频谱分析方法则可以实现此功能。

图 3-72 所示为 AGS-863 型航空伽马能谱仪其中一条晶体在不同增益下测量 300s 所得到的天然伽马能谱曲线。从图中可以看出天然能谱曲线在低能段有一个明显的峰，该峰是由于放射性“谱平衡”造成的，称为谱平衡峰，其能量为 90～110keV。谱线在高能段有 ^{40}K 峰，其能量约为 1.46MeV，图中标出了 ^{40}K 峰在不同增益下的具体位置。

对航空伽马能谱仪实现稳谱通常是以某些特征全能峰作为参考，根据某个特征峰的峰位变化，调节系统的增益，从而确保该特征峰的峰位在整个测量过程中基本保持不变。航空伽马能谱仪探测的是地层中天然伽马射线，主要是 U、Th、K 或它们的衰变子体产生的，它们对应的特征能量分别为 1.76MeV、2.62MeV 和 1.46MeV，可以将其中的某一个作为稳谱峰[29]。通常我们选取 ^{40}K 作为特征参考峰，并将 ^{40}K 的特征峰峰位稳定在谱线的正中位置。例如，对于 1024 分辨率的能谱曲线，^{40}K 的峰位通常设定在 512 道。

在航空伽马能谱测量系统中，环境温度对伽马能谱仪的影响可以近似为对谱仪中放大器增益的影响。通常是正温度系数，即温度越高，放大器增益越大，反之放大器增益越小。谱仪增益变大时，会使谱线整体朝右边拉伸，即特征峰右移；反之，会使谱线整体朝左边压缩，使特征峰左移，如图 3-75 所示。在相同的测量条件下，如果谱线压缩左移时，天然伽马能谱的本底曲线中谱平衡峰变得更窄，计数率更高，本底曲线看起来比较“高瘦”；反之谱线拉伸右移时，天然伽马能谱的本底曲线中谱平衡峰变得更宽，计数率更低，本底曲线看起来比较“矮胖”。为了模拟真实测量情况下温度对谱线的影响，可以通过人为改变伽马能谱仪中的增益来实现。图 3-75 给出了三条在不同增益下测量得到的谱线，增益分别为 4427、6592 和 9591，此时 40K 对应的峰位分别为 329、512 和 719。

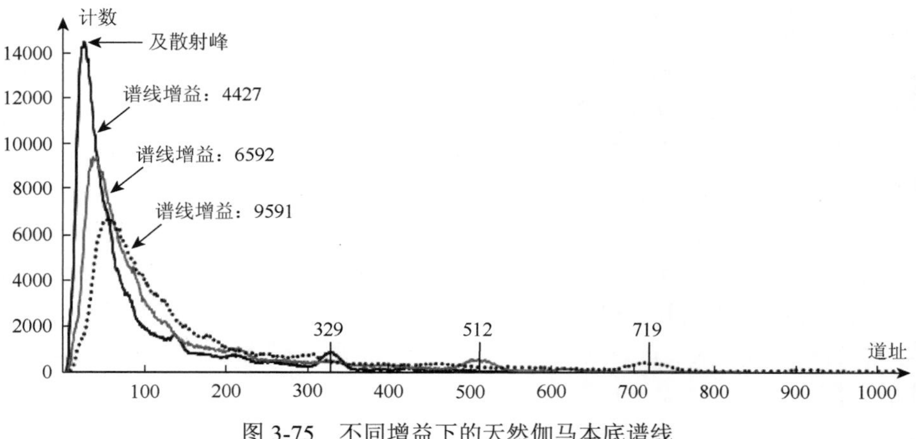

图 3-75　不同增益下的天然伽马本底谱线

谱线在不同增益下的形状变化，可以在其频谱上体现出来。因此对不同增益下测得的一系列伽马能谱谱线做 FFT 变换[30]得到谱线的频谱曲线，如图 3-76 所示，图中横坐标表示谐波次数，纵坐标表示谐波的幅值。为了确保不同测量时间不同测量地点下的数据具有可比拟性，系统选取频谱曲线的直流分量作为参考，故对测量得到的谱线首先做总计数矫正，使所有谱线的总计数一致，谱线经过 FFT 变换后，其直流分量将基本保持一致，这样才可以探讨温度变化对频谱曲线中高低频谐波分量的影响，从而找出其中的规律。当系统增益变大时，天然伽马能谱的本底曲线变得更加的“矮胖”，因此对应频谱中高频谐波分量幅度值将减小，如图 3-76 所示。由于 FFT 变换后的频谱曲线是关于中心对称的，因此图中只给出了 0～512 次的频谱图（谱线的分辨率为 1024）。

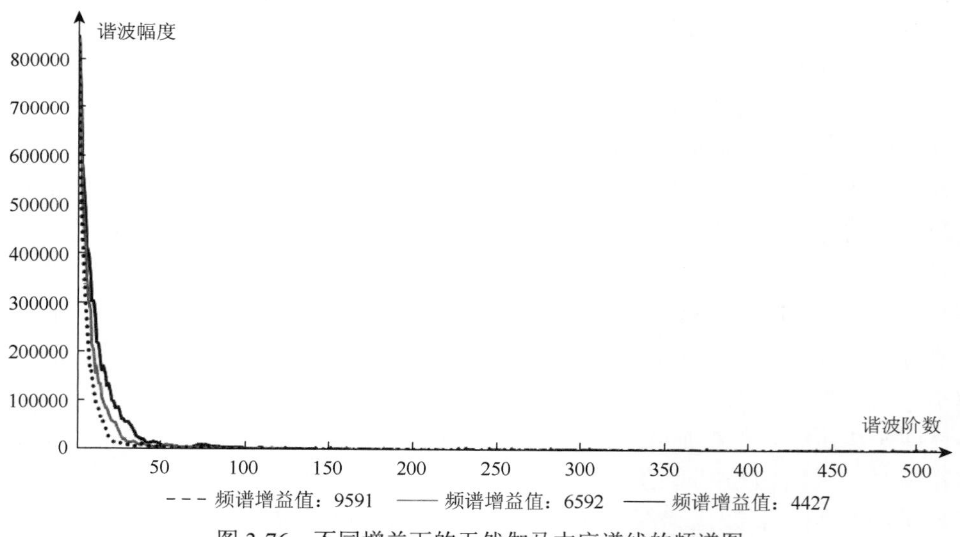

图 3-76　不同增益下的天然伽马本底谱线的频谱图

从图 3-76 可以看出，在对谱线做总计数矫正后，增益越大的谱线的高次谐波分量之和将越小，反之高次谐波分量之和越大，因此可以知道温度变化带来的天然伽马能谱曲线的谱漂必然与对应的频谱图中高次谐波分量之和存在一定的关系，如果该关系已知，则可以在已知高频谐波分量之和的前提下，不需要寻找特征峰，而直接计算得到谱线的整体漂移量，然后根据该漂移量的大小，改变谱仪中主放大器的增益，从而消除谱漂。

本方法的设计思路：首先通过改变能谱仪的增益值模拟实际环境下温度变化带来的谱漂，并测量得到一系列的能谱曲线，对能谱曲线做总计数矫正、FFT 变换，计算得到高次谐波的累加值，然后采用多项式拟合方法拟合出高次谐波累加值与 ^{40}K 峰位之间的拟合曲线，最后在实际测试中验证拟合曲线的准确性，从而确定本方法的稳谱精度。

对于航空伽马能谱测量系统，^{40}K 峰通常预设在第 512 道，我们将系统增益设置在 4427～11000，即 ^{40}K 的峰位在 329 道到 825 道之内变化。通过图 3-75，图 3-76 可以看出，在系统增益较低时，本底谱线压缩得比较严重，显得比较尖锐，故其频谱图中高次谐波分量较大。增益为 4427 时，能谱曲线频谱图中 70 次谐波对应的幅值已经接近零了，为了保证一定的余量，我们选取谱线频谱图中高次谐波的累加区间的上限为 80 次谐波，选取 80 次谐波为分析上限还有一个作用则是可以滤除谱线中的高频噪声，减小高频噪声对分析精度的影响。另外，当 k=80 时，在一个周期内的采样点数为 1024/80=12.8，对于快速傅里叶变换来讲，已经能够取得比较好的效果了[30]。频谱图中 k=0 对应的为直流分量，由于在谱线做总计数矫正以后的直流分量基本保持不变，为了突出频谱图中高次谐波与 ^{40}K 峰位的关系，故高次谐波的累加区间下限不取 0 次，而选择 1 次谐波。最后系统对能谱曲线频谱图分析时所选择的高次谐波分量累加区间为 1～80 次谐波。

设测量得到的谱线为 $f[n]$，^{40}K 峰的峰位为 x，根据上文分析，应对谱线 $f[n]$ 首先做总计数矫正。设谱线的总计数矫正因子为 A（即总计数为 A），矫正后的谱线为 $f'[n]$，则有

$$f'[n]=\frac{\mathrm{A}}{\sum_{i=0}^{1023}f[i]}\times f[n],n=0,1,2,\cdots,1023 \tag{3-51}$$

设矫正后谱线 $f'[n]$ 的频谱表达式为 $\overline{F}(k)$，则有

$$\overline{F}(k)=\sum_{n=0}^{1023}f'[n]\mathrm{W}_N^{kn},k=0,1,2,\cdots,1023 \tag{3-52}$$

式中，$W_N=\mathrm{e}^{-\mathrm{j}(2\pi/1024)}$ 为旋转因子，带入式（3-52）可得

$$\overline{F}(k)=\sum_{n=0}^{1023}f'[n]\cos\left(\frac{-\pi nk}{512}\right)+j\times\sum_{n=0}^{1023}f'[n]\sin\left(\frac{-\pi nk}{512}\right),k=0,1,\cdots,1023 \tag{3-53}$$

令

$$p(k)=\sum_{n=0}^{1023}f'[n]\cos\left(\frac{-\pi nk}{512}\right),k=0,1,2,\cdots,1023 \tag{3-54}$$

$$q(k)=\sum_{n=0}^{1023}f'[n]\sin\left(\frac{-\pi nk}{512}\right),k=0,1,2,\cdots,1023 \tag{3-55}$$

$p(k)$ 和 $q(k)$ 分别为 $\overline{F}(k)$ 的实部和虚部，则矫正后谱线 $f'[n]$ 的第 k 次谐波幅值为

$$a(k)=\sqrt{p^2(k)+q^2(k)} \tag{3-56}$$

校正后谱线 $f'[n]$ 的 1～80 次谐波累加值 y 为

$$y=\sum_{k=1}^{80}a(k) \tag{3-57}$$

测量得到一系列的谱线，分别得到每条谱线对应的 ^{40}K 峰位 x 和其高次谐波累加值 y，将这些值存储在数组 $X[i]$ 和 $Y[i]$ 中，然后通过多项式拟合得到 ^{40}K 峰位 x 和其高次谐波累加值 y 之间的关系 $y[x]$。根据后文的实验结果可知，该拟合关系表达式满足四次多项式，设其各项系数为 a、b、c、d、e，则有

$$y[x]=ax^4+bx^3+cx^2+dx+e \tag{3-58}$$

当得到能谱曲线对应频谱中高次谐波累加值与 ^{40}K 峰位之间的多项式关系式 $y[x]$ 后，就可以直接将该关系式固化在航空伽马能谱仪系统中（即仪器的出厂标定）。在飞机起飞前，先打开航空伽马能谱测量系统进行开机自检，测量机场环境下的天然伽马能谱（机场一般比较空旷，不会有建筑物对低能部分计数的影响），然后程序自动求得能谱曲线频谱中的高次谐波累加值，带入事先标定好的关系式中，即可得到当前 ^{40}K 的峰位，并计算出当前 ^{40}K 峰位与预设峰位的差值，也就是谱漂量。由于谱漂量与系统增益改变量的关系是线性的，因此也就可以计算得到消除谱漂的增益改变量，并输出该增益值，从而达到消除谱漂的目的。处理流程如图 3-77 所示。在整个谱漂调节过程中，全部由软件自动完成，不需要人工干预，调节速度快，易于实现自动化。

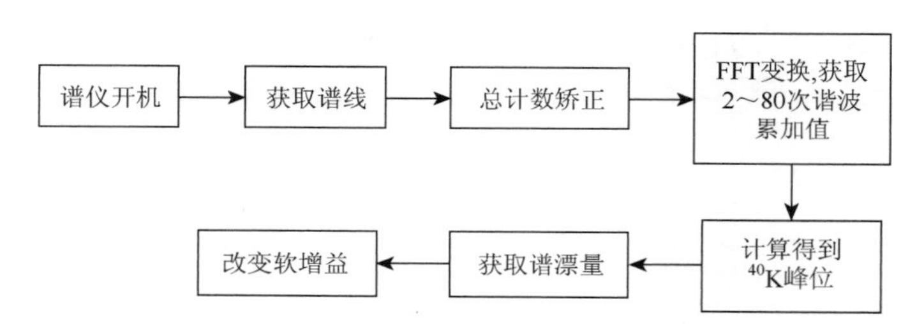

图 3-77　FFT 快速稳谱方法的软件流程图

3）高精度特征峰稳谱方法

在经过了谱线光滑预处理及异常大谱漂的快速稳谱后，提高了系统对各种突发状况的处理能力，保证了系统的可靠性，但稳谱的精度还达不到系统的设计要求，因此需要采用高精度特征峰稳谱方法[31]才能进一步提高稳谱精度。

谱漂的硬件调节：假设已知谱漂量，则可以根据谱漂计算公式直接求得数控增益放大器对应的控制字，通过串口输出，最后达到谱漂校正的目的。由于数字化能谱采集器采用的是 Y/U 双通道数控增益放大器，在高能模式（低放大倍数）时调节 Y 值，低能模式（高放大倍数）时调节 U 值，因此放大倍数 Gain=$\mathrm{Y_{code}/U_{code}}$；高能模式下谱漂调节公式如下：

$$\mathrm{DeltaG}=(2\times P_{\mathrm{F}}-P_{\mathrm{M}})/P_{\mathrm{F}} \tag{3-59}$$

$$\mathrm{Gcur}=(Y_{\mathrm{code1}}/U_{\mathrm{code}})\times\mathrm{DeltaG} \tag{3-60}$$

$$Y_{\text{code2}}=\text{Gcur}\times Y_{\text{code1}} \tag{3-61}$$

式中，P_F 为设定的峰位值；P_M 为实测峰位值；Y_{code1} 为当前的 Y 通道增益控制字；Y_{code2} 为校正当前谱漂时对应输出的 Y 通道增益控制字。同理，可以得出低能模式下谱漂调节公式。

为了保证稳谱的精度，计算谱漂的原始谱线分辨率全部为 1024，与用户设定的谱线存储分辨率无关。在稳谱时，每个能谱采集器都是独立进行的，即系统中，同时对 20 条晶体能谱采集器计算谱漂，根据数字稳谱算法实现每条晶体的谱漂在 1024 分辨率下小于±1 道。数字稳谱的核心思想借鉴了数字式逐次逼近算法，算法流程如图 3-78 所示。

（1）是否经过了一个稳谱周期的时间（60s）？如果时间已到，则转第 2 步，否则 20 条晶体采集的谱线继续累加，转第 14 步。

（2）如果此次稳谱时间已经超过稳谱周期的 20 倍即为 20min，则放弃此次稳谱操作，清除所有晶体的谱线数据，转第 14 步，对放弃稳谱的次数做自加操作，否则转第 4 步。

（3）如果自加计数超过 2 次，则将稳谱良好状态置为假，并转第 14 步。

（4）如果所有晶体的累加谱线数据都超过了各自的设定的阈值，则启动稳谱操作，转第 5 步；由于晶体放置的空间位置不同，会导致其计数率不同，因此需要根据实际情况，测试每条晶体的稳谱阈值。否则转第 14 步。

（5）清除稳谱周期的计数，对所有的谱线进行卡尔曼光滑，转第 6 步。

（6）如果尚未处于谱漂良好状态，则进入第 7 步实现谱漂的粗调，否则直接进入第 8 步。

（7）根据当前的稳峰核素留有足够余量初步确定左右峰边界，并根据面积积分法，求峰位，并计算得到谱漂，进入第 8 步。

（8）如果当前谱漂大于 10 道，则进入第 12 步，否则进入第 9 步。

（9）根据当前的稳峰核素，采用一阶导数法，求取大致的特征峰左右峰边界，扣除本底，采用峰面积积分法求取特征峰峰位，转第 10 步。

（10）调用高斯拟合函数，并根据返回的拟合结果，判断特征峰是否为标准的高斯峰，如果超出设定的阈值，也就是说特征峰受到了其他核素的干扰，则退出此次谱漂调节，转第 14 步，否则进入第 11 步。

（11）如果谱漂小于 5 道则置谱漂良好标志为真，转第 12 步。

（12）将谱漂量带入 PID 公式，得到实际的谱漂调节量，根据谱漂计算公式得到 Y，U 增益值，并通过串口输出命令到能谱采集器改变增益，从而消除谱漂，转第 13 步。

（13）清除累加谱线缓冲区，转第 14 步。

（14）分别在 K、U、Th、Cs 4 个特征峰所在区域，求取峰边界，扣除本底后，采用高斯拟合法判断 4 个特征峰的峰形，峰形不符合要求的则剔除，保留符合高斯形状的特征峰，如果都不符合，则取高斯拟合结果最好的特征峰，作为下一个周期的稳峰核素。

（15）在 14 步中找出的符合高斯函数的特征峰，计算其净峰面积，取净峰面积最大的特征峰为稳谱的特征峰，并转第 1 步。

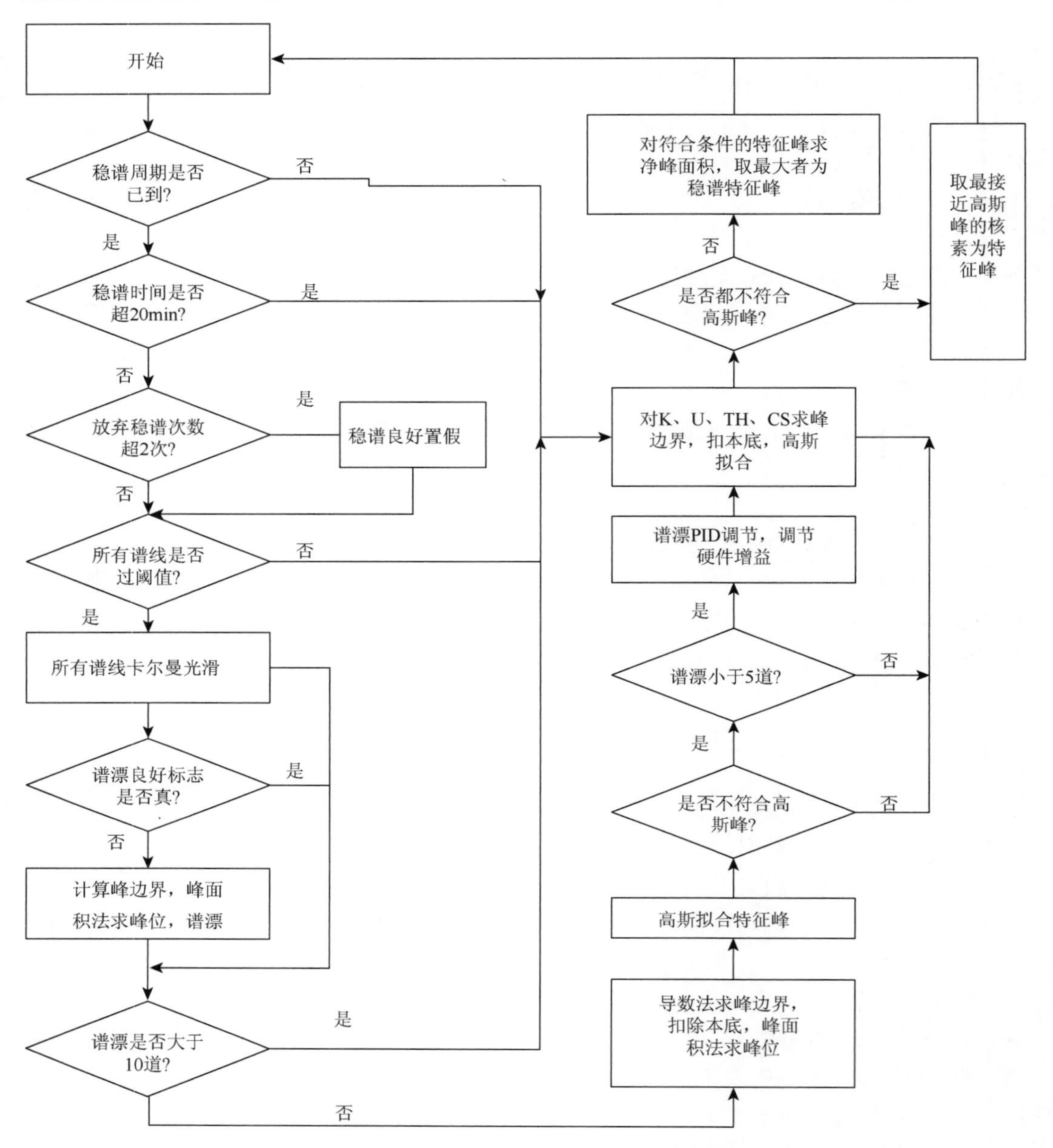

图 3-78　高精度实时数字稳谱算法流程图

9. 多信号时间同步

在航空伽马能谱测量中，除了来自 AGS-863 航空伽马能谱仪的能谱测量信号外，还需要接收飞机所处的位置信息的 GPS 定位信号、飞机离地高度的雷达高度信号、大气气压高度信号及机外温度湿度信号等多种信号。此外，航空物探中，航空伽马能谱测量通常与航空磁力测量组合进行综合测量，也需要接收航磁信号。这些设备间的信号不同步，这是其一；其二，这些信号中有模拟信号，也有数字信号，信号也不统一。解决多信号同步控制，是实现多设备信号同步控制与信号采集的关键技术难点。

首先，对模拟信号进行模数变换，转变成数字信号，然后由图 3-79 所示的多信号同步控制技术的框图实现多信号同步控制。

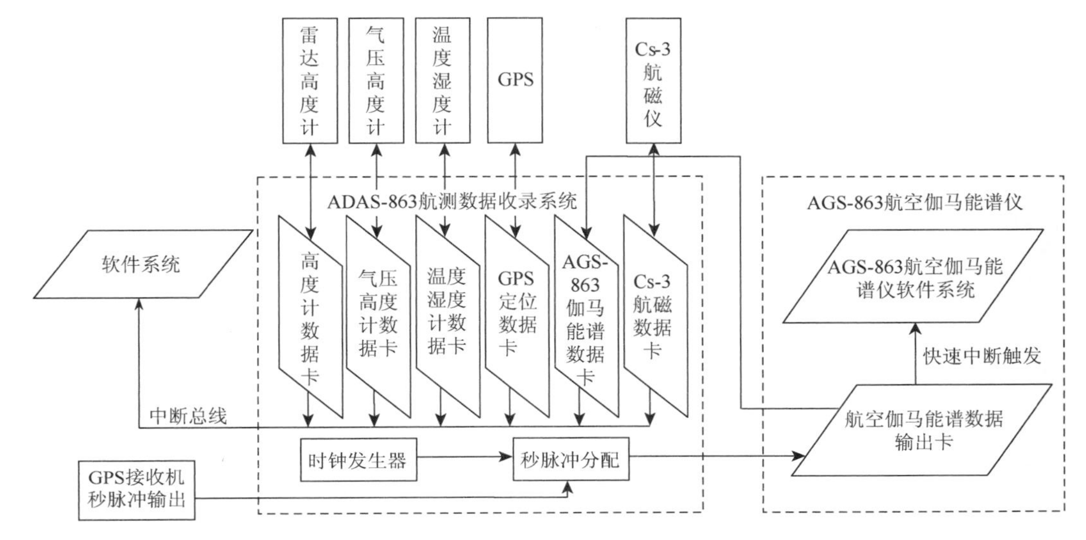

图 3-79　多信号同步控制技术原理框图

多信号同步控制有两种方式，一是利用 GPS 时钟同步，由 GPS 接收机时钟秒脉冲输出，经过脉冲分配后，定时发出触发信号，实现不同设备信号的同步控制与信号采集；另一种方式是通过时钟发生器同步，经过秒脉冲分配后，定时发出触发信号，实现不同设备信号的同步控制，并采集来自不同设备间的各种数字信号和经过模数转换后的数字信号。

3.5.4　单元电路测试

图 3-80 所示为 ^{241}Am 源 59.6keV 伽马射线经过前置放大器后输出的信号图，图中可看到本底噪声的 $V_{p\text{-}p}$ 小于 10mV，^{214}Am 源对应的核脉冲信号幅度为 60mV 左右。因此最低能量起始阈值为 10keV。

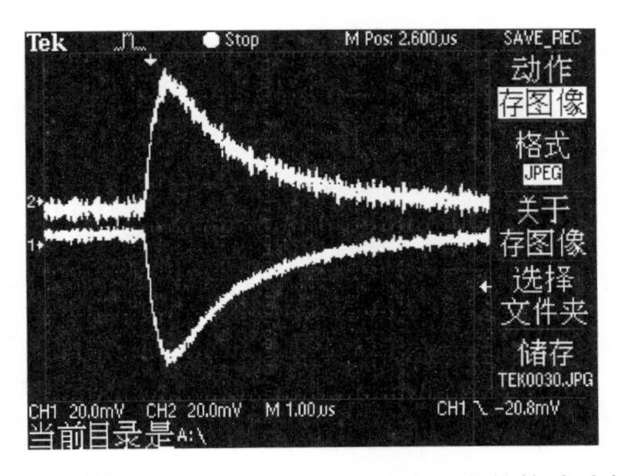

图 3-80　^{214}Am 源 59.6keV 伽马射线对应的核脉冲信号

单晶体能谱采集器整体工作功耗：1.3W；实测倍增管偏置高压交流分量小于 1mV；实测供电电源±12V，±5V 交流分量均小于 10mV。

数字能谱仪嵌入式逻辑分析仪测量结果如图 3-81～图 3-83 所示。

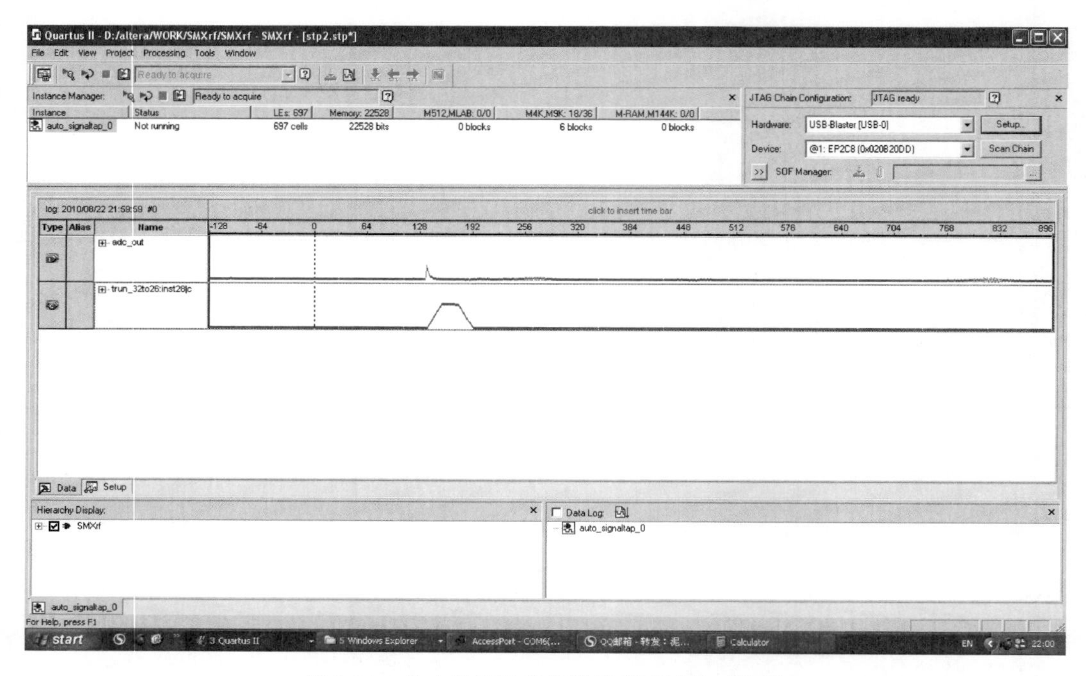

图 3-81 单个核脉冲信号数字梯形滤波对比图

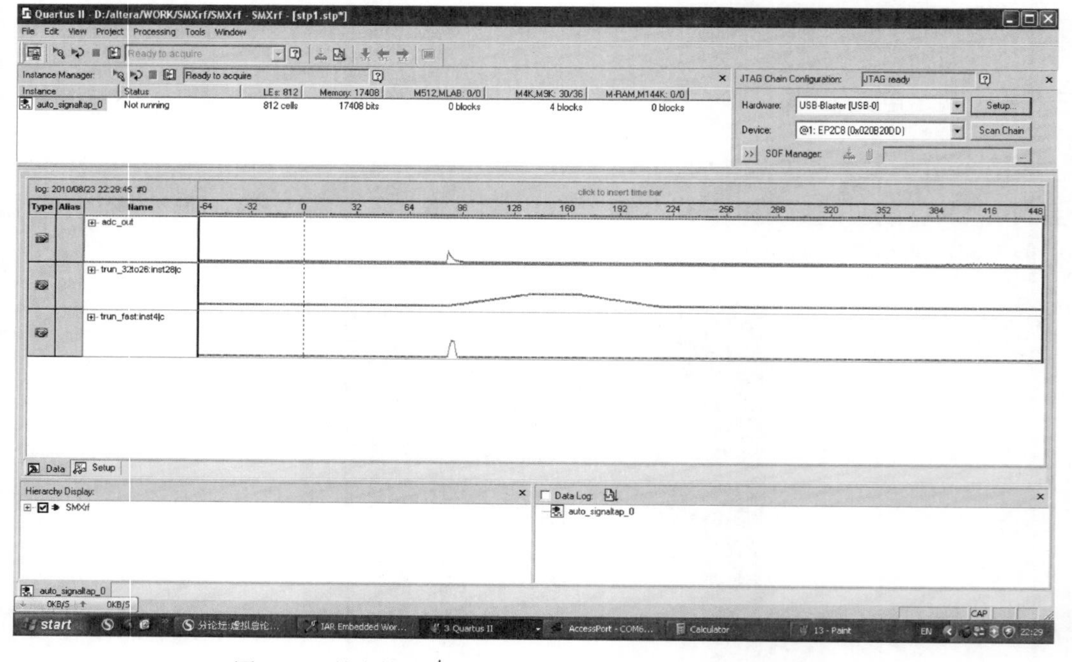

图 3-82 单个核脉冲信号快慢双通道数字梯形滤波对比图

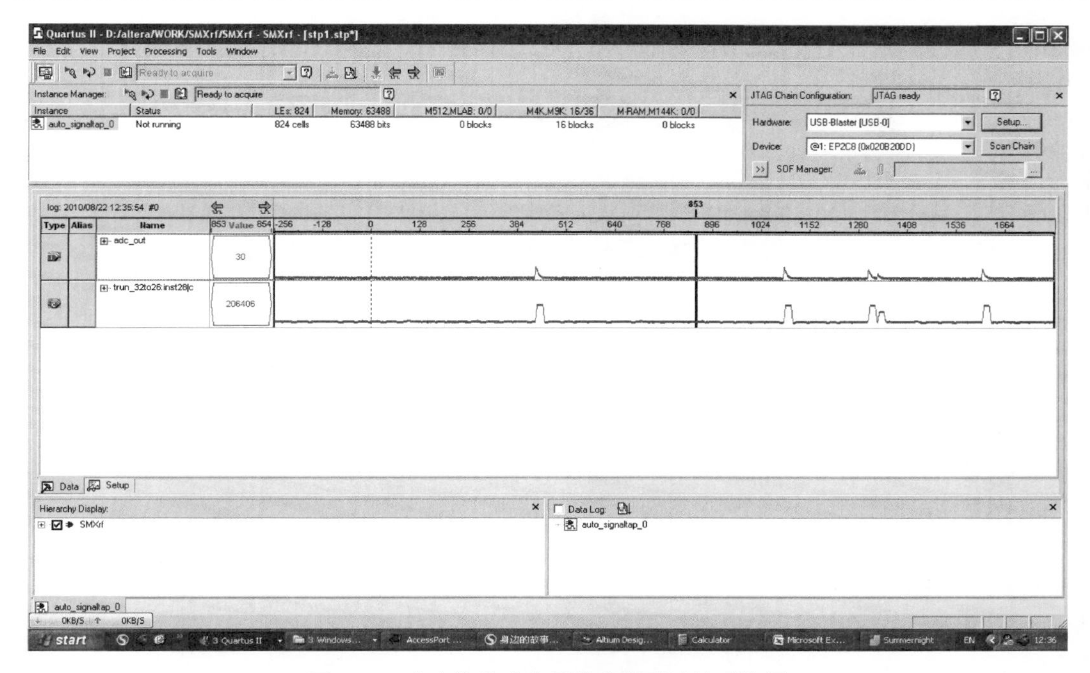

图 3-83　多个核脉冲信号数字梯形滤波对比图

采用航空测量用大尺寸晶体实测 ^{137}Cs 放射源谱线如图 3-84 所示。

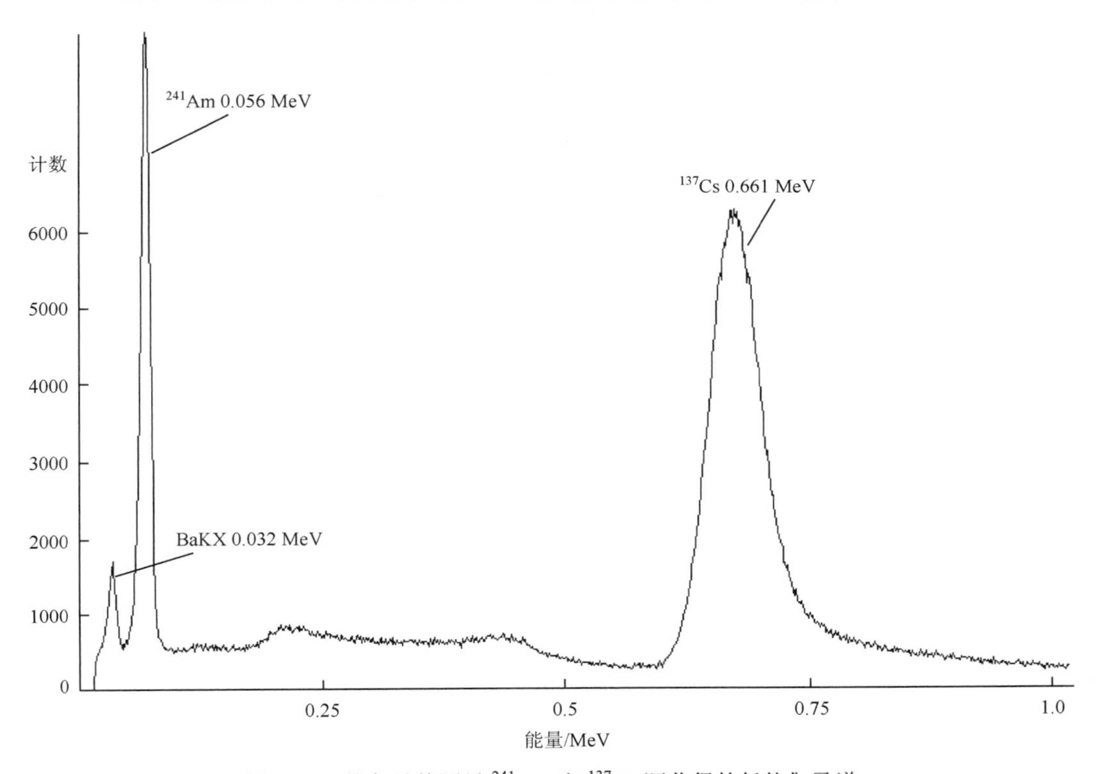

图 3-84　单条晶体测量 ^{241}Am 和 ^{137}Cs 源获得的低能伽马谱

主控系统照片如图 3-85 所示。

图 3-85　航空伽马能谱勘查系统单箱探测器（5 条）及单路能谱仪实物图

参 考 文 献

[1] 葛良全，曾国强. 航空数字伽马能谱测量系统的研制. 核技术，2011，(02) 10：19-25

[2] 汲长松. 核辐射探测器及其实验技术手册. 第二版. 北京：原子能出版社，2010

[3] 汲长松. 核辐射探测器的最新进展. 桂林：第六届全国核仪器及其应用技术会议论文集，2007

[4] 丁洪林. 核辐射探测器. 哈尔滨：哈尔滨工程大学出版社，2010

[5] 谢希成. 低本底 γ 能谱分析软件的研发. 成都：成都理工大学硕士学位论文，2012

[6] Hamamatsu Photonics K. K. Photomultiplier Tubes Basics and Application（Third Edition）. Hamamatsu Photonics K. K，2006

[7] 汲长松. 核辐射探测器及其实验技术手册. 北京：原子能出版社，1990

[8] 杨焕章. 航空 γ 能谱探头温度效应及其校正技术研究. 成都：成都理工大学硕士学位论文，2009

[9] 梁文俊. 航空伽马能谱勘查系统的高压电源研制. 成都：成都理工大学硕士学位论文，2010

[10] 曾国强. 手持式辐射仪高压直流电源的设计. 电测与仪表，2008，(06)：46-50

[11] 牟述佳，姜学东. 基于 DSP 的 X 射线电源系统的设计. 电源技术应用，2007，(9)：5-8

[12] 沈锦飞. 电源变换应用技术. 北京：机械工业出版社，2007

[13] 刘玺尧，基于罗耶谐振的微型 X 射线管高压电源的设计. 核技术，2013，(08) 10：73-77

[14] 李爱文，张承慧. 现代逆变技术及其应用. 北京：科学出版社，2000

[15] 石峰. 直流高压电源纹波的实验研究. 核电子学与探测技术，2006，(1)：13

[16] 谷懿. 航空伽马能谱测量大气氡校正方法研究. 成都：成都理工大学博士学位论文，2010

[17] 曾国强. 数字能谱技术在航空能谱勘查系统的应用. 西宁：第七届全国核仪器及其应用学术会议，2009
[18] 曾国强，葛良全. 数字化 X 荧光仪电源的最优化设计. 核电子学与探测技术，2012，32（6）：719-723
[19] 曾国强，倪师军，葛良全. 乘法器与乘法型 DAC 在核仪器程控增益放大器中的设计. 核电子学与探测技术，2010，30：861-864
[20] 王经瑾. 核电子学. 北京：原子能出版社，1983
[21] Jordanov V T. Deconvolution of pulse from a detector-amplifier configuration. Nuclear instruments&Methods in Physics Research A，1994a，（04）：323-335
[22] Jordanov V T. Digital synthesis of pulse shapes in real time for high resolution radiation spectroscopy，Nuclear instruments& Methods in Physics Research A，1994b，（04）：337-345
[23] 徐守时，信号与系统. 北京：清华大学出版社，2010
[24] Jordanov V T. Digital techniques for real time pulse shaping in radiation measurements. Nuclear instruments& Methods in Physics Research A，1994c，（04）：331-341
[25] 曾国强. 卡尔曼滤波在航空 γ 能谱勘查系统自动稳谱中的应用，2010，（05）20：673-698
[26] 张庆贤，葛良全. 伽马能谱测量谱漂校正和分辨率监控方法的研究. 北京：中国核科学技术进展报告，2009
[27] 倪宁，曾国强. OpenCV 开源库在核数据信息处理中的应用. 物探与化探，2012，（10）15：842-846
[28] Schroettner T，Kindl P. Applied Radiation and Isotopes. Elsevier，2010，68：164
[29] 花永涛，葛良全. 基于数据融合的航空 γ 能谱特征峰信息提取. 核技术，2013，（02）10：32-35
[30] Alan V O，Alan S W. Signals and Systems（Second Edition）. Beijing：Publishing house of electronics industry，2002
[31] 罗耀耀，葛良全. 航空伽马能谱稳谱技术研究. 成都：成都理工大学博士学位论文，2013

第 4 章　航空伽马能谱测量方法技术

4.1　不同高度空中伽马射线照射量率变化规律

4.1.1　理论计算

不同高度空中伽马射线照射量率变化是以典型辐射体（点状辐射体、条带状辐射体、面状辐射体、圆锥台状辐射体）的照射量率数理模型为依据，计算不同辐射体上方，不同高度空中伽马射线照射量率的相对变化值，讨论随高度变化引起的照射量率变化规律。理论计算中，考虑大气压强为 1 个标准气压，空气温度为 20℃，空气密度为 1.293kg/m^3。

1. 点状辐射体

由第 2 章的点源伽马射线照射量率公式，位于地表的点状辐射体上方不同高度伽马射线照射量率变化可用式（4-1）表示：

$$\dot{X}=\frac{\mathrm{Sp}AF\cos\theta}{4\pi H^2}\mathrm{e}^{-\mu H} \tag{4-1}$$

由于 Sp、A、F 均为常数，则当设 $\frac{SpAF}{4\pi}=1$ 时，空气对能量为 661keV 伽马射线质量吸收系数 μ/ρ 为 $2.583\times10^{-3}\mathrm{m}^2/\mathrm{kg}$。从而可以得到空气的线吸收系数：$\mu=1.293\mathrm{kg/m}^3\times2.583\times10^{-3}\mathrm{m}^2/\mathrm{kg}=3.33\times10^{-3}/\mathrm{m}$。选取 $\mu=3.33\times10^{-3}/\mathrm{m}$，所计算的不同高度空气中伽马射线照射量率相对值列于表 4-1。依据表 4-1，可以标绘出点状辐射体上方伽马射线照射量率随高度变化理论曲线（图 4-1）。

表 4-1　点状辐射体正上方不同高度的伽马射线照射量率相对值

高度/m	10	20	30	40	50
照射量率相对值	1.0305×10^{-2}	2.6546×10^{-3}	1.2157×10^{-3}	7.0469×10^{-4}	4.6473×10^{-4}
高度/m	60	70	80	90	100
照射量率相对值	$3.3.256\times10^{-4}$	2.5177×10^{-4}	1.9863×10^{-4}	1.6172×10^{-4}	1.3499×10^{-4}

2. 线状辐射体[1]

由式（2-14），位于地表的线状辐射体上方不同高度伽马射线照射量率变化可用式（4-2）表示：

$$\dot{X}=\frac{S_1AF}{2\pi H}\Phi(\mu H) \tag{4-2}$$

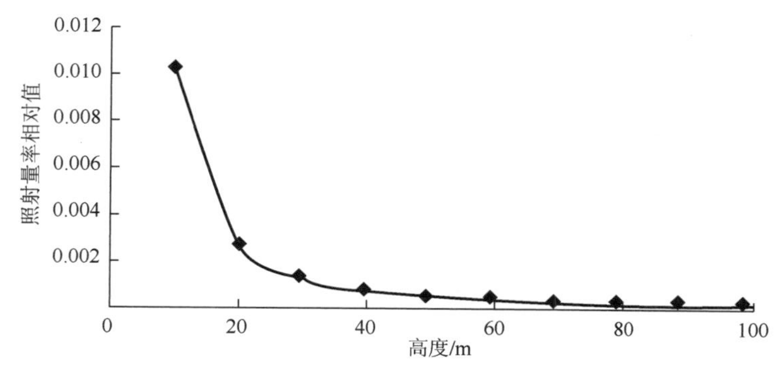

图 4-1　点状辐射体上方伽马射线照射量率相对值随高度变化理论曲线

由于 S_1、A、F 均为常数，则设 $\frac{S_1AF}{2\pi}=1$，金格函数[2] $\phi(x)$ 的表达式为：$\Phi(x)=\int_0^{\frac{\pi}{2}}\mathrm{e}^{-x\cdot\csc\theta}\sin\theta\mathrm{d}\theta$。据此，计算出不同高度空气中线状辐射体产生的伽马射线照射量率相对值，列于表 4-2 中。

表 4-2　线状辐射体正上方不同高度的伽马射线照射量率相对值

高度/m	10	20	30	40	50
照射量率相对值	0.0954	0.0455	0.0290	0.0208	0.0160
高度/m	60	70	80	90	100
照射量率相对值	0.0127	0.0105	0.0089	0.0075	0.0066

依据表 4-2，可以标绘出线状辐射体上方伽马射线照射量率相对值随高度变化如图 4-2 所示。

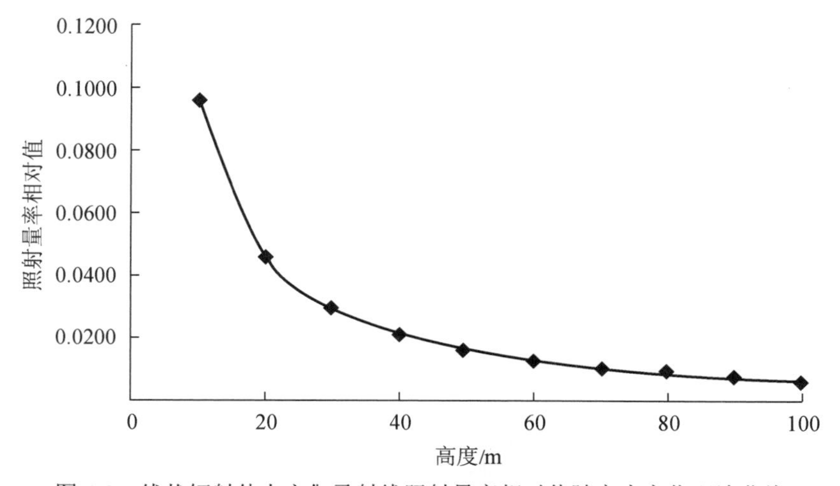

图 4-2　线状辐射体上方伽马射线照射量率相对值随高度变化理论曲线

3. 面状辐射体[1]

由式（2-15），位于地表的面状辐射体上方不同高度伽马射线照射量率变化可用式（4-3）表示：

$$\dot{X}=\frac{S_A AF}{2}U(\mu H,0,0,\theta) \tag{4-3}$$

由于 S_A、A、F 均为常数，设 $\frac{S_A AF}{2}=1$，现有 $U(\mu H,0,0,\theta)=\int_0^\theta \mathrm{e}^{-\mu H\cdot\sec\theta}\sin\theta \mathrm{d}\theta$。由于 $U(\mu H,0,0,\theta)=U\left(\mu H,0,0,\frac{\pi}{2}\right)-U\left(\mu H,0,\theta,\frac{\pi}{2}\right)$，而 $\theta=\arctan\frac{r}{H}$，当面源的半径 r=300m 时，不同高度空气中伽马射线照射量率相对值计算结果见表 4-3。

表 4-3　面状辐射体上方不同高度的伽马射线照射量率相对值

高度/m	10	20	30	40	50
照射量率相对值	0.84	0.78	0.72	0.66	0.61
高度/m	60	70	80	90	100
照射量率相对值	0.56	0.52	0.48	0.44	0.42

依据表 4-3，可以标绘出面状辐射体上方伽马射线计数率随高度变化曲线如图 4-3 所示。

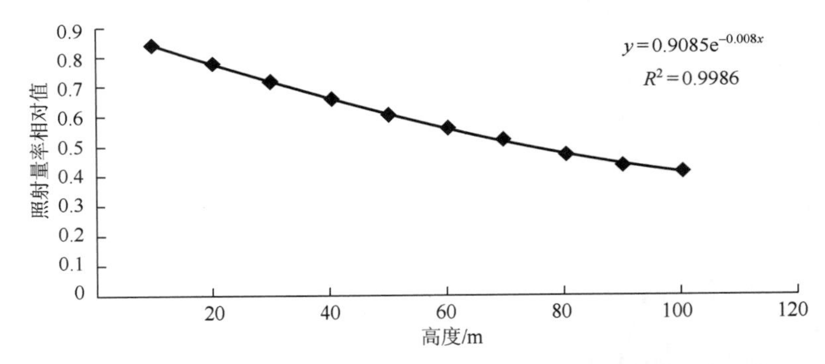

图 4-3　面状辐射源上方伽马射线照射量率相对值随高度变化曲线

从图 4-3 可以看出，面状辐射源上方伽马射线照射量率相对值随高度变化的规律可以采用指数函数进行拟合，拟合相关系数为 0.9986。

4.1.2　不同高度伽马射线照射量率的数值模拟[3~5]

航空伽马能谱测量的对象主要是陆地的 U、Th、K 元素，对应放射性核素及其伽马射线能量分别是 ^{214}Bi 的 1.76MeV、^{208}Tl 的 2.62MeV、^{40}K 的 1.46MeV，以及 ^{214}Bi 的 0.609MeV 与 ^{208}Tl 的 0.583MeV。假设用于蒙特卡罗模拟的浅表层地质体的模型为圆盘状，如图 4-4 所示；考虑到地-空界面上伽马射线主要来自于浅表层（30～60cm）岩石或土壤中上述核素放出的伽马射线，因此圆盘的厚度（即伽马光子的抽样深度）取 50cm；航空伽马能谱探测器放置在圆盘中轴线上方，高度范围为 0～110m，高度间隔为 5m；根据常规航空伽马能谱测量作用带宽度的大小，圆盘的半径设置为 500m；圆盘状放射性地质体的物质成分按照混泥土物质含量进行计算，设置为：0.56%H、49.56%O、31.35%Si、4.56%Al、8.26%Ca、1.22%Fe、0.24%Mg、1.71%Na、1.92%K、0.12%S[2]。大气成分按照标准状态下空气元素所占比例设置。

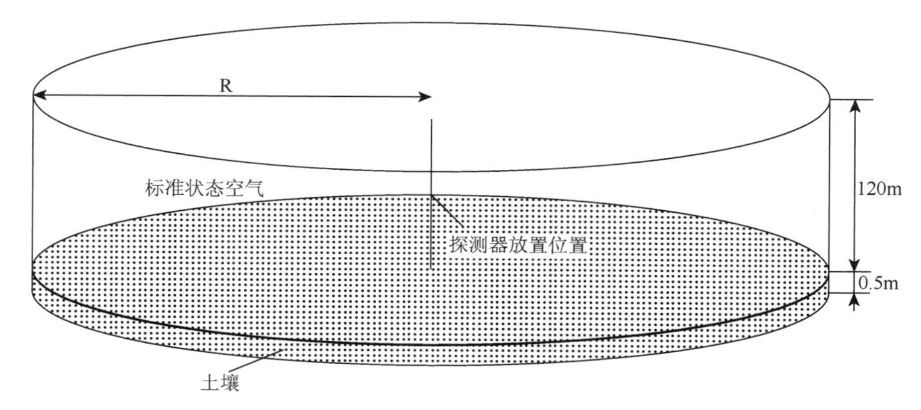

图 4-4　不同高度伽马射线照射量率数值模拟的地质体模型示意图

大气的湿度、温度、压强和密度变化对航空伽马能谱测量有一定的影响，主要表现为对伽马射线的吸收与散射作用截向不同。从图 4-5 所示的不同状态下大气密度，可以发现，湿度对大气影响在 30℃以下时可以忽略。对大气密度主要的影响因素是压强和温度，且两者呈反比关系，可以由式（4-4）计算：

$$\rho=\rho_0\frac{b}{b_0},\quad \rho=\rho_0\frac{t}{t_0} \tag{4-4}$$

式中，ρ 为实测压力下的空气密度，单位为 kg/m^3；ρ_0 为标准大气压力下的空气密度，单位为 $1.293kg/m^3$；b 为实测大气压力，单位为 N/m^2；b_0 为标准大气压力，$b_0=1.013\times10^5N/m^2$。t 为实测热力学温度，单位为℉；t_0 为实测大气压力，$t_0=273.15$℉。因此，通过设置不同的大气密度，则综合考虑了大气温度和大气压两个参数的变化。在 0～30℃范围内，分别设置大气密度为 $1.293kg/m^3$、$1.266kg/m^3$、$1.239kg/m^3$、$1.21kg/m^3$、$1.179kg/m^3$ 和 $1.153kg/m^3$。

图 4-6～图 4-10 是在标准大气压下（大气密度为 $1.293kg/m^3$），圆盘状放射性地质体上方 0～110m 高度范围内，空中 5 种能量伽马射线照射量率（以该能量的归一化光子数表示）随高度变化曲线。图中实点为蒙特卡罗模拟结果，实线为实点的指数拟合曲线。从图中实点变化规律和指数拟合曲线可看出，圆盘状辐射体上方不同能量伽马光子数随高度都呈指数曲线衰减，能量越大，指数衰减越慢。

对比无限大辐射体上方伽马射线照射量率随高度的变化规律，见式（4-3），则不难得出，在不同大气密度下，不同能量伽马射线在大气中的线衰减系数，其结果见表 4-4。根据大气线衰减系数的定义，它是光子在单位距离上因与大气相互作用使光子数减少的相对比例，显然与单位距离上大气分子或原子（实质上是电子密度）数量大小有关，即与大气密度相关。图 4-11 是大气密度与不同能量线衰减系数的散射点图。从图 4-11 中可见两点：其一，对给定能量伽马射线来说，大气线衰减系数随着大气密度的增加呈线性增加，图中虚线为线性拟合曲线，显示拟合度较好，相关系数大于 0.99；其二，随伽马射线能量增大，线衰减系数减小。

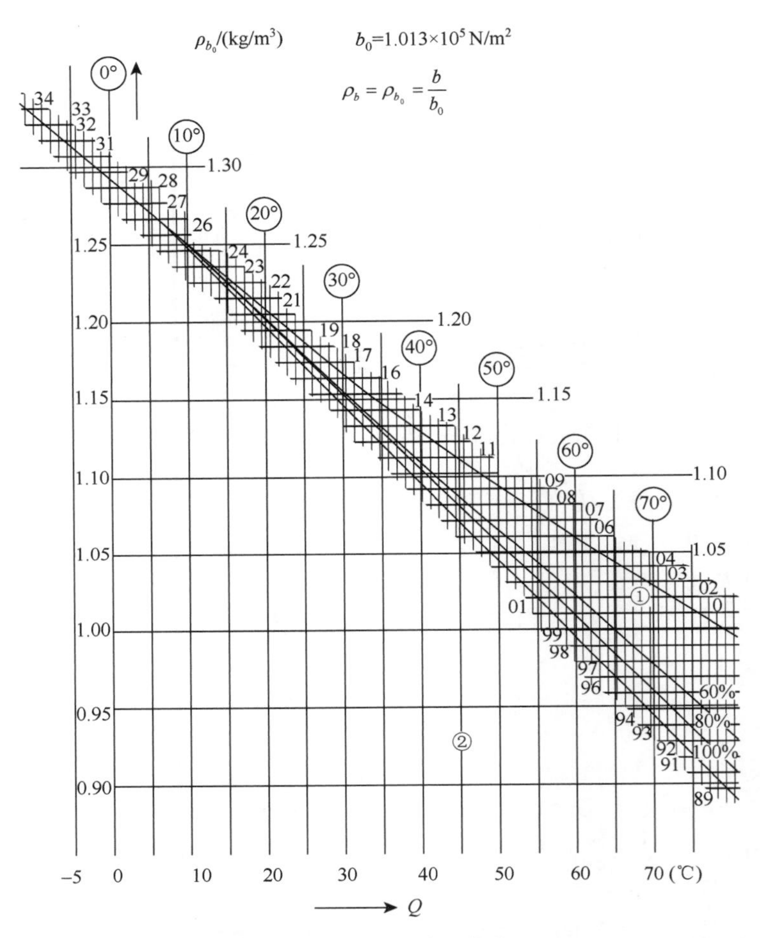

图 4-5　温度和湿度不同时的空气密度（摘自 GB/T 5321—2005）

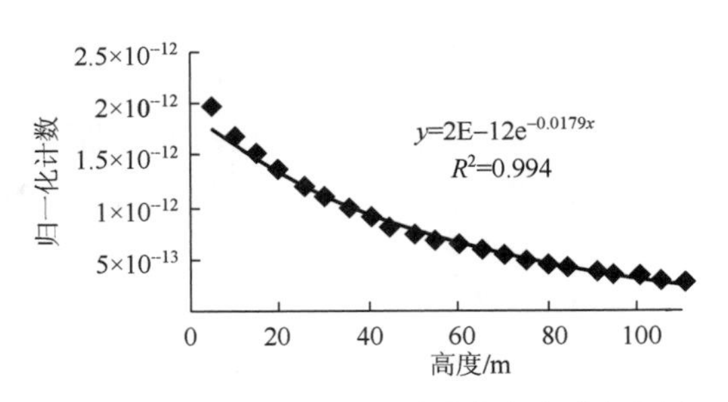

图 4-6　0.583MeV 伽马射线随高度衰减变化图

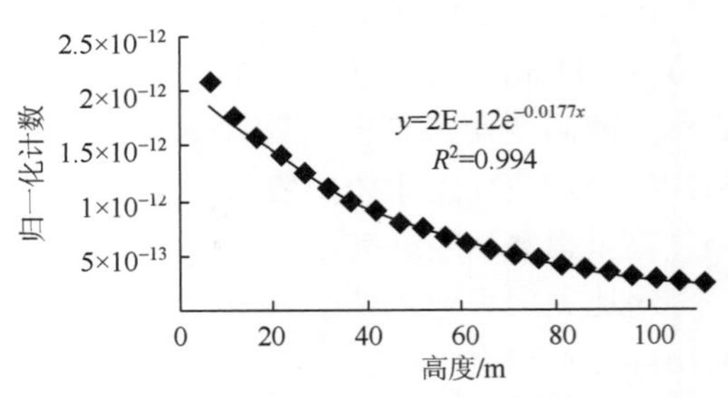

图 4-7　0.609MeV 伽马射线随高度衰减变化图

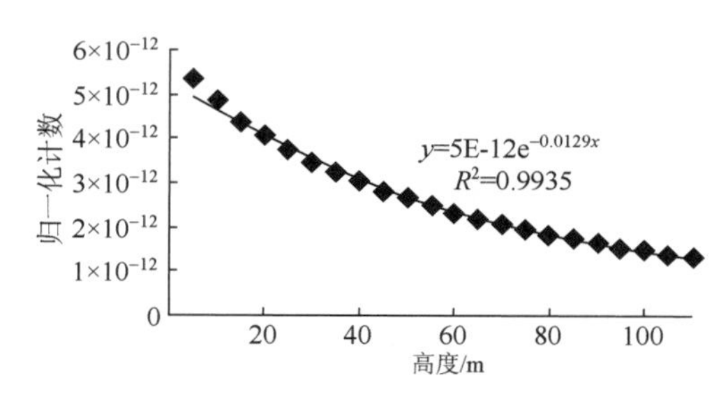

图 4-8　1.46MeV 伽马射线随高度衰减变化图

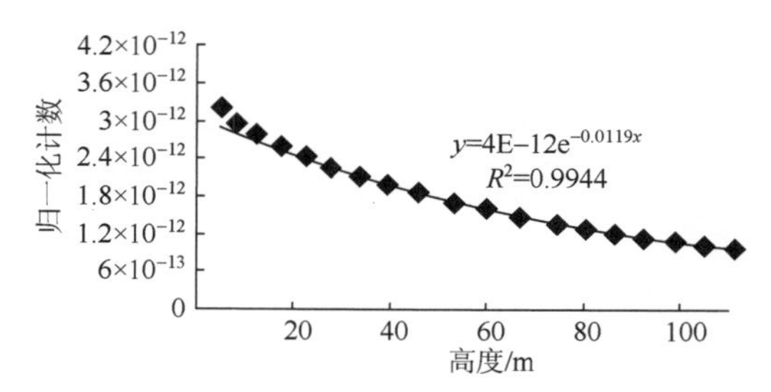

图 4-9　1.76MeV 伽马射线随高度衰减变化图

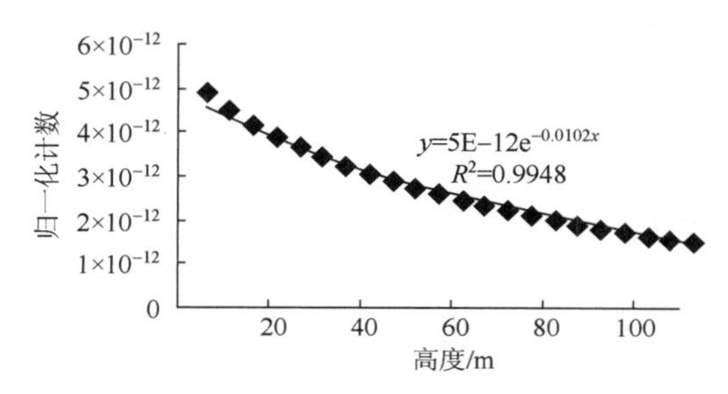

图 4-10　2.612MeV 伽马射线随高度衰减变化图

表 4-4　不同大气密度各能量伽马射线的高度衰减系数

能量/MeV \ 空气密度/（kg/m³）	1.293	1.266	1.239	1.210	1.179	1.153
0.583	0.0179	0.0176	0.0174	0.0169	0.0167	0.0164
0.609	0.0177	0.0174	0.0171	0.0169	0.0165	0.0162
0.583/0.609	0.0178	0.0175	0.0173	0.0169	0.0166	0.0163
1.46	0.0129	0.0127	0.0125	0.0123	0.0120	0.0118
1.76	0.0119	0.0117	0.0115	0.0113	0.0111	0.0109
2.62	0.0103	0.0100	0.0100	0.0097	0.0095	0.0094

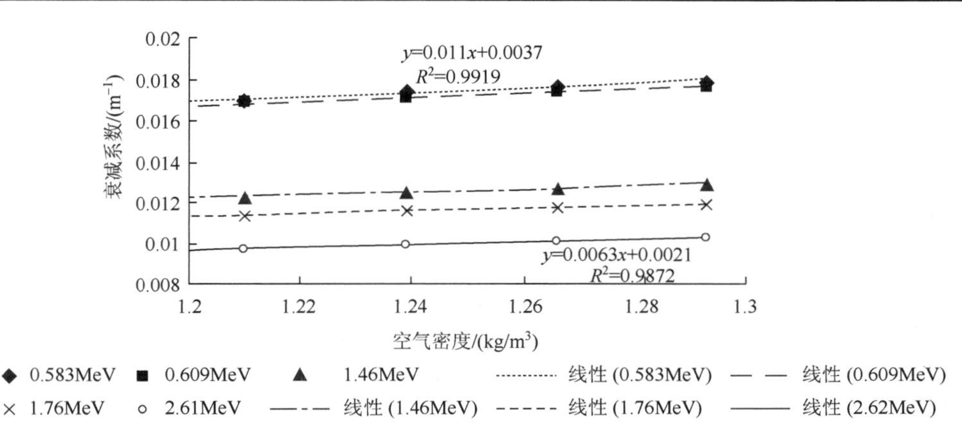

图 4-11　不同能量伽马射线高度衰减系数随空气密度变化的线性拟合

4.1.3　不同高度试验

不同高度上伽马照射量率变化规律实验在空旷区域上进行。试验场东西向长 180m，南北向长 160m。航空伽马能谱探测器为 NaI（Tl）闪烁计数器，NaI（Tl）晶体大小为 10cm×10cm×40cm，仪器采用 AGS-863 航空伽马能谱测量系统，空中运载工具为充氢气球，如图 4-12 所示。不同高度试验设置两项内容，其一是点状源高度试验；其二是体状辐射体高度试验。点源置于空旷区域中心，采用 ^{60}Co、^{137}Cs 与 ^{226}Ra 点状标准源，分别测量地面有源和无源情况下不同高度的测量计数。体状辐射体利用试验场浅表层土壤中的天然放射性，经地面天然伽马能谱测量，试验场土壤中天然放射性元素 U（平衡 U）、Th 和 K 含量统计见表 4-5。

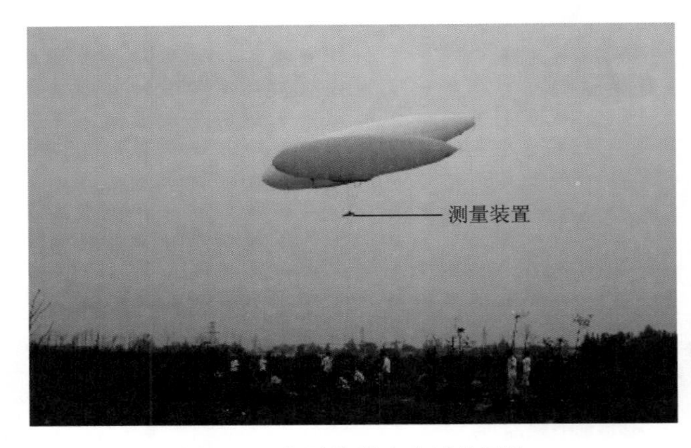

图 4-12　伽马能谱高度试验图片

表 4-5　成都某空旷区域天然放射性元素含量统计结果

元素种类	U/（μg/g）	Th/（μg/g）	K/%
含量平均值	1.2	11.5	3.1
方差	0.56	3.1	1.2
样品数	155	155	155

图 4-13～图 4-15 分别是 3 种标准辐射源高度实验结果。其中，图 4-13（a）、图 4-14（a）和图 4-15（a）分别是 ^{60}Co、^{137}Cs 与 ^{226}Ra 3 种标准辐射源在不同高度上伽马射线仪器微分谱，该微分谱是点源伽马射线谱和试验场本底伽马射线谱的叠加。图 4-13（b）、图 4-14（b）和图 4-15（b）分别是点源特征伽马射线净峰面积随高度的变化，图中实点为根据左侧微分谱获得的点源特征伽马射线净峰面积计数，曲线为根据不同高度点源式（4-1）计算的理论曲线，其中图 4-15（b）是 ^{226}Ra 放出的 1.76MeV 伽马射线特征峰净峰面积计数。点源高度试验表明实测结果和理论计算具有好的一致性，说明点状辐射体空中伽马射线照射量率不仅受到空气对伽马射线的衰减，而且还随距点状辐射体距离（r）的增加呈 $1/r^2$ 规律减小。

图 4-16 为实验场无限大辐射体上方不同高度天然伽马能谱（实际上是试验场不同高

度伽马能谱测量的本底谱）。在该图上明显可见 ^{208}Tl 核素放出的 2.62MeV、^{214}Bi 放出的 1.76MeV 和 ^{40}K 放出的 1.46MeV 伽马射线特征峰。将该 3 个特征峰净峰面积计数对测量点高度作散点图 4-17，表明随着高度增加，净峰面积计数逐渐减小，呈指数衰减趋势。比较图 4-17（a）、图 4-17（b）和图 4-17（c）可看出，随着伽马射线能量减小，指数衰减越剧烈，这与理论计算是相一致的。但是对能量为 1.76MeV 的伽马射线，其衰减程度比 2.62MeV 的伽马射线更缓慢，其主要原因是大气氡的影响所致（在本章第 4 节将详细论述）。

土壤是一种多孔隙介质体，不同时间不同环境中，土壤中的水分有所差异。水渗入土壤后，存留于土壤的孔隙中，使土壤的密度发生变化，即在单位体积里原子的个数发生变化。土壤孔隙中水分的变化，改变了氡气的析出率，对此国内外做了大量的研究。土壤孔隙中水分的变化，引起了伽马射线在土壤中衰减系数变化，使地-空界面上伽马能谱也发生变化。下面将讨论不同湿度土壤上方天然伽马能谱的变化规律，这对于放射性资源勘查和放射性环境评价都具有重要的指导意义。

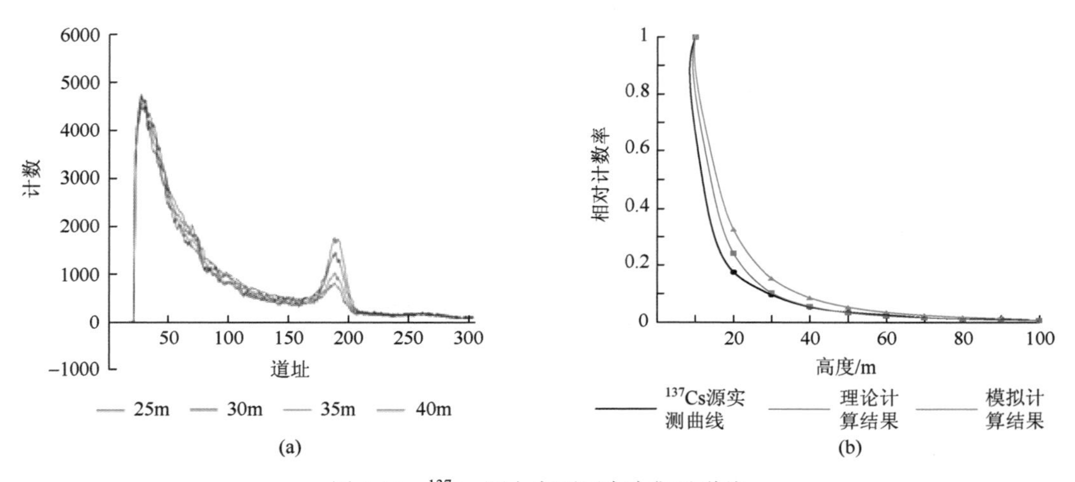

图 4-13　^{137}Cs 源上空不同高度伽马谱线

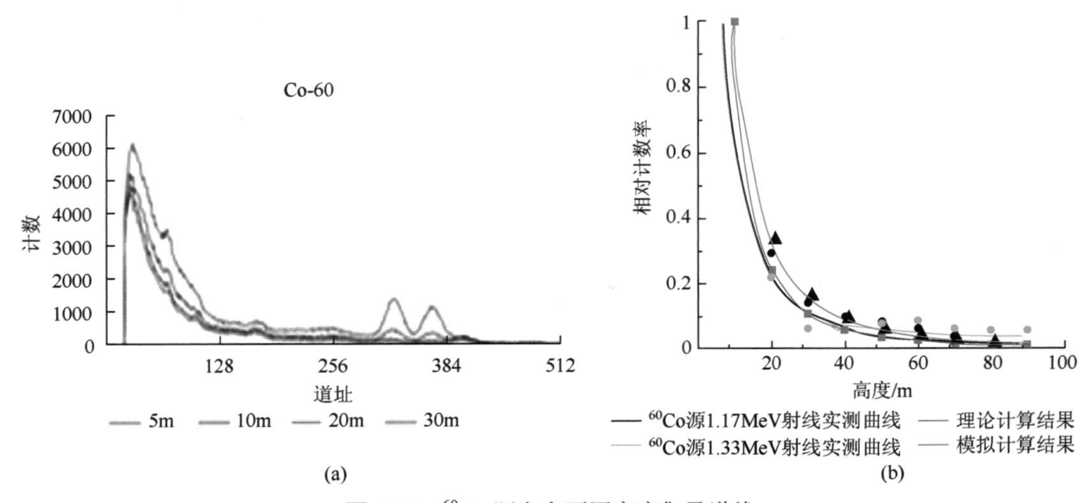

图 4-14　^{60}Co 源上空不同高度伽马谱线

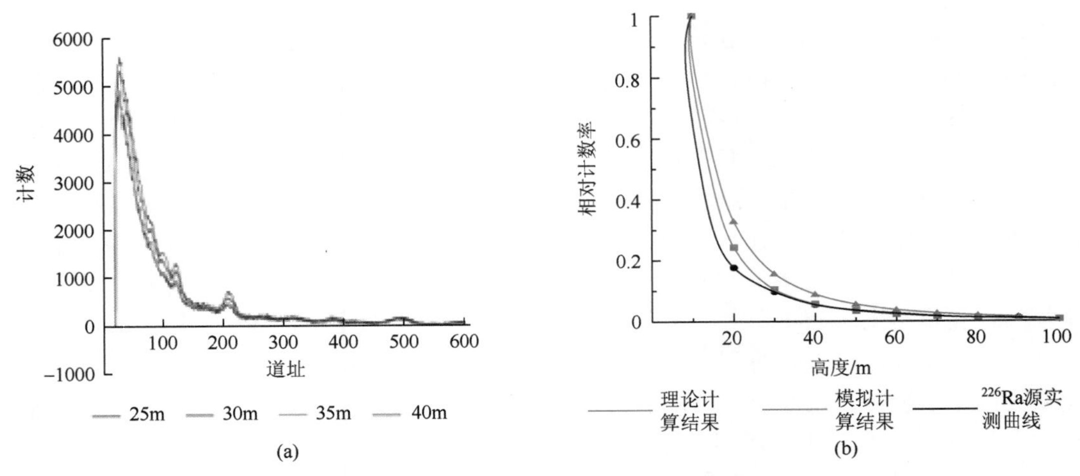

图 4-15　^{226}Ra 源上空不同高度伽马谱线

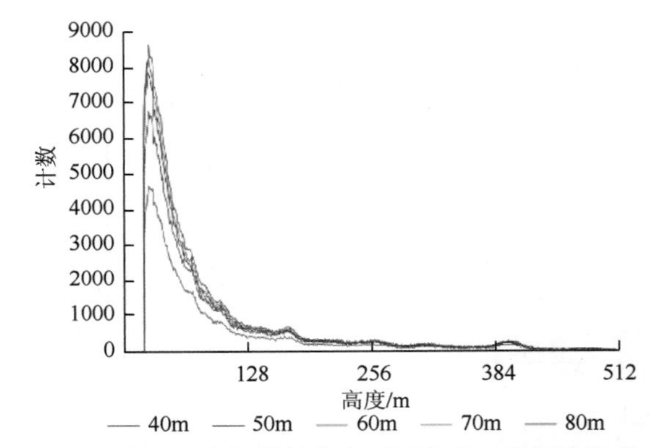

图 4-16　无限大辐射体上方不同高度天然伽马能谱

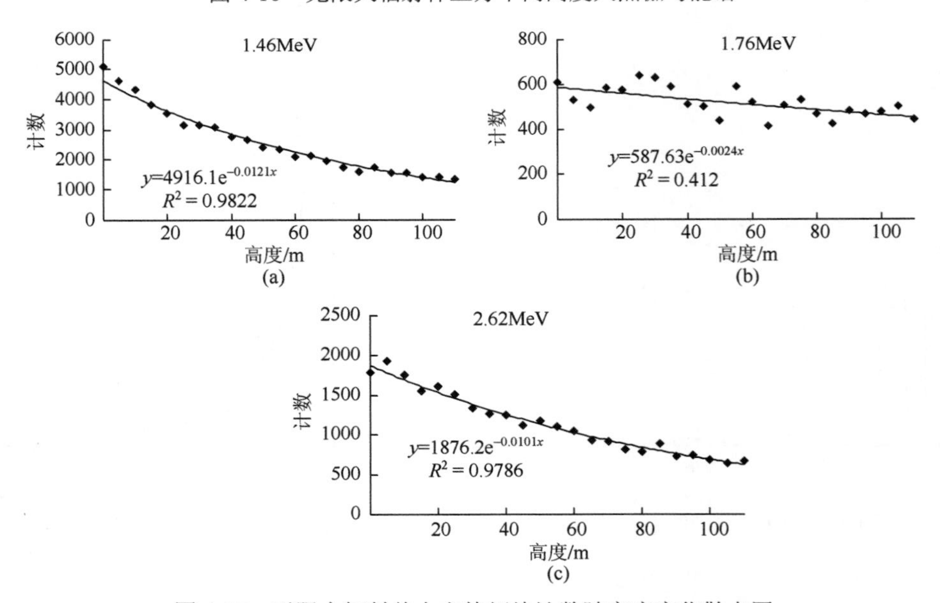

图 4-17　无限大辐射体上方特征峰计数随高度变化散点图

4.2　不同湿度土壤上方伽马射线能谱变化

土壤是一种多孔隙介质体，不同时间不同环境中，土壤中的水分有所差异。水渗入土壤后，存留于土壤的孔隙中，使土壤的密度发生变化，即在单位体积里原子的个数发生变化。土壤孔隙中水分的变化，改变了氡气的析出率，对此国内外做了大量的研究。土壤孔隙中水分的变化，引起了伽马射线在土壤中衰减系数变化，使地-空界面上伽马能谱也发生变化。下面将讨论不同湿度土壤上方天然伽马能谱的变化规律，这对于放射性资源勘察和放射性环境评价都具有重要的指导意义。

4.2.1　理论模型[3]

天然伽马射线的能量从几万电子伏到几兆电子伏，与物质发生的物理效应主要有：光电效应、康普顿效应和电子对效应。当伽马射线通过物质时发生衰减（吸收），其总衰减截面（衰减系数）可表示为

$$\mu = L \times \sum_k \frac{\rho \cdot p_k}{A_k}(\tau_k + \sigma_k + k_k) \tag{4-5}$$

根据混合物 γ 射线衰减系数的计算方法，将式（4-5）写为式（4-6）：

$$\mu = L \times \left[\sum_i \frac{\rho \cdot p_i}{A_i}(\tau_i + \sigma_i + k_i) + \sum_j \frac{\rho \cdot p_j}{A_j}(\tau_j + \sigma_j + k_j) \right] \tag{4-6}$$

土壤孔隙度中的水分增加后，土壤的密度增加，但土壤中组分中除 H 和 O 以外的物质的质量保持不变。式（4-6）中，假设 i 物质是土壤中原有的物质，而 j 物质是水分增加后，土壤中增加的物质质量。对于增加水分而言，j 表示 H 和 O 两种物质。将 H 和 O 的原子质量数和水中的 H、O 质量比分别代入式（4-6）中，得到式（4-7）。

$$\begin{aligned}
\mu &= L \times \sum_i \frac{\rho \cdot p_i}{A_i}(\tau_i + \sigma_i + k_i) + L \times \left[\frac{p_{\mathrm{H}} \cdot \rho}{A_{\mathrm{H}}}(\tau_{\mathrm{H}} + \sigma_{\mathrm{H}} + k_{\mathrm{H}}) + \frac{p_{\mathrm{O}} \cdot \rho}{A_{\mathrm{O}}}(\tau_{\mathrm{O}} + \sigma_{\mathrm{O}} + k_{\mathrm{O}}) \right] \\
&= L \times \sum_i \frac{\rho \cdot p_i}{A_i}(\tau_i + \sigma_i + k_i) + L \times \left[\frac{p_{\mathrm{H_2O}} \cdot \rho}{A_{\mathrm{H}}} \cdot \frac{1}{9} \cdot (\tau_{\mathrm{H}} + \sigma_{\mathrm{H}} + k_{\mathrm{H}}) + \frac{p_{\mathrm{H_2O}} \cdot \rho}{A_{\mathrm{O}}} \cdot \frac{8}{9} \cdot (\tau_{\mathrm{O}} + \sigma_{\mathrm{O}} + k_{\mathrm{O}}) \right] \\
&= L \times \sum_i \frac{\rho \cdot p_i}{A_i}(\tau_i + \sigma_i + k_i) + p_{\mathrm{H_2O}} \cdot \rho \left[\frac{L}{A_{\mathrm{H}}} \cdot \frac{1}{9} \cdot (\tau_{\mathrm{H}} + \sigma_{\mathrm{H}} + k_{\mathrm{H}}) + \frac{L}{A_{\mathrm{O}}} \cdot \frac{8}{9} \cdot (\tau_{\mathrm{O}} + \sigma_{\mathrm{O}} + k_{\mathrm{O}}) \right]
\end{aligned} \tag{4-7}$$

式中，ρ 为物质的密度；L 为阿伏伽德罗常数；A_i 为原子量；p_i 是第 i 种物质的所占的重量；τ_i、σ_i、κ_i 分别为第 i 种原子的光电吸收、散射和电子对效应截面，即 $\tau_i \propto Z_i^5, \sigma_i \propto Z_i, k_i \propto Z_i^2$ 。

当土壤中的含水量增加的时候，土壤中原有核素的质量不会发生变化。设

$$
\begin{aligned}
a &= L \times \sum_i \frac{\rho \cdot p_i}{A_i}(\tau_i + \sigma_i + k_i) \\
b &= \left[\frac{L}{A_{\mathrm{H}}} \cdot \frac{1}{9} \cdot (\tau_{\mathrm{H}} + \sigma_{\mathrm{H}} + k_{\mathrm{H}}) + \frac{L}{A_{\mathrm{O}}} \cdot \frac{8}{9} \cdot (\tau_{\mathrm{O}} + \sigma_{\mathrm{O}} + k_{\mathrm{O}})\right] \qquad (4\text{-}8) \\
X &= p_{\mathrm{H_2O}} \cdot \rho
\end{aligned}
$$

式中，X 是在土壤孔隙中加入水的质量；a、b 为常数；可将式（4-7）改写为

$$\mu = a + bX \tag{4-9}$$

对于理想无限大体源，在测量地表面特征能量的粒子注量率表示为

$$\phi = \frac{2 \cdot \pi \cdot k \cdot \rho}{a + bX} \tag{4-10}$$

随着土壤中水分的增加，特征能量的粒子注量同土壤中水分成双曲线中正数变化规律。从式（4-10）可以看出，随着水分的增加，地表粒子的注量减少。取在不加水的情况下，$\phi = \dfrac{2 \cdot \pi \cdot k \cdot \rho}{a}$。对不同水分含量情况下地表伽马射线粒子注量率相对于干燥情况下粒子注量进行归一化，则

$$\eta = \frac{\phi}{\phi_0} = \frac{1}{1 + \dfrac{b}{a}x} = \frac{1}{1 + cx}, \qquad c = \frac{b}{a} \tag{4-11}$$

根据式（4-11）可以对土壤中水分的变化进行校正，需要求解出 c 值。

4.2.2 MC 数值模拟

利用 MCNP 软件对土壤在含不同水分的情况下伽马能谱进行模拟[6~8]。模拟不同水平土壤模型如图 4-18 所示，图中探测器为点探测器，位于圆柱形模型的中心轴线上。在该模型中，采用地壳中元素的平均含量作为土壤的组成，具体含量见表 4-6。

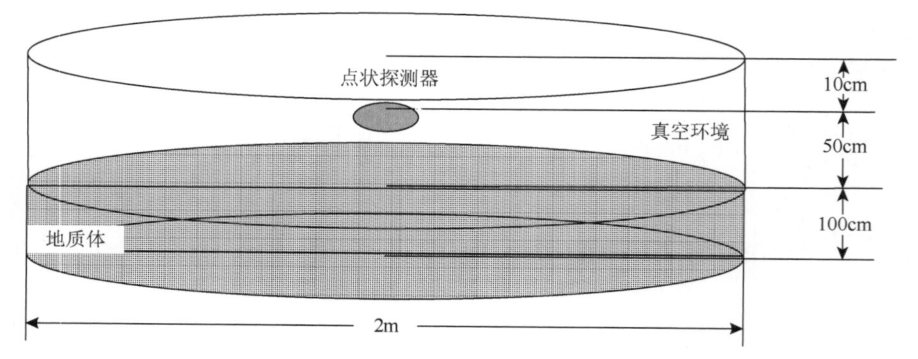

图 4-18 不同水分土壤 M 模拟模型（图中下面阴影部分为土壤，上面阴影色部分为点状探测器）

模拟过程中，每次加入不同量的水分，加入至 50%（质量比）为界限。模拟中采用点探测器，探测器的能量窗口为 10～2630keV，采用 1024 个能量箱。

表 4-6　模型中土壤元素含量表

元素	加水质量百分比/%										
	0	5	10	15	20	25	30	35	40	45	50
O	48.06	50.00	51.77	53.39	54.86	56.23	57.48	58.65	59.73	60.73	61.67
Si	26.30	25.05	23.91	22.87	21.92	21.04	20.23	19.48	18.79	18.13	17.53
Al	7.73	7.36	7.03	6.72	6.44	6.18	5.95	5.73	5.52	5.33	5.15
Fe	4.75	4.52	4.32	4.13	3.96	3.80	3.65	3.52	3.39	3.27	3.17
Ca	3.45	3.29	3.14	3.00	2.88	2.76	2.65	2.56	2.46	2.37	2.30
Na	2.74	2.61	2.49	2.38	2.28	2.19	2.11	2.03	1.96	1.88	1.83
K	2.47	2.35	2.25	2.15	2.06	1.98	1.90	1.83	1.76	1.70	1.65
Mg	2.00	1.90	1.82	1.74	1.67	1.60	1.54	1.48	1.43	1.37	1.33
H	0.76	1.25	1.70	2.11	2.49	2.83	3.15	3.44	3.72	3.97	4.21
其他元素	1.74	1.66	1.58	1.51	1.45	1.39	1.34	1.29	1.24	1.20	1.16
密度/（g/cm^3）	2.35	2.47	2.59	2.70	2.82	2.94	3.06	3.17	3.29	3.40	3.53

注：表中的 Other 是为地壳中的其他元素，在模拟过程中不考虑

表 4-7 中列出的是在不同含水量下通过 4×10^8 次源粒子抽样，通过点探测器的伽马射线总计数。由表 4-7 可看出，随着土壤中水分增加，伽马射线总计数减少，通过数据拟合表明：伽马射线总计数随土壤中含水质量百分比同式（4-11）的变化规律相同，其中判定系数 R^2 为 0.9993，c 值为 0.00946±0.0003（图 4-19）。

表 4-7　4×10^8 次抽样源粒子模拟伽马射线总计数表

加水质量百分比/%	0	5	10	15	20	25	30	40	50
归一化计数	1.000	0.957	0.916	0.877	0.842	0.810	0.781	0.752	0.701

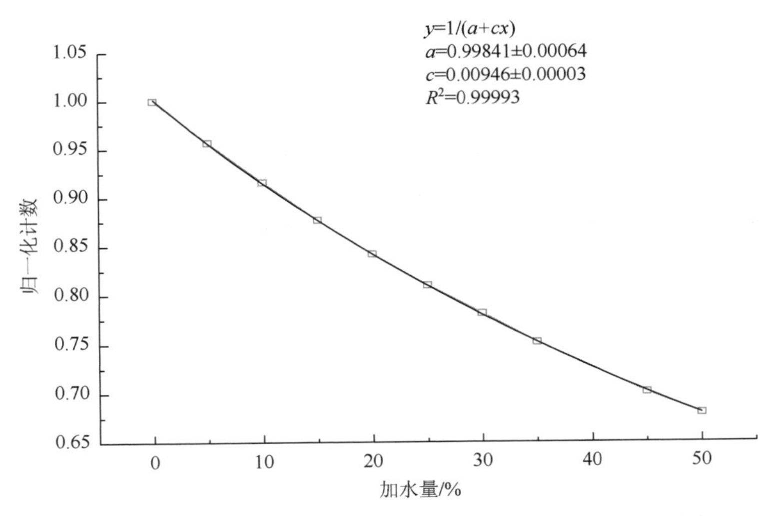

图 4-19　含水量与模拟计算得到的伽马射线总计数的关系图

MCNP 进行 4×10^8 次源粒子抽样模拟的谱线结果如图 4-20 所示，其中对不同含水量下 0.609MeV、1.76MeV、2.62MeV 的特征峰计数对比如图 4-21 所示。

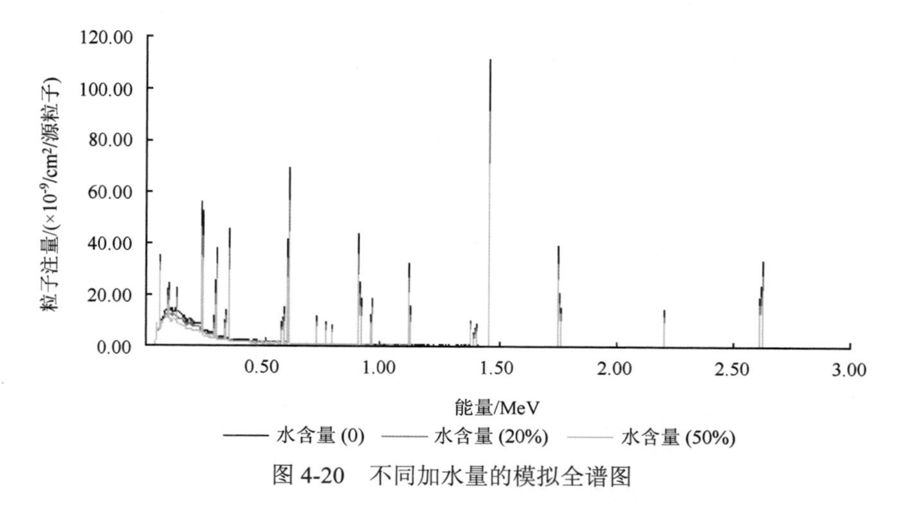

图 4-20　不同加水量的模拟全谱图

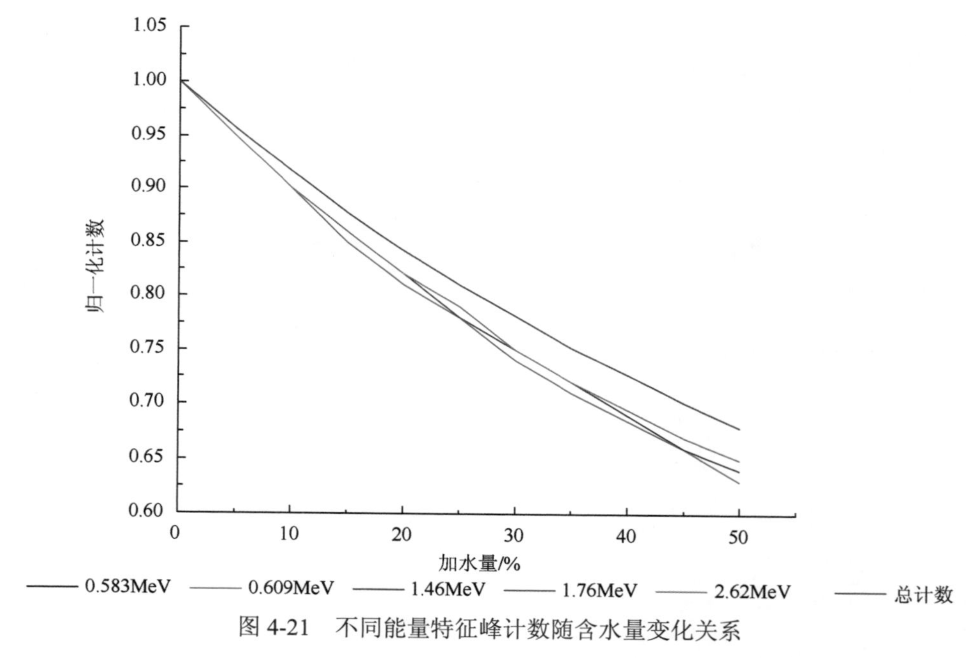

图 4-21　不同能量特征峰计数随含水量变化关系

图 4-20 中的归一化是每个抽样源粒子对探测器的贡献，图 4-21 是根据式（4-11）进行了归一化。对图 4-21 中的数据进行拟合，对 0.609MeV 和 2.62MeV 伽马射线粒子注量同水分含量之间的关系拟合曲线分别如图 4-22 和图 4-23 所示。两个数值的拟合相关系数都达到了为 0.999。对于不同能量的拟合曲线数值列于表 4-8 中。从表中可以看出，对于不同能量伽马射线，系数 C 值基本保持不变。在野外实际测量中，干燥土壤的吸收系数，即式（4-11）中的 a 有所差别，所以在校正过程中，需要对不同岩石进行模拟。

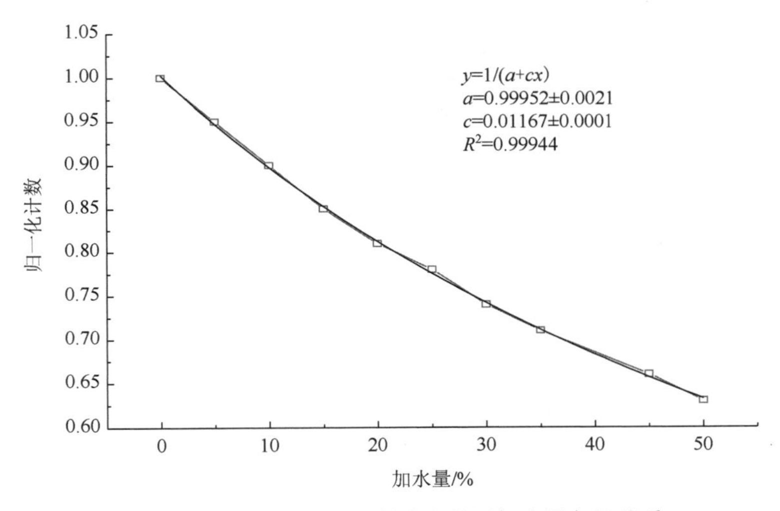

图 4-22　0.609MeV 伽马射线注量同加水量之间关系

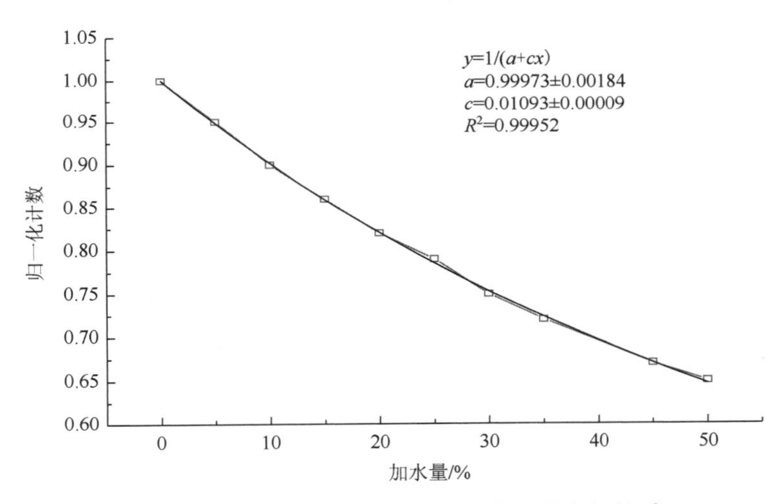

图 4-23　2.62MeV 伽马射线注量同加水量之间关系

表 4-8　模拟结果 *c* 值统计表

能量/MeV	0.583	0.609	1.460	1.76	2.62	总计数
拟合 c 值	0.01093	0.01167	0.01109	0.01099	0.01093	0.009946
相关系数	0.999	0.999	0.999	0.999	0.999	0.999

4.2.3　物理实验

土壤含水量变化对天然伽马能谱影响的物理实验是采用人工向采集的砂质黏土中加水，待水完全渗透后测量天然伽马能谱。土壤模型的几何尺寸为 Φ80cm×80cm。每次加水 2.3%（2.8kg）至 13.6%（16.8kg）。渗透 70min 以后，使用 Genie 2000 型数字化谱仪测量，测量时间 3600 秒。Genie 2000 型数字化谱仪是 Canberra 公司生产的数控谱仪，采用 Φ75mm×75mm 的 NaI（Tl）晶体，对于 ^{137}Cs 的能量分辨率为 7.8%；测量能量为 80～3000keV，实验测量能谱如图 4-24 所示。

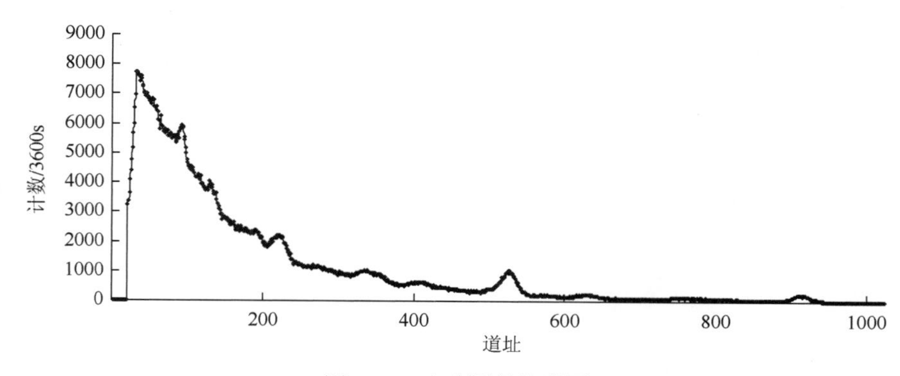

图 4-24　实验测量能谱图

在不同加水量条件下，0.609MeV、1.76MeV、2.62MeV 能量伽马射线特征峰面积计数（采集时间为 3600s）同加水量之间的关系如图 4-25 所示。随着水分的增加，各能量伽马特征峰面积计数减小，同模拟结果的变化趋势相符合。在土壤含水率低于 6.8%时，伽马能谱测量结果和 MCNP 模拟结果基本上一致。当水分增加到一定的程度时，变化率变小，最后趋向于稳定，同模拟结果不符合。在实际测量中，土壤孔隙的含水率有一个饱和值，当土壤中的水分达到此值以后，土壤孔隙中的水分不再增加，水分将向下渗透。在实验的过程中，当加水至 8%以后，底部开始有水渗透出来，此后土壤中的水分不再随着水的加入增加。表 4-9 列出了在加水条件下，上述能量伽马射线特征峰面积计数与没有加入水时特征峰面积计数的相对百分误差。在土壤含水率从 0 变化到 6.8%时，引起的面积计数相对误差可达 5%。

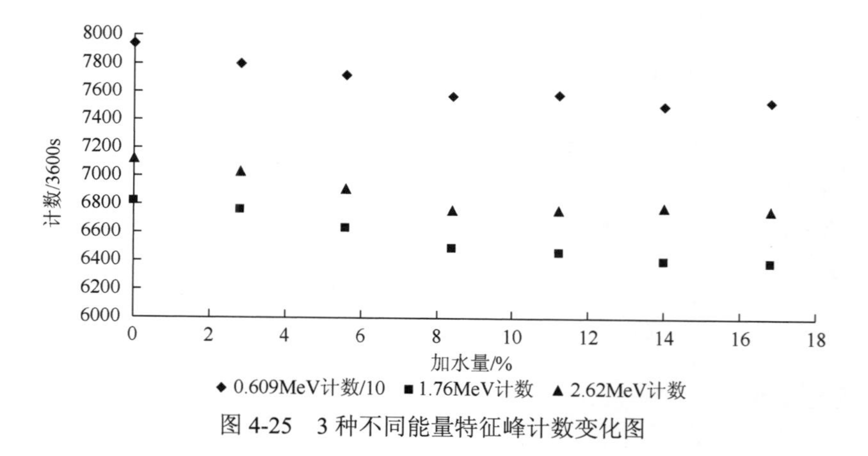

图 4-25　3 种不同能量特征峰计数变化图

采用模拟得到修正比值，对土壤中水分的含量进行修正，其修正的结果如表 4-9 和图 4-26 所示。从校正的结果看，测量数据受水分影响的误差可以有效地控制在 2%以内。

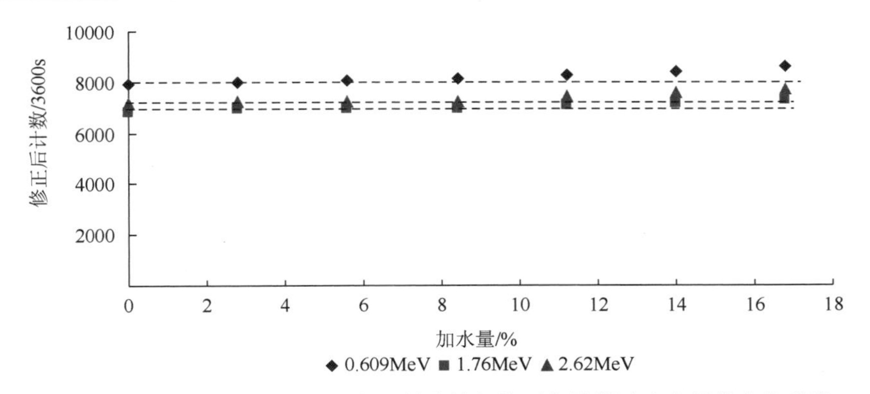

图 4-26　水分实验通过校正后伽马射线特征峰面积计数随含水量的变化曲线

表 4-9　水分校正后测量结果

加水量/%	校正前/MeV						校正后/MeV					
	0.609		1.76		2.62		0.609		1.76		2.62	
	面积	误差	面积	误差	面积	误差	面积	误差	面积	误差	面积	误差
0.00	7940	0.00	6822	0.00	7119	0.00	7940	0.00	6822	0.00	7119	0.00
2.80	7804	−1.71	6756	−0.97	7028	−1.27	7990	0.63	6917	1.39	7195	1.08
5.60	7722	−2.75	6631	−2.80	6910	−2.93	8089	1.88	6947	1.83	7239	1.69
8.40	7572	−4.63	6486	−4.93	6756	−5.09	8073	1.68	6949	1.86	7238	1.68

野外伽马能谱测量经常受到气候条件的影响，尤其是降雨。通过模拟和实际实验的对比，说明地表伽马射线的注量率受到土壤中水分的影响。采用模拟得到的修正系数，对实验中伽马射线测量结果进行水分影响修正。实验结果表明，利用该修正方法，可以校正伽马能谱测量的水分影响，提高野外能谱测量土壤中放射性核素含量的精确度。

4.3　航空伽马射线仪器谱的解析技术

4.3.1　能谱降噪技术和弱峰提取技术

航空伽马能谱测量采用航空伽马射线能谱仪，能够记录 10keV～3MeV 能量范围内的多道全谱数据，原始能谱测量数据的统计涨落现象明显。对航空伽马能谱数据进行降噪处理，能够消除或降低观测数据中的统计涨落影响，是提高放射性核素含量估计精度的关键步骤。

1. NASVD 方法降噪技术[8~12]

加拿大的 Hovgaard 提出了一种采用统计方法来降低多道谱噪声的方法[8]，即 NASVD（noise adjusted singular value decomposition）方法。该方法利用主成分（PC）类型的分析方法，从原始伽马能谱数据集里提取出主要的谱形状（PC's），然后将这些主要谱形状用于重构谱线数据集，重构后的各条谱线都保留了绝大部分的原始信号而几乎不含噪声。

NASVD 方法基于多元统计分析的思想，从一系列原始观测谱线数据中提取出相互正交的谱线主成分，各主成分以各自对观测谱的形状贡献大小按降序排列。低序主成分体现观测谱线中绝大多数信号的谱形状，高序主成分则体现观测谱线中不相关的噪声。通过仅采用低序主成分来重构谱线数据，以此去除原始观测谱线中存在的绝大部分噪声。NASVD 方法的两个重要特点是：第一，奇异值分解（SVD）方法被用于提取谱线主成分；第二，为了使观测谱线中的绝大多数信号能够集中体现在低序主成分中，先采用噪声的先验模型将各输入谱线的每道计数率的方差调整至单位方差，然后再进行奇异值分解。

使用 NASVD 方法分析得到某测线数据集对应的前 8 个主成分(特征向量)如图 4-27 所示。由于代表信号的主成分（通常为前 3～8 个主成分）应该显示出具有相关性的谱形状信息。从图中可以看出：前三个主成分都显示出具有相关性的谱形状。其中，第一主成分（PC1）是该测线数据的平均谱形状。从第二主成分（PC2）中能够清楚地看到 116～133 道范围的钾窗信息和 141～158 道范围的铀窗信息，^{40}K 的 1.460MeV 和 ^{214}Bi 的 1.76MeV 特征伽马射线峰位分别位于 125 道和 150 道。铀系中 ^{214}Bi 的 0.609MeV、钍系中 ^{208}Tl 的 0.583MeV 特征伽马射线构成的低能窗（50 道附近）及更低能量部分的信息也表现出来。可见，第二主成分在谱形状中体现出了该测线的 U/K 贡献比率。在第三主成分(PC3)中反映出了 205～238 道范围的钍窗信息，位于 223 道的钍系中 ^{208}Tl 的 2.62MeV 特征伽马射线峰位明显可见。在第四主成分及以上主成分中，并没有显示出具有相关性的谱形状信息而主要表现出噪声信号。由此可确定该数据集对应的前三层主成分用于谱线的重构。

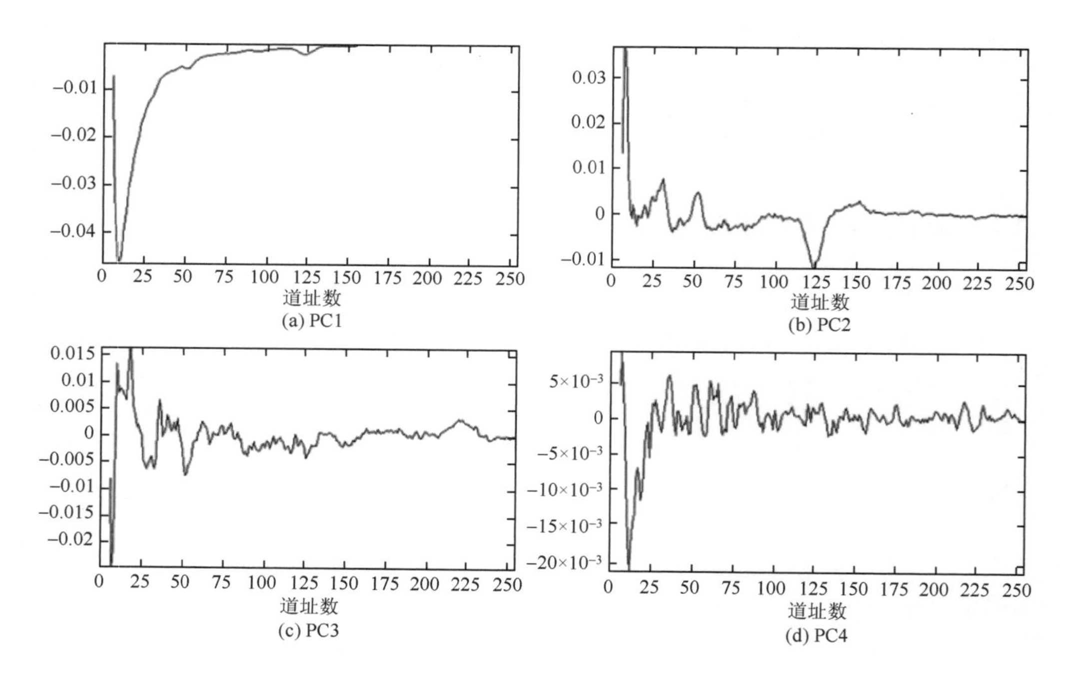

(a) PC1 (b) PC2 (c) PC3 (d) PC4

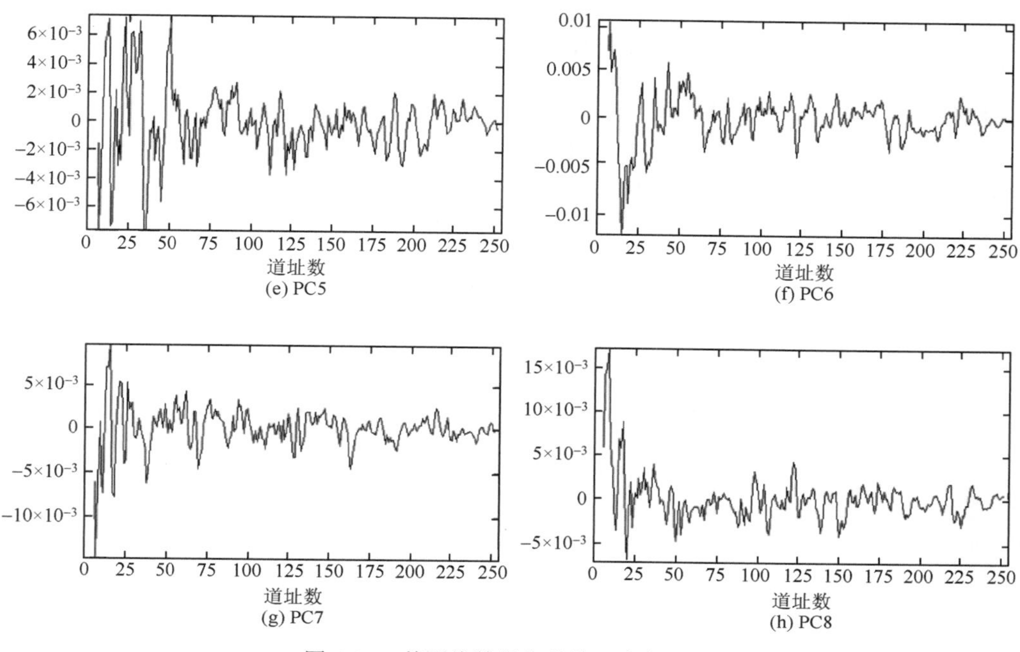

图 4-27　某测线数据集的前 8 个主成分

图 4-28 是某测线数据的前 100 个特征值，可以看到特征值衰减较快。图 4-29 显示的是该数据集中的某单点实测全谱数据和采用前 3 个主成分重构后的该谱线数据。为了更清楚地进行对比，图 4-30 和图 4-31 分别显示了该单点测量谱线在降噪前后低能和高能道址范围的谱线。可以看出，谱线采用 NASVD 方法进行降噪处理后，显著地消除了统计涨落的影响，使很多重要的特征伽马射线峰都能清晰地显露出来，如 ^{208}Tl 的 2.62MeV、^{214}Bi 的 1.76MeV 和 1.12MeV、^{40}K 的 1.460MeV、^{228}Ac 的 0.911MeV 的特征伽马射线峰，以及由 ^{214}Bi 的 0.609MeV 和 ^{208}Tl 的 0.583MeV 构成的重峰。

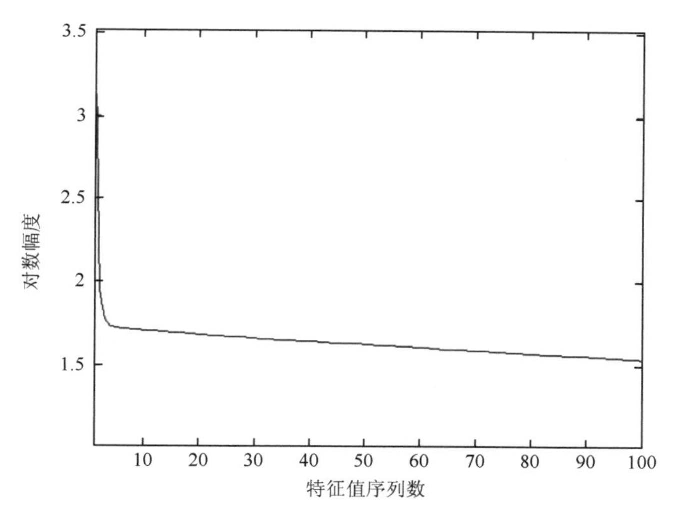

图 4-28　某测线数据集的前 100 个特征值

图 4-32 是利用多项式最小二乘拟合法和 NASVD 方法对航空伽马能谱测量数据降噪处理的效果比较。图中的红色细实线是采用“7 点 3 次多项式拟合方法”光滑 6 次得到的谱线，可见传统的能谱降噪方法对航空伽马数据的降噪效果远逊于 NASVD 方法并且使谱线发生了畸变。表 4-10 分别列出了应用 NASVD 方法和最小二乘法处理上述航测全能谱数据前后 K 窗、U 窗、Th 窗内的计数率均值和相应的标准差数据。从表中可以看出：与原始谱线相比，采用最小二乘法和 NASVD 方法降噪后，各窗的计数率均值几乎不变，但标准差却明显减小；并且，经过 NASVD 方法处理后的标准差明显小于最小二乘法的处理结果，且以 U 窗和 Th 窗数据尤为突出。由此可见，利用统计方法降噪在单次测量场合中具有明显的优势。

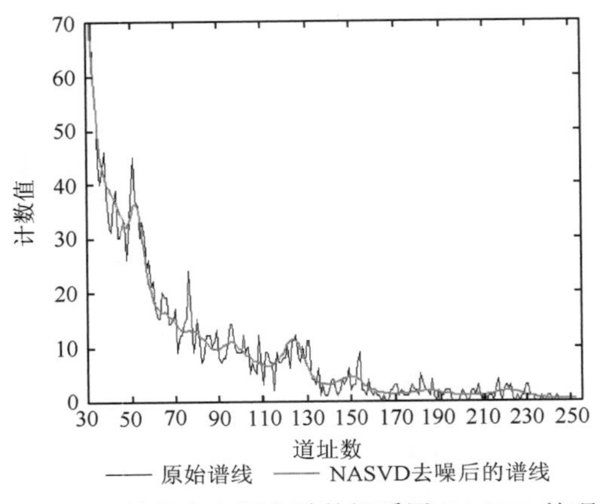

图 4-29　某单点实测全谱数据采用 NASVD 处理前后的谱线比较

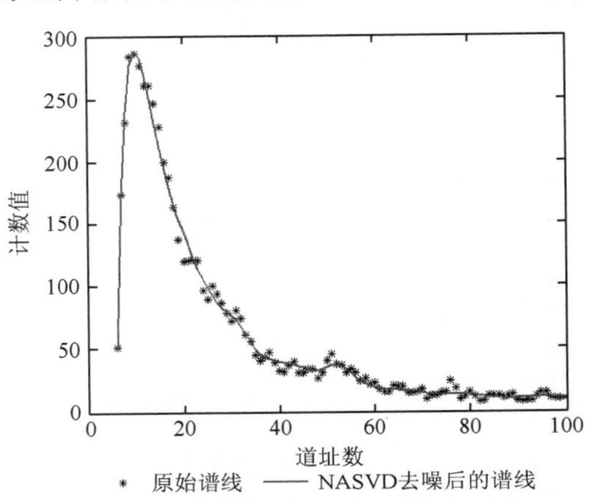

图 4-30　降噪前后低能范围的谱线比较

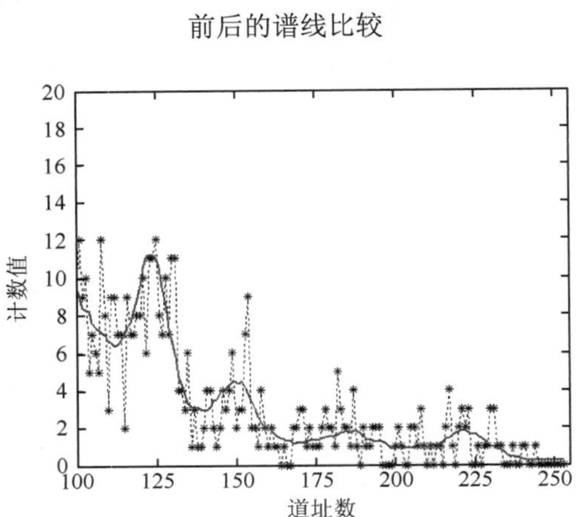

图 4-31　降噪前后高能范围的谱线比较

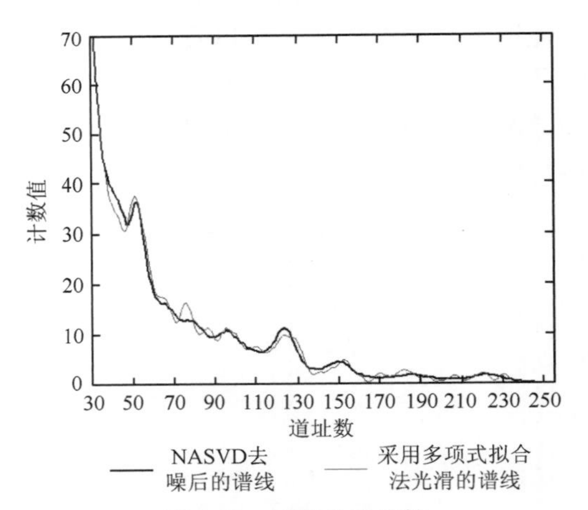

图 4-32　降噪效果比较

表 4-10　采用不同降噪方法处理伽马能谱前后 K 窗、U 窗、Th 窗内的计数率均值和标准差

项目	K 窗/cps	U 窗/cps	Th 窗/cps
原始谱线	93.76±42.26	14.95±19.59	27.55±20.90
最小二乘方法降噪	92.16±32.79	13.98±10.93	27.56±14.14
NASVD 方法降噪	93.76±30.47	14.95±3.13	27.55±9.97

2. 小波滤波降噪技术

对于航空伽马能谱测量中，一条测线或者一个测区的航空伽马能谱数据采用 NASVD 的处理方法获得了较好的效果。在实际仪器谱数据处理中，经常需要对单条仪器谱线进行处理，因此 NASVD 无法对单条仪器谱进行处理。而根据对 NASVD 的方法研究表明，普通最小二乘拟合方法在处理谱线的时候，不能很好地去除噪声，而且容易引起谱峰的变形。采用小波变换的方法，在不损失信号的情况下可以有效地滤除噪声[[13，14]。

小波变换是由法国科学家 Morlet 于 1984 年在进行地震数据分析工作时提出，由于傅里叶分析使用的是一种全局的变换，要么完全在时域，要么完全在频域，因此无法表述信号的时频局部性质，与傅里叶变换、窗口傅里叶变换相比，小波变换是空间（时间）和频率的局部变换，可通过伸缩和平移运算对函数或信号进行多尺度或多分辨率分析，因而能更有效地从信号中提取信息，从而解决了傅里叶变换不能解决的许多问题。

小波变换的定义[15]。设 $f(t)$是平方可积函数，记作 $f(t)\in L^2(R)$，$\psi(t)$为母小波，如果 $\psi(t)$满足容许性条件：

$$C_\psi=\int_0^\infty\frac{\left|\hat{\psi}(\omega)\right|^2}{\omega}\mathrm{d}\omega<\infty \tag{4-12}$$

则小波变换的定义如下：

$$W_f(a,b)=<f,\psi_{a,b}>=\int_{-\infty}^{\infty}f(t)\psi_{a,b}(t)\mathrm{d}t=\int_{-\infty}^{\infty}f(t)\frac{1}{\sqrt{a}}\psi\left(\frac{t-b}{a}\right)\mathrm{d}t \tag{4-13}$$

式中，积分核为 $\psi_{a,b}(t)=\frac{1}{\sqrt{a}}\psi\left(\frac{t-b}{a}\right)$的函数族。$a>0$ 为尺度参数（伸缩参数），b 为定位参数（平移参数），该函数称为小波。若 $a>1$ 函数 ψ（t）具有伸展作用，若 $a<1$ 函数 ψ（t）具有收缩作用。

尺度和移位均连续变化的连续小波基函数构成了一组过完备基。小波系数之间存在冗余性。由于信息的冗余，也使小波逆变换的重构过程不唯一。为了减少信息冗余，就引入了离散小波变换，其中的伸缩和平移系数是可数的。同时在实际运用中，尤其是在计算机上实现时，连续小波必须加以离散化。把尺度参数和平移参数同时离散化，就得到离散小波变换。取 $a=a_0^j,\tau=ka_0^j\tau_0,j\in Z,a_0\neq1$，则有

$$\psi_{j,k}(t)=a_0^{-j/2}\psi\left(\frac{t-ka_0^j\tau0}{a_0^j}\right)=a_0^{-j/2}\psi\left(a_0^{-j}t-k\tau_0\right) \tag{4-14}$$

离散化后的小波系数为：$C_{j,k}=\int_{-\infty}^{\infty}f(t)\overline{\psi_{j,k}(t)}\mathrm{d}t$。逆变换为

$$f(t)=C\sum_{-\infty}^{\infty}\sum_{-\infty}^{\infty}C_{j,k}\psi_{j,k}(t) \tag{4-15}$$

在能谱数据处理中，采用的小波基为 Wavelet Coiflets 5。其小波的尺度函数和小波函数如图 4-33 和图 4-34 所示。

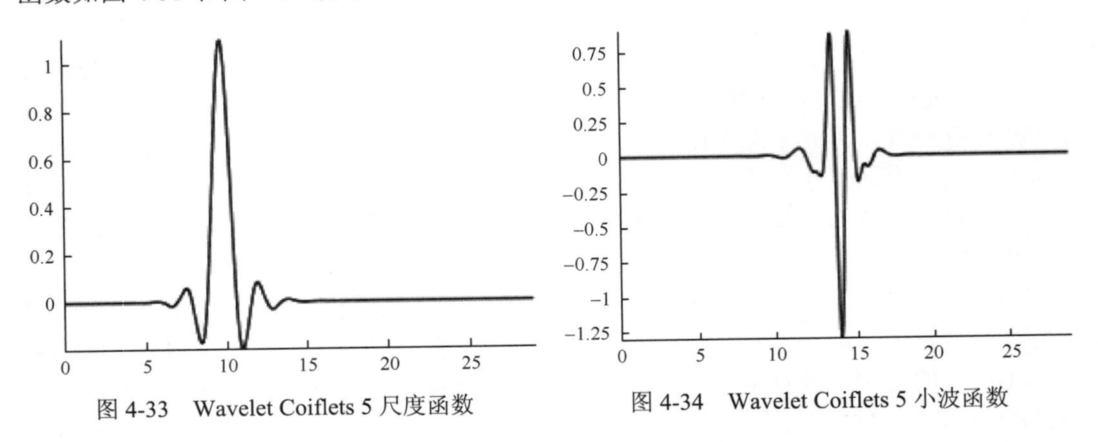

图 4-33　Wavelet Coiflets 5 尺度函数　　图 4-34　Wavelet Coiflets 5 小波函数

通过对伽马能谱测量谱线的数据处理，其结果如图 4-35 所示。图 4-35 是分别采用多项式最小二乘拟合法和小波滤波方法对航空伽马能谱测量数据进行降噪处理的效果比较。图中的红色细实线是采用“5 点 3 次多项式拟合方法”光滑 20 次得到的谱线，可见传统的能谱降噪方法对航空伽马数据的降噪效果远逊于 N 小波滤波方法，并且使谱线发生了畸变。

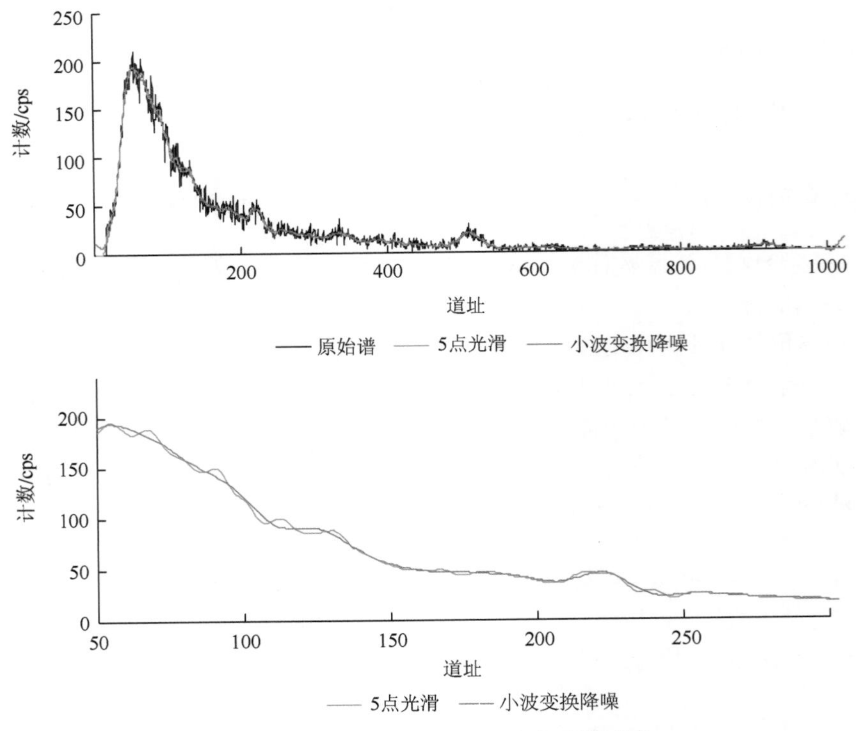

图 4-35　5 点三次光滑与小波降噪效果图

4.3.2　康普顿散射本底扣除技术

1. 散射本底

航空伽马射线仪器谱可分解为两个部分：散射本底谱和特征伽马射线全能峰。散射本底谱主要形成于两种原因，其一是探测器对伽马射线能量的不完全收集，在仪器谱上形成康普顿散射平台；其二是特征能量的伽马射线与探测器周围介质发生相互作用，产生比特征能量小的次级伽马射线（如散射光子、湮灭光子等）被探测器所探测。

散射本底对于仪器谱的分析有以下几个方面的影响：①高能射线散射后，在较低能量处形成连续散射背景，增加了特征伽马射线全能峰的计数，尤其给含量计算带来误差；②当采用剥离系数法的时候，由于大气的散射、土壤介质散射的差异，造成了其剥离系数误差，由此带来航空伽马能谱测量计算 U、Th、K 含量的误差；③散射本底的存在，给高度校正带来误差，高度校正是基于特定能量伽马射线的线衰减系数进行校正的，当散射本底存在的时候，高能射线的散射射线增加了特征伽马射线全能峰的计数；④散射本底给仪器谱的解析带来难度，仪器谱的解析中常用到峰形函数，当散射本底存在的时候，仪器谱的峰形函数更为复杂，采用简单的高斯函数难以描述。因此正确地扣除散射本底，是仪器谱解析的重要内容。

2. 傅里叶逐步逼近方法

航空伽马能谱测量得到的仪器谱可以由散射本底和特征伽马射线全能峰谱线两部分组成。散射本底的特点是变化缓慢，变化频率较低。特征伽马射线全能峰相对于散射本底则变化剧烈，频率成分较高。傅里叶变换估计本底的方法就是利用航空伽马能谱测量仪器谱中的这一特征，利用傅里叶变换的方法来估计本底。傅里叶变换本底扣除技术在 2006 年由葛良全、张庆贤等提出，并实际应用在能量色散 X 射线荧光能谱测量中，取得了较好的应用效果[16~18]。

1）傅里叶变换本底扣除法的基本原理

傅里叶变换是一种信号在时域和频域相互变换的算法，离散傅里叶变换的基本公式可以表示为

$$
\begin{aligned}
X(k) &= \sum_{n=0}^{N-1} x(\mathrm{n})\mathrm{e}^{-j\frac{2\pi}{N}nk} = \sum_{n=0}^{N-1} x(\mathrm{n})W_N^{nk} \qquad k = 0,1,\cdots,N-1 \\
x(n) &= \frac{1}{N}\sum_{n=0}^{N-1} X(k)\mathrm{e}^{j\frac{2\pi}{N}nk} = \frac{1}{N}\sum_{n=0}^{N-1} X(k)W_N^{-nk} \qquad n = 0,1,\cdots,N-1
\end{aligned}
\tag{4-16}
$$

式中，$x(n)$为时域的有限长信号；$X(k)$为对应于 $x(n)$的频域信号；N 为信号的长度。在对能谱处理的过程中，将谱线看成是时域信号，其中道址为时间。

基于傅里叶变换的本底估计方法是一种基于迭代思想的本底估计方法，关键技术是

谱线的构造。假设第 m 次构造的谱线为 $x_m(n)$，对应的变化以后的频谱分布为 $X_m(k)$，通过理想滤波器扣除高频部分。为了提高运算速度，可以采用 FFT 实现傅里叶变换，本底估计步骤如下。

（1）对第 m 次迭代的谱数据 $x_m(n)$的做 FFT 变换，得到第 m 次迭代的频谱 $X_m(k)$;

（2）采用理想滤波器的对 $X_m(k)$作高频滤除，得到频率滤除后的频谱 $X'_m(k)$；

（3）对 $X'_m(k)$ 做 FFT 反变换，得到低频谱线 $x'_m(n)$；

（4）采用式（4-17）构建 m+1 次的谱线 $x_{m+1}(n)$:

$$\begin{cases} x_{m+1}(n) = x_m(n), & \text{当} x_m(n) < x'_m(n) \\ x_{m+1}(n) = x'_m(n), & \text{当} x_m(n) < x'_m(n) \end{cases} \tag{4-17}$$

调整滤波器阈值，重复步骤（1）～步骤（4），满足运行条件后推出，得到的 $x_{m+1}(n)$ 即为本底。结束条件为本底谱线趋向于稳定。选用的结束条件是在迭代的过程中，当迭代达到稳定的时候，结束迭代（图 4-36）。

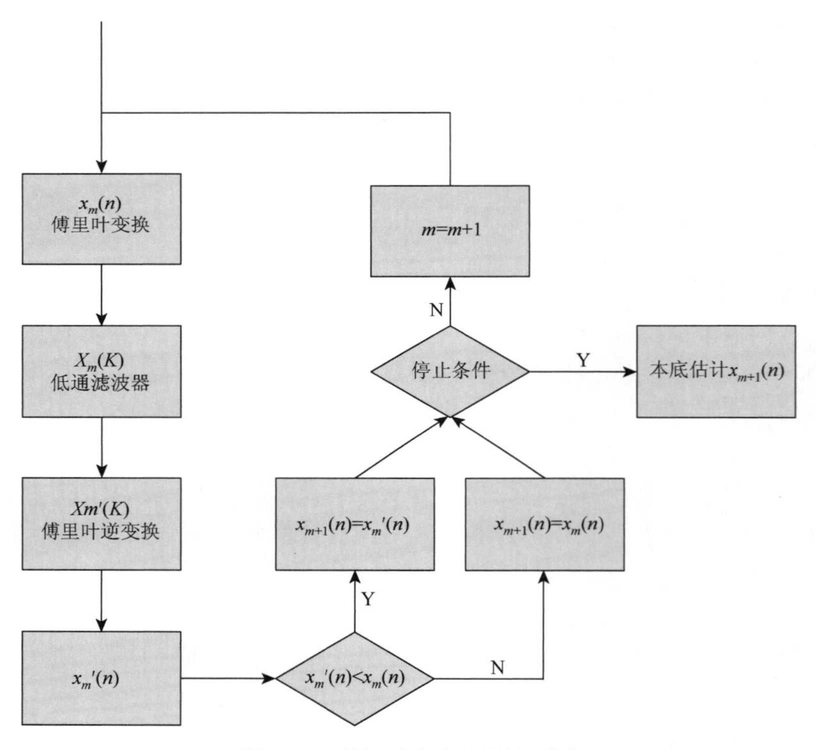

图 4-36　傅里叶本底扣除流程图

2）傅里叶本底扣除方法的效果和评价

根据以上描述的傅里叶本底扣除的基本原理和方法，在研究过程中采用 C++编写完成了相关的代码。为了检验傅里叶变换本底估计方法的准确度和有效性，采用人工构造谱线对该算法进行测试与评价。人工构成谱线包括连续散射本底和特征伽马射线全能峰两个部分，如图 4-37 所示。

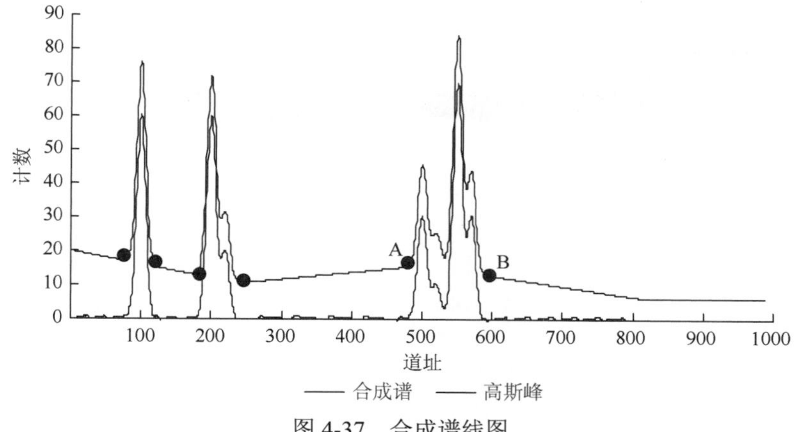

图 4-37　合成谱线图

经测试，傅里叶变换本底扣除的误差同迭代次数之间的关系如图 4-38 所示。从图中可以看出：傅里叶变换本底扣除的收敛速度较快，本底扣除迭代误差以指数衰减。傅里叶变换本底扣除误差具有收敛性，最终趋向于稳定。所以傅里叶变换本底扣除方法算法稳定，如图 4-39 所示。

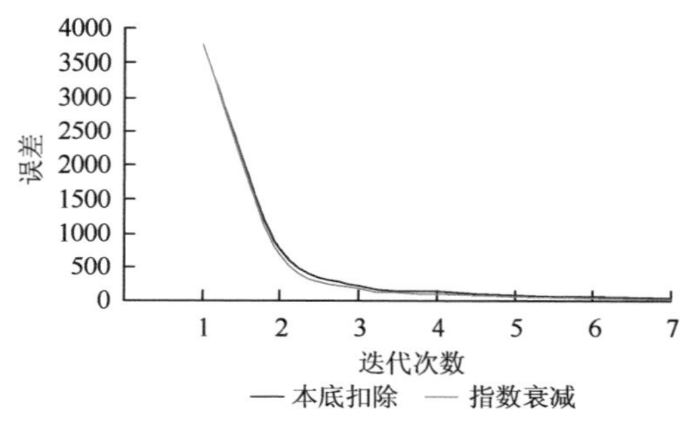

图 4-38　傅里叶变换本底扣除误差收敛图

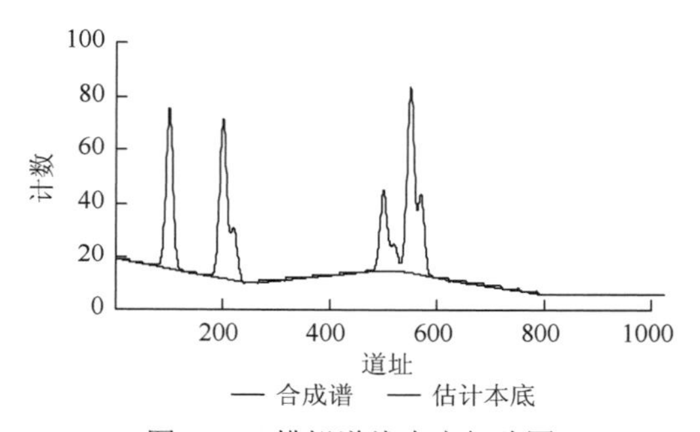

图 4-39　模拟谱线本底扣除图

傅里叶本底扣除可以有效地控制误差。图 4-40 和图 4-41 中，显示了傅里叶变换本底扣除方法估计的本底和理论本底之间的误差，其误差均在 15%以内。从误差分析上说明，傅里叶本底扣除方法可以有效地扣除本底，并且具有较高的精确度。

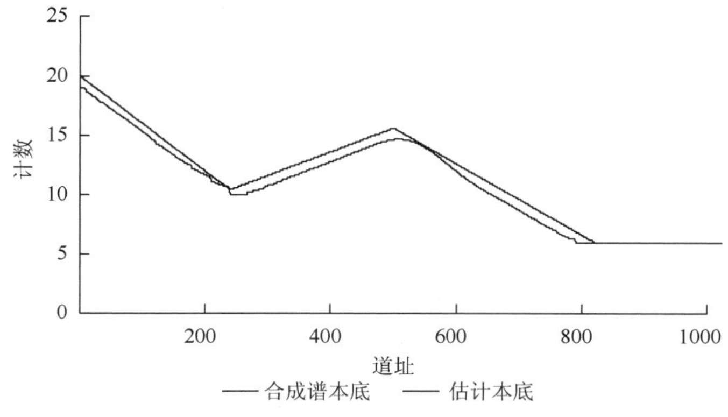

图 4-40　理论本底和实际扣除本底比较图

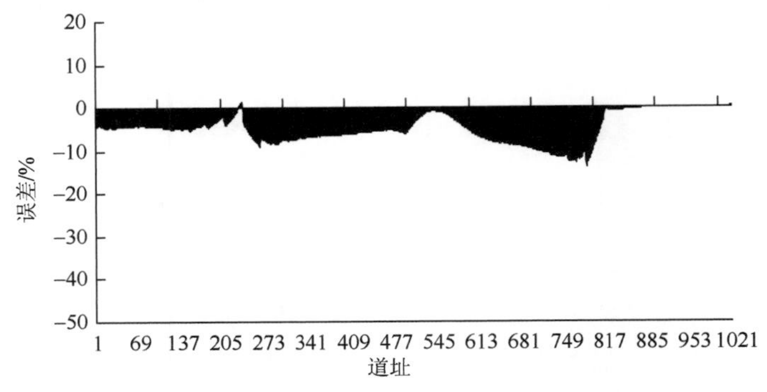

图 4-41　本底扣除误差图

对于实际测量谱线采用傅里叶变换本底扣除的方法进行本底扣除，其扣除效果图如图 4-42 所示。对于同一谱线处理结果可以看出，傅里叶变换本底逐步逼近方法能够根据测量谱线的分布特征有效地扣除本底，在扣除过程中，其参数更少，因此比 SNIP 更具有优越性（图 4-43）。

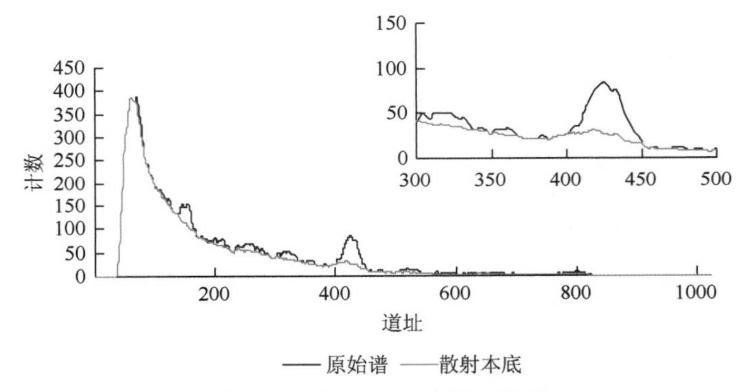

图 4-42　SNIP 方法本底扣除图

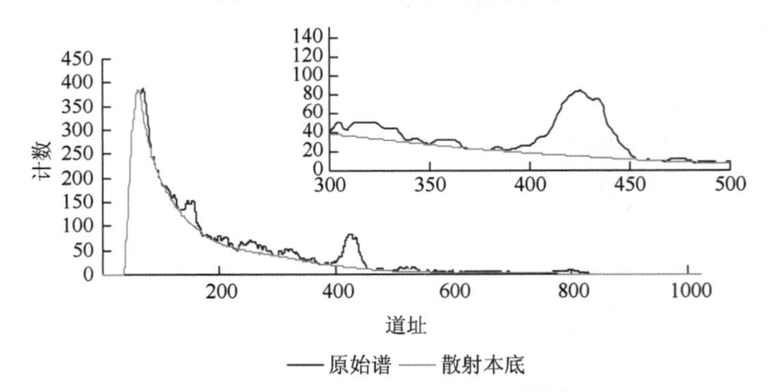

图 4-43　傅里叶变换本底逐步逼近法效果图

4.3.3　航空伽马能谱仪器谱全谱解析技术

1. 特征峰高斯拟合法

通过对谱线的扣除本底处理，得到只含有特征伽马射线峰的谱线。这里采用高斯拟合函数，对谱峰进行拟合。拟合函数表示如下[19, 20]：

$$f(i,B)=\sum_{j=0}^{n}b_j\exp\left\{-(i-b_{3j+1})^2/2b_{3j+2}\right\} \tag{4-18}$$

式中，n 为需要拟合特征峰的个数；$B=(b_0, b_1,\cdots, b_{3\times n-2})$ 为拟合峰参数矩阵，共有 $3\times n-1$ 个待定参数；i 为道址。为求得 B，按照加权的最小二乘法的要求，B 应该使式（4-19）为最小值。

$$R(B)_{\min}=\sum w_i[y_i-f(i,B)]^2 \tag{4-19}$$

式中，w_i 为 i 道得加权因子，在初次拟合中可取 $w_i=1/y_i$；y_i 为 i 道得谱线计数。式（4-19）是一个非线性最小二乘等式。根据高斯拟合方法，对单个高斯峰的拟合效果如图 4-44 所示，对多峰的拟合效果图如图 4-45 和图 4-46 所示。图中的谱峰采用高斯函数合成。

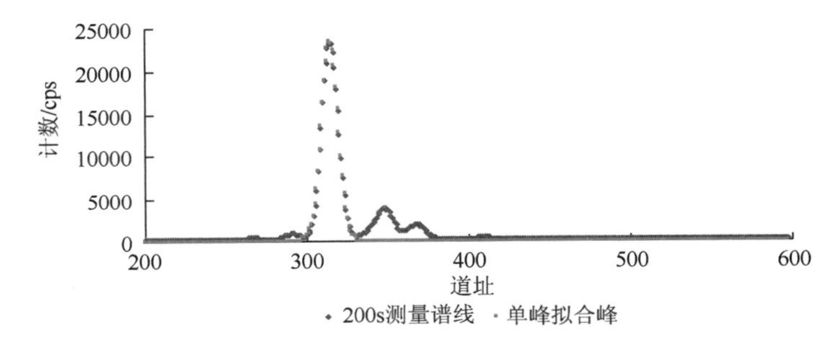

图 4-44　单峰拟合效果图

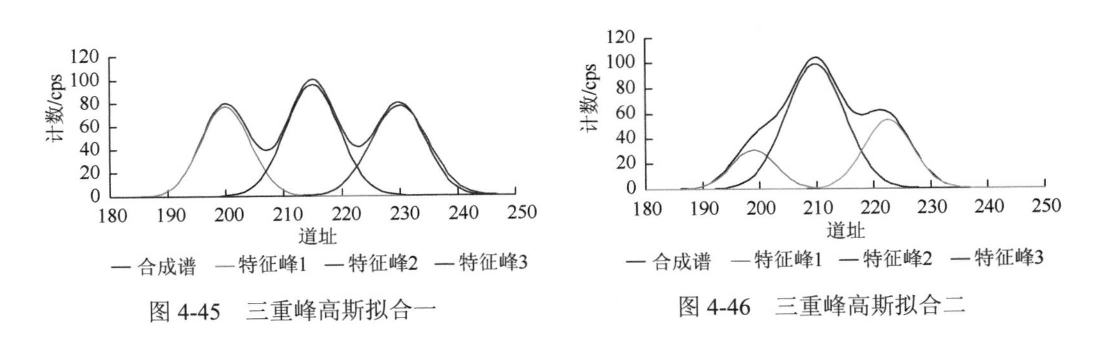

图 4-45　三重峰高斯拟合一　　图 4-46　三重峰高斯拟合二

从图 4-45、图 4-46 可以看出，采用高斯拟合的方法可以有效地分离重叠峰。根据对谱线解析结果，对图 4-45 和图 4-46 中三重峰的峰位、峰高和半高宽（FWHM）统计结果见表 4-11 和表 4-12。

表 4-11　图 4-45 中重叠峰分离效果评价

项目	峰位			峰高			半高宽		
	理论	拟合	误差/%	理论	拟合	误差/%	理论	拟合	误差/%
特征峰 1	200	199.94	−0.06	80	77.83	−2.71	10.01	10.10	0.94
特征峰 2	215	215.01	0.01	100	95.97	−4.03	10.29	10.92	6.17
特征峰 3	230	230.07	0.07	80	77.64	−2.95	10.55	11.59	9.84

表 4-12　图 4-46 中重叠峰分离效果评价

项目	峰位			峰高			半高宽		
	理论	拟合	误差/%	理论	拟合	误差/%	理论	拟合	误差/%
特征峰 1	200	198.98	−1.02	30	31.08	3.60	10.01	9.20	−8.02
特征峰 2	210	209.83	−0.17	100	99.26	−0.74	10.29	12.13	17.89
特征峰 3	222	222.52	0.52	60	54.62	−8.97	10.55	10.08	−4.47

从谱线拟合后的参数表关系可以看出，对峰位之差大于 1.5 个半高宽的合峰，可以有效地分解。其谱线拟合各项参数的误差都小于 10%。在峰位之差在 1.0 个半高宽左右，谱线可以有效地分解，但是其误差较大，其中拟合方差的误差最大为 17.89%。因此高斯拟合方法能够有效地分解重叠峰，但是其分解精度受谱线重叠峰峰位之差的影响较大。

图 4-47 是用 ^{137}Cs 源和 ^{226}Ra 源实测的 661keV 和 609keV 伽马射线仪器谱的重叠峰分解图。从分解图中可以看出，2 个全能峰已经完全分离。拟合结果中，609keV 拟合峰的半高宽为 48.852keV，而 661keV 拟合峰的半高宽为 48.982keV。根据伽马能谱仪器谱的测量形成的规律，其半高宽在较小能量范围内变化不大，而且随着能量的增大，其特征峰的半高宽增大。

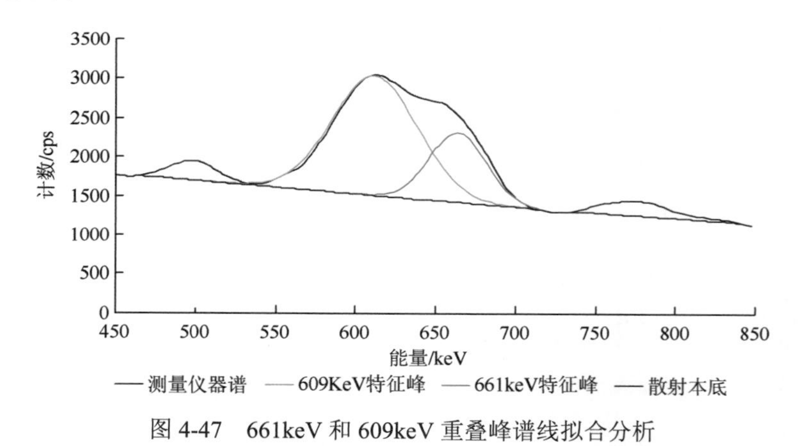

图 4-47　661keV 和 609keV 重叠峰谱线拟合分析

高斯拟合方法虽然能够分离重叠峰，但是其分析精度不高。首先，仪器谱的峰型函数不是标准的高斯形状，存在一定的误差；其次，当伽马能谱测量中，仪器发生谱漂，峰型发生剧烈变化，其拟合精度进一步降低；最后，该算法在运算过程中不稳定，在求解矩阵的时候，可能存在有奇异矩阵，不能获得逆矩阵。高斯拟合方法在伽马能谱仪刻度阶段，可以用于单峰拟合，用以确定峰型参数，如半高宽参数。

2. 极大似然估计算法[21]

极大似然估计算法近年来广泛应用在数字图像领域，是基于观测数字图像 g 的随机

特性得出的。极大似然估计算法应用于伽马能谱解析的基本思路是，设能谱的扩展函数 h 为已知，对伽马仪器谱 g 只是原始谱线的似然函数，其中分布概率函数为 $p(g|x)$，对于伽马能谱的解析，成为求出极大似然估计 $\hat{x}$ 的问题，即要求对于 $\hat{x}$，其分布概率密度函数最大，即有 $\hat{f} = \arg \mathrm{Marp}(g/x)$。

假设在能谱数据采集的过程中，受到统计涨落等方面的影响，能谱数据被污染。这种污染是随机噪声，可以近似认为服从 Possion 分布。于是，g 的分布函数可以表述为

$$p(g(y)|x) = \frac{i^g \mathrm{e}^{-i}}{g!} \tag{4-20}$$

根据极大似然估计方法，可以得到反卷积方法中应用较多的 Richardson-Lucky（R-L）反卷积迭代公式，其表达式为[2, 20]

$$x^{(n+1)}(i) = x^{(n)}(i)\sum_{y\in Y} h(y-j)\frac{g(y)}{\sum_k x(j)\mathrm{h}(j-k)} \tag{4-21}$$

下面采用人工构造谱线，从峰面积保持能力和重峰分解能力两方面对谱线解析效果进行评价。采用高斯函数构造全能峰，其中峰位分别为 40、53、76、85，半高宽（FWHM）为 13；峰高分别为 30、100、40、20。人工构造谱线如下：

$$y(i) = 30\times \mathrm{e}^{-(i-40)^2/60} + 100\times \mathrm{e}^{-(i-53)^2/60} + 40\times \mathrm{e}^{-(i-76)^2/60} + 20\times \mathrm{e}^{-(i-85)^2/60} \tag{4-22}$$

式中，i 为道址；$y(i)$为计数。构造谱线如图 4-48 所示，峰位之间的差值为 1 倍、2 倍和 2/3 倍半高宽。通过 Richardson-Lucky（R-L）反卷积迭代公式对谱线进行处理，其处理的结果如图 4-49～图 4-52 所示。

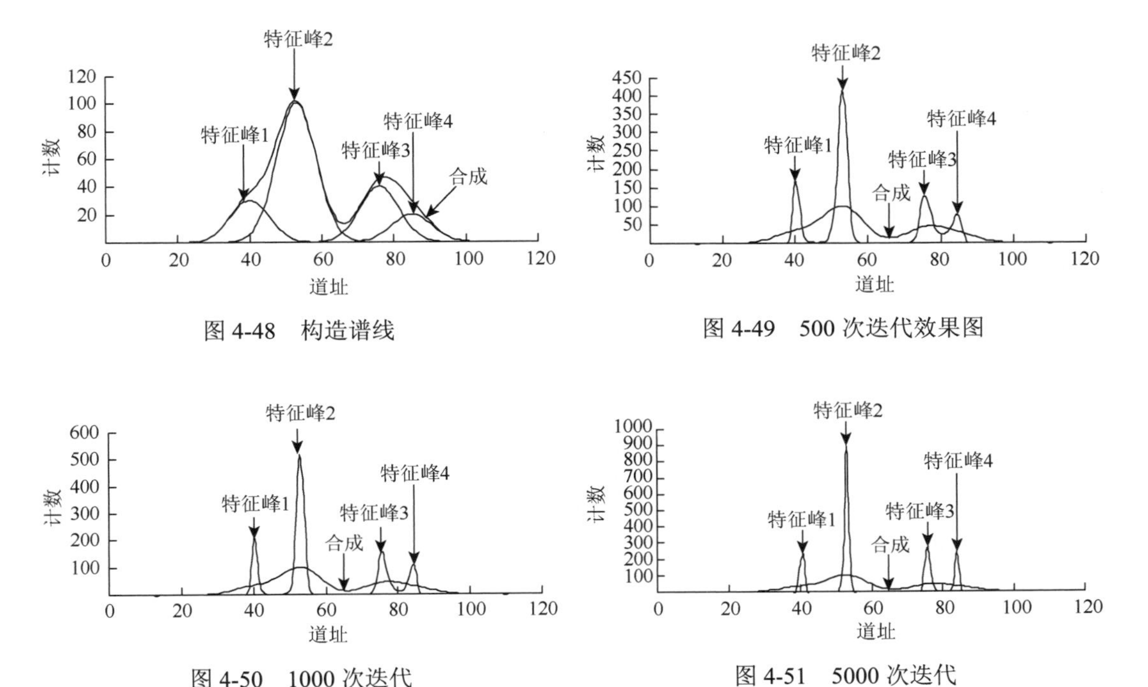

图 4-48　构造谱线

图 4-49　500 次迭代效果图

图 4-50　1000 次迭代

图 4-51　5000 次迭代

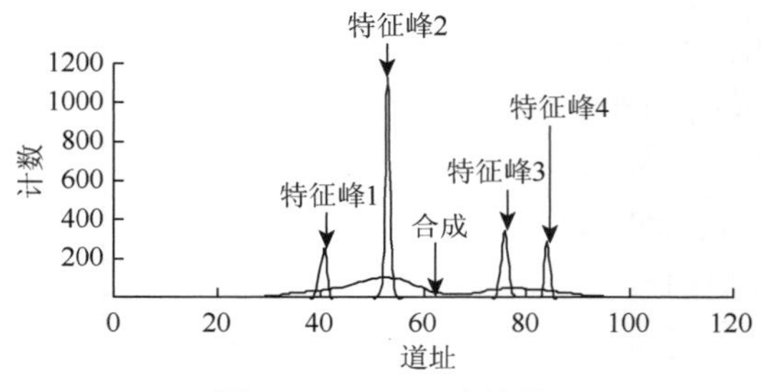

图 4-52　10000 次迭代

根据 Richardson-Lucky（R-L）反卷积迭代公式，分别采用 500 次、1000 次、5000 次、10000 次迭代，随迭代次数的增加，谱线的谱峰宽度逐渐变小，向峰位聚集。当迭代次数为 5000 次时，特征峰 3 和特征峰 4 成为独立的特征峰。迭代次数的多少，取决于需要分解特征峰峰位之间的距离（能量差）。从对构造谱线的解析可以看出，采用根据 Richardson-Lucky（R-L）反卷积迭代，可以有效分离在半高宽范围内的重叠谱峰。

对迭代的结果进行峰面积分析，计算出各次迭代的谱峰面积。峰面积的计算，采用区域面积的计算方法。同时研究峰位同迭代次数之间的关系，以迭代后谱峰最高点为峰位。从表 4-13 中可以看出，对于谱线解析以后的峰位与实际峰位误差为 1 道，可以说明对于峰位具有很好的保持能力。

表 4-13　实际峰位和迭代后峰位比较表

迭代次数	理论值	500	1000	5000	10000
特征峰 1	40	40	41	41	41
特征峰 2	53	53	53	53	53
特征峰 3	76	76	76	76	76
特征峰 4	85	84	84	84	84

考察谱线解析算法的另外一个重要指标是峰面积的保持能力。表 4-14 中列出了迭代后峰面积的变化，从表中可以看出，通过 1000 次迭代以后峰位相差为半高宽的重叠峰已经分离，峰面积误差均小于 5%。峰位相差为 2/3 半高宽的重叠峰在 5000 次迭代后完全分离，但是其峰面积误差较大；10000 次迭代后，峰面积误差均小于 10%。所以说 R-L 迭代可有效分离 2/3 个半高宽的峰位。

表 4-14　迭代后峰面积变化表

迭代次数	理论值	500	1000	5000	10000
特征峰 1（20～45）	413	413	404	413	415
误差/%	—	0.00	−2.18	0.00	0.48
特征峰 2（46～71）	1377	1308	1340	1348	1346
误差/%	—	−5.01	−2.69	−2.11	−2.25

续表

迭代次数	理论值	500	1000	5000	10000
特征峰 3（71～79）	551	524	514	499	504
误差/%	—	−4.90	−6.72	−9.44	−8.53
特征峰 4（80～90）	275	255	276	306	299
误差/%	—	−7.27	0.36	11.27	8.73

为进一步评价极大似然估计算法对谱线的解析能力与效果，对以 NaI（Tl）闪烁计数器为伽马射线探测器的实测伽马能谱进行了解析。射线源为 ^{226}Ra 标准源，能谱仪道数为 1024 道，能量为 60～3000keV，测量时间为 60s，谱仪的能量分辨率在 8%左右（对 ^{137}Cs 源放出的 661keV 伽马射线）。谱线经过降噪、扣除本底处理后，采用高斯函数构造特征峰。图 4-53 中是解析以后的谱线，谱线迭代次数为 400 次。从谱线上可以看出，在地面和航空伽马能谱测量中通常采用的 ^{40}K 放出的 1.46keV 和 ^{208}Tl 放出的 2.62keV 两条谱线已从其重叠峰中完全分离出来。但是对某些能量相近的两种伽马射线，如 ^{208}Tl 的 583keV 和 ^{214}Bi 的 609keV，在 400 次迭代下尚不能完全分开。

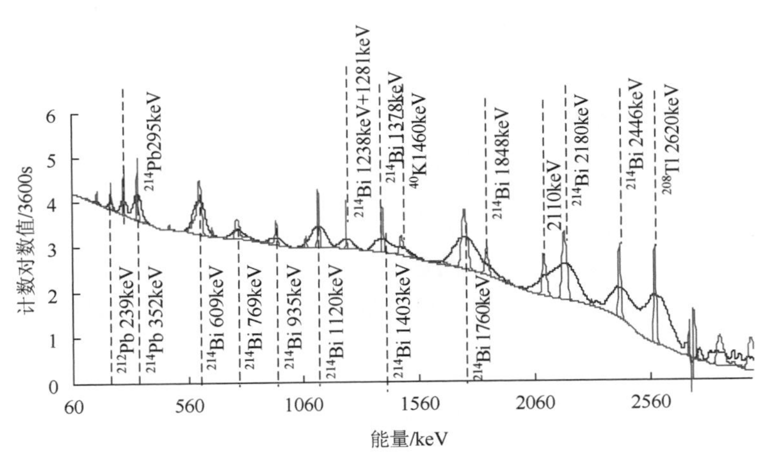

图 4-53　^{226}Ra 测量谱线解析图

3. 各种方法效果评价

在实际测量谱线中，存在统计误差和测量噪声，谱线重建更为复杂。为了检验各种算法对噪声的抑制能力和在噪声下对谱线重构的能够，将实验数据中加入噪声。其模拟谱线的构造函数为

$$y(i)=70\times \mathrm{e}^{-(i-40)^2/60}+100\times \mathrm{e}^{-(i-55)^2/60}+50\times \mathrm{e}^{-(i-7)^2/60} +40\times \mathrm{e}^{-(i-85)^2/60}+20\times \sigma(i) \tag{4-23}$$

式中，$\sigma(i)$为[0，1]随机数。由于 $\sigma(i)$在[0，1]均匀分布，所以可以认为谱线相应地增大10%，即谱线的峰高分别为 80、110、60 和 50。采用以上的谱线迭代算法分别进行 5000 次的迭代运算，对得到的峰面积和重构谱线进行比较。图 4-54 是加速 RL 迭代法[22, 23]、直接解调方法[24]、卡尔曼滤波迭代方法[3]和极大似然估计[21]（R-L 迭代）方法等解谱方法的重构谱线图，峰面积对比见表 4-15。

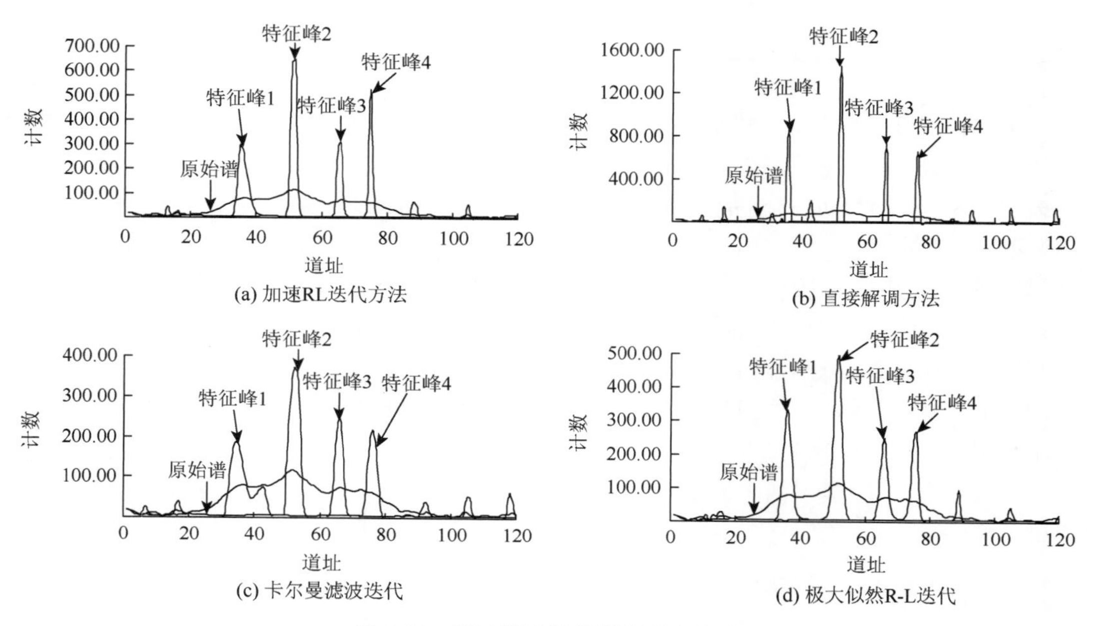

图 4-54　不同谱线解析算法噪声收敛

对含有噪声的模拟谱线的分析可以看出：算法对噪声都有一定的抑制能力，所有算法都是收敛的，没有出现迭代发散的情况。不同算法对含有噪声的谱线，解析的结果不同。其中直接迭代法和卡尔曼方法，在迭代 5000 次以后特征峰 1 和特征峰 2 出现了虚假峰的现象。

表 4-15　不同算法峰面积保持能力

特征峰	理论值	算法			
		加速 RL	直接解调	卡尔曼	R-L 迭代
特征峰 1	1098	1115	1016	1236	1102
误差/%		1.55	–7.47	12.57	0.36
特征 2	1510	1527	1525	1517	1550
误差/%		1.13	0.99	0.46	2.65
特征 3	824	712	834	771	748
误差/%		–13.59	1.21	–6.43	–9.22
特征 4	686	736	700	754	696
误差/%		7.29	2.04	9.91	1.46

从表 4-15 中可以看出，通过解谱构建以后的峰面积和原来的峰面积存在一定的误差。其中，同实际结果比较接近的为 R-L 迭代算法；而直接解调法中和卡尔曼滤波算法中，由于虚假峰的存在，特征峰 1 的峰面积受到影响，误差分别为 7.47%和 12.57%；特征峰 3 的总体偏差较大，只有直接解调法能够较好地符合，说明在各种算法对于误差存在的情况下，谱线解析的结果各有利弊。

综述各种谱线解析算法的评价，利用极大似然算法，可以得到较好的谱线解析效果，但是其迭代速度慢，适合离线处理；直接解调方法在谱线解析的峰面积保持能力比极大似然算法差，但对于峰位相差为一个半高宽的重叠峰可以进行有效的谱解析，算迭代速度快，适合在线分析。

4.4 航空伽马能谱测量大气氡校正技术

空中伽马射线除了陆地放射性核素贡献外，还包含了大气氡的贡献。大气氡伽马能谱谱线和陆地铀系伽马能谱谱线的成分大体一致，只是各能量伽马射线所占比例不同，在航空伽马能谱测量的仪器谱上很难将这两种来源的伽马谱线区分。因此，大气氡的校正技术是航空放射性测量中的难点，对大气氡的校正有助于改善航空伽马能谱测量的准确度，更准确地反映陆地来源伽马射线照射量的变化。

4.4.1 大气中氡对航空伽马能谱测量的影响

从伽马射线能谱角度，陆地铀系列放射性核素放出的天然伽马射线能谱和空气中氡及其子体放出的伽马射线能谱基本是一致的。因此，在航空伽马能谱测量中大气氡必然对铀能窗计数有贡献，从而影响对地面铀含量定量反演的准确性。

1. 地面大气氡影响实验

地面大气氡影响实验是在成都市某 11 层建筑物楼顶上进行的，楼顶距地表约 40m，附近无更高建筑。实验期间天气以阴天为主，早晨有零星小雨。实验以铅砖为屏蔽层，屏蔽楼顶建筑物材料中的天然放射性。实验装置如图 4-55 所示。在探测器底部放置 9cm 厚度铅屏蔽层，四周 4cm 厚度铅屏蔽层，并距离探测器侧表面约 6cm，探测器上方无屏蔽。伽马射线探测器为 NaI（Tl）+PMT，晶体大小为 10cm×10cm×40cm，伽马射线能谱仪为 AGS-863 航空伽马能谱仪。在伽马能谱测量中记录 0.609MeV 和 0.583MeV（低能窗）、1.46MeV（K 能窗）、1.76MeV（U 能窗）和 2.62MeV（Th 能窗）4 个能窗的伽马射线面积计数。显然，在该实验屏蔽装置下，楼顶建筑物材料中天然伽马射线均被铅层所屏蔽，伽马射线探测器记录的主要是空气中核素放出的伽马射线，以及宇宙本底射线和楼顶建筑物材料中伽马射线经空气介质散射作用所形成的散射射线。在上述 4 个能窗中，大气氡子体放出的伽马射线能量仅为 0.609MeV 和 1.76MeV，通过比较在屏蔽与未屏蔽条件下，上述 4 个能窗面积计数的变化，可粗略评估大气氡对地-空界面上天然伽马射线能谱测量结果的影响。

图 4-55　地-空界面大气氡影响实验装置

这里设计了 3 种屏蔽情况下的测量：①探测器底面 5cm 厚度铅屏蔽，四周 4cm 厚度铅砖紧贴探测器屏蔽，探测器上方对大气测量面无屏蔽；②探测器底面 9cm 厚度铅屏蔽，四周 4cm 厚度铅砖紧贴探测器屏蔽，探测器上方对大气测量面无屏蔽；③探测器底面 9cm 厚度铅屏蔽，四周 4cm 厚度铅砖未紧贴探测器表面，距离探测器表面约 6cm，探测器上方无屏蔽，见表 4-16。（注：为描述简单，在数据分析表图中各种屏蔽条件将用其编号表示）。

表 4-16　大气氡影响试验结果不同屏蔽情况下各能窗计数与环境本底的比值　单位：%

项目	低能峰	K 能窗	U 能窗	Th 能窗
屏蔽条件①	13.80	7.56	23.69	9.89
屏蔽条件②	13.67	6.20	22.82	7.25
屏蔽条件③	13.57	6.25	23.52	6.89

图 4-56 是在第 3 种屏蔽条件下与无屏蔽条件下各能窗净峰面积计数的比值百分数。K 能窗和 Th 能窗在屏蔽条件下特征峰面积计数分别减少了 93%～94%；而在相同屏蔽条件下，低能窗和铀能窗计数分别减少了 86.43%和 76.48%。由此可粗略推算大气氡伽马射线对低能窗和铀能窗计数占整个环境中计数的比例分别约为 8.8%和 18.4%。通过本试验，充分证实了大气氡对航空伽马能谱的影响是不可忽略的。

2. 空中大气氡影响试验

空中大气氡影响试验可以从本章第一节的不同高度试验结果分析得出[3]。以试验区域地表介质为探测对象，分析不同高度处 0.609MeV 和 0.583MeV（低能窗）、1.46MeV（钾能窗）、1.76MeV（铀能窗）和 2.62MeV（钍能窗）4 个能窗的伽马射线面积计数随高度变化曲线可获得试验区大气氡对航空伽马能谱测量结果的影响，图 4-57 中航空伽马能谱高度测量谱线经能量等修正后均标准化至 100s 测量时间。

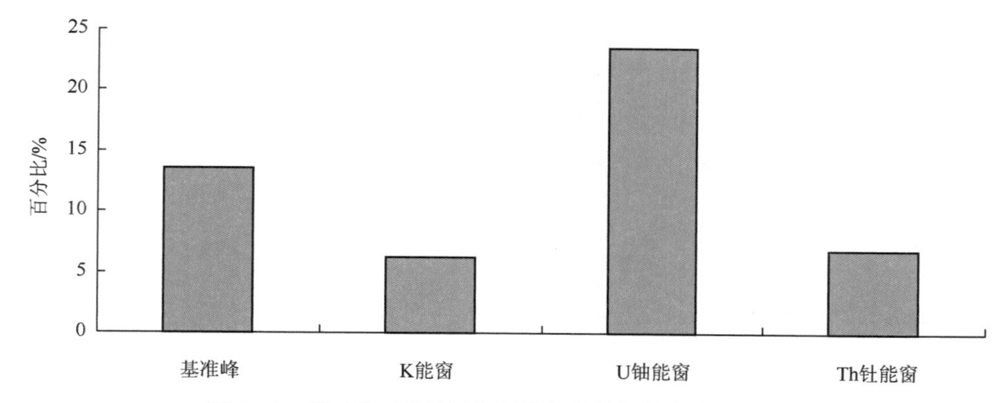

图 4-56　第三种屏蔽情况与环境本底特征峰净峰面积之比

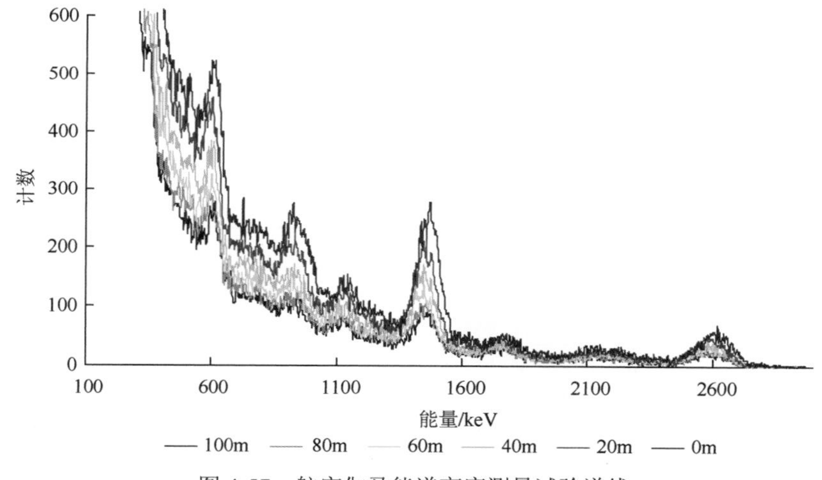

图 4-57　航空伽马能谱高度测量试验谱线

图 4-57 是在 0m、20m、40m、60m、80m 和 100m 不同高度条件下航空伽马能谱仪采集的天然伽马射线能谱。该图可以看到，空中伽马能谱计数是随测量高度增加而逐渐降低的。通过扣除散射本底，得到不同测量高度下上述各能窗面积计数，其变化曲线如图 4-58～图 4-61 所示。

从 4.1 节的论述可知，不论是从理论推导结果，还是蒙特卡罗数值模拟结果，面状辐射体上方伽马射线照射量率随高度的变化规律都可以或近似可以用指数衰减曲线来描述，某能窗伽马射线照射量率随高度增加而衰减的快慢可用高度衰减系数表示。表 4-17 给出了陆地特征射线和主要能窗通过理论数值计算、蒙特卡罗数值模拟和试验曲线拟合的高度衰减系数。

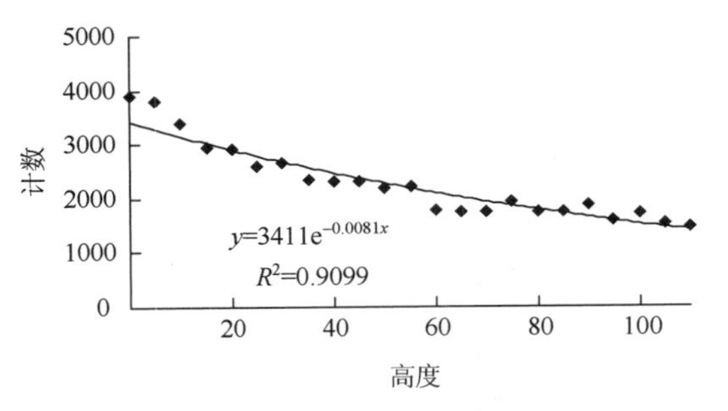

图 4-58　低能窗计数随高度增加变化趋势图

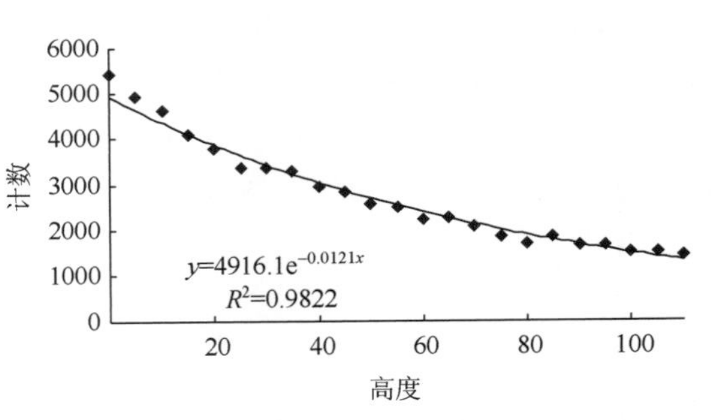

图 4-59　钾能窗计数随高度增加变化趋势图

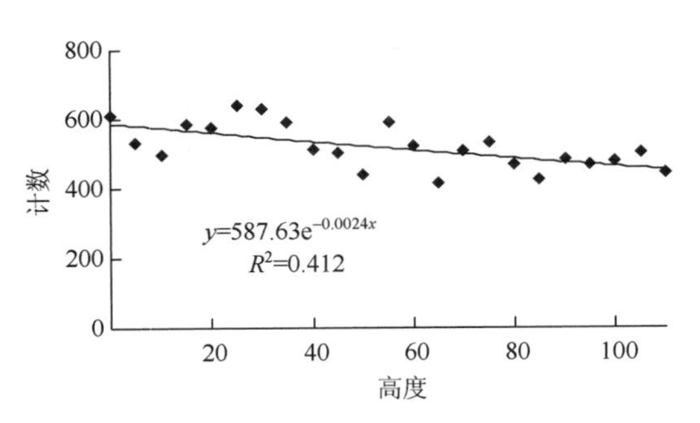

图 4-60　铀能窗计数随高度增加变化趋势图

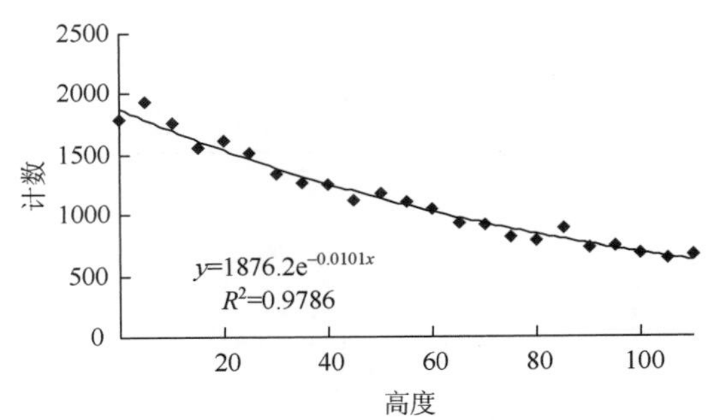

图 4-61　钍能窗计数随高度变化趋势图

表 4-17　不同能窗伽马射线高度衰减系数的理论计算结果、MC 数值模拟结果与试验结果对比

伽马射线能量（MeV）或能窗		0.583	0.609	低能窗	K 能窗	U 能窗	Th 能窗
理论计算拟合高度衰减系数	高度衰减系数	0.01810	0.01791	0.01800	0.01275	0.01192	0.01030
MC 模拟拟合高度衰减系数	高度衰减系数	0.01792	0.01766	0.01779	0.01289	0.01190	0.01029
	相对误差/%	0.973	1.412	1.167	1.138	0.168	0.078
试验拟合高度衰减系数	高度衰减系数	—	—	0.00813	0.01205	0.00238	0.01007
	相对误差/%	—	—	54.833	5.453	80.034	2.214

从理论计算和 MC 模拟结果可看出，两种分析方法拟合的高度衰减系数最大相对误差不超过 2%，主要由 MC 模拟的统计误差造成。陆地各能窗高度衰减系数的大小随伽马射线能量的增高而减小，这完全符合射线束在介质中衰减的基本规律。其中，实测钾能窗的高度衰减系数与理论计算结果的相对误差分别为 5.45%；Th 能窗的相对误差则仅有 2.21%；但是，实测参考低能窗和铀能窗的高度衰减系数则不符合射线衰减的基本规律，参考低能窗伽马射线能量为 0.609MeV 和 0.583MeV 之和，其高度衰减系数应大于 K 能窗（伽马射线能量为 1.46MeV）之高度衰减系数；而实测数据拟合表明，参考低能窗高度衰减系数 0.00813/m，却小于 K 能窗高度衰减系数 0.01800/m。同样，U 能窗伽马射线的高度衰减系数也小于钍能窗之高度衰减系数。低能窗和 U 能窗高度衰减系数的异常变化，反映了低能窗和 U 能窗的伽马射线除了陆地放射性

贡献外，还有大气氡的贡献。图 4-62 和图 4-63 分别给出了陆地放射性各能窗伽马光子注量随高度衰减的数值计算变化曲线和试验场地不同高度实测各能窗计数的相对变化曲线。显然，在实际空中伽马能谱测量过程中，由于大气氡组分的贡献，使参考低能窗和铀能窗计数的衰减速度明显降低，甚至明显低于 K 能窗和 Th 能窗计数的衰减速度。

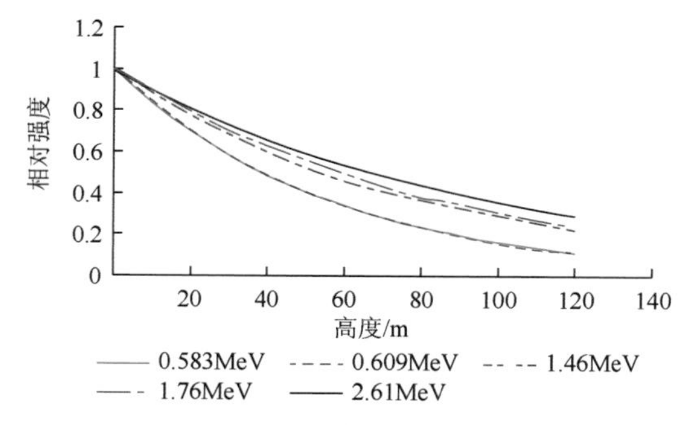

图 4-62　理论计算各能窗高度衰减曲线

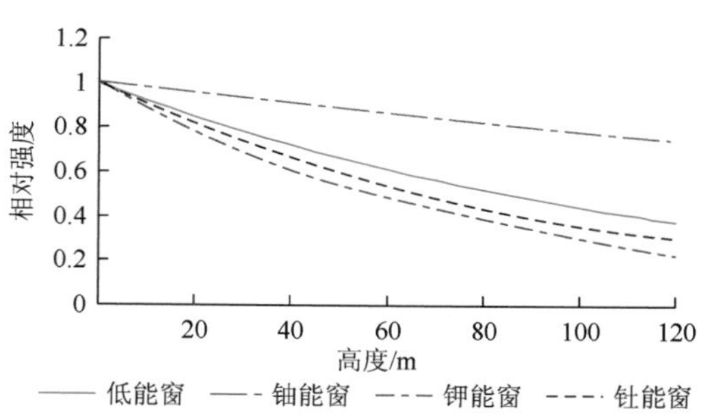

图 4-63　高度试验测量各能窗高度衰减曲线

4.4.2　谱线比大气氡校正技术

在航测大气层范围中，空气中的氡（R_n）是充分被混合的。也就是说，在航空伽马测量的范围，假设大气中的 R_n 是均匀分布的。

在航空伽马能谱测量谱数据的处理过程中，扣除仪器和飞行器、宇宙射线本底的干扰后，航空伽马能谱仪特征能窗记录的脉冲数由两部分贡献，第一是陆地和空气介质中放射性元素释放的特征能量伽马射线的贡献；第二是较高能量伽马射线在地表介质和空气介质中的散射伽马射线贡献。

在扣除散射射线的相互影响后，参考低能窗、K 能窗、U 能窗和 Th 能窗的特征峰及其与陆地 K 组分、陆地 U 组分、陆地 Th 组分和大气 Rn 组分的相关关系如图 4-64 所示。由于大气中 ^{40}K 和 ^{219}Rn（半衰期为 3.96s）的量极少，在航空伽马能谱测量的仪器谱上 K 能窗（1.46MeV）和 Th 能窗（2.62MeV）特征峰可认为是陆地 K 组分和 Th 组分引起的；仪器谱上低能窗（0.609MeV 和 0.583MeV）特征峰为陆地 U 组分、Th 组分和大气 Rn 组分三者贡献之和；仪器谱 U 能窗特征峰（1.76MeV）则可分解为由陆地 U 组分和大气 R_n 组分的双重贡献。

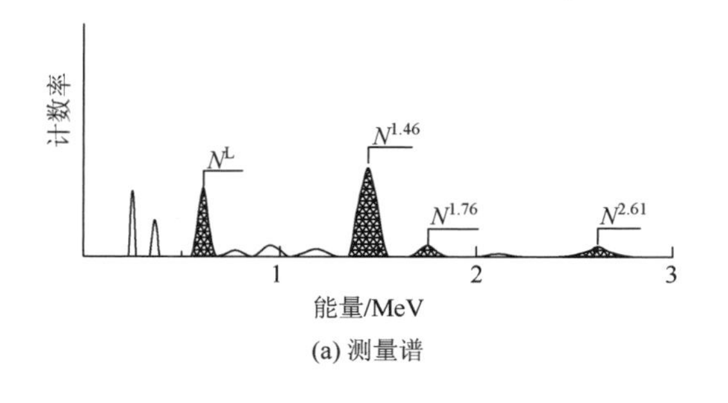

(a) 测量谱

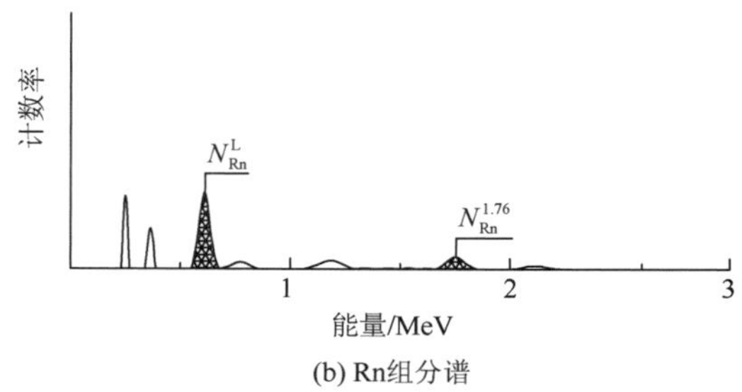

(b) Rn组分谱

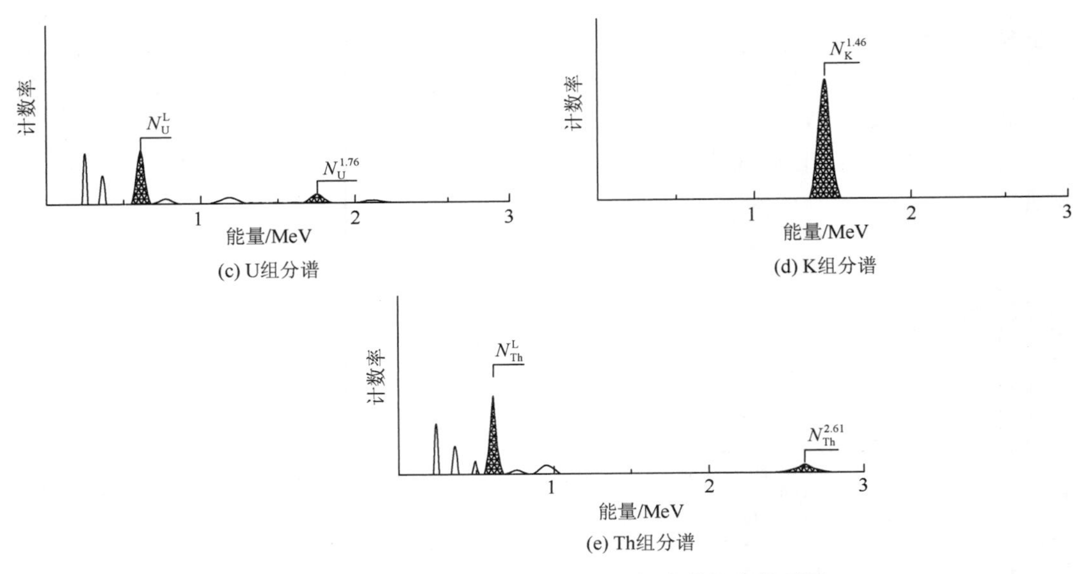

(c) U组分谱

(d) K组分谱

(e) Th组分谱

图 4-64 测量谱和 Rn、U、Th、K 组分谱能窗关系图

因此，各能窗的特征峰面积计数 N 可分别表示为

$$N^L = N_{Rn}^L + N_U^L + N_{Th}^L \tag{4-24}$$

$$N^{1.76} = N_{Rn}^{1.76} + N_U^{1.76} \tag{4-25}$$

$$N^{1.46} = N_K^{1.46} \tag{4-26}$$

$$N^{2.61} = N_{Th}^{2.61} \tag{4-27}$$

式中，N^L、$N^{1.46}$、$N^{1.76}$、$N^{2.61}$ 分别为航空伽马能谱测量仪器经本底和散射校正后的低能窗（参考峰）、K 能窗、U 能窗和 Th 能窗的特征峰面积计数；N_{Rn}^L、$N_{Rn}^{1.76}$ 为大气 Rn 组分谱在低能窗（参考峰）、U 能窗的计数；N_U^L 和 $N_{Rn}^{1.76}$ 分为陆地 U 组分的能量为 0.609MeV 伽马射线对低能窗的贡献和 U 能窗的计数；$N_K^{1.46}$ 为陆地 K 组分在 K 能窗的计数；$N_{Th}^{2.61}$ 为陆地 Th 组分和 Th 能窗的计数；N_{Th}^L 为陆地 Th 组分的能量为 0.583MeV 伽马射线对低能窗的贡献。

用各组分特征射线能窗计数与低能窗计数之比来描述航空伽马能谱测量中各组分特征射线随高度的相对变化速度，则各组分低能窗计数与特征射线能窗计数之比为

$$\frac{N_{Rn}^L}{N_{Rn}^{1.76}} = c_1, \frac{N_U^L}{N_U^{1.76}} = c_2, \frac{N_{Th}^L}{N_{Th}^{2.61}} = c_3 \tag{4-28}$$

根据式（4-24）～式（4-28），可求得陆地 U 组分在 U 能窗的计数为

$$N_U^{1.76} = \frac{N^{1.76} + \frac{c_3}{c_1} \cdot N^{2.61} - \frac{1}{c_1} \cdot N^L}{1 - \frac{c_2}{c_1}} \tag{4-29}$$

式（4-29）即是校正大气 Rn 影响后航空伽马能谱测量 U 能窗计数的基本公式。式中，c_1 为大气 Rn 组分低能窗与 U 能窗的谱线计数比值；c_2 为陆地 U 组分参考低能窗

（0.609MeV 伽马谱线）与 U 能窗谱线计数比值；c_3 为陆地钍组分参考低能窗（0.583MeV 伽马谱线）与 Th 能窗（2.62MeV 伽马谱线）的谱线计数比，均为常数，可通过模型标定或 MC 数值模拟获得；N^L、$N^{1.76}$ 和 $N^{2.61}$ 是航空伽马能谱测量仪器谱经本底和散射校正后的低能窗、U 能窗和 Th 能窗的计数。

4.4.3　谱线比系数

1. 陆地组分刻度方法

根据谱线比系数的定义，c_2、c_3 的关系式可重写为

$$c_2 = \frac{N_{\mathrm{U}}^{L}}{N_{\mathrm{U}}^{1.76}} = \frac{N_{\mathrm{U}_0}^{L}}{N_{\mathrm{U}_0}^{1.76}} \cdot \frac{\mathrm{e}^{-\mu^L H}}{\mathrm{e}^{-\mu^{1.76} H}} = A \cdot \mathrm{e}^{\left(\mu^{1.76} - \mu^L\right) H} \tag{4-30}$$

$$c_3 = \frac{N_{\mathrm{Th}}^{L}}{N_{\mathrm{Th}}^{2.61}} = \frac{N_{\mathrm{Th}_0}^{L}}{N_{\mathrm{Th}_0}^{2.61}} \cdot \frac{\mathrm{e}^{-\mu^L H}}{\mathrm{e}^{-\mu^{2.61} H}} = B \cdot \mathrm{e}^{\left(\mu^{2.61} - \mu^L\right) H} \tag{4-31}$$

式中，μ^L、$\mu^{1.76}$ 和 $\mu^{2.61}$ 分别为陆地组分低能窗、U 能窗和 Th 能窗面积计数的高度衰减系数；${N^L}_{\mathrm{U}_0}$ 和 ${N^{1.76}}_{\mathrm{U}_0}$ 为地表航空伽马能谱仪器谱上 U 组分低能窗（0.609MeV 伽马谱线）与 U 能窗的面积计数；$N_{\mathrm{Th}_0}^{L}$ 和 $N_{\mathrm{Th}_0}^{2.62}$ 为地表航空伽马能谱仪器谱上 Th 组分低能窗（0.583MeV 伽马谱线）与 Th 能窗的面积计数。由陆地 U、Th 组分校正系数 c_2、c_3 定义的关系式可得其随高度的变化曲线，如图 4-65 所示。陆地组分校正系数因此可以分为两部分别获得，即陆地 U、Th 组分低能窗与特征射线能窗地表测量计数比 A、B 和陆地组分各能窗射线的高度衰减系数。

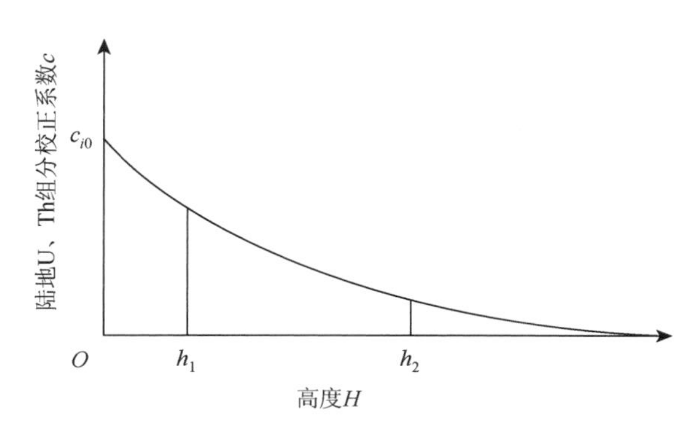

图 4-65　陆地组分校正系数与高度关系示意图

如图 4-65 所示，陆地 U、Th 组分校正系数随高度呈指数函数关系减小。图中，c_{i0} 为高度为零时地表测量校正系数（$c_{i0}=A$ 或 B）；h_1、h_2 为航空伽马能谱测量高度范围。

在实际航空伽马能谱测量中，因为 U 系组分和 Th 系组分谱线的重叠干扰，铀、钍组分低能基准峰计数 N_{U}^{L}、$N_{\mathrm{U}_0}^{L}$ 和 N_{Th}^{L}、$N_{\mathrm{Th}_0}^{L}$ 是无法通过正常测量直接得到的。因此，很难通过数值计算推算地面各组分校正系数。

解决基准峰中陆地组分 0.583MeV 和 0.609MeV 射线峰重叠是获得陆地校正系数刻度的前提条件，因此只要能够单独获得地表 U 和 Th 组分的谱线，则各组分地表测量的校正系数值 A、B 即可获得。

2. 大气氡组分校正系数的刻度方法

航空测量大气氡时，源探测器几何模型如图 4-66 所示。航空伽马能谱测量高度一般为 60～140m，即探测器下方空气厚度并未达到饱和厚度。因此，在大气 Rn 测量模型中以探测器高度为界将空气划分为两部分，探测器所测量射线计数也相应分为两部分：一部分是探测器下方为有限厚度辐射层表面伽马射线的贡献；另一部分是由无限大辐射层表面伽马射线所贡献。

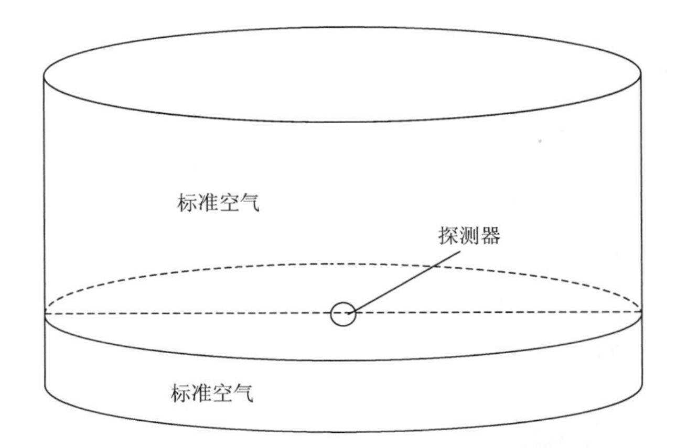

图 4-66 大气 Rn 校正系数分析物理模型

通过分析可知：大气 Rn 测量模型中探测器测量射线强度为

$$I_{\infty}=\frac{2\pi Kq\rho}{\mu_0}\left[2-\Phi(\mu_0 l)\right] \tag{4-32}$$

式中，K 为伽马常数；l 为空气厚度，单位为 cm；空气密度为 ρ，单位为 g/cm^3；空气中 Rn 元素的含量为 q，单位为 g·g；空气对伽马射线的吸收系数为 μ_0，单位为 cm^{-1}；$\Phi(\mu_0 l)$ 为金格函数[2]。

按照校正系数定义，低高能射线强度之比可得

$$c_1=\frac{I^L}{I^U}=c_{10}\cdot\frac{\left[2-\Phi\left(\mu_0^L l\right)\right]}{\left[2-\Phi\left(\mu_0^U l\right)\right]} \tag{4-33}$$

式中，c_{10} 为地表大气氡校正系数（其值与无限大辐射体中大气氡校正系数相等）；μ_0^L、μ_0^U 为空气对参考峰射线和 U 能窗射线的线衰减系数，理论计算大气 Rn 校正系数与地面初始值比值随高度变化曲线如图 4-67 所示。

从图 4-67 可以发现，在航空伽马能谱测量高度范围内，大气 Rn 校正系数约为无限大辐射层表面测量时校正系数的 1.05～1.09 倍，而在实际应用中，因为航空测量计

数统计涨落远高于大气 Rn 校正系数的变化，故一般大气 Rn 校正系数取航测高度范围平均值。

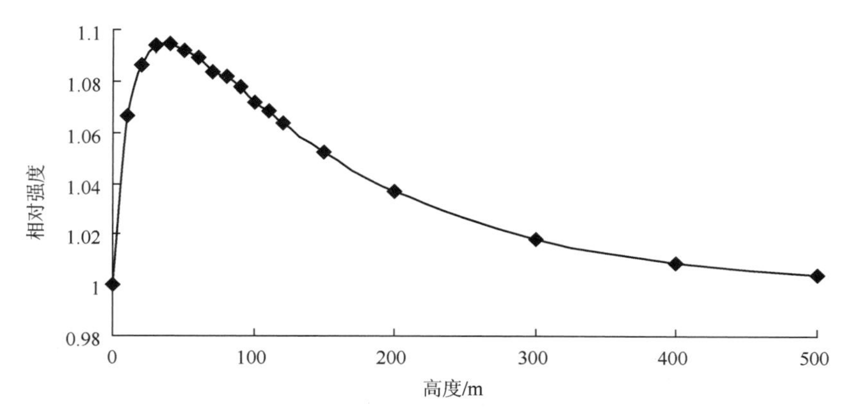

图 4-67　大气 Rn 校正系数 c_1 随高度变化理论分析曲线

在地面测量时，不考虑地面放射性核素的影响，且大气中 Rn 均匀分布，则此时大气 Rn 的测量就是对无限大辐射体表面射线强度的测量。此时，大气 Rn 校正系数 c_{10} 为

$$c_{10} = \frac{2\pi K^L q\rho}{\mu_0^L} \bigg/ \frac{2\pi K^U q\rho}{\mu_0^U} = \frac{K^L \mu_0^U}{K^U \mu_0^L} \tag{4-34}$$

式中，K^L、K^U 分别为参考峰射线和 U 能窗射线的伽马常数。

将对无限大空气表面测量 Rn 与无限大陆地（模型测量时则为混泥土）表面测量铀比较，因为两者考虑对象放射性核素 ^{214}Bi 释放的相同伽马射线，对于相同仪器与相同几何测量条件外只有无限大辐射体介质不同的区别。因此，式（4-34）陆地 U 组分校正系数可写为

$$c_2 = A\cdot e^{\left(\mu^{1.76}-\mu^L\right)H} = \left(\frac{2\pi K^L q\rho}{\mu^L} \bigg/ \frac{2\pi K^U q\rho}{\mu^U}\right)\cdot e^{\left(\mu^{1.76}-\mu^L\right)H} = \frac{K^L \mu^U}{K^U \mu^L}\cdot e^{\left(\mu^{1.76}-\mu^L\right)H} \tag{4-35}$$

式中，μ^L，μ^U 分别为土壤（或混泥土）对参考峰射线和 U 能窗射线的线衰减系数。在探测器位于地表面时，$c_{20} = A = \dfrac{K^L \mu^U}{K^U \mu^L}$。

因此，对比式（4-34）和式（4-35）地表测量大气氡组分校正系数 c_{10} 与地表测量时陆地铀组分校正系数值 A 的关系为

$$c_{10} = \frac{\mu^L \mu_0^U}{\mu^U \mu_0^L}\cdot A = k\cdot A \tag{4-36}$$

查相关资料经计算，k 取 1.01。

根据图 4-67 所示的大气 Rn 校正系数理论变化曲线。在航空伽马能谱测量高度范围内，大气 Rn 校正系数约为无限大辐射层表面测量时校正系数的 1.05～1.09 倍，本次高度实验的高度范围，取值为 1.08，则大气 Rn 校正系数为：$c_1 = 1.09 \cdot A$。

3. 校正系数的饱和基准模型刻度

校正系数的饱和基准模型刻度方法只需要对石家庄核工业航测遥感中心国家航空伽马基准模型中的 AP-B、AP-U、AP-Th 3 个模型进行测量即可对陆地组分校正系数进行刻度。饱和基准模型测量如图 4-68 所示。

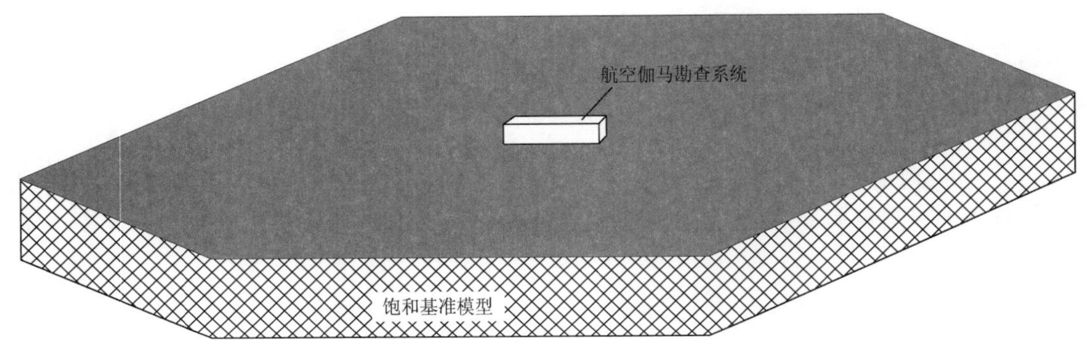

图 4-68　航空伽马饱和基准模型校正系数刻度测量示意图

测量时将伽马能谱测量系统置于饱和基准模型中心上方，依次对本底、U、Th 3 个饱和标准模型进行了测量，每个模型测量 3 组数据，测量时间为 200s。在完成测量后对本底、U、Th 3 个模型测量谱线扣除散射射线，将 U 和 Th 谱线扣除环境射线影响即得陆地 U、Th 组分参考低能窗和 U、Th 能窗计数，根据校正系数随高度变化规律、大气氡组分校正系数与陆地 U 组分校正系数关系即可获得最终陆地 U、Th 和大气 Rn 组分校正系数。各组分校正系数刻度结果见表 4-18。

表 4-18　饱和基准模型校正系数刻度结果

高度/m	c_1	c_2	c_3	高度/m	c_1	c_2	c_3
0	3.471	3.185	1.020	45	3.471	2.419	0.721
5	3.471	3.085	0.981	50	3.471	2.346	0.694
10	3.471	2.992	0.944	55	3.471	2.276	0.668
15	3.471	2.903	0.909	60	3.471	2.208	0.643
20	3.471	2.816	0.874	65	3.471	2.142	0.618
25	3.471	2.732	0.841	70	3.471	2.078	0.595
30	3.471	2.650	0.810	75	3.471	2.016	0.573
35	3.471	2.570	0.779	80	3.471	1.955	0.551
40	3.471	2.493	0.750	85	3.471	1.897	0.530

续表

高度/m	c_1	c_2	c_3	高度/m	c_1	c_2	c_3
90	3.471	1.840	0.510	110	3.471	1.629	0.437
95	3.471	1.785	0.491	115	3.471	1.580	0.421
100	3.471	1.731	0.472	120	3.471	1.533	0.405

注：使用饱和基准模型测量方法对校正系数刻度，大气 Rn 组分的校正系数为陆地 U 组分校正系数地面值的 1.09 倍。

4. 校正系数的蒙特卡罗方法刻度

蒙特卡罗方法刻度校正系数的难点是设置合适的物理几何模型和模拟抽样过程，采用 MCNP 模拟大气 Rn 校正系数 c_1 和陆地组分校正系数 c_2、c_3 的几何模型如图 4-69 和图 4-70 所示。

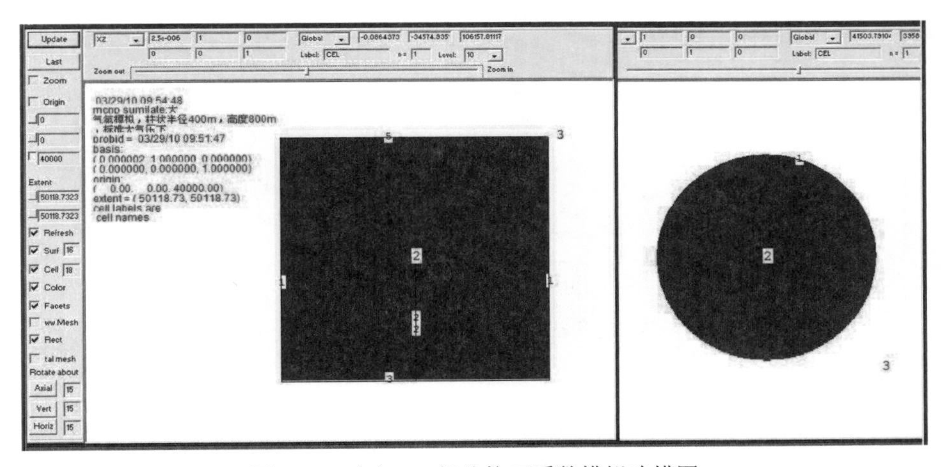

图 4-69　大气 Rn 组分校正系数模拟建模图

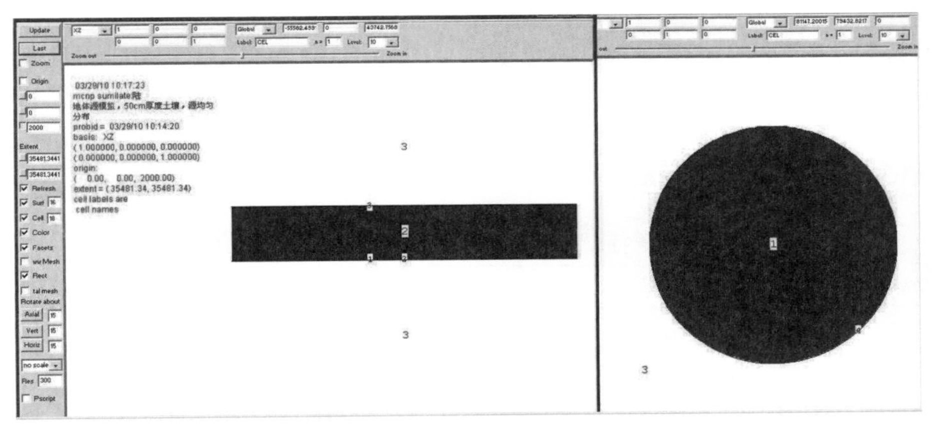

图 4-70　陆地组分校正系数模拟建模图

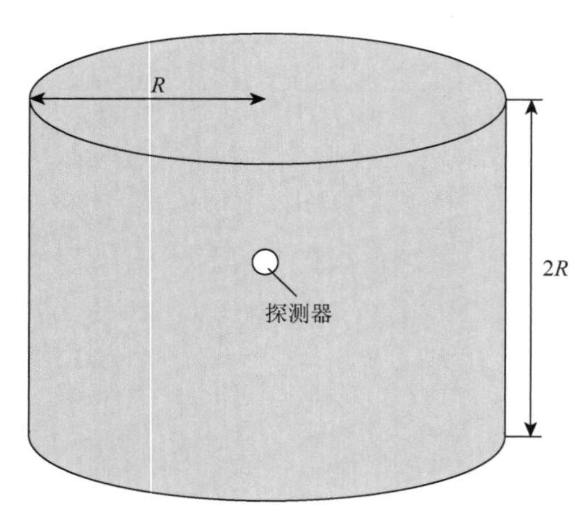

图 4-71　大气 Rn 组分校正系数模拟模型示意图

大气 Rn 组分校正系数模拟大气的形状设置为圆柱状，地面半径 R 为 400m，高度为 800m。从地面至 120m 的主要飞行高度，每隔 10m 放置一个探测器；120～200m，每隔 20m 放置一个探测器；200～400m，每隔 50m 放置一个探测器。建模结构示意图如图 4-71 所示。

陆地组分校正系数模拟的物理模型设置为一圆柱体形结构，圆柱形下部为土壤；土壤上方设置为大气。天然放射性伽马粒子均匀分布于土壤中。陆地组分伽马粒子抽样深度取 50cm。探测器放置在模型中轴线土壤上方，从 0～110m，放置间隔为 5m。建模结构示意图如图 4-72 所示。

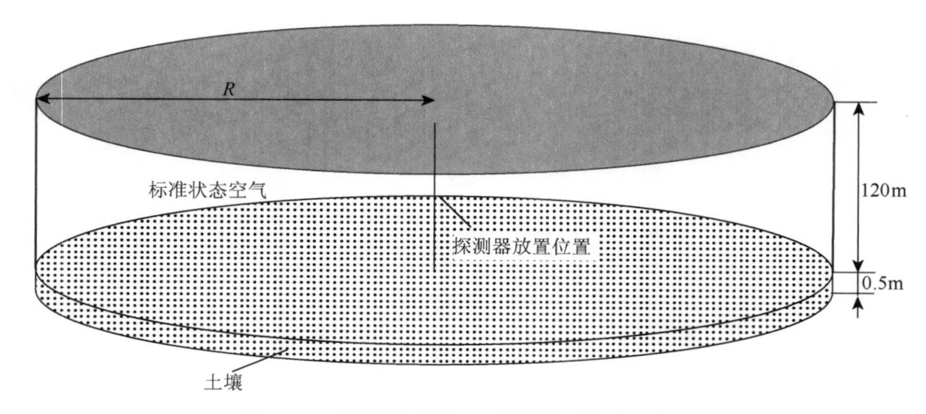

图 4-72　陆地组分校正系数模拟模型示意图

蒙特卡罗模拟大气氡组分校正系数见表 4-19。图 4-73 为蒙特卡罗模拟刻度大气氡校正系数随测量高度的变化趋势，与理论分析的变化趋势（图 4-67）一致。在蒙特卡罗大气 Rn 组分模拟刻度结果中，近地面高度模拟大气 Rn 校正系数 c_1 值在 3.441～3.613 范围内变化，与饱和基准模型刻度值非常接近。

表 4-19　蒙特卡罗模拟刻度大气氡组分校正系数 c_1 结果

高度/m	大气氡校正系数 c_1	模拟误差/%	高度/m	大气氡校正系数 c_1	模拟误差/%
0	3.257	0.017	50	3.540	0.012
10	3.360	0.077	60	3.536	0.013
20	3.628	0.014	70	3.496	0.014
30	3.606	0.016	80	3.485	0.016
40	3.613	0.021	90	3.503	0.027

续表

高度/m	大气氡校正系数 c_1	模拟误差/%	高度/m	大气氡校正系数 c_1	模拟误差/%
100	3.479	0.013	200	3.354	0.012
110	3.437	0.064	250	3.349	0.013
120	3.440	0.013	300	3.315	0.012
140	3.435	0.014	350	3.313	0.015
160	3.441	0.014	400	3.298	0.016
180	3.408	0.012			

注：表中误差为蒙特卡罗计算过程中输出的方差

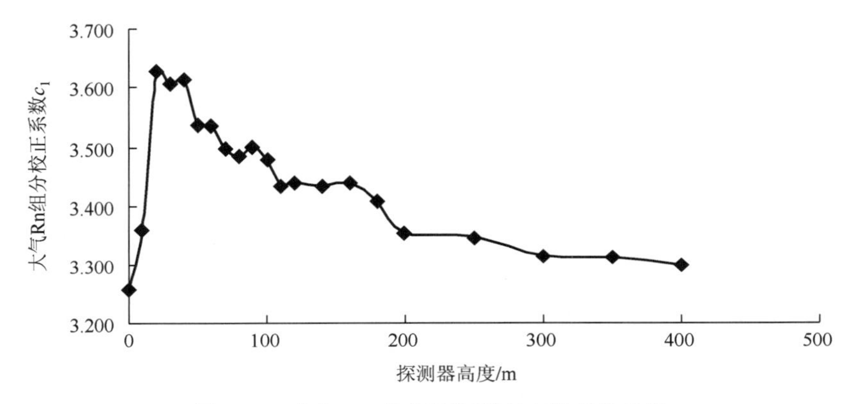

图 4-73　大气 Rn 组分随探测高度的变化曲线

蒙特卡罗模拟陆地组分校正系数见表 4-20。

表 4-20　标准大气状态的陆地 U 组分校正系数 c_2 和 Th 组分校正系数 c_3

高度/m	c_2	c_3	高度/m	c_2	c_3
0	3.094	0.917	60	2.078	0.525
5	2.995	0.866	65	2.025	0.503
10	2.834	0.800	70	1.954	0.486
15	2.753	0.759	75	1.907	0.470
20	2.654	0.725	80	1.863	0.450
25	2.573	0.696	85	1.788	0.436
30	2.478	0.665	90	1.763	0.420
35	2.400	0.630	95	1.716	0.411
40	2.329	0.615	100	1.679	0.398
45	2.237	0.587	105	1.634	0.383
50	2.197	0.562	110	1.655	0.376
55	2.134	0.542			

4.5 航空伽马能谱测量低能谱地质响应

4.5.1 地面低能伽马能谱分布同地层介质之间的关系

在 4.1 节重点讨论了不同地质体上方，空中伽马射线特征能谱的变化，本节重点讨论航空伽马测量中低能谱段的变化特征，及其地质响应问题。根据第 2 章有关天然伽马射线经过一定厚度介质后能谱成分的变化特征，伽马射线经过足够厚介质后，由于散射与光电吸收的共同作用，将达到放射性谱平衡，在低能段形成与初始射线能量无关的聚集峰（散射峰），该散射峰的幅度与峰位，主要取决于作用介质物性参数（如密度和有效原子序数）。

1. 伽马射线通过吸收介质的低能谱物理实验

1）不同谱成分伽马射线通过介质的低能谱特征[25, 26]

采用不同谱成分伽马射线通过介质之后的放射性谱平衡实验装置如图 4-74 所示。初始伽马射线采用 ^{137}Cs 放出的 0.661MeV 的单一能量伽马射线、^{226}Ra 源放出的多种能量伽马射线和实验场地的天然本底伽马射线。测量仪器采用 NaI（Tl）闪烁计数器为伽马射线探测器和 1024 道多道能谱仪，能谱分析软件为 Gennie-2000 Gamma 谱分析软件。源与探测器之间的吸收介质均采用饱和厚度的大理石，探测器四周的屏蔽材料也采用大理石，从而保证了初始伽马射线不仅与吸收介质，而且与探测器四周屏蔽材料形成放射性谱平衡的一致性。3 种不同源的初始伽马射线放射性平衡谱如图 4-75 所示。从该图可以看出，不同能量的初始伽马射线，通过饱和厚度的大理石层后，其低能谱成分基本一致，即 γ 能谱低能谱段的形状特征与初始入射伽马射线的能谱成分无关。

2）伽马射线通过不同吸收介质的低能谱特征

对能量或谱成分相同的源级伽马射线通过不同吸收介质后低能谱成分的变化，可以揭示低能谱与吸收介质之间的特征关系[25~27]。选择与天然岩石平均原子序数相近的混凝土、大理石和 Fe 等材料作为吸收介质，有关实验参数见表 4-21。

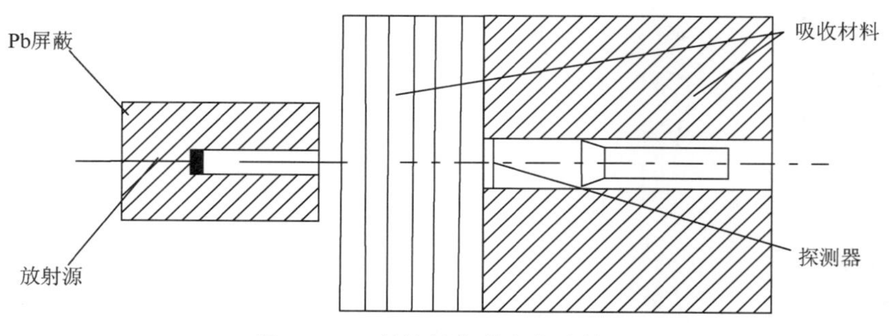

图 4-74 γ 射线低能谱段实验装置

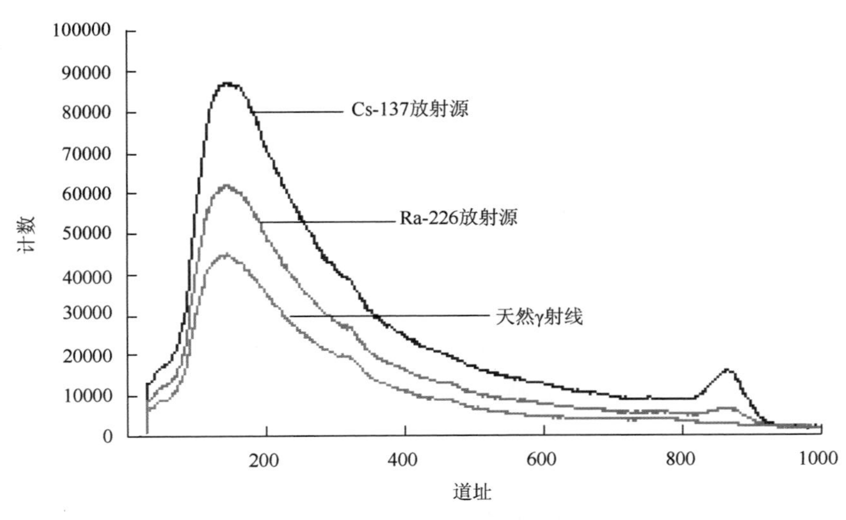

图 4-75　不同能量初始入射粒子形成的平衡谱

表 4-21　γ 能谱低能谱段室内实验吸收介质材料

材料名称	（平均）原子序数	密度/（g/cm^3）	实验厚度/cm
混凝土	12.73	2.35	16、24、33
大理石	13.5	2.7	11、16、22
Fe	26	7.87	6、9、12

吸收材料选用 40cm×40cm 规格的板材，厚度为 1～3cm。在探测器四周采用与吸收介质相同的材料作为屏蔽层，其厚度约 20cm，实验装置同图 4-74。每条谱线的测量时间均为 4000s，实验前后各测量一次本底谱线，取两次本底谱线各能道相对应的计数值的平均值作为该次测量的本底谱线。吸收材料的厚度的选择准则为：使 γ 射线到达探测器所经过路径上的总电子数相等。实际的吸收厚度是通过多次实验得到，以达到源级伽马射线通过吸收介质后达到放射性谱平衡为准。以此为依据，选择混凝土、大理石和 Fe 3 种吸收材料的厚度分别为 24cm、16cm 和 9cm，图 4-76 是以实验场地的天然伽马射线本底作为初始伽马射线源获得的 3 种不同吸收材料的天然伽马射线通过吸收介质后的低能伽马射线谱。从该图可看出，虽然初始源伽马射线谱成分

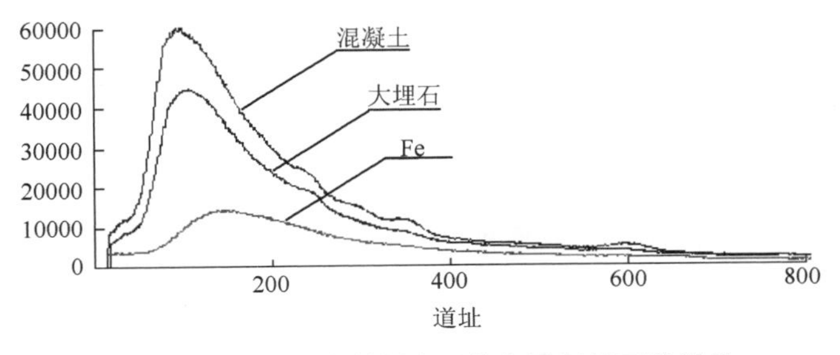

图 4-76　不同吸收材料在天然伽马射线下的谱线

相同，但通过不同吸收介质且达到放射性谱平衡后，其低能谱形状存在明显的差异。随着吸收介质的平均原子序数和密度的增大，其低能谱的峰位向高能方向偏移，且低能谱段的计数降低。

2. 伽马射线通过收介质的低能谱的数值模拟

利用蒙特卡罗通用程序 MCNP5 对伽马射线与各种材料相互作用过程进行模拟。可以获得伽马射线通过吸收介质后的低能谱，进一步揭示低能谱段的峰位、形状特征与吸收介质的原子序数和介质密度的相关性。因此，在设计模型中，分 3 种情况：①同原子序数，不同密度的吸收介质；②相同密度，不同原子序数的吸收介质；③不同岩性的岩石。

图 4-77 是蒙特卡罗模拟的几何模型。吸收介质设置为圆柱体，^{137}Cs 点状放射源和伽马射线探测置于圆柱体中心线的两端，探测器为 NaI（Tl）闪烁计数器。为便于与实测仪器谱的比较，利用 MCNP5 内部的高斯扩展函数对谱线进行高斯扩展处理。当高斯扩展函数的 3 个参数分别取 a=0、b=0.0528、c=0 时，其分辨率与 NaI（Tl）探测器的分辨率非常接近。

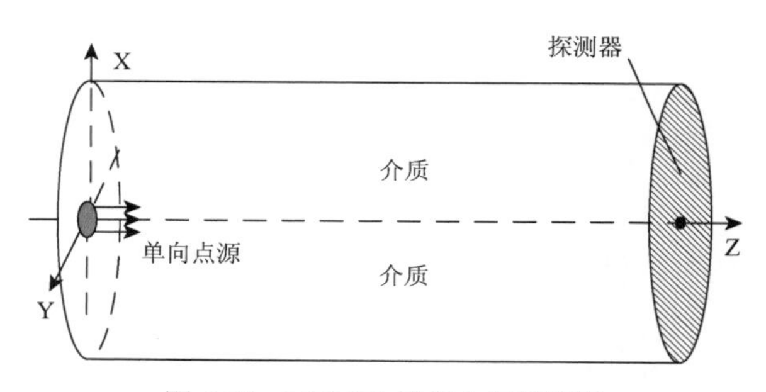

图 4-77　MCNP5 模拟几何模型图

图 4-78 是介质材料设置为相同原子序数（同一介质），不同介质密度的情况。设定介质原子序数 Z=13（Al），密度分别为：ρ=2.0、ρ=2.7 和 ρ=3.5（g/cm^3）3 种情况进行蒙特卡罗模拟。从图 4-78 看出，当介质相同、密度不同时，能量 0.25MeV 以后谱线基本重合；低能峰前端也基本重合；3 条谱线低能峰的峰位基本相同，只有低能峰的高度有差别。

图 4-79 是介质材料设置为相同介质密度，不同原子序数的情况。设定介质密度（ρ=2.7g/cm^3）相同，原子序数分别为 Z=6（C）、Z=13（Al）、Z=14（Si）、Z=16（S）、Z=26（Fe）等值进行蒙特卡罗模拟。从图 4-78 看出，介质密度相同时，低能谱段谱线在 250keV 以后基本重合；当吸收材料原子序数在 6～26 时，低能峰的峰位在 50～180keV 变化，且随着原子序数的增大逐渐增大，而低能峰的高度也逐渐下降。图 4-79 中曲线 a 反映了低能峰峰顶点随原子序数变化的规律。

图 4-80 是按照实际材料的原子序数和密度进行设置，分别对 C、Al、Si、S、Fe 5 种材料进行蒙特卡罗模拟。可以看出，图 4-79 和图 4-80 谱线基本相同，可以得出，密

度对低能峰峰位等特征基本没有影响。

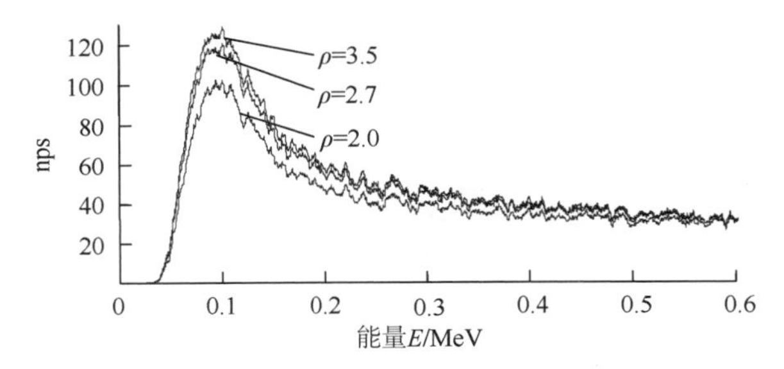

图 4-78　MCNP5 模拟光子与相同介质、不同介质密度相互作用时得到的低能谱

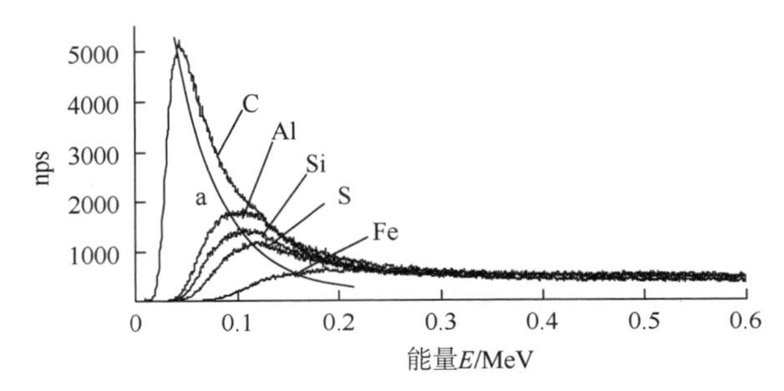

图 4-79　MCNP5 模拟相同密度不同原子序数的介质作用得到的低能谱

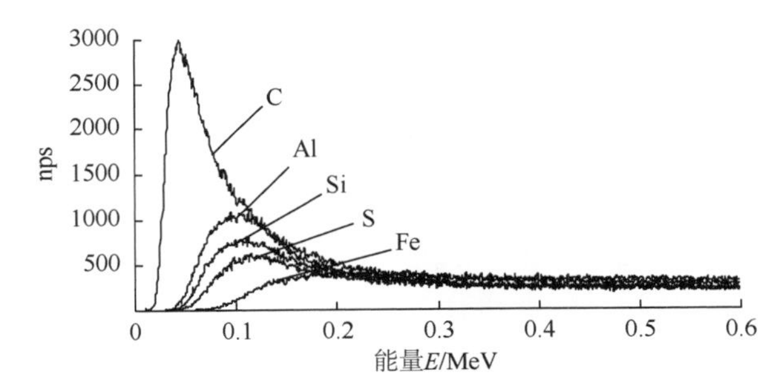

图 4-80　MCNP5 模拟光子与不同介质密度、不同原子序数的介质相互作用所得低能谱

由图 4-78、图 4-79 和图 4-80 对比可以看出，光子与各种材料介质相互作用达到“谱平衡”时所形成的低能峰分布在 250keV 以下的低能部分，低能峰的计数与介质原子序数和介质密度均有关，其中原子序数对低能峰计数影响较为显著；图 4-80 和图 4-79 可以看出，谱线特征基本相同，在对总电子数进行归一化的情况下，介质密度对低能峰几乎没有影响；由图 4-78 和图 4-79 可以看出，低能峰峰位与原子序数有关，与介质密度无关，中心峰位随原子序数的增大逐渐往高能方向偏移，低能峰计数逐渐降低（在对总光子数进行了归一化情况下）；低能峰峰位前段部分，C 与 Al、Si、S 的原子序数相差较大，峰位前端部分差别比较大，与 Fe 同样差别较大，因此原子序数对低能峰前端部分影响较大；低能峰峰位后段部分，在能量 $E>250$keV 附近时基本重合，此时与原子序数基本没有关系，由测井理论可以知道，介质密度在此能量段起显著影响。为此，为描述低

能谱特征与吸收介质密度和原子序数的关系，设置两个谱段，即：S1 谱段，能量为 0～250keV；S2 谱段，能量范围为 250～540keV。

为了定量描述有效原子序数同低能谱段分布的关系，采用同单一元素岩石相同的分析方法，对玄武岩、石灰岩、花岗岩和砂岩四种岩石进行 MC 模拟，获得 S_1/S_2 数据，见表 4-22，从分析数据看出采用 S_1/S_2 可以有效辨别出岩石有效原子序数。模拟得到的数据 S_1/S_2 同理论 S_1/S_2 数值接近，其中最大误差为–27.57%，最小误差为–1.63%。有效原子序数的确定，其公式中的参数采用 3.5，对于不同元素所选用的参数不同，因此其误差主要来源于有效原子序数的计算。根据对不同岩石的模拟结果分析表明，可以用 S_1/S_2 作为指示岩石有效原子序数的指标。

表 4-22　四种岩石的有效原子序数表

岩石种类	玄武岩	石灰岩	花岗岩	砂岩
有效原子序数	15.65	15.54	13.26	10.76
模拟 S_1/S_2	0.0615	0.0758	0.1397	0.1460
理论 S_1/S_2	0.0806	0.0827	0.1420	0.2016
误差/%	–23.64	–8.31	–1.63	–27.57

4.5.2　空气对伽马射线低能谱段的影响

根据 4.5.1 节的讨论，地表天然伽马射线低能谱段的分布同地表介质的有效原子序数和密度有关。在航空伽马能谱测量中，飞机的飞行高度在 100m 左右，也就是说探测器同地表介质之间存在 100m 的空气。空气作为一种介质，必然同伽马射线发生光电效应、康普顿散射和电子对效应等相互作用，从而进一步改变航空伽马能谱低能谱的分布。为进一步探究航空伽马测量仪器谱低能谱分布与地表介质的有效原子序数和密度的依存度怎样，下面仍然采用蒙特卡罗数值模拟方法模拟一定厚度的空气对不同岩石上空伽马射线低能谱分布的影响。

根据之前讨论的航空伽马能谱测量在飞行高度为 100m 的情况下作用半径为 400m，建立模拟模型，模型如图 4-81 所示。在探测器和地表介质之间填充标准空气，空气组成成分和密度见表 4-23。探测器分布在中心轴线上，其高度分别为 100m、90m、80m、70m、60m、50m、40m、30m、20m、10m、8m、6m、4m、2m 和 1m。模拟源粒子的抽样次数为 8×10^8 次，能谱分成 1024 道，从 10keV 到 2.8MeV 之间均匀分布，源粒子的抽样方式同单一元素相同[3]。

表 4-23　空气组成物质含量表［有效原子序数：7.638；空气密度（kg/m^3）1.293］

元素	N	O	Ar	C	H
百分含量/%	75.611	23.186	1.157	0.045	0.001
原子序数	7	8	18	6	1

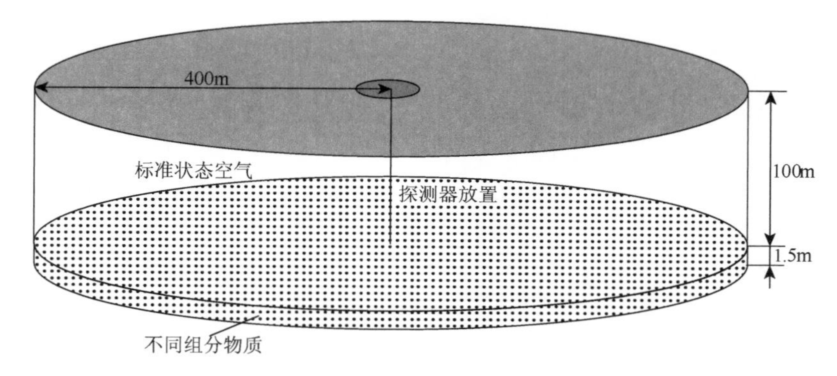

图 4-81　空气吸收模拟模型

地表伽马能谱低能谱段反映了地质体的有效原子序数。在航空伽马能谱测量中，空气的吸收减弱了伽马能谱中低能谱段同地质体有效原子序数之间的关系。为了研究空气吸收的影响，分别模拟了 Al、Si、Ca、Fe 4 种不同原子序数的单一元素岩石上空伽马能谱。图 4-82 列出了 Al 元素由本底估计办法得到低能谱分布特征。图中纵坐标是对于全谱总计数的归一化。从图中观察发现，不同原子序数介质上空，伽马射线散射峰随高度变化趋势相同，都向低能方向发生移动；介质原子序数大的物质，在通过空气散射后，谱线向低能谱段移动更加明显。为了表述两者之间的关系，通过 S_1/S_2 分析谱分布特征的变化规律。

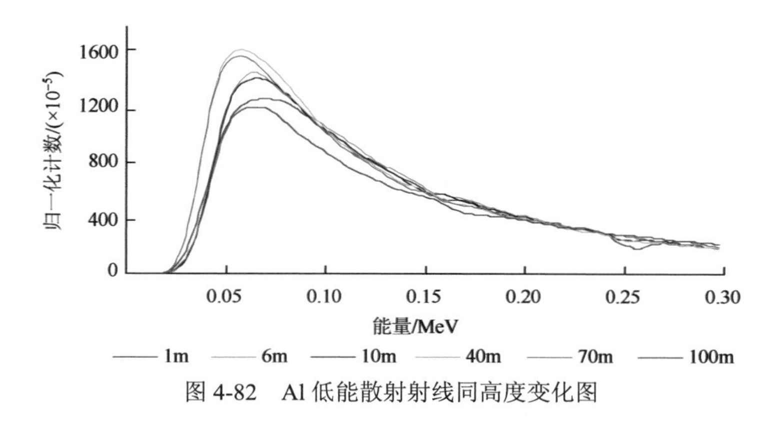

图 4-82　Al 低能散射射线同高度变化图

根据模拟得到的谱线，求出 S_1/S_2 的数值，列于表 4-24 中，根据表 4-24 作出图 4-83。从表 4-24 和图 4-83 中研究发现，随着高度的增加，单一元素地质体上空 S_1/S_2 增加；S_1/S_2 在达到 30m 后趋向稳定；单一元素介质体上空伽马能谱的 S_1/S_2 数值比地表的要大，如 Al 在地表的数字为 0.155，而在离地 1m 处的数值为 0.392，形成原因：空气的散射使射线的能量降低，而空气介质光电效应的截面较小，增加了 0～80keV 谱段的计数。

采用单一元素介质地表 S_1/S_2 数值和原子序数的拟合关系 $S_1/S_2=0.00051+3.38072e^{-0.2391Z}$ 计算不同高度情况下原子序数数值见表 4-25，表中有效原子序数明显小于实际物质的有效原子序数，主要是空气的散射对测量造成了影响。但计算得到的原子序数仍然能够反应地质体的原子序数，但是其反应灵敏度比原来降低，尤其是在高度达到 30m 以后。

表 4-24　不同物质随高度变化 S_1/S_2 比值表

高度/m	Al	Si	Ca	Fe	Cu	As	Sr	Sn
100	0.502	0.468	0.406	0.329	0.300	0.291	0.274	0.321
90	0.546	0.555	0.472	0.370	0.363	0.384	0.397	0.356
80	0.608	0.570	0.511	0.360	0.380	0.337	0.310	0.364
70	0.599	0.587	0.498	0.344	0.298	0.345	0.312	0.378
60	0.586	0.580	0.478	0.382	0.358	0.481	0.345	0.414
50	0.583	0.596	0.476	0.368	0.344	0.319	0.303	0.359
40	0.589	0.579	0.433	0.351	0.308	0.259	0.279	0.339
30	0.582	0.553	0.458	0.300	0.300	0.273	0.269	0.327
20	0.503	0.451	0.345	0.304	0.283	0.243	0.257	0.328
10	0.459	0.405	0.306	0.220	0.208	0.198	0.200	0.238
8	0.462	0.406	0.211	0.206	0.203	0.193	0.194	0.257
6	0.458	0.399	0.280	0.188	0.247	0.193	0.192	0.248
4	0.416	0.358	0.246	0.180	0.178	0.183	0.179	0.200
2	0.388	0.348	0.224	0.183	0.146	0.180	0.185	0.227
1	0.392	0.311	0.236	0.179	0.183	0.178	0.179	0.212

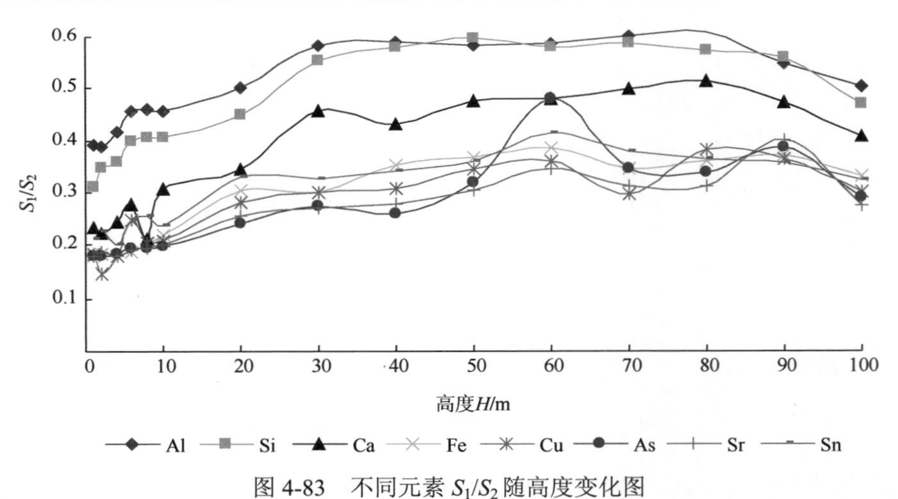

图 4-83　不同元素 S_1/S_2 随高度变化图

表 4-25　根据公式计算的有效原子序数图

高度/m	Al	Si	Ca	Fe	Cu	As	Sr	Sn
100	7.98	8.27	8.86	9.75	10.13	10.27	10.52	9.86
90	7.63	7.56	8.24	9.26	9.34	9.10	8.96	9.43
80	7.18	7.45	7.91	9.38	9.15	9.65	10.00	9.33
70	7.24	7.33	8.01	9.56	10.16	9.55	9.97	9.16
60	7.33	7.38	8.18	9.12	9.39	8.16	9.56	8.78
50	7.36	7.26	8.21	9.29	9.56	9.88	10.10	9.39

续表

高度/m	Al	Si	Ca	Fe	Cu	As	Sr	Sn
40	7.31	7.38	8.60	9.48	10.02	10.75	10.43	9.62
30	7.36	7.58	8.37	10.14	10.14	10.54	10.59	9.78
20	7.98	8.43	9.56	10.08	10.38	11.02	10.78	9.77
10	8.36	8.88	10.05	11.43	11.66	11.89	11.84	11.11
8	8.33	8.86	11.60	11.70	11.76	11.99	11.96	10.79
6	8.37	8.95	10.43	12.10	10.95	11.98	12.02	10.93
4	8.77	9.40	10.97	12.28	12.32	12.22	12.30	11.85
2	9.06	9.51	11.37	12.20	13.17	12.27	12.16	11.31
1	9.01	9.98	11.14	12.29	12.20	12.33	12.30	11.60

采用如图 4-81 所示的模型，对砂岩、花岗岩、石灰岩和玄武岩进行了模拟，对模拟得到的谱线进行 S_1/S_2 计算分析，得到的结果如表 4-26 和图 4-84 所示。对于空中伽马能谱，砂岩和花岗岩难以区分，同样石灰岩和玄武岩之间难以区分。对于砂岩和花岗岩与石灰岩和玄武岩仍然具有较好的区分度。

表 4-26　实际岩石模拟结果的 S_1/S_2

有效原子序数	岩石类型	100m	90m	80m	70m	60m	50m	40m	30m
10.76	砂岩	0.520	0.620	0.601	0.627	0.601	0.614	0.566	0.543
13.26	花岗岩	0.588	0.590	0.611	0.603	0.646	0.618	0.549	0.610
15.54	石灰岩	0.442	0.523	0.500	0.500	0.496	0.521	0.475	0.489
15.64	玄武岩	0.423	0.482	0.534	0.511	0.482	0.495	0.438	0.493
有效原子序数	岩石类型	20m	10m	8m	6m	4m	2m	1m	
10.76	砂岩	0.501	0.455	0.470	0.456	0.411	0.387	0.409	
13.26	花岗岩	0.496	0.453	0.440	0.417	0.412	0.371	0.385	
15.54	石灰岩	0.387	0.349	0.331	0.324	0.297	0.280	0.286	
15.64	玄武岩	0.391	0.335	0.326	0.315	0.334	0.263	0.272	

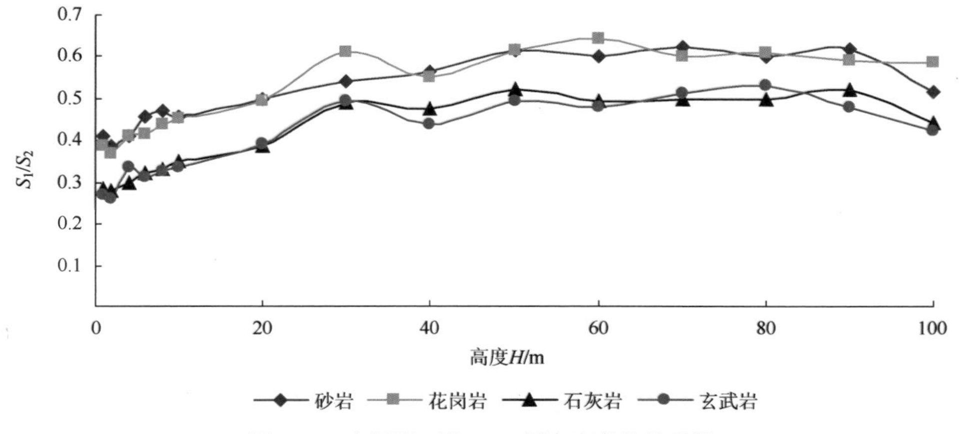

图 4-84　实际岩石的 S_1/S_2 同高度变化关系图

从单一元素和实际岩石的模拟结果说明，根据空中伽马能谱难以计算有效原子序数的定量解，尤其在高度达到 30m 以后。但从定性的角度，可以区分岩石的种类。图 4-84 中，对于花岗岩和砂岩很难区别，但是花岗岩和石灰岩、玄武岩之间能够明显地进行区分。以上只从伽马能谱分布特征的角度，对岩石种类、性质进行了区分。在野外工作中，还可以采用不同性质岩石放射性物质含量不同对岩性进行区分。采用伽马能谱分布特征和放射性物质含量的特点两者结合的办法，可以进行岩性的有效区分。

4.5.3　伽马能谱低能谱段地面应用

伽马能谱低能谱段的地面应用试验是在四川峨眉山地区龙门洞地质剖面上开展的。采用携带式伽马能谱仪，其伽马能谱探测器为 NaI（Tl）闪烁计数器。

1. 试验区地质简况

1）龙门洞剖面地理位置

峨眉山龙门洞地质剖面位于四川省峨眉山市西南约 5km 的天景乡挖断山至龙门洞地段（图 4-85）。剖面中地层沿公路及龙门河畔连续裸露，近于直立，部分地层略有倒转。剖面层序完整、沉积相标志丰富，周边交通方便。

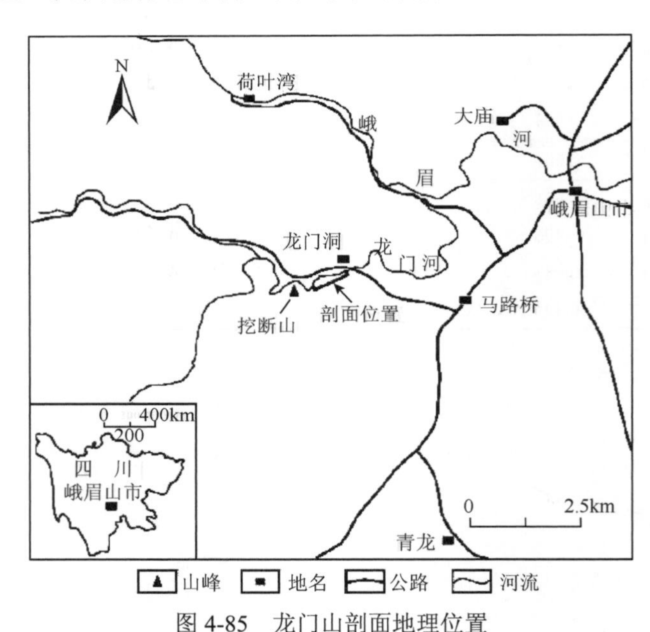

图 4-85　龙门山剖面地理位置

2）试验区主要地层岩性

剖面所在地区出露的主要地层与岩性现简述如下。

须家河组（Txj）灰、黄灰色砂岩、粉砂岩、泥岩、炭质页岩及煤层的旋回层，具多层可采煤层。底部有约 0.25m 的砾岩。可分五段，二、四段以泥岩为主，含煤；其余段砂岩为主。产双壳类、植物化石（河流、沼泽）。

雷口坡组（T1）底部为云泥岩、纹层状及中层状白云岩，中部以灰岩为主，上部为白云岩，含膏白云岩夹膏溶角砾岩，具微波状层理、斜层理、微细水平层理、鸟眼构造等，产腕足、海百合茎化石（咸化泻湖相为主）。

嘉陵江组（Tj）下部白云岩夹云泥岩，中部为灰岩及泥灰岩，上部以白云岩为主夹膏溶角砾岩及水母黏土层。具潮汐层理，渠迹，鸟眼和格子状构造等。产双壳类、腕足及遗迹化石等（海相）。

铜街子组（Tt）灰岩、砂岩、粉砂岩及泥岩的旋回层，顶部为含玉髓砾石的砂岩、粉砂岩、泥岩的旋回层。具潮汐层理，包卷层理、重荷模、干裂、波痕及缝合线等构造。产双壳类、腕足及遗迹化石等（海相、河流相）。

东川组（Td）主要由紫红色砂岩、粉砂岩及泥岩的旋回层构成。具大型板状斜层理、槽型层理、平行层理、冲刷面、波痕、干裂等构造，尚未发现化石（河流相）。

宣威组（Px）紫红、灰绿黄绿等色的砂岩、粉砂岩、泥岩及煤线旋回层。底部为玄武岩风化壳，含少量铜、铁、铝土矿等。具斜层理、冲刷面等构造。产植物化石（下部湖沼，中上部河流、沼泽相）。

峨眉山玄武岩（Pe）有微或隐晶、斜斑及杏仁状玄武岩等类别。具柱状节理。底部为厚约 1m 的铝土质黏土岩、泥岩、炭质页岩夹煤线等沉积岩，其中产植物及腕足类化石（玄武岩为陆相喷发，底部沉积岩是滨海及沼泽沉积）。

茅口组（Pm）主要为深灰色、灰色中一巨厚层状灰岩，间夹薄层泥灰岩，含燧石条带或燧石结核，灰岩中普遍含沥青质。产珊瑚、腕足、蜓及苔藓虫化石（海相）。

3）试验区主要构造

剖面所在区域的主要构造分述如下。

（1）牛背山背斜。为本区次级褶皱构造，南起慧灯寺，北到尖尖石，中南段轴向北西，北段逐渐转为北东，长约 27km。核部地层为下二叠统，两翼分别依次为上二叠统、三叠系、侏罗系。南西产状正常，倾角是 45°左右，北东翼南端倒转，为斜歪倾伏背斜，背斜轴部虽然有断层通过，但因断距较小，褶皱形态仍然保持完整。

（2）牛背山断层。发育于牛背山背斜核部，走向北西，断层南起麻柳湾，北至石店，全长约 9km，断层倾向南西，倾角较陡，在挖断山垭口，下二叠统灰岩覆盖于上二叠统峨眉山玄武岩之上，在峨高公路两河口一带，下二叠统灰岩被错断，岩石破碎，节理、劈理、构造透镜体等现象明显，为逆断层。

（3）回龙山断层。发育在牛背山背斜南西翼近核部，走向北西，断层面倾向南西，倾角为 65°。在回龙山南坡及龙门硐河谷底可以清楚地看到断层面、断层破碎带、劈理、小型构造透镜体、地层不对称重复及地层出露不全等断层证据，其性质为逆断层。

2. 野外伽马能谱测量

根据试验目的，检验是否有可能通过原位开展低能谱段测量确定地层原子序数与密度，故在龙门洞剖面上，根据控制岩性为原则部署伽马能谱测量工作，即在每种岩性上，至少设置有 3 个以上测点。在每个测点上测量时间控制为 5min。现场测量时，每个测点均采集完整的低能谱段谱线，返回实验室后再进行处理。图 4-86 为在龙门洞剖面上采集的部分岩性的代表性原始谱线。

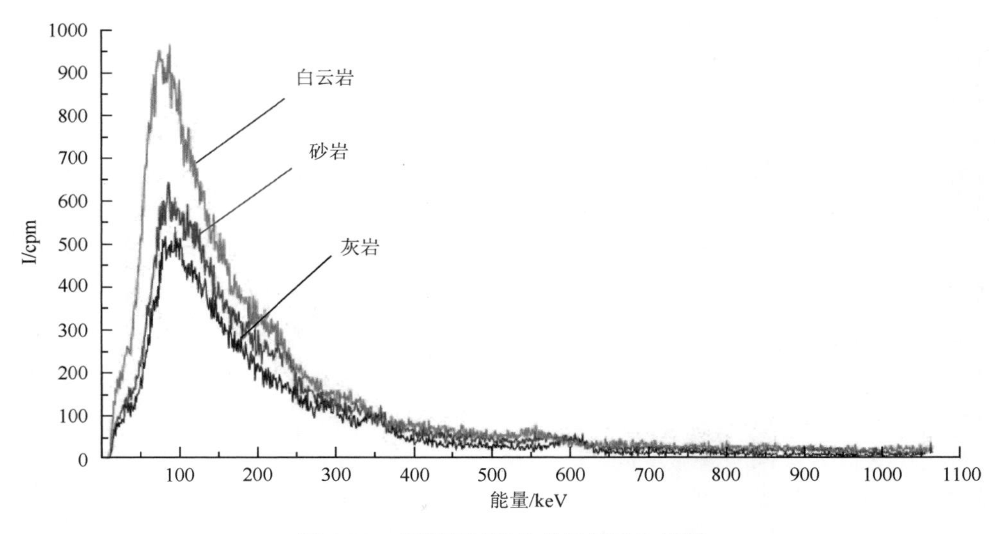

图 4-86　几种不同岩性的低能段伽马谱

3. 试验结果与分析

1）伽马能谱测量结果

根据龙门洞剖面上不同测点实测的伽马谱线，按不同能区构建探测能窗，研究其与密度、有效原子序数关系，最后得到与有效原子序数、密度关系密切的谱区（比值）为：S_1/S_2（S_1：10～80keV；S_2：80～230keV）；S_6/S_5（S_5：30～75keV；S_6：200～230keV）；见表 4-27。

表 4-27　龙门洞剖面低能伽马能谱测量数据

点号	岩性	距离/m	S_1/S_2	S_6/S_5	Zeff（测）	Zeff（理）	$\varepsilon(\rho)$/%	平均误差	ρ（测）	ρ（理）	$\varepsilon(\rho)$/%	平均误差/%
1	玄武岩	0	0.316	3.416	15.94	14.6	9.2	5.3	2.414	2.814	14.2	7.2
2	玄武岩	28	0.362	2.923	13.68	14.6	6.3		2.744	2.814	2.5	
3	玄武岩	102	0.345	3.042	14.48	14.6	8.2		2.66	2.814	5.5	
4	玄武岩	141	0.392	2.619	12.35	14.6	15.4		2.977	2.814	5.8	
5	玄武岩	166	0.344	3.096	14.52	14.6	0.5		2.622	2.814	6.8	
6	玄武岩	203	0.321	3.371	15.69	14.6	7.5		2.442	2.814	13.2	
7	玄武岩	218	0.365	2.867	13.52	14.6	7.4		2.785	2.814	1	
8	玄武岩	228	0.347	3.046	14.35	14.6	1.7		2.657	2.814	5.6	

续表

点号	岩性	距离/m	S_1/S_2	S_6/S_5	Zeff（测）	Zeff（理）	$\varepsilon(\rho)$/%	平均误差	ρ（测）	ρ（理）	$\varepsilon(\rho)$/%	平均误差/%
9	玄武岩	250	0.333	3.226	15.04	14.6	3	5.3	2.535	2.814	9.9	7.2
10	页岩	394	0.334	3.205	15.02	—	—	—	2.549	—	—	—
11	灰岩	404	0.302	3.58	16.67	15.2	9.7	9.7	2.314	2.642	12.4	7.3
12	灰岩	413	0.362	2.888	13.68	15.2	10		2.769	2.642	4.8	
13	灰岩	469	0.383	2.69	12.72	15.2	16.3		2.92	2.642	10.5	
14	灰岩	479	0.335	3.189	14.95	15.2	1.6		2.559	2.642	3.1	
15	灰岩	489	0.364	2.866	13.56	15.2	10.8		2.786	2.642	5.5	
16	玄武岩	602	0.35	3.013	14.29	14.6	2.1	2.1	2.68	2.814	4.8	4.8
17	砂岩	824	0.441	2.268	10.36	12.8	19.6	11.0	3.281	2.628	24.8	13.5
18	砂岩	829	0.388	2.658	12.49	12.8	2.4		2.945	2.628	12.1	
19	泥岩	848	0.381	2.712	12.8	—	—	—	2.903	—	—	—
20	砂岩	869	0.326	3.32	15.42	12.8	20.4	13.5	2.474	2.628	5.9	6.7
21	砂岩	907	0.363	2.915	13.63	12.8	6.5		2.75	2.628	4.6	
22	砂岩	913	0.359	2.912	13.8	12.8	7.8		2.752	2.628	4.7	
23	砂岩	925	0.391	2.64	12.37	12.8	3.4		2.96	2.628	12.6	
24	砂岩	950	0.405	2.542	11.81	12.8	7.7		3.04	2.628	15.7	
25	砂岩	1197	0.341	3.113	14.66	12.8	14.5		2.61	2.628	0.7	
26	砂岩	1230	0.335	3.191	14.98	12.8	17		2.558	2.628	2.7	
27	灰岩	1320	0.323	3.297	15.57	15.2	2.4	16.7	2.489	2.642	5.8	12.8
28	灰岩	1330	0.426	2.378	10.95	15.2	27.9		3.181	2.642	20.4	
29	灰岩	1340	0.431	2.382	10.75	15.2	29.2		3.178	2.642	20.3	
30	灰岩	1364	0.4	2.599	12.01	15.2	20.9		2.993	2.642	13.3	
31	灰岩	1388	0.319	3.364	15.8	15.2	3.9		2.446	2.642	4.4	
32	白云岩	1514	0.34	3.152	14.72	13.7	7.4	24.8	2.584	2.5	3.4	27.9
33	白云岩	1576	0.464	2.135	9.5	13.7	30.6		3.409	2.5	36.4	
34	白云岩	1598	0.456	2.194	9.82	13.7	28.3		3.352	2.5	34.1	
35	灰岩	1641	0.396	2.578	12.15	15.2	20.1	14.17	3.01	2.642	13.9	8.6
36	灰岩	1673	0.381	2.705	12.81	15.2	15.7		2.908	2.642	10.1	
37	灰岩	1873	0.352	2.994	14.14	15.2	6.7		2.693	2.642	1.9	
38	炭质页岩	1883	0.408	2.503	11.67	—	—	—	3.073	—	—	—
39	灰色砂岩	1888	0.47	2.121	9.32	12.8	27.1	—	3.423	2.628	30.2	30.2

图 4-87 与图 4-88 中展示了不同伽马能谱测量参数与密度 ρ、Zeff 的关系。

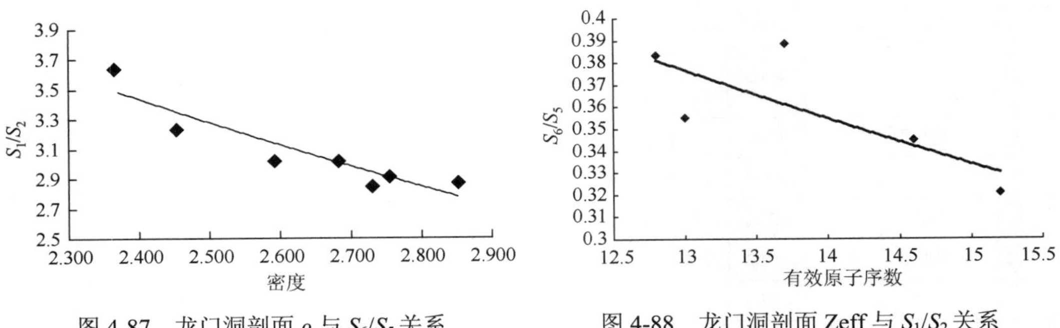

图 4-87　龙门洞剖面 ρ 与 S_6/S_5 关系　　图 4-88　龙门洞剖面 Zeff 与 S_1/S_2 关系

其中，密度与 S_6/S_5 间拟合关系为

$$y = 10.67e^{-0.4179x} \tag{4-37}$$

相关系数达到 0.9。

有效原子序数与 S_1/S_2 间拟合关系为

$$y = 0.8207e^{-0.0599x} \tag{4-38}$$

相关系数达到 0.8。

2）试验结果分析

从表 4-27 与图 4-89、图 4-90 所展示的初步试验结果可见，除白云岩外，其他地层测量的平均有效原子序数与理论值（依据岩性）误差一般小于 15%；密度平均值与理论值误差不大于 14%。实际地层不同点的有效原子序数与密度实际上是有变化的，而本次试验中由于无法考虑这种实际情况，同种岩性不同测点采用了完全相同的理论值，这也会给对比带来误差。基于此，可以认为本次试验测量结果应该是有一定准确度的。

当然，要将低能谱测量实际用于密度与有效原子序数测定还需继续做一些研究工作，一方面要解决仪器标定等方面的问题，另一方面还要寻求最佳探测窗设置方案。

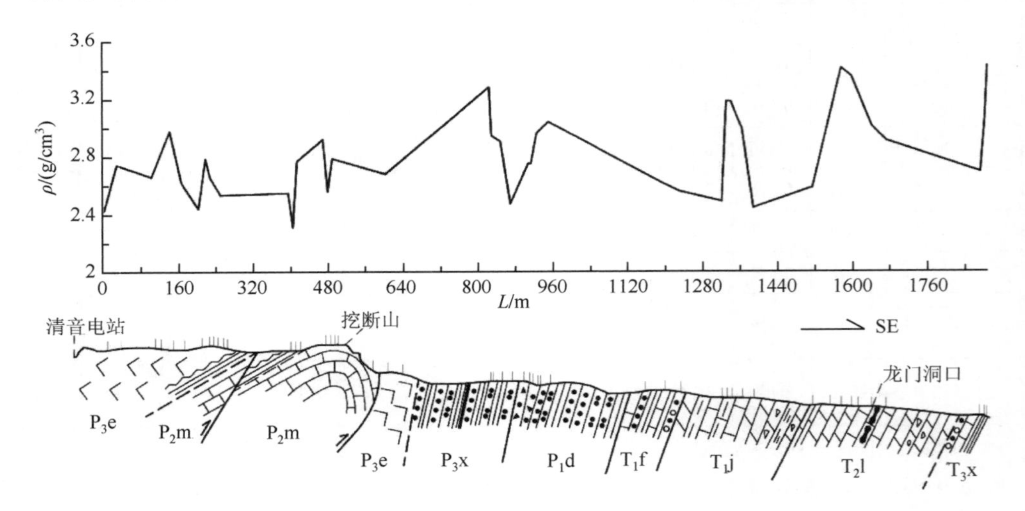

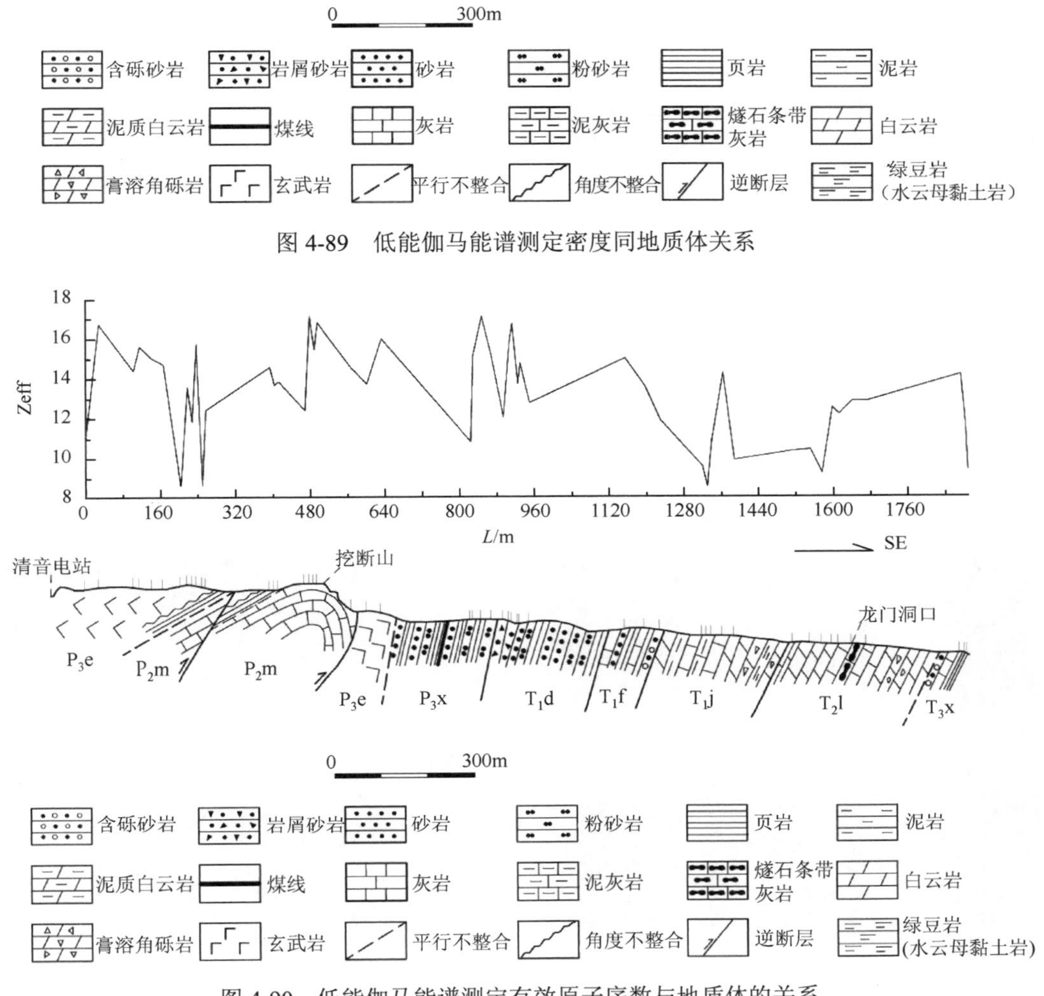

图 4-89　低能伽马能谱测定密度同地质体关系

图 4-90　低能伽马能谱测定有效原子序数与地质体的关系

4.6　航空伽马能谱仪标定技术

4.6.1　剥离系数法

对航空伽马能谱仪的标定即是确定航空伽马能谱测量中获得的仪器谱上 U、Th、K 和总道能窗计数与地表介质中 U、Th、K 和平衡 U（总道）含量之间的数量关系。国际原子能机构已建议了标定方法，如 *Method*323 文件；我国已建立了行业标准，如《ETJ1023-2005 航空伽马能谱测量规范》。在这两份规范性文件中，对航空伽马能谱测量系统的仪器和伽马射线本底、宇宙射线本底、大气氡修正、高度修正、散射射线校正等影响测量结果的各项干扰因素的修正都给出了明确的测量条件、测量方法、测量步骤和修正公式。为实现上述干扰因素的修正，要求专门建立航空伽马能谱测量的校准设施，包括海上本底校准区、航空放射性测量模型标准装置和动态校准带。其中，重要的标定步骤是散射线线的校正技术，推荐的方法是“剥离系数法”。剥离系数的确定是在航空放射性测量模型的纯 U、纯 Th、纯 K 和本底四个标准模型上。推荐的 K、U、Th、总道和宇宙道的能量窗见表 4-28，图 4-91 是我国在石家庄市建立的国家一级航空放射性测量模型标准装置，表 4-29 是标准模型的主要参数值。

表 4-28　天然放射性元素填图时的标准窗

窗名	最小能量/keV	最大能量/keV	主峰/keV	放射性核素
K	1370	1570	1460	^{40}K
U	1660	1860	1765	^{214}Bl
Th	2410	2810	2614	^{208}T1
总计数	410	2810	—	—
宇　宙	3000	∞	—	—

图 4-91　国家一级航空放射性测量模型标准装置

表 4-29　标准模型物质含量表

模型编号	推荐含量		
	K/%	U/×10^{-6}	Th/×10^{-6}
本底模型	0.22	0.6	2.09
K 模 型	6.51	1.21	2.77
U 模 型	0.25	25.18	2.21
Th 模 型	0.17	1.21	60.85
混合模型	4.28	16.67	40.91

剥离系数法是基于 K、U、Th 窗计数率（n_K，n_U和 n_{Th}）与标准模型中的 K、U 和 Th 含量（C_K，C_U和 C_{Th}）之间的线性相关性。其线性方程组为

$$\begin{cases} C_K = \Delta KK \cdot n_K + \Delta KU \cdot n_U + \Delta KTh \cdot n_{Th} \\ C_U = \Delta UK \cdot n_K + \Delta UU \cdot n_U + \Delta UTh \cdot n_{Th} \\ C_{Th} = \Delta ThK \cdot n_K + \Delta ThU \cdot n_U + \Delta ThTh \cdot n_{Th} \end{cases} \tag{4-39}$$

公式整理后得到

$$\begin{cases} C_{\mathrm{K}} / \Delta \mathrm{KK} = n_{\mathrm{K}} + (\Delta \mathrm{KU} / \Delta \mathrm{KK}) \cdot n_{\mathrm{U}} + (\Delta \mathrm{KTh} / \Delta \mathrm{KK}) \cdot n_{\mathrm{Th}} \\ C_{\mathrm{U}} / \Delta \mathrm{UU} = (\Delta \mathrm{UK} / \Delta \mathrm{UU}) \cdot n_{\mathrm{K}} + n_{\mathrm{U}} + (\Delta \mathrm{UTh} / \Delta \mathrm{UU}) \cdot n_{\mathrm{Th}} \\ C_{\mathrm{Th}} / \Delta \mathrm{ThTh} = (\Delta \mathrm{ThK} / \Delta \mathrm{ThTh}) \cdot n_{\mathrm{K}} + (\Delta \mathrm{ThU} / \Delta \mathrm{ThTh}) \cdot n_{\mathrm{U}} + n_{\mathrm{Th}} \end{cases} \tag{4-40}$$

式中，b_{K}、b_{U}和 b_{Th}是本底计数率，包括模型周围地面的放射性本底、飞机放射性本底、仪器放射性本底、宇宙本底和大气氡的贡献，方程中的（n_{K}、n_{U} 和 n_{Th}）为扣除本底计数率后的净计数率。这 3 个方程式中的 9 个“$\Delta i, j$”系数称为换算系数，分别是各标准模型上第 j 元素的单位含量在第 i 能窗的计数。6 个剥离系数分别由下列方程组给出。

$$S_{\mathrm{K,U}} = \frac{\Delta \mathrm{KU}}{\Delta \mathrm{KK}} \quad S_{\mathrm{K,Th}} = \frac{\Delta \mathrm{K\,Th}}{\Delta \mathrm{KK}}$$
$$S_{\mathrm{U,K}} = \frac{\Delta \mathrm{UK}}{\Delta \mathrm{UU}} \quad S_{\mathrm{U,Th}} = \frac{\Delta \mathrm{U\,Th}}{\Delta \mathrm{UU}}$$
$$S_{\mathrm{Th,K}} = \frac{\Delta \mathrm{Th\,K}}{\Delta \mathrm{ThTh}} \quad S_{\mathrm{Th,U}} = \frac{\Delta \mathrm{Th\,U}}{\Delta \mathrm{ThTh}} \tag{4-41}$$

于是根据 K、U、Th 和本底标准模型测定后，可以计算出 6 个标定系数和灵敏度系数（$\Delta \mathrm{KK}, \Delta \mathrm{UU}, \Delta \mathrm{ThTh}$）。当所有系数已知后，根据式（4-39）可以计算出测量含量。

4.6.2　全谱解析法

如果在航空伽马能谱仪的仪器谱上，K、U 和 Th 能窗的散射本底采用全谱解析方法扣除，则获得的各能窗净峰面积计数与各纯元素。模型中放射性元素的含量可以用下列方程组求出：

$$\begin{cases} K = a \times \mathrm{NA}_{\mathrm{K}} \\ U = b \times \mathrm{NA}_{\mathrm{U}} \\ \mathrm{Th} = c \times \mathrm{NA}_{\mathrm{Th}} \end{cases} \tag{4-42}$$

式中，K、U、Th 分别为各纯元素标准模型中 K、U、Th 的含量；a、b、c 是转换系数；NA_{K}、NA_{U}、$\mathrm{NA}_{\mathrm{Th}}$ 为通过本底扣除和谱线解析以后得到的净峰面积。对于 a、b、c 系数，可以在纯元素标准模型上测量获得。

仪器谱全谱解析的方法很多，在 4.3 节介绍了几种有效的技术。下面介绍采用 SNIP+傅里叶变换结合的谱线散射本底扣除方法进行本底扣除后，采用直接解调方法进行全谱解析的效果。

表 4-30 是 AGS-863 航空伽马能谱测量系统在石家庄国家航空放射性测量模型纯元素标准模型上通过该全谱解析方法获得的各能窗净峰面积与转换系数。图 4-92 是 AGS-863 航空伽马能谱测量系统在石家庄国家航空放射性测量模型的混合模型上实测的仪器谱与全谱解析效果图。根据表 4-30 的转换系数，在混合模型验证结果见表 4-31，该表还列出用剥离系数法的计算结果。从该表可以看出，全谱解析法与剥离系数法比较，在混合模型上获得的 K、U 和 Th 元素的准确度相当，与模型标准各元素含量的相对误差均小于 5%。

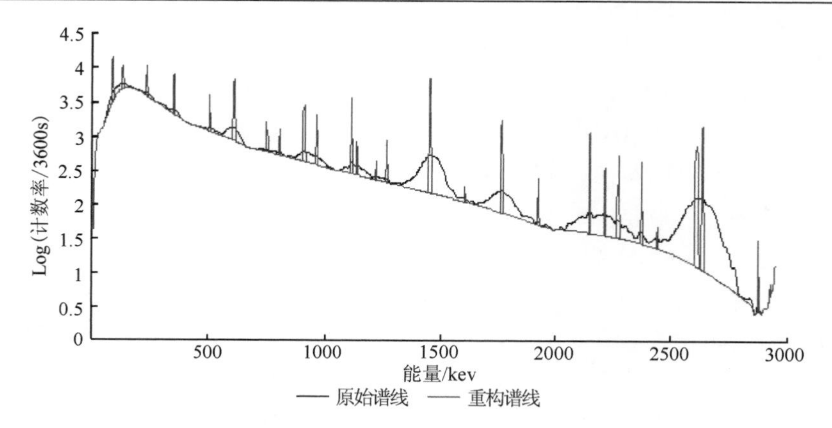

图 4-92　混合样品谱线解析图

表 4-30　航空伽马能谱仪标定峰面积和换算系数

模型	净峰面积/cps			含　量		
	K	U	Th	K/%	U/ppm	Th/ppm
K 模型	926	0	10	6.29	0.61	0.68
U 模型	0	200	0	0.03	24.58	0.12
Th 模型	0	20	348	0	0.61	58.76
换算系数	K/（%/cps）	0.0068	U/（μg/g/cps）	0.1224	Th/（μg/g/cps）	0.1686

表 4-31　航空伽马能谱仪标定混合样检验表

元素	标准含量	计算含量				
		全谱解析法	净峰面积/cps	相对误差/%	剥离系数法	相对误差/%
K（1460keV）	4.06	4.03	593.17	−0.78	4.07	0.29
U（1760keV）	16.07	15.94	130.23	−0.80	15.92	−0.92
Th（2620keV）	38.82	37.34	221.50	−3.81	38.08	−1.81

参 考 文 献

[1] 李永波. 航空γ能谱照射量率的正演问题研究. 成都：成都理工大学硕士学位论文，2009
[2] 成都地质学院三系. 放射性勘探方法. 北京：原子能出版社，1978
[3] 张庆贤. 航空γ能谱特征和仪器谱解析方法研究. 成都：成都理工大学博士学位论文，2010
[4] 谷懿. 航空伽马能谱测量大气氡校正方法研究. 成都：成都理工大学博士学位论文，2010
[5] 朱迪. 航空γ能谱测量仪器谱蒙特卡罗模拟. 成都：成都理工大学硕士学位论文，2009
[6] 张庆贤，葛良全，谷懿，等. 土壤中水分含量对铀系、钍系天然γ能谱影响的分析. 辐射防护，2009，(09)：321-326
[7] 谷懿，葛良全，张庆贤，等. 水分对伽马能谱低能散射射线影响的研究. 核电子学与探测技术，2009，(07)：914-916
[8] Hovgaard J, Grasty R L. Reducing statistical noise in airborne gammaray data through spectral component analysis. In: A. G. Gubins. Proceedings of Exploration 97：Fourth Decennial International Conference on M ineral Exploration. Toronto：Prospectors and Developers Associat ion of Canada，1997：753-764
[9] 杨佳，葛良全，熊盛青. NASVD 方法在 CE1-GRS 谱线分析中的应用研究. 核电子学与探测技术，2010，(01)：145-150
[10] 杨佳，葛良全，张庆贤，等. NASVD 方法在航空伽马能谱数据降噪中的应用. 铀矿地质，2010，(02)：108-114
[11] 杨佳，葛良全，熊盛青. 基于奇异值分解方法的嫦娥一号γ射线谱仪谱线定性分析. 原子能科学技术，2010，(03)：348-353

[12] 杨佳，葛良全，熊盛青，等. 利用 CE1-GRS 数据分析月表钍元素分布特征. 核电子学与探测技术，2010，(04)：581-584

[13] 罗耀耀，葛良全，熊超，等. 小波阈 Wiener 滤波器在航空伽马能谱降噪中的应用. 核技术，2010，35（10）：755-758

[14] 罗耀耀. 航空伽马能谱稳谱技术研究. 成都：成都理工大学博士学位论文，2013

[15] 刘明才. 小波分析及其应用. 北京：清华大学出版社，2005

[16] 张庆贤. 手提式 X 荧光解谱技术研究及实现. 成都：成都理工大学硕士学位论文，2006

[17] Qingxian Zhang，Liangquan Ge. Background estimation based on Fourier Transform in the energy-dispersive X-ray fluorescence analysis. X-Ray Spectrom，2012，41（2）：75-79

[18] 张庆贤，葛良全，曾国强. 基于傅里叶变换的 NaI（Tl）仪器谱散射本底估计方法. 原子能科学技术，2010，45（10）：1258-1261

[19] 复旦大学，清华大学，北京大学. 原子核物理实验方法. 北京：原子能出版社，1981

[20] 庞巨丰. 能谱数据分析. 西安：陕西科学技术出版社，1990

[21] 张庆贤，葛良全，谷懿. 基于极大似然估计的 NaI（Tl）晶体仪器谱解析方法研究. 核技术，2011，34（8）：569-574

[22] Beach S M，DeWerd L A. Deconvolution and reconstruction techniques of closely spaced：low-energy spectra from high-purity germanium spectrometry. Nuclear Instruments and Methods in Physics Research A，2007，572：794-803

[23] Sükösd Cs，Galster W，Licot L，et al. Spectrum unfolding in high energy gamma-ray detection with scintillation detectors. Nuclear instruments and Methods in Physics Research A，1995，355：552-558

[24] 艾宪文. 碲锌镉探测器性能分析及其 γ 谱解析方法研究. 北京：清华大学博士学位论文，2005

[25] 胡秋敏. 航空伽马能谱低能谱段反演研究. 成都：成都理工大学硕士学位论文，2010

[26] 陈明驰. 航空 γ 能谱低能谱段规律及应用研究. 成都：成都理工大学硕士学位论文，2009

[27] 马永红. 航空能谱测量低能谱段地质响应研究. 成都：成都理工大学博士学位论文，2012

第5章　航空伽马能谱测量数据处理与解释技术

5.1　航空伽马能谱测量数据处理方法

应用航空放射性测量方法直接寻找花岗岩型铀矿床、变质岩型铀矿床，已取得显著的成果。而对于目前我国重点探寻的砂岩铀矿来说，由于其绝大多数情况下为隐伏铀矿床，放射性异常通常很微弱，一般仅有相对于背景场20%左右的变化，并且它是叠加在复杂背景之上的，常常被无意义的异常所覆盖，识别这类异常较为困难。加之航空放射性测量受岩石类型、土壤类型、土壤湿度、植被覆盖、水体、测量条件等诸多测量因素的影响，使测量目标物异常反映降低，而且航空放射性测量具有一定的高度，测量具有边界效应，可能会因目标物太小而使异常淹没和遗漏[1, 2]。因此，必须采用一些行之有效的多元统计方法及降噪技术，对高精度航空放射性测量获取的资料进行处理，有效消除复杂背景场的干扰，并从中提取更多的反映成矿地质环境信息的微弱异常，特别是直接提取到砂岩型铀矿在地表显示的微弱异常。

伽马能谱测量获取的是"放射性元素信息"，本质上是一种采用核地球物理技术获取地球化学信息的测量方法，因此对于得到的伽马能谱测量数据可以应用化探的方法进行处理。地球化学背景值与异常下限的确定是勘查地球化学的一个基本问题，它是勘查地球化学用于矿产勘查时决定成败的一个关键性环节。勘查区内某元素浓度的正常系列，叫做该元素的背景含量。正常背景含量的上限称异常下限。它对每个元素、每一种岩石类型和每一个地区来讲，同背景一样，是变化的。而高于下限值的数值是异常值，异常是相对偏离正常状态而言的。传统的异常下限计算方法是以化探数据服从正态或对数正态分布为假设前提，一般采用平均值（或几何平均值、众值或中位数）作为地球化学背景值，以背景值加几倍的标准偏差作为异常下限值，强调了元素含量值的频率分布。当对化探分析数据作统计直方图后，发现不服从正态分布时则采用了一些转换方法，如对数转换、广义幂变换及二步转换等方法使转换后数据接近正态分布，而后确定背景与异常或作其他统计处理[3]。还有一些更为复杂的异常下限计算方法，如趋势面法、移动平均值法、多元回归法、稳健多元线性回归分析法、克立格法（Kriging），马氏距离判别法等[4]。总之，如今背景与异常的确定已不再停留在背景加几倍方差简单的计算方法上，而是出现了多种多样的计算方法。它对区域化探与矿区化探背景与异常的确定提供了良好的统计计算依据，而且其应用的效果也大有改善。

本章将根据航空伽马能谱测量数据处理的需要，讨论常用的多元统计处理方法及弱信息提取技术。

5.1.1　方差分析

方差分析是对两个及两个以上的样本均值进行是否相等的检验的方法，主要研究变量分布的离散属性及其来源。因此，对不同地区的伽马能谱测量数据的背景值进行比对，某区域的测量结果是否显著偏离背景值等问题判别时，方差分析都可以给出在某个置信概率下的评定结果。

一个复杂的事物，其中往往有许多因素互相制约又互相依存。方差分析的目的是通过数据分析找出对该事物有显著影响的因素，各因素之间的交互作用，以及显著影响因素的最佳水平等。方差分析是在可比较的样本数组中，把数据间的总的“变差”按各指定的变差来源进行分解的一种技术。对变差的度量，采用离差平方和。方差分析方法就是从总离差平方和分解出可追溯到指定来源的部分离差平方和。

1. 单因子方差分析

方差分析的目的是检验因变量 y 与自变量 x 是否独立，而实现这个目的的手段是通过方差的比较。对样本组数为 m，总数为 n 的样本数据，可以建立样本数据的方差分析恒等式[5,6]。

总变差平方和（SST）=组间变差平方和（SSR）+组内变差平方和（SSE）　(5-1)

式中，

$$\mathrm{SST}=\sum_{i=1}^{m}\sum_{j=1}^{n_i}(y_{ij}-\overline{y})^2$$

$$\mathrm{SSR}=\sum_{i=1}^{m}\sum_{j=1}^{n_i}(\overline{y}_i-\overline{y})^2=\sum_{i=1}^{m}n_i(\overline{y}_i-\overline{y})^2$$

$$\mathrm{SSE}=\sum_{i=1}^{m}\sum_{j=1}^{n_i}(y_{ij}-\overline{y}_i)^2$$

而式（5-1）中的样本平均数定义为

$$\overline{y}=\frac{\sum_{i=1}^{m}n_i\overline{y}_i}{\sum_{i=1}^{m}n_i}=\frac{1}{n}\sum_{i=1}^{m}\sum_{j=1}^{n_i}y_{ij}$$

$$\overline{y}_i=\frac{1}{n}\sum_{j=1}^{n_i}y_{ij}$$

在 m 组等精度放射性测量数据中，观察值之间的差异来自于两个方面：一是组间变异，即不同的测量组之间有差异；二是组内变异，即在同一个测量组内，测量值之间也有不同。现在的问题是：不同组之间的变异是由于其均值确实不同造成的，还是属于机会变异（不同组间的均值其实是相同的）。

为回答这个问题，我们建立下面的假设。

$$H_0:\ \mu_1=\mu_2=\cdots=\mu_\mathrm{m}$$

式中，μ_1，μ_2，…，μ_m 分别表示第 1、2、…、m 组样本数据的数学期望值。

现在写出下面的检验统计量[5,6]：

$$F=\frac{\frac{\text{SSR}}{m-1}}{\frac{\text{SSE}}{n-m}} \tag{5-2}$$

如果 H_0 成立，应当 SSR 较小，相应地因为 SST 是定值，所以 SSE 较大，于是，式（5-2）应较小；若式（5-2）较大，当大过一定界限时，应认为样本提供了拒绝 H_0 的较强的证据。

可以证明，式（5-2）构建的统计量服从分子自由度为 $m-1$，分母自由度为 $n\text{-}m$ 的 F 分布。

于是，根据提出的显著性水平 α，查表确定右尾临界值所建立的拒绝域和接受域与上述想法是一致的。

2. 二因子方差分析

1）二因子方差分析任务的提出

设变量 y 有 A、B 两个影响因子。对二因子的各种搭配进行重复观测的数据见表 5-1。

表 5-1　两因子有重复观测数据表

项目		B 因子的各种处理 B_j			
		B_1	B_2	…	B_c
A 因子的各种处理 A_i	A_1	y_{111} ⋮ $y_{11n_{11}}$	y_{121} ⋮ $y_{12n_{12}}$	… …	y_{1c1} ⋮ $y_{1cn_{1c}}$
	⋮	⋮	⋮		⋮
	A_r	y_{r11} ⋮ $y_{r1n_{r1}}$	y_{r21} ⋮ $y_{r2n_{r2}}$	… …	y_{rc1} ⋮ $y_{rcn_{rc}}$

表中，$y_{ijk}(i=1, 2, \cdots, r;\ j=1, 2, \cdots, c;\ k=1, 2, \cdots, n_{ij})$ 是因变量 y 的观测数据（y 必须是数量型变量）；A 和 B 是对 y 的两个影响因素（它们可以是数量型变量，也可以是属性变量）；A 因子有 r 种表现（r 种处理），分别是 $A_1, A_2, \cdots A_r$; B 因子有 C 种表现（C 种处理）分别是 $B_1, B_2, \cdots, B_c$；在每一个 A_iB_j 组格内（$i=1, 2, \cdots, r$；$j=1, 2, \cdots, c$）抽取一个容量为 n_{ij} 的简单随机样本，样本单位的序号用足标 k 表示。

在这里要注意，不能把 A 的 r 个处理和 B 的 c 个处理看成“随机样本”。相反，现在的 rc 个处理是 rc 个总体，即 A_i 和 B_j 的每一种搭配形成的组格都是一个总体（随机变量 y_{ij}）。对一个组格总体的 n_{ij} 个观察 $y_{ij1}, y_{ij2}, \cdots, y_{ij}n_{ij}$ 才是随机样本。

我们把 A_i 与 B_j 的搭配所形成的组格总体即随机变量 Y_{ij} 的期望值记作 μ_{ij}，于是可以写出与表 5-1（样本）相应的总体期望值表 5-2。

表 5-2 组格总体期望值表

项目		B 因子的各种处理 B_j				平均
		B_1	B_2	…	B_c	
A 因子的各种处理 A_i	A_1	μ_{11}	μ_{12}	…	μ_{1c}	$\mu_{1.}$
	A_2	μ_{21}	μ_{22}	…	μ_{2c}	$\mu_{2.}$
	⋮	⋮	⋮	⋮	⋮	⋮
	A_r	μ_{r1}	μ_{r2}	…	μ_{rc}	$\mu_{r\cdot}$
平均		$\mu_{.1}$	$\mu_{.2}$	…	$\mu_{.c}$	$\mu_{.}$

表中，横行的各行平均值 $\mu_{i.}$ 表示在 A 的第 i 种处理下对 B 的各种处理产生的期望结果求平均（即“$i.$”表示在 i 下对 j 求平均），纵栏的各栏平均值 $\mu_{.j}$ 表示在 B 的第 j 种处理下对 A 的各种处理产生的期望结果求平均（即“$.j$”表示在 j 下对 i 求平均）；“$\mu_{..}$”表示同时对 i 和 j 求平均。它们分别定义为

$$\mu_{i.}=\frac{1}{c}\sum_{j=1}^{c}\mu_{ij} \tag{5-3}$$

$$\mu_{.j}=\frac{1}{r}\sum_{i=1}^{r}\mu_{ij} \tag{5-4}$$

$$\mu_{..}=\frac{1}{rc}\sum_{i=1}^{r}\sum_{j=1}^{c}\mu_{ij}=\frac{1}{r}\sum_{i=1}^{r}\mu_{i.}=\frac{1}{c}\sum_{j=1}^{c}\mu_{.j} \tag{5-5}$$

二因子方差分析的任务是[5, 6]：①检查因子 A 对变量 y 是否有显著的影响，这也就是要检查因子 A 的各种处理对 y 的作用是否有显著的差别，也就是要检查各个 $\mu_{i.}$ 是否显著不相等。②检查因子 B 对变量 y 是否有显著的影响；这也就是要检查因子 B 的各种处理对 y 的作用是否有显著的差别，也就是要检查各个 $\mu_{.j}$ 是否显著不相等。③检查因子 A 和因子 B 的交互作用对变量 y 是否有显著的影响；这也就是要检查因子 A 的 r 种处理与因子 B 的 c 种处理的各种搭配下的交互作用对 y 的作用是否有显著的差别。

2）*方差分析中的数据结构*

A. 组格总体期望值 μ_{ij} 的数据结构

前面在二因子方差分析的任务中我们提到“因子 A 的处理对 y 的作用”，“因子 B 的各种处理对 y 的作用”，“因子 A 与 B 各种处理的搭配的交互作用对 y 的作用”。所谓“对 y 的作用”的结果，实际上要表现为使组格期望值 μ_{ij} 的增减（或正、负的增量）。或者说，μ_{ij} 是通过上述三种作用而最终形成的。显然，假若在每一个组格内这三种作用都没有，那么各个 μ_{ij}（$\forall i,j$）应该相等（记号“$\forall i,j$”表示“任意的一种 i 与 j 的搭配”），都等于 $\mu_{..}$。所以，$\mu_{..}$ 是 μ_{ij} 的基础水平，在 $\mu_{..}$ 的基础上加上（正或负的）3 种作用量，最终形成了 μ_{ij}。这就是 μ_{ij} 的数据结构。用关系式写作

$$\mu_{ij}=\mu_{..}+A_i\text{ 对 }y\text{ 的影响量}+B_j\text{ 对 }y\text{ 的影响量}+A_i\text{ 与 }B_j\text{ 的交互影响量} \tag{5-6}$$

我们进一步来分析式（5-6）中的 3 个影响项。

首先看 A_i 对 y 的影响量。在 A 的第 i 种处理下，由于 B 采取不同的处理，会发生不

同的数据，μ_{i1}，μ_{i2}，…，μ_{ic}。把这些数据平均，便抵消了 B 的不同处理的影响。于是，这些数据的平均值 $\mu_{i\cdot}$ 便反映了 A_i 的效应。但是，这还不能说明影响。“影响”应表现为一种增量（正或负），即表现为相对于基础水平 $\mu_{\cdot\cdot}$ 的变化量。于是，这个影响量应该是 $\mu_{i\cdot}-\mu_{\cdot\cdot}$。

其次，B_j 对 y 的影响量。同理，它应该是 $\mu_{\cdot j}-\mu_{\cdot\cdot}$。

再次，A_i 与 B_j 对 y 的交互影响量。因为现在是在 A 与 B 的复合分组表中研究问题。在这样的表中，所显示出来的不外是 A 的影响、B 的影响及 A 与 B 的交互影响。所以，我们在式（5-6）中移项，便得到 A_i 与 B_j 对 y 的交互影响量，它应该是

$$\mu_{ij}-[\mu_{\cdot\cdot}+(\mu_{i\cdot}-\mu_{\cdot\cdot})+(\mu_{\cdot j}-\mu_{\cdot\cdot})]=\mu_{ij}-\mu_{i\cdot}-\mu_{\cdot j}+\mu_{\cdot\cdot} \tag{5-7}$$

我们用更简洁的记号来表示上述三个影响量

$$\mu_{i\cdot}-\mu_{\cdot\cdot}=\alpha_i \tag{5-8}$$

$$\mu_{\cdot j}-\mu_{\cdot\cdot}=\beta_j \tag{5-9}$$

$$\mu_{ij}-\mu_{i\cdot}-\mu_{\cdot j}+\mu_{\cdot\cdot}=(\alpha\beta)_{ij} \tag{5-10}$$

于是，μ_{ij} 的数据结构式（5-6）又可以写作

$$\begin{aligned}\mu_{ij}&=\mu_{\cdot\cdot}+(\mu_{i\cdot}-\mu_{\cdot\cdot})+(\mu_{\cdot j}-\mu_{\cdot\cdot})+(\mu_{ij}-\mu_{i\cdot}-\mu_{\cdot j}+\mu_{\cdot\cdot})\\&=\mu_{\cdot\cdot}+\alpha_i+\beta_j+(\alpha\beta)_{ij}\end{aligned} \tag{5-11}$$

B. 随机变量 y_{ijk} 的数据结构

表 5-1 中 y_{ijk} 是在 A_i 与 B_j 搭配的组格总体中抽取容量为 n_{ij} 的简单随机样本的第 k 个分量。它是在组格总体期望值 $\boldsymbol{\mu_{ij}}$ 的基础上加随机项 ε_{ijk} 形成的。也就是说，在式（5-11）的基础上加 ε_{ijk} 便是 y_{ijk} 的数据结构。因为 y_{ijk} 使用了三重角标，它表示 ij 格内的第 k 个分量，相应地，式（5-11）中的各个 μ 也应针对第 k 个分量，使用三重角标。事实上，各种 μ 值对于 ij 格内的不同的 k 来说都是相同的，或者说，它们都是对 k 求平均后的均值。因此，只要在式（5-10）中的各种 μ 值右下角加上第三重角标“.”，表示它们是对不同的 k 分量求平均的结果就可以了。于是，y_{ijk} 的数据结构为

$$\begin{aligned}y_{ijk}&=\mu_{\cdots}+\alpha_i+\beta_j+(\alpha\beta)_{ij}+\varepsilon_{ijk}\\&=\mu_{\cdots}+(\mu_{i\cdot\cdot}-\mu_{\cdots})+(\mu_{\cdot j\cdot}-\mu_{\cdots})+(\mu_{ij\cdot}-\mu_{i\cdot\cdot}-\mu_{\cdot j\cdot}+\mu_{\cdots})+\varepsilon_{ijk}\end{aligned} \tag{5-12}$$

式中，ε_{ijk}=0 是随机项，$E(\varepsilon_{ijk})$=0。

用样本数据估计式（5-12）中的各项。

（1）$\mu_{ij\cdot}$

$$y_{ij\cdot}=\frac{1}{n_{ij}}\sum_{k=1}^{n_{ij}}y_{ijk} \tag{5-13}$$

（2）$\mu_{i\cdot\cdot}$

$$\overline{y}_{i\cdot\cdot}=\frac{1}{c}\sum_{j=1}^{c}\overline{y}_{ij\cdot}=\frac{1}{cn_{i_j}}\sum_{j=1}^{c}\sum_{k=1}^{n_{ij}}y_{ijk} \tag{5-14}$$

（3） $\mu_{.j.}$

$$\overline{y}_{.i.}=\frac{1}{r}\sum_{i=1}^{r}\overline{y}_{ij.}=\frac{1}{rn_{i_j}}\sum_{r=1}^{r}\sum_{k=1}^{n_{ij}}y_{ijk} \tag{5-15}$$

（4） $\mu_{...}$

$$\overline{y}_{...}=\frac{1}{rcn_{ij}}\sum_{i=1}^{r}\sum_{j=1}^{c}\sum_{k=1}^{n_{ij}}y_{ijk} \tag{5-16}$$

（5） $\varepsilon_{ijk}=y_{ijk}-\mu_{ij.}$

$$y_{ijk}-\overline{y}_{ij.} \tag{5-17}$$

于是，用样本值表示的 y_{ijk} 的结构为

$$y_{ijk}=\overline{y}_{...}+(\overline{y}_{i..}-\overline{y}_{...})+(\overline{y}_{.j.}-\overline{y}_{...})+(\overline{y}_{ij.}-\overline{y}_{i..}-\overline{y}_{.j.}+\overline{y}_{...})+(\overline{y}_{ijk}-\overline{y}_{ij.}) \tag{5-18}$$

3）二因子方差分析中的检验

A. 零假设

我们针对方差分析的三项任务写出下列 3 个零假设

$$H_{01}\text{：}\ \mu_{1.}=\mu_{2.}=\cdots=\mu_{r.}=\mu_{..}(\text{或：}\ \alpha_1=\alpha_2=\cdots=\alpha_r=0)$$

$$H_{02}\text{：}\ \mu_{.1}=\mu_{.2}=\cdots=\mu_{.c}=\mu_{..}(\text{或：}\ \beta_1=\beta_2=\cdots=\beta_r=0)$$

$$H_{03}\text{：}\ \mu_{ij}-[(\mu_{i.}-\mu_{..})+(\mu_{.j}-\mu_{..})]=\mu_{..}(\forall i,j)[\text{或}\ (\alpha\beta)_{ij}=0(\forall i,j)]$$

备择假设是零假设所列全相等的各项“不全相等”，这里不再赘述。在 H_{01} 中，若各个 α_i 相等，它们便全为 0，这是因为只有在条件 $\sum_{j=1}^{r}\alpha_i=0$ 下，才有各个 α_i 相等，所以各个 α_i 相等等价于它们全为 0。在 H_{02} 和 H_{03} 中同理。

B. 在样本资料中总离差平方和的分解

在式（5-18）中，可把 y...移到等号左边，然后将等号两边平方，再将所得各项对 i、j、k 求和，得到

$$\begin{aligned}\sum_i\sum_j\sum_k(y_{ijk}-\overline{y}_{...})^2&=\sum_i\sum_j\sum_k(\overline{y}_{i..}-\overline{y}_{...})^2+\sum_i\sum_j\sum_k(\overline{y}_{.j.}-\overline{y}_{...})^2\\&+\sum_i\sum_j\sum_k(\overline{y}_{ij.}-\overline{y}_{i..}-\overline{y}_{.j.}+\overline{y}_{...})^2+\sum_i\sum_j\sum_k(\overline{y}_{ijk}-\overline{y}_{ij.})^2\end{aligned} \tag{5-19}$$

等号两边平方时，等号右边得到的各个叉积项通过对 i、j、k 求和都成为 0，所以得式（5-19）。式中的 5 项从左到右顺序称作：总离差平方和（SST），A 因子处理间离差平方和（SSA），B 因子处理间离差平方和（SSB），AB 交互作用处理间离差平方和（SAB）组格内离差平方和（SSE）。

C. 建立检验统计量

式（5-19）中的总离差平方和 SST，A 因子处理间离差平方和 SSA，B 因子处理间离差平方和 SSB，AB 交互作用处理间离差平方和 SAB，组格内离差平方和 SSE 分别除以它们各自的自由度，得到相应于各离差平方和来源的方差。即

总方差

$$\mathrm{MST}=\frac{\mathrm{SST}}{\sum_{i=1}^{r}\sum_{j=1}^{c}n_{ij}-1} \tag{5-20}$$

A 因子处理间方差

$$\mathrm{MSA}=\frac{\mathrm{SSA}}{r-1} \tag{5-21}$$

B 因子处理间方差

$$\mathrm{MSB}=\frac{\mathrm{SSB}}{c-1} \tag{5-22}$$

AB 交互作用处理间方差

$$\mathrm{MAB}=\frac{\mathrm{SAB}}{(r-1)(c-1)} \tag{5-23}$$

组格内方差

$$\mathrm{MSE}=\frac{\mathrm{SSE}}{\sum_{i=1}^{r}\sum_{j=1}^{c}n_{ij}-rc} \tag{5-24}$$

与建立检验统计量式（5-2）时的讨论同理，我们分别针对这里的 3 个零假设建立下列检验统计量。

（1）针对 H_{01}

$$F_A=\frac{\mathrm{MSA}}{\mathrm{MSE}}=\frac{\mathrm{SSA}/(r-1)}{\mathrm{SSE}\Big/\left(\sum_{i=1}^{r}\sum_{j=1}^{c}n_{ij}-rc\right)}\sim F\left((r-1),\left(\sum_{i=1}^{r}\sum_{j=1}^{c}n_{ij}-rc\right)\right) \tag{5-25}$$

（2）针对 H_{02}

$$F_B=\frac{\mathrm{MSB}}{\mathrm{MSE}}=\frac{\mathrm{SSA}/(r-1)}{\mathrm{SSE}\Big/\left(\sum_{i=1}^{r}\sum_{j=1}^{c}n_{ij}-rc\right)}\sim F\left((r-1),\left(\sum_{i=1}^{r}\sum_{j=1}^{c}n_{ij}-rc\right)\right) \tag{5-26}$$

（3）针对 H_{03}

$$F_{AB}=\frac{\mathrm{MSB}}{\mathrm{MSE}}=\frac{\mathrm{SAB}/(r-1)(c-1)}{\mathrm{SSE}\Big/\left(\sum_{i=1}^{r}\sum_{j=1}^{c}n_{ij}-rc\right)}\sim F\left((r-1)(c-1),\left(\sum_{i=1}^{r}\sum_{j=1}^{c}n_{ij}-rc\right)\right) \tag{5-27}$$

当得到大的 $F_A(F_B, F_{AB})$ 值时，拒绝零假设 $H_{01}(H_{02}, H_{03})$。

下面简要说明确定自由度的方法。确定自由度的一般规则是：所研究的数据项数减约束条件数，再减用样本估计量代替的参数个数。在方差分析恒等式（5-19）中各项的自由度按上述确定方法如下。

（1）总离差平方和 SST

所研究的数据 y_{ijk} 的项数是 $\sum_{i=1}^{r}\sum_{j=1}^{c}n_{ij}$，若就无限总体来建立离差平方和，应当是

$\sum_i\sum_j\sum_k(y_{ijk}-\mu_{...})^2$，这时没有约束条件，自由度$\sum_{i=1}^{r}\sum_{j=1}^{c}n_{ij}$；在$\sum_i\sum_j\sum_k(y_{ijk}-\overline{y}_{...})^2$中总体的一个参数$\mu_{...}$被样本估计，所以自由度成为$\sum_{i=1}^{r}\sum_{j=1}^{c}n_{ij}-1$。

也可以这样解释：在$\sum_i\sum_j\sum_k(y_{ijk}-\overline{y}_{...})^2$中，$\overline{y}_{...}$作为样本统计量数值已确定，也就是，和$\sum_i\sum_j\sum_k y_{ijk}$的数值给定。在这样的约束条件下，$y_{ijk}$的数值只有$\left(\sum_{i=1}^{r}\sum_{j=1}^{c}n_{ij}-1\right)$个可以自由选取。

（2）A 因子处理间离差平方和 SSA

该离差平和实际上只对 i 求和，因此数据项数为 r。对于无限总体的离差平方和$\sum_i\sum_j\sum_k(y_{ijk}-\mu_{...})^2$来说，没有约束条件，自由度是 r。现在，参数$\mu_{...}$被样本估计，故应该将自由度在 r 的基础减去 1，为 r–1。

（3）B 因子处理间离差平方和 SSB

自由度为 c–1，理由同上。

（4）AB 交互作用处理间离差平方和 SAB

我们把 SAB 改写成另外形式

$$\mathrm{SAB}=\sum_i\sum_j\sum_k(\overline{y}_{ij.}-\overline{y}_{i..}-\overline{y}_{.j.}+\overline{y}_{...})^2=\sum_i\sum_j\sum_k\left[\overline{y}_{ij.}-(\overline{y}_{i..}-\overline{y}_{...})-(\overline{y}_{.j.}-\overline{y}_{...})-\overline{y}_{...}\right]^2 \quad (5\text{-}28)$$

在无限总体中，对应的公式应该是

$$\sum_i\sum_j\sum_k\left[\overline{y}_{ij.}-(\mu_{i..}-\mu_{...})-(\mu_{.j.}-\mu_{...})-\mu_{...}\right]^2 \quad (5\text{-}29)$$

首先，式（5-29）中数据$\overline{y}_{ij.}$有 rc 项，没有其他约束条件，自由度是 rc。

其次，用$\overline{y}_{...}$估计$\mu_{...}$，式（5-29）变成

$$\sum_i\sum_j\sum_k\left[\overline{y}_{ij.}-(\mu_{i..}-\overline{y}_{...})-(\mu_{.j.}-\overline{y}_{...})-\overline{y}_{...}\right]^2 \quad (5\text{-}30)$$

自由度成为 rc−1。

再次，用$\overline{y}_{i..}$估计$\mu_{i..}$，用$\overline{y}_{.j.}$估计$\mu_{.j.}$，式（5-30）变成式（5-28）。这时，注意到$\overline{y}_{i..}$虽有 r 个，但它的均值已被确定应等于$\overline{y}_{i...}$，所以，能够自由取值的是（r–1）个，也就是能够不对$\overline{y}_{ij.}$的取值产生约束的是（r–1）个；同理，用$\overline{y}_{.j.}$估计$\mu_{.j.}$后能够不对$\overline{y}_{.j.}$的取值产生约束的是（c–1）个。所以，SAB 的自由度应为 rc–1–(r–1)–(c–1)=(r–1)(c–1)。

（5）组格内离差平方和 SSE

在无限总体中，这个离差平方和是$\sum_i\sum_j\sum_k(y_{ijk}-\mu_{ij.})^2$数据$y_{ijk}$共$\sum_{i=1}^{r}\sum_{j=1}^{c}n_{ij}$项。在总体中没有约束条件，自由度是$\sum_{i=1}^{r}\sum_{j=1}^{c}n_{ij}$。参数$\mu_{ij.}$，共有 rc 个，当它们分别用样本的$\overline{y}_{ij.}$来

估计时，自由度成为 $\sum_{i=1}^{r}\sum_{j=1}^{c}n_{ij}-rc$ 。

事实上，在方差分析恒等式中，各个离差平方和的自由度存在着相应的恒等关系：SST 的自由度=SSA 的自由度+SSB 的自由度+SAB 的自由度+SSE 的自由度，即

$$\sum_{i=1}^{r}\sum_{j=1}^{c}n_{ij}-1=(r-1)+(c-1)+(r-1)(c-1)+\left(\sum_{i=1}^{r}\sum_{j=1}^{c}n_{ij}-rc\right) \tag{5-31}$$

4）二因子方差分析的基本假定

二因子方差分析的第一个假定前提是：假定表 5-1 各组格的无限总体都是正态随机变量。也有的文献用另一种类似的说法：假定各个 y_{ijk} （或 ε_{ijk} ）为独立同方差的正态随机变量[5, 6]。

后一种说法比前一种说法条件更强些。在社会经济问题中，正态性的假定常常难以满足。不过，这时应用方差分析方法仍然可以得到对人们有参考意义的结论。

二因子方差分析的第二个假定是：假定式（5-8）的 α_i 满足 $\sum_{i=1}^{r}\alpha_i=0$ 及式（5-9）的 β_j 满足 $\sum_{j=1}^{r}\beta_j=0$ 。做这样的假定理由是显然的：从这样的假定出发，我们在式（5-7）、式（5-8）或式（5-9）中，才把 μ_{ij} 数据结构的基准水平选作 $\mu_{..}$ （而不是选取“最低水平”），这才能够在推出式（5-19）的过程中使影响量的叉积项对 i、j、k 求和后成为 0，从而把它们消去[5, 6]。

5）方差分析表

为了把方差分析的过程和结果表现得更清楚，通常要编制方差分析表。表 5-3 是 Excel 软件的输出样式[5]。

表 5-3　Excel 输出的方差分析表

方差来源	离差平方和 SS	自由度 df	均方 MS	检验统计量样本值 F	观察到的显著水平 P-value	检验规则临界值 Fcrit
A 间						
B 间						
$A\times B$						
组格内				—	—	—
总计			—	—	—	—

5.1.2　主成分分析

在研究多变量问题时，变量太多会增大计算量和增加分析问题的复杂性，人们自然希望在进行定量分析的过程中涉及的变量较少，而得到的信息量又较多。主成分分析是解决这一问题的理想工具。

所谓主成分分析（也称主分量分析），实际是通过分析众多变量之间的相关性，利用

降维的思想，把多指标转化为少数几个综合指标。即设法将原来变量重新组合成一组新的互相无关的几个综合变量，同时根据实际需要从中可以选取出几个较少的综合变量以尽可能多地反映原来变量的信息。

在某个勘查区开展伽马能谱测量获取的多个参数中，我们有可能通过主成分分析构建与矿（化）有关的较少的（如 2、3 个）新的综合参数，通过这些新的综合参数，更好地实现对矿源的指示。

1. 主成分的几何意义

以一个二指标变量为例。假设该变量有 x_1 与 x_2 两个指标，现取 n 个样本点，将每个样本点的两个指标标绘在直角坐标上，如图 5-1（a）所示[5]。

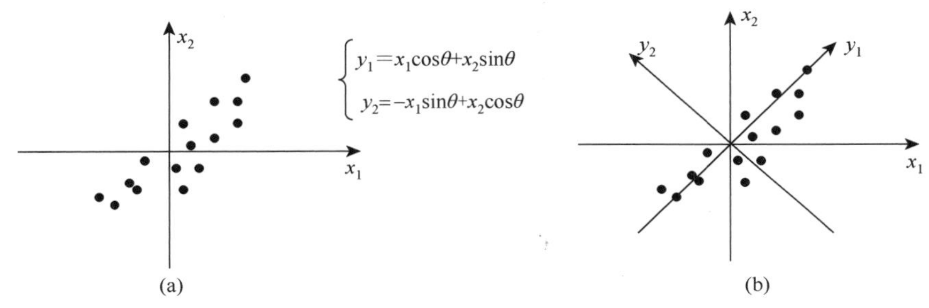

图 5-1　二指标变量及变量置换

任何一种度量指标好坏的方法，除了可靠、真实之外，还必须能充分反映个体间的变异。如果有一项指标，不同个体的取值都大同小异，那么该指标不能用来区分不同的个体。由这一点来看，一项指标在个体间的变异越大越好。因此我们把“变异大”作为“好”的标准来寻求综合指标。

现如果按图 5-1（b）中所示作变量置换。变换的目的是使得 n 个样本点在 y_1 轴方向上的离散程度最大，即 y_1 的方差达最大。变换结果［图 5-1（b）］说明，变量 y_1 变化区间达到了最大，代表了原始数据的绝大部分信息，而 y_2 的变化区间压缩在一个非常有限的区域内，对 y_2 忽略也无损大局，故当我们采用新变量 y_1 与 y_2 代替老变量 x_1 与 x_2 后，即可以由两个指标压缩成一个指标。此时，新变量 y_1 即是包含原有两个变量信息的主成分。

2. 数据结构

适合用主成分分析的数据具有表 5-4 所示结构[5]。

表 5-4　适合用主成分分析的数据结构

样本编号	指标					
	X_1	X_2	X_3	…	X_j	…	X_m
1	x_{11}	x_{12}	x_{13}	…	x_{1j}	…	x_{1m}
2	x_{21}	x_{22}	x_{23}	…	x_{2j}	…	x_{2m}

续表

样本编号	指标						
	X_1	X_2	X_3	…	X_j	…	X_m
…	…	…	…	…	…	…	…
i	x_{i1}	x_{i2}	x_{i3}	…	x_{ij}	…	x_{im}
…	…	…	…	…	…	…	…
n	x_{n1}	x_{n2}	x_{n3}	…	x_{nj}	…	x_{nm}

主成分分析最大的问题是受量纲的影响，因此，实际应用中，需要对数据进行标准化。一般使用协方差矩阵 Σ 或相关系数矩阵 R 进行分析[5]。

对样本阵元进行如下标准化变换：

$$x_{ij}^* = \frac{x_{ij} - \bar{x}_j}{s_j},\ i=1, 2, \cdots, n;\ j=1, 2, \cdots, m \tag{5-32}$$

式中，$\bar{x}_j = \frac{\sum_{i=1}^{n} x_{ij}}{m}$，为样本指标均值；$s_j^2 = \frac{\sum_{i=1}^{n}(x_{ij} - \bar{x}_j)^2}{n-1}$ 为样本标准差。

经过式（5-32）的标准化处理，得标准化矩阵。

3. 主成分的基本思想

设 $X_1, \cdots, X_P$ 表示以 $x_1, \cdots, x_p$ 为样本观测值的随机变量，如果能找到 $c_1, \cdots, c_p$，使得

$$\max S^2(c_1X_1+\cdots+c_pX_P)$$

则（$c_1X_1+\cdots+c_pX_P$）就称为原随机变量的主成分。其中，$c_1, \cdots, c_p$ 的意义为原随机变量的权。

理论上，上述公式必须加上某种限制，否则权值可选择无穷大而没有意义，通常规定：

$$c_1^2 + \cdots + c_p^2 = 1$$

由于解 $c_1, \cdots, c_p$ 是 p 维空间的一个单位向量，它代表一个“方向”，称为“主成分方向”。

由于一个主成分不足以代表原来的 p 个变量的信息。因此需要寻找第 2 个乃至第 3、4 个主成分，原则上，第 2 个主成分不应该再包含第 1 个主成分的信息，统计上的描述就是让这两个主成分的协方差为零，几何上就是这两个主成分的方向正交。具体确定各个主成分的方法如下[5]。

设 Z_i 表示第 i 个主成分，可设

$$\begin{cases} Z_1 = c_{11}X_1 + \cdots + c_{1p}X_p \\ Z_2 = c_{21}X_1 + \cdots + c_{2p}X_p \\ \cdots \\ Z_p = c_{p1}X_1 + \cdots + c_{pp}X_p \end{cases}$$

确定（$c_{11}, \cdots, c_{1p}$），使得 $\max S^2(Z_1)$，并且满足

$$c_{11}^2 + \cdots + c_{1p}^2 = 1$$

确定（$c_{21}, \cdots, c_{2p}$），使得 $\max S^2(Z_2)$并且满足（$c_{21}, \cdots, c_{2p}$）与（$c_{11}, \cdots, c_{1p}$）垂直，和

$$c_{21}^2 + \cdots + c_{2p}^2 = 1$$

确定($c_{31}, \cdots, c_{3p}$)，使 $\max S^2(Z_3)$，并且满足($c_{31}, \cdots, c_{3p}$)与($c_{11}, \cdots, c_{1p}$)，($c_{21}, \cdots, c_{2p}$)垂直，和

$$c_{31}^2 + \cdots + c_{3p}^2 = 1$$

……

在实际研究中，由于主成分是为了降维，减少变量的个数，故一般选取少量的主成分（不超过 5 或 6 个），只要它们能包含原变量信息量的 80%以上即可。

4. 主成分分析的具体实现

设相关矩阵为 $R = \left[r_{ij} \right]_{p \times p}$，其中，$r_{ij} = \dfrac{\sum z_{ij} \cdot z_{ij}}{n-1}$，$i, j$=1, 2, $\cdots$, p。

求特征方程$|R-\lambda I|$=0，其解为特征根 λ_i，将解由小到大进行排序为

$$\lambda_1 \geqslant \lambda_2 \geqslant \cdots \geqslant \lambda_p > 0$$

需要指出如下几点。

（1）（$c_{i1}, \cdots, c_{ip}$）实际上是对应于 λ_i 的特征向量。若原变量服从正态分布，则各主成分之间相互独立；

（2）全部 p 个主成分所反映的 n 例样本的总信息，等于 p 个原变量的总信息。信息量的多少，用变量的方差来度量。

（3）各主成分的作用大小为 $Z_1 \geqslant Z_2 \geqslant \cdots \geqslant Z_p$

（4）第 i 个主成分的贡献率为

$$\frac{\lambda_i}{\sum_{j=1}^{p} \lambda_j} \times 100\%$$

（5）前 m 个主成分的累计贡献率为

$$\frac{\sum_{i=1}^{m} \lambda_i}{\sum_{j=1}^{p} \lambda_j} \times 100\%$$

在应用时，一般取累计贡献率为 80%以上比较好。

对 m 个主成分进行加权求和，即得最终评价值，权数为每个主成分的方差贡献率。

5.1.3 常规趋势面分析

在一般的放射性测量等值图上，有可能辨认出一些与大范围岩性或构造有关的趋势，以及在低背景带中的弱异常。但在这种图上的区域变化，有时会因局部因素未移除而显得崎岖不平，反过来，一些有意义的异常也仍有可能被崎岖不平的背景所掩蔽。

趋势面分析可以把单元素（或某种测量参数）数据分离成区域的与局部的两个分量，把它们分别编图或分别在图上显现，有时可以提供一些新的信息。目前，趋势面分析已经成为地球物理与地球化学测量数据的主要处理方法之一。

趋势面分析是以 x、y 轴为观测点的地理坐标，而以 z 轴为某种元素含量（或观测参数值）的坐标。这样在三维空间中点的分布就表现了不同地理位置上元素含量的变化情况。然后用各种数学函数代表的面（最常见的是多项式面，此外，还有广义回归神经网络及静态小波变换构造的趋势面等）来拟合数据的空间分布。

本节主要讨论多项式趋势面的构造原理与基本方法。

1. 多项式趋势面的基本形式

最简单的一次趋势面即平面，可用下列方程来描述[1, 3]。

$$\hat{z} = a_0 + a_1x + a_2y$$

式中，$\hat{z}$ 为变量趋势值；x、y 为地理坐标；a_0 称为零次项；$a_1x + a_2y$ 称为一次项。

二次趋势面为一曲面，可用下列方程描述[1, 3]。

$$\hat{z} = a_0 + a_1x + a_2y + a_3x^2 + a_4xy + a_5y^2$$

式中，$a_3x^2 + a_4xy + a_5y^2$ 称为二次项。

三次趋势面为一复杂的曲面，它的方程是在二次趋势面方程中再加上三次项[1, 3]：

$$a_6x^3 + a_7x^2y + a_8xy^2 + a_9y^3$$

更高次的趋势面可以据此类推。

2. 趋势面的拟合方法

趋势面拟合方法一般采用最小二乘方法。

用最小二乘方法作为拟合优度的准则，使所得趋势面能满足下列要求[3]。

$$f=\sum(z_i - \hat{z}_i)^2 =\text{极小}$$

式中，z_i与$\hat{z}_i$ 分别是第 i 测点的测量值与趋势值。

满足上式的基本方法是高等数学中的极值求解方法。即用函数 f 分别对 a_0、a_1 等求一阶偏导数，并令求导结果等于零，获得求解各次趋势面方程系数 a_0、a_1 等的正规方程组。

$$\frac{\partial f}{\partial a_0}=0$$
$$\frac{\partial f}{\partial a_1}=0 \tag{5-33}$$
$$\cdots$$

求解方程组（5-33），即可求出各次趋势面方程的系数 a_0、a_1 等的数值。

趋势面方程求出后，可用一套网格数据值代入方程式，求出每一坐标点上的趋势值。这就可以以手工或计算机勾绘出趋势面等值线。

为了评价所获得的趋势面，在趋势面分析中还要计算各次趋势面的拟合优度。拟合优度是地区总变化（总能变化）与趋势面上变化之间的比值。

地区总变化[1, 3]

$$SS_T=\sum(z_i-\overline{z}_i)^2 \tag{5-34}$$

式中，z_i 与 $\overline{z}_i$ 分别是第 i 测点观测值与测区观测值的平均值。

趋势面上的变化[1, 3]

$$SS_R=\sum(\hat{z}_i-\hat{\overline{z}})^2 \tag{5-35}$$

式中，$\hat{z}_i$ 与 $\hat{\overline{z}}$ 分别是第 i 测点趋势值与测区趋势值的平均值。

拟合优度[1, 3]

$$C=\frac{SS_R}{SS_T}\times 100 \tag{5-36}$$

趋势面拟合优度实际反映了拟合的趋势面（数学面）与实际测量值分布间的吻合程度。显然，这个吻合程度应该达到相当高的程度才有意义，但也不能与实际测量值分布完全吻合。这是因为实际测量值中包含了观测量的区域变化与局部变化两部分，趋势面的任务只是要将观测量的区域性变化反映出来，保证可以通过趋势面值将实际测量值中的局部变化部分分解出来。

由于这个原因，在趋势面分析中达到合适的拟合度是个需要认真考虑的重要问题。理论上可保证，通过增高趋势面次数可以提高拟合度。但为了可靠分离出局部变化量，趋势面次数并不是越高越好，实际应用的实例表明一般以 3～5 次趋势面为好[1]。实际工作中，为提高拟合度，可以采用经移动平均分析后的数据来进行趋势面分析。

趋势面图上所反映的是元素区域性变化。将每一个测量值减去所在测点上的趋势值，可以得出趋势剩余值（简称“剩余值”），趋势剩余的变化反映了局部的变化。趋势面分析有时可以辨认出直观方法难以辨认或辨认不清的区域趋势。利用剩余值来编制剩余值的等值线图，或对剩余值处理后作异常图，可以更清楚反映元素局部变化的特点，高的“隆起”区，往往就是找矿的“靶区”[1]。

5.2　航空伽马能谱测量数据弱信息提取技术

5.2.1　航空伽马能谱测量数据降噪技术

采用常规趋势面方法分离区域分量与局部分量时，观测场中少数高值异常点的存在，会使分离结果失真，从而影响了局部分量，特别是较小的局部分量的数据，后者经常可视为异常。为了使剧变的高值点的影响减至最小，可用低值总体累积频率 95%处的分位值作为高样品值的临界值，凡高于临界值的观测值全部用临界值代替，也可以采用熵平均法对数据进行处理。高阶统计量能抑制高斯噪声或其他具有对称概率分布函数的噪声，也是处理非最小相位系统的有效工具，已经在信号处理和图像处理中得到应用。高阶统计量在图像的平滑去噪应用上取得良好的效果，利用它不但可以压制高值异常点，而且能保持原数据的细节信息。本节探讨利用高阶累计量平均去除高值异常点的方法。

趋势面方法是目前常用的异常分离方法，趋势面分析方法认为数据包含着与空间地理坐标（X，Y）相关的 3 部分信息：一是反映区域性变化的，即反映总体的规律性变化部分，由区域构造、区域岩相、区域背景等大区域因素所决定；二是反映局部性变化的，即反映局部范围的变化特征；三是反映随机性变化的，它是由各种随机因素造成的剩余。这就将化探值分解为 3 部分：$Z_i=T_i+N_i+e_i$，式中，Z_i 为观测值，反映总体变化规律或区域性的变化；T_i 反映局部的变化；e_i 为随机因素（噪音）控制的变化。

在实际应用中，趋势面法首先将观测值分解为区域分量和局部分量（或称剩余分量）两部分，其中剩余分量包括 T_i 和 e_i 两部分，而真正具有地质意义的剩余是 T_i，因此，用该方法处理化探数据的步骤可分解为两步：第一，将观测值分解为区域分量和局部分量（或称剩余分量）两部分；第二，从剩余分量中进一步区分噪音 e_i 与真正具有意义的剩余 T_i。神经网络在拟合曲线和曲面方面有良好的性能，这里首先探讨利用神经网络构造趋势面的方法。

1. 广义神经网络构造趋势面

采用广义神经网络（generalized regression neural network，GRNN）进行趋势面构造，将测区数据视为神经网络的输入节点，采用神经网络的相关性构造趋势面，可以更好地提取弱异常。该方法，目前在国内使用较少，尤其在航空伽马领域还未见有相关报道。广义回归神经网络分为输入层、隐含层和输出层，其结构如图 5-2 所示[4]。

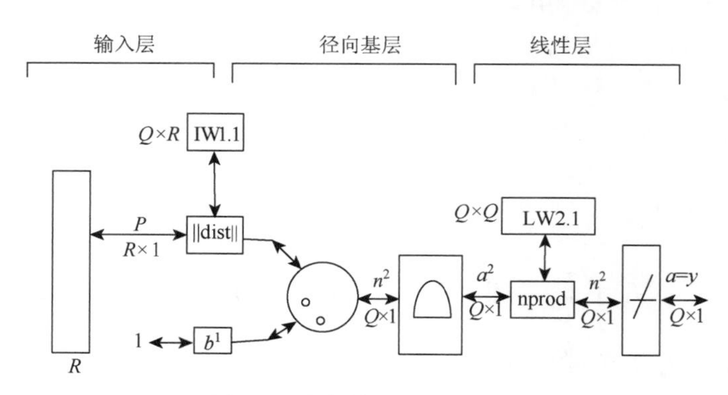

图 5-2 广义神经网络的结构

网络的第一层为输入层，神经元的个数等于输入向量的维数 R，第二层为径向基网络隐含层，神经元的个数等于训练样本个数 S^1，权值函数为欧式距离函数$\|dist\|$，即计算第一层，输入向量与权值 $IW^{1,1}$ 之间的距离，然后$\|dist\|$与阈值变量的乘积构成了隐含层的输入变量，隐含层的传递函数为径向基函数，通常采用高斯函数。

$$R_i(X)=\exp\left(-\frac{\|x-c\|^2}{2\sigma_i^2}\right)$$

式中，σ_i 被称为光滑因子，它决定了基函数的形状，光滑因子越小，函数的逼近能力越强，反之，则基函数越平滑。

网络的输出层为线性层，其权值函数为规范化点积权函数（nprod），广义回归神经网络基本原理：设 X 和 Y 分别是输入和输出的样本，对于任意一个输入 X_i，其所对应的输出值 Y_i，可以用下面的公式进行估计：

$$\tilde{Y}(X)=\frac{\sum_i Y_i\exp\left(-\frac{D_i^2}{2\sigma^2}\right)}{\exp\left(-\frac{D_i^2}{2\sigma^2}\right)}$$

式中，$D_i=(X-X_i)^T(X-X_i)$。

以一组实测航空伽马能谱测量数据构造趋势面为例。这组数据为 241 条测线，每条测线间隔 100m；每条测线上每 100 米采集一个样本，每条测线有 300 个采样点，共 72300 个样本点，为使结果显示清楚，我们用表面图来显示三种方法构造的趋势面。图 5-3 是预处理后原始数据表面图，图 5-4 和图 5-5 是采用不同神经网络参数 σ 获得的具有不同拟合度的趋势面，图 5-6 是三次多项式构造的趋势面。可以看出，采用合适的 σ 参数，可以构造拟合度很高的趋势面。

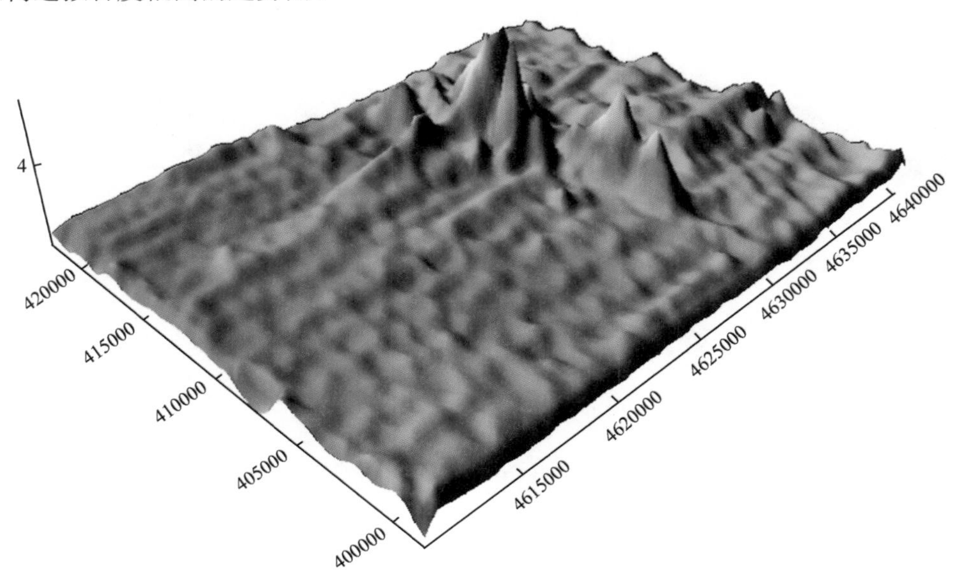

图 5-3　预处理后原始数据表面图

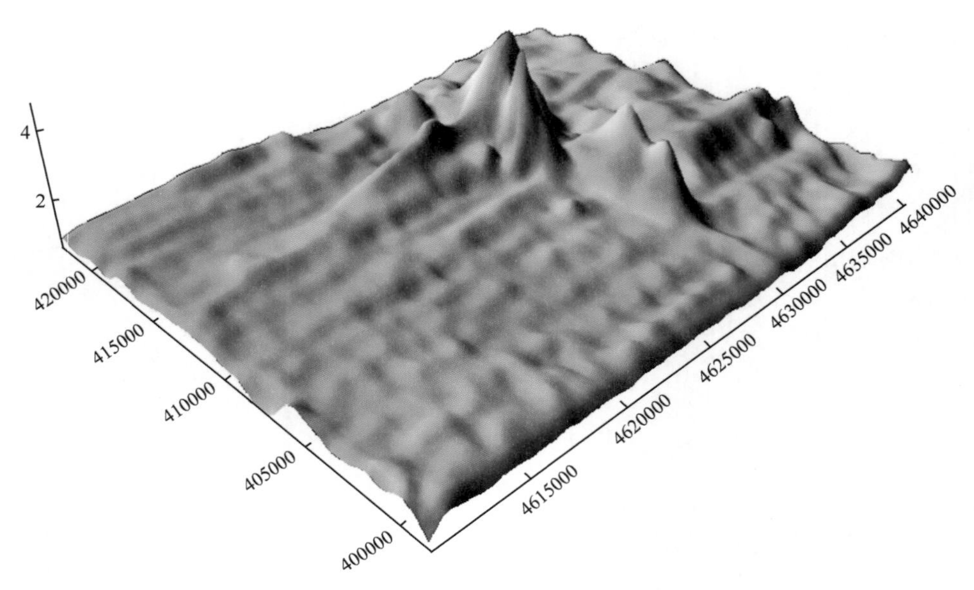

图 5-4　回归神经网络构造趋势面 C=0.9776

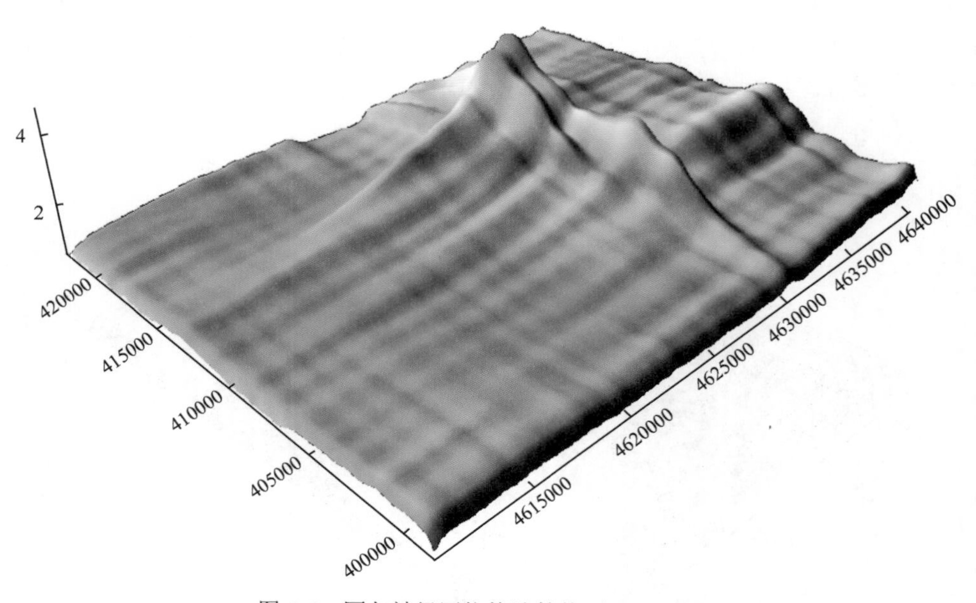

图 5-5　回归神经网络构造趋势面 C=0.5283

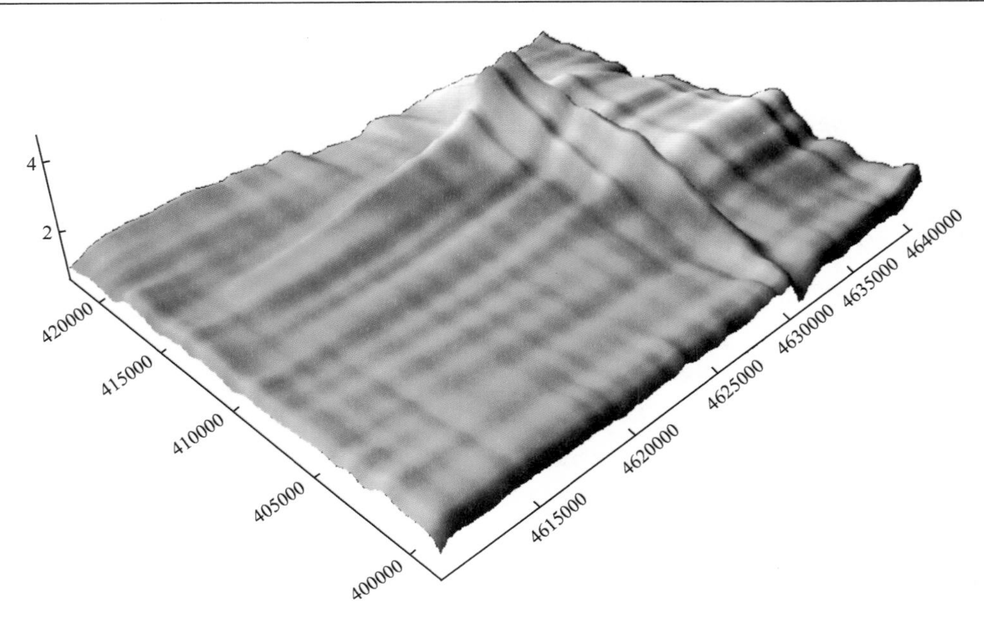

图 5-6　三次多项式构造的趋势面 C=0.5414

2. 静态小波变换构造趋势面

小波变换是由法国科学家 Morlet 于 1984 年在进行地震数据分析工作时提出，小波变换是时间和频率的局部变换，能更加有效地提取和分析信号的局部特性。与傅里叶变换、短时傅里叶变换相比，小波变换是空间（时间）和频率的局部变换，可通过伸缩和平移运算对函数或信号进行多尺度或多分辨率分析，因而能更有效地从信号中提取信息，从而解决傅里叶变换不能解决的许多问题[4, 7]。

本节探讨利用静态小波变换构造趋势面。令 $f(x_1, x_2)$表示一个二维信号，x_1, x_2 分别是其横坐标与纵坐标，$\psi(x_1, x_2)$代表二维的基本小波，则二维连续小波变换可定义如下[4, 7]：令 $\psi_{a,b1,b2}(x_1, x_2)$表示 $\psi(x_1, x_2)$的尺度伸缩与二维位移，

$$\psi_{a,b_1,b_2}(x_1,x_2)=\frac{1}{a}\psi\left(\frac{x_1-b_1}{a},\frac{x_2-b_2}{a}\right) \tag{5-37}$$

则小波变换定义为[4, 7]

$$\begin{aligned} WT_f(\mathrm{a};b_1,b_2)&=\left[f(x_1,x_2),\psi(x_1,x_2)\right] \\ &=\frac{1}{a}\iint f(x_1,x_2)\psi\left(\frac{x_1-b_1}{a},\frac{x_2-b_2}{a}\right)\mathrm{d}x_1\mathrm{d}x_2 \end{aligned} \tag{5-38}$$

式（5-38）中的因子 $1/a$ 是保证小波伸缩前后其能量不变而引入的归一因子，二维信号分解过程如图 5-7 所示。

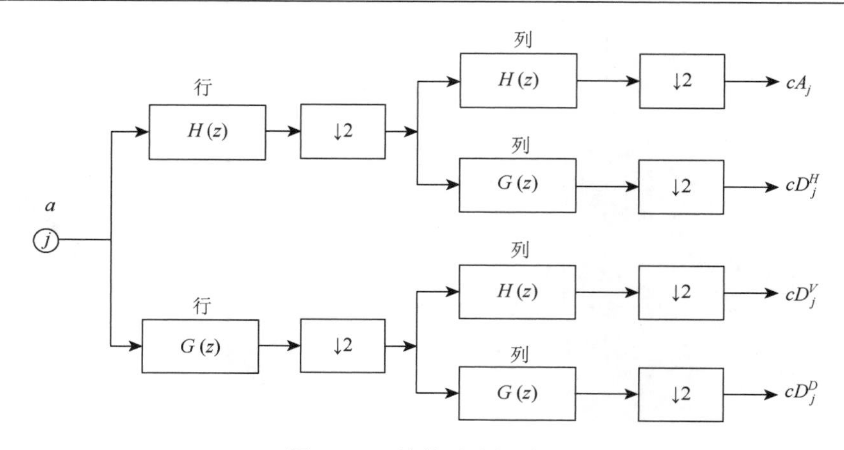

图 5-7　二维信号分解过程

从以上分析可知，对于二维信号，第 j 层的近似系数 cA_j 对原始信号用两个维度的低通滤波器滤波 j 次得到的，因此，cA_j 是二维原始信号的低通部分，当采用静态离散小波变换时，得到的近似系数 cA_j 与原始信号具有相同的大小而且精确对应；而趋势面就是信号缓慢变化的信息，表征信号发展趋势。在一维信号处理中，小波变换的近似系数就是用来提取信号的发展趋势，因此，用静态小波变换的第 j 层的近似系数 cA_j 构建趋势面。

为对比，仍以 GRNN 构造趋势面数据为例，利用静态小波变换近似系数构造趋势面，图 5-8 和图 5-9 是利用小波变换构造的趋势面[4]。比较图 5-5、图 5-6 和图 5-9，它们的拟合度大致相同，都在 0.5～0.6，但小波构造的趋势面失真度最小。可以看出，相比之下，小波变换可以构造精确度较高的趋势面。

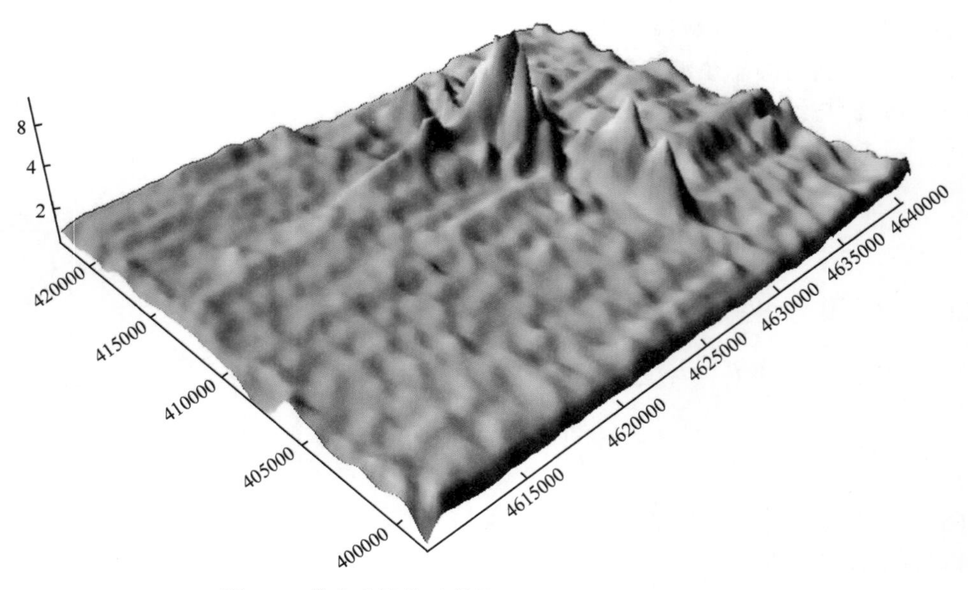

图 5-8　静态小波构造趋势面（第 1 层）C=0.9707

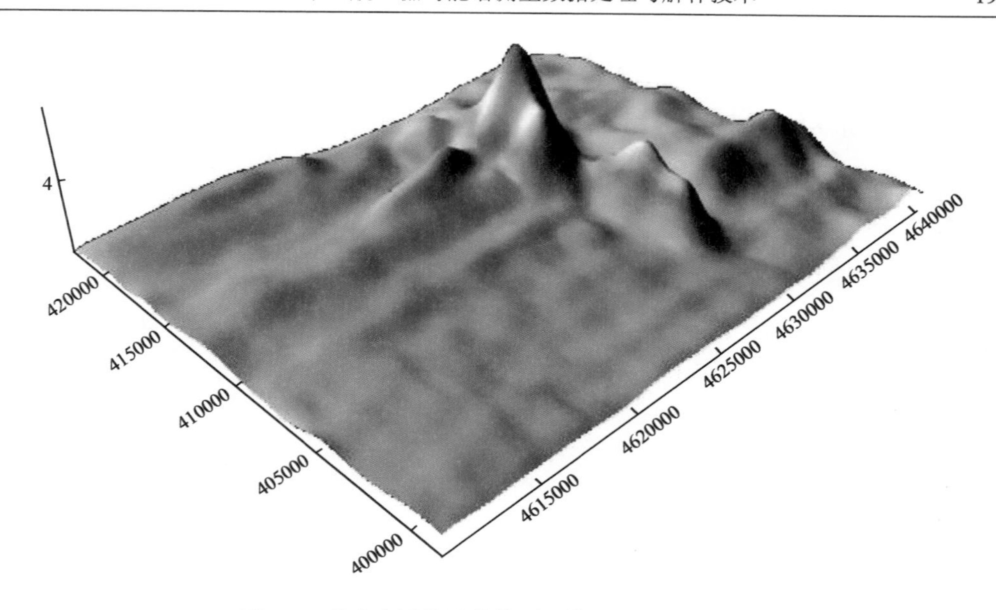

图 5-9　静态小波构造趋势面（第 4 层）C=0.5867

3. 三种构造趋势面方法的比较

对于多项式拟合法（包括正交多项式拟合）、广义回归神经网络及静态小波变换构造趋势面的优劣，可以从拟合度调整、计算量和失真度 3 个方面加以讨论。对于多项式拟合法，当选定拟合多项式的次数后，其拟合度就已经确定下来，无法进行调整；对于广义回归神经网络法，通过调整神经网络的参数 σ，理论上可以得到任意拟合度的趋势面；对于静态小波法，当选定小波种类以及分解层数 m 后，可得到 m 个拟合度的趋势面，因此在拟合度调整方面，广义回归神经网络法最优；在拟合精度上，由于广义回归神经网络在曲线的拟合方面优于多项式拟合与静态小波变换，因此，广义回归网络法拟合精度比其他两种方法高；在计算量方面，多项式拟合采用最小二乘法，需要矩阵求逆运算，而静态小波变换为 $O(N\log_2 N)$乘法，运算量和快速傅里叶变换的运算量是一样的，而广义回归网络的计算量最大。在失真方面，当二维信号本身变化幅度较大，而且数据较多时，多项式构造的趋势面将发生失真情况，采用广义回归神经网络，由于广义回归神经网络具有很强的非线性映射能力以及高度的容错性和鲁棒性，因此，在相同的情况下，其失真度小得多；而静态小波法，因为它是采用低通滤波的方式，只要选用适合的小波，其失真度最小；将它们的比较情况用表 5-5 列出。

表 5-5　三种方法构造趋势面比较[4]

构造趋势面方法	拟合度调整	计算量	失真度
多项式拟合法	不可调	较大	三者中最大
广义回归神经网络法	任意可调	三者中最大	较小
静态小波变化法	有限可调	较大	小

5.2.2　航空伽马能谱测量数据弱异常圈定技术

1. 小波域多尺度弱异常圈定

利用静态小波系数对异常划分的步骤如下[4, 8]：①对勘查数据进行二维静态小波变换，得到各层对角细节系数；②利用阈值法或空域相关法对各层小波系数除噪；③将各层对角细节系数相加，得到总的细节系数；④在总细节系数和各层细节系数中圈定异常。统计方法圈定元素异常下限值的方法为平均值加相应倍数的标准差，这是我国目前最常用的异常下限值确定方法。

利用某地实测航空勘查数据中的一组 Th 元素含量数据为例进行分析，一种利用多项式趋势面法（简称趋势面法）进行划分异常，另一种利用本书提出的静态小波法划分异常，并对两种方法进行比较。图 5-10 是利用趋势面法圈定的异常，图 5-11 是第 1 层小波系数圈定的异常，图 5-12 是第 4 层小波系数圈定的异常。按照等值线面积和值的大小对圈出的异常进行了编号。从图中可以看出，利用趋势面圈出 11 处异常，利用第一层小波系数圈出 12 处异常，利用第 4 层小波系数圈出 16 处异常。虽然利用小波系数圈出的异常和利用剩余值圈出的异常数基本相等，但它们圈出的异常位置略有差别，而且形态也不同，在大尺度上圈出 16 处异常，是因为小波系数的幅值随着尺度的增加而增加。在不同小波系数上圈定的异常略有差别，大尺度上的圈出的异常面积要大于小尺度上圈出的异常面积，这也是多分辨率引起的。这说明在静态小波系数上完全可以圈定异常，而且不同层小波系数圈定出的异常具有多尺度的关系，同时在大尺度下具有圈定弱异常的能力[4]。

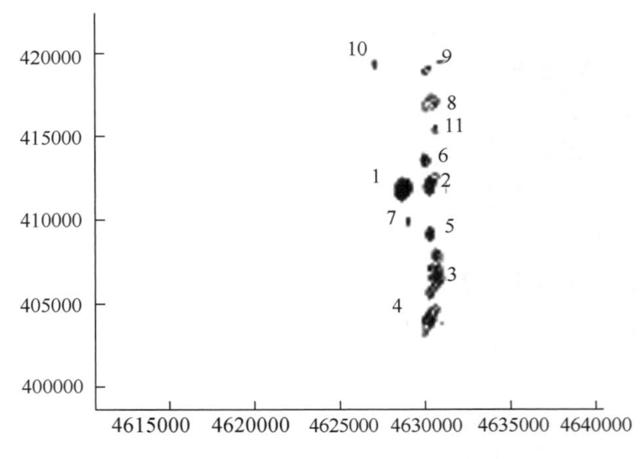

图 5-10　利用趋势面划分的异常图

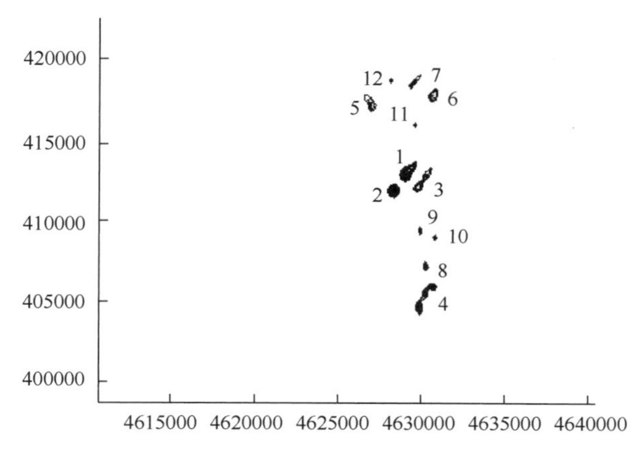

图 5-11　利用第 1 层小波系数圈定的异常图

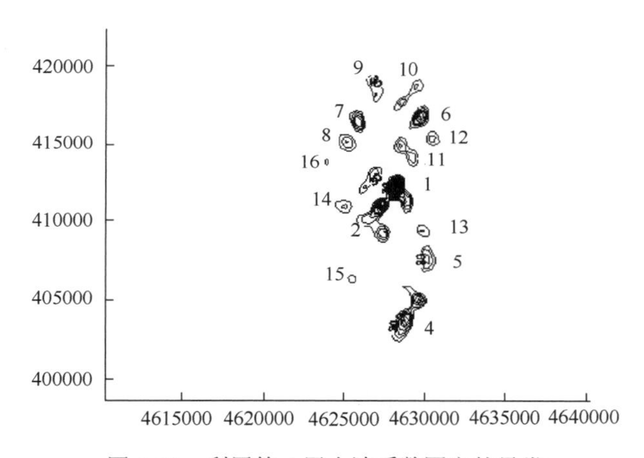

图 5-12　利用第 4 层小波系数圈定的异常

2. 多项式微商法圈定异常

在勘查数据异常处理过程中，通过各种方法得到剩余值后，合理确定剩余值异常下限至关重要。目前最常用的异常下限值确定方法是平均值加相应倍数的标准差，然后在等值线中显示出来。这种方法的异常下限值仅从数值本身大小考虑，同时等值线显示出来的是高于异常下限值的区域，异常区域的边界不能代表真正的异常区域边界。实际上异常区域的边界应该是变化幅度最大的点构成的边界。从表面图观察异常，异常往往表现为比较陡峭、峰值比较大的峰。因此，从峰幅值和峰的陡峭程度两个方面综合判断是否为异常应更为合理。当异常峰圈定后，通过提取峰周围变化幅度最大的点构成峰的边缘，从而实现异常区域的圈定[9]。

本节探讨利用二元多项式微商法，找到所有峰顶，然后对每个峰从陡峭度和峰值幅度两方面进行判断，从而圈定异常峰，然后提取反映特性变化的峰的边缘，从而圈定异常区域。

以第 1 小节 Th 含量数据为例，对利用标准方差与等值线圈定异常方法和本节方法进行比较。图 5-13 是在剩余值中利用 1.5 倍的方差圈定出来的异常图，图 5-14 是在剩余值中采用本小节方法取得的异常图，图中星号为峰位。可以看出，采用本小节的方法能够将异常峰的峰位显现出来，传统的方差法鉴别出的异常与采用本节方法圈定的异常部位基本一致，本节方法圈定出的异常面积比传统的方法小，而且边界点都是变化最剧烈的点，能够表征真正的异常边界。同时，最低异常下限采取的方法不同，本节方法圈出 15 个异常峰型，比传统方法多 4 个，是因为不仅仅考虑值本身的幅值大小，而且考虑了峰的陡峭度，因此，能够圈出一些弱异常，如 12、13、14、15 四个异常区，属于弱异常[4]。

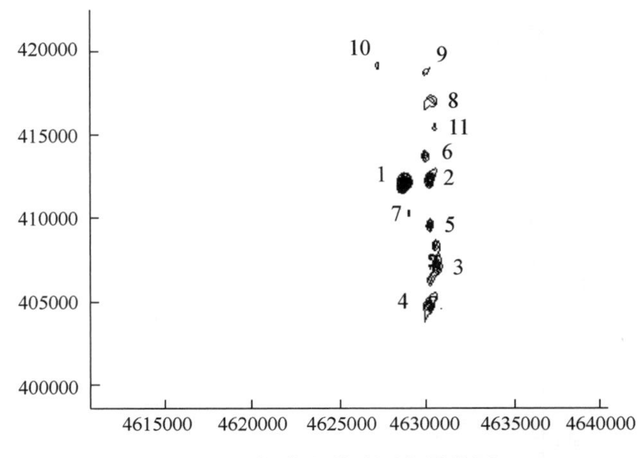

图 5-13　标准方差法圈定异常图

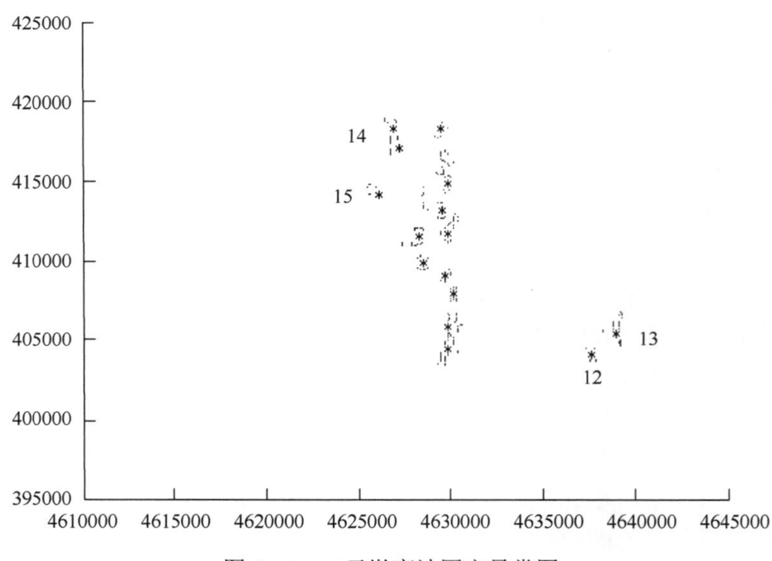

图 5-14　二元微商法圈定异常图

参 考 文 献

[1] 章晔，华荣洲，石柏慎. 放射性方法勘查. 北京：原子能出版社，1990

[2] 程业勋，王南萍，侯胜利. 核辐射场与放射性勘查. 北京：地质出版社，2005

[3] 吴锡生. 化探数据处理方法. 北京：地质出版社，1993

[4] 顾民. 天然伽马能谱数据处理关键技术的研究. 成都：成都理工大学博士学位论文，2008

[5] 郭科. 多元统计方法及其程序设计. 成都：四川科学技术出版社，1999

[6] 袁志发，宋世德. 多元统计分析. 北京：科学出版社，2009

[7] 蒋开明，顾民，葛良全，等. 基于静态小波变换的趋势面构造. 物探与化探，2011，35（6）：848-850

[8] 陈建国，夏庆霖. 利用小波分析提取深层次物化探异常信息. 地球科学-中国地质大学学报，1999，（5）：509-512

[9] 蒋开明，顾民，葛良全. 多项式微商法圈定异常. 成都理工大学学报（自然科学版），2010，37（5）：535-539

第 6 章　航空伽马能谱探测技术的应用

6.1　在地质填图中应用

航空伽马能谱已被广泛用于地质填图，其基本原理是不同成因的岩石具有不同的放射性特征。通常来说，岩石的放射性特征具有一定的变化规律。

各种岩浆岩中，放射性核素的平均含量有明显差异。一般性规律总结如下。

（1）酸性岩中的平均含量最高，基性、超基性岩中的平均含量最低。随着岩石酸性减弱，放射性核素的平均含量有规律地降低，但碱性岩具有较高的放射性核素含量。例如，在岩浆岩中，花岗岩类的放射性最强，玄武岩的放射性最弱。

（2）岩浆岩中 U 和 Th 含量一般随着岩体中 SiO_2 和 K_2O 的含量的增高而上升。

（3）一般来说，岩浆岩在其他条件相同时，形成时代较晚的岩体放射性强度更强。例如，花岗岩的年度越新，其放射性越强，且钾长花岗岩以 K 含量高（钾特征放射性强）为特点。

（4）岩浆岩各类矿物中的 U 含量一般按浅色矿物-暗色矿物-副矿物的顺序增加。

（5）大部分侵入岩边缘的放射性通常较其内部的放射性要强。

沉积岩中放射性核素含量变化范围较大。沉积岩放射性强度受母岩影响较大，一般比母岩略低。例如，来源于花岗岩的沉积岩（如花岗质砂岩），其放射性较强。

（1）大陆上广泛分布的沉积岩中放射性最低的为碳酸盐、石英砂和硅质沉积物等，U 含量不超过 10^{-7}，钍含量低于 10^{-4}；砂岩相比较 U 和 Th 含量略高；U 和 Th 含量最高的为泥质页岩和黏土。富含磷、有机质等的沉积岩，由于放射性核素富集，其放射性较强。

（2）当沉积岩发生碳酸盐岩化、黄铁矿化、硅化、白云岩化和石膏化等时，放射性通常降低。

（3）沉积岩中碳质、沥青质等有机质含量和存在形式对岩体放射性强度也有密切相关。一般规律有机质含量越高，U 含量和放射性强度越高。

变质岩中放射性核素的含量与变质前原来岩石的物质成分及变质过程有关，因此变质岩岩体放射性核素的分布更为复杂，但也有一定的规律可循。

（1）就原岩成分而言，由基性铁镁硅酸盐岩类变质产生的角闪片岩和大理石岩放射性强度低；富含 SiO_2 和 K_2O、有机碳等组分的长英岩变质后产生的富含长石、黑云母、绢云母的变质岩放射性强度较高；碳质板岩和石墨片岩的放射性含量一般更高，与其原岩富铀有关。

（2）变质岩的放射性强度随其变质程度加深而减少。例如，某地前寒武系结晶片岩和片麻岩中，U 含量随区域变质程度的增高而降低。

（3）退化变质作用形成的变质岩一般 U 含量不高；自变质作用常导致岩石放射性核素含量的增加；超变质作用形成的花岗岩和混合岩某些放射性核素含量较高。

（4）热液蚀变往往导致放射性元素的再分布和迁移，使岩石的放射性特征发生改变，如花岗岩中的钠长石化带和云英岩化带、碱性杂岩中的碳酸盐-钙化带及围岩中的钾化带等，其放射性或某些特征放射性（如钾特征射线）增高。

（5）穿插于花岗岩中的伟晶岩，其放射性一般较高，而穿插于花岗岩中的细晶岩，其放射性一般较低。

综上所述，不同岩体因不同成因，其放射性核素含量会有所差别。因此，根据岩体放射性特征的差别，可以完成岩性划分等地质填图任务。

在开展地质填图时，首先应对该地区各类地质单元的放射性特征进行详细了解，并建立各类地质单元的放射性图谱（图 6-1 和图 6-2），再以此为依据，开展地质填图。

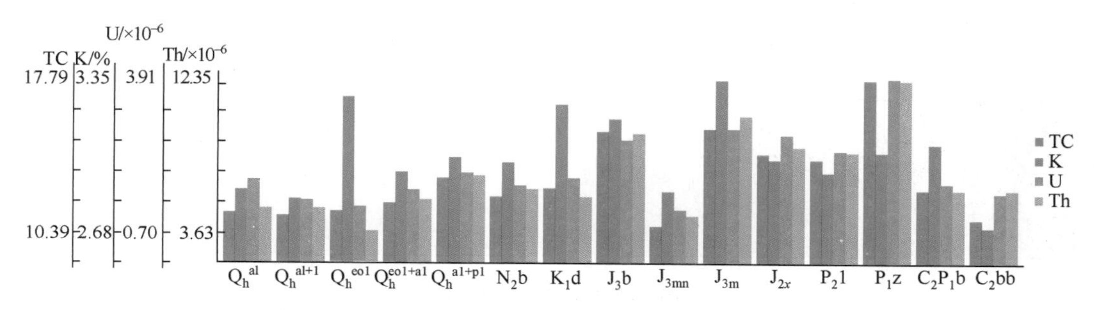

图 6-1　某地区地层航空伽马能谱特征图

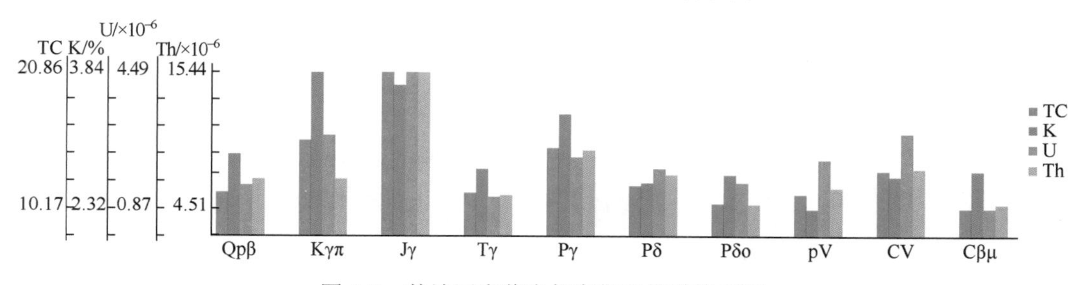

图 6-2　某地区岩浆岩航空伽马能谱特征图

6.1.1　实例 1：红山头钾长花岗岩岩体划分应用

内蒙古自治区西部红山头钾长花岗岩侵入在侏罗系中，岩体出露区为伽马能谱异常区，其中伽马能谱 K 含量为 $4\sim6\times10^{-2}$、U 含量为 $2.5\sim5\times10^{-6}$、Th 含量为 $20\sim28\times10^{-6}$、总量为 24～34Uγ（图 6-3）。

岩体周围分布有侏罗系，与花岗岩相比，侏罗系的放射性相对较低，为偏低场和中低场。侏罗系的伽马能谱场不完全是岩层的反应，由放射性较高的花岗岩形成的坡积物放射性也明显偏高，因此岩体外围的侏罗系伽马能谱场要相对偏高一些（图 6-3）。

红山头钾长花岗岩的特点是，在岩体的外围也是放射性较强的花岗岩和震旦系变质岩，这些岩石形成伽马能谱偏高场或中高场，尽管如此，与钾长花岗岩相比，这些岩石的放射性还是相对偏低，两者之间还是有一定差别。

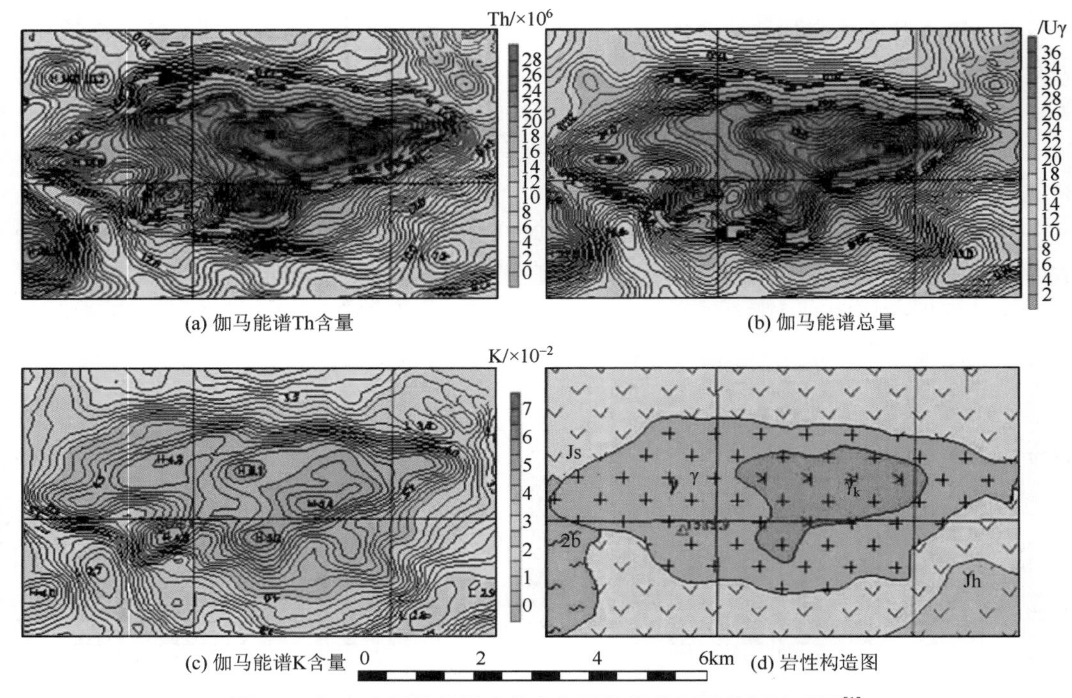

图 6-3　红山头钾长花岗岩航空伽马能谱特征及推断地质图[1]

Js：侏罗系砂岩段；Jh：侏罗系火山岩段；Zb：震旦系；γ：花岗岩；γ_k：钾长花岗岩

6.1.2　实例 2：尾亚花岗岩岩体划分应用

在尾亚车站西南，航空伽马能谱有一个椭圆型偏高场。航空伽马能谱总量为 9～17Uγ，边部为 9～10Uγ，中心增大到 11～14Uγ，中心的航空伽马能谱总量均值明显高于边部［图 6-4（a）］。K 含量为 1%～3%；U 含量为 1×10^{-6}～2×10^{-6}；Th 含量为 3×10^{-6}～16×10^{-6}，含量值也有从边部到中心分带的现象。根据航空伽马能谱场的这些特征可以看出，岩体内的岩性是不均匀的，可以划分出几个特征不同的岩相带，岩体的中部具有 K 低，U、Th 高的特征，而边部则是 K 高，U、Th 低；在航磁图上，与能谱偏高场相对应，航磁为偏低场，与周围升高磁场相比，降低了约一百 nT，但在椭圆型场的边部，航磁有一个不太连续的升高异常环带。尾亚岩体的中部具有航空伽马能谱场偏高，磁场偏低的特点，具有花岗岩类的一些地球物理场特征；但边部的 K 高、磁高，则具有碱性岩和中基性岩的一些特征。

据新疆第一区调队的李嵩龄等研究认为，尾亚岩体是一个复式岩体，由碱性辉长岩-石英正长岩-碱长花岗岩-二长花岗岩-钾长花岗岩多个单元组成。

利用航空物探填出的尾亚岩体由几个特征不同的岩相组成［图 6-4（d）］，岩体的中心部分是由二长花岗岩为主的花岗岩类组成（ΔT 偏高，K 偏低，U、Th 高）；向外是以二长花岗岩、石英闪长岩、花岗闪长岩等中酸性岩组成的环带（ΔT 偏低，K、U、Th 偏高）；岩体的边部是由石英正长岩、碱长花岗岩等偏碱性的岩石及基性岩组成（ΔT 高，K 高，U、Th 偏低）。

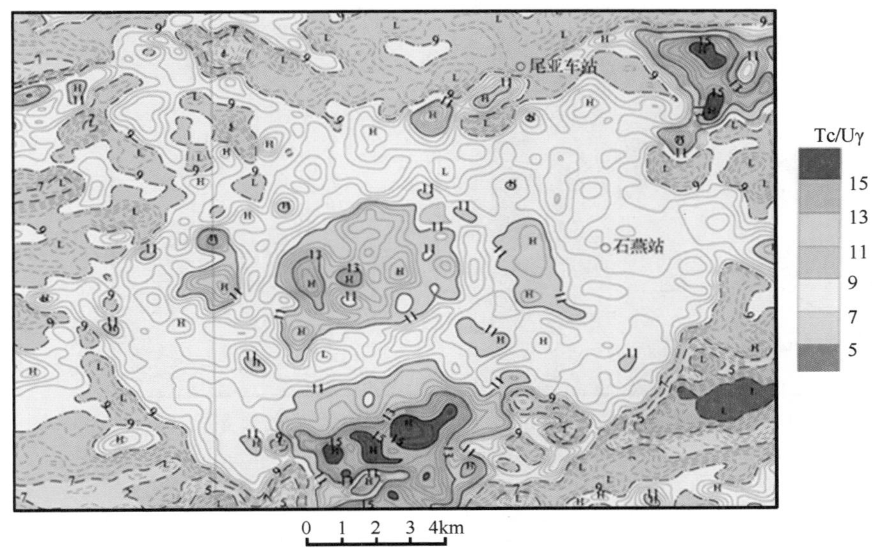

(a) 航空伽马能谱总量等值线图

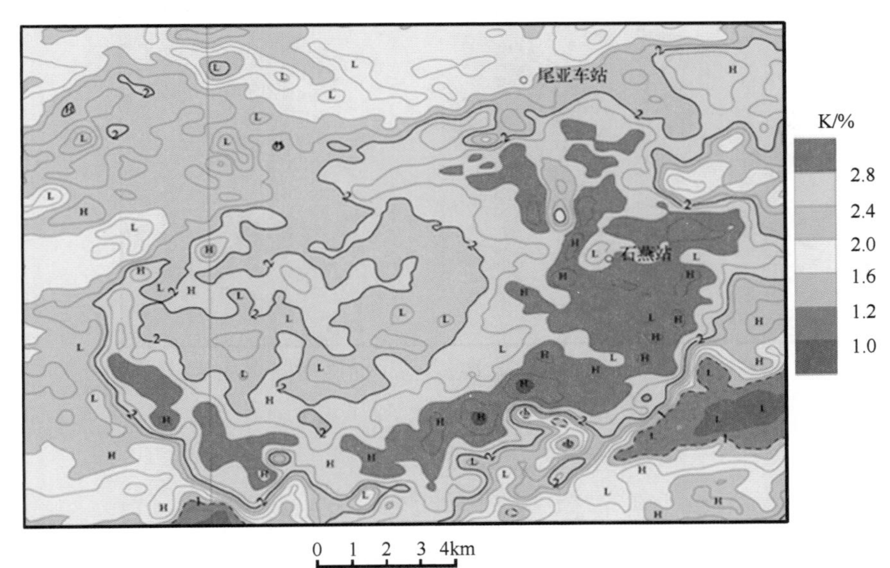

(b) 航空伽马能谱钾含量等值线图

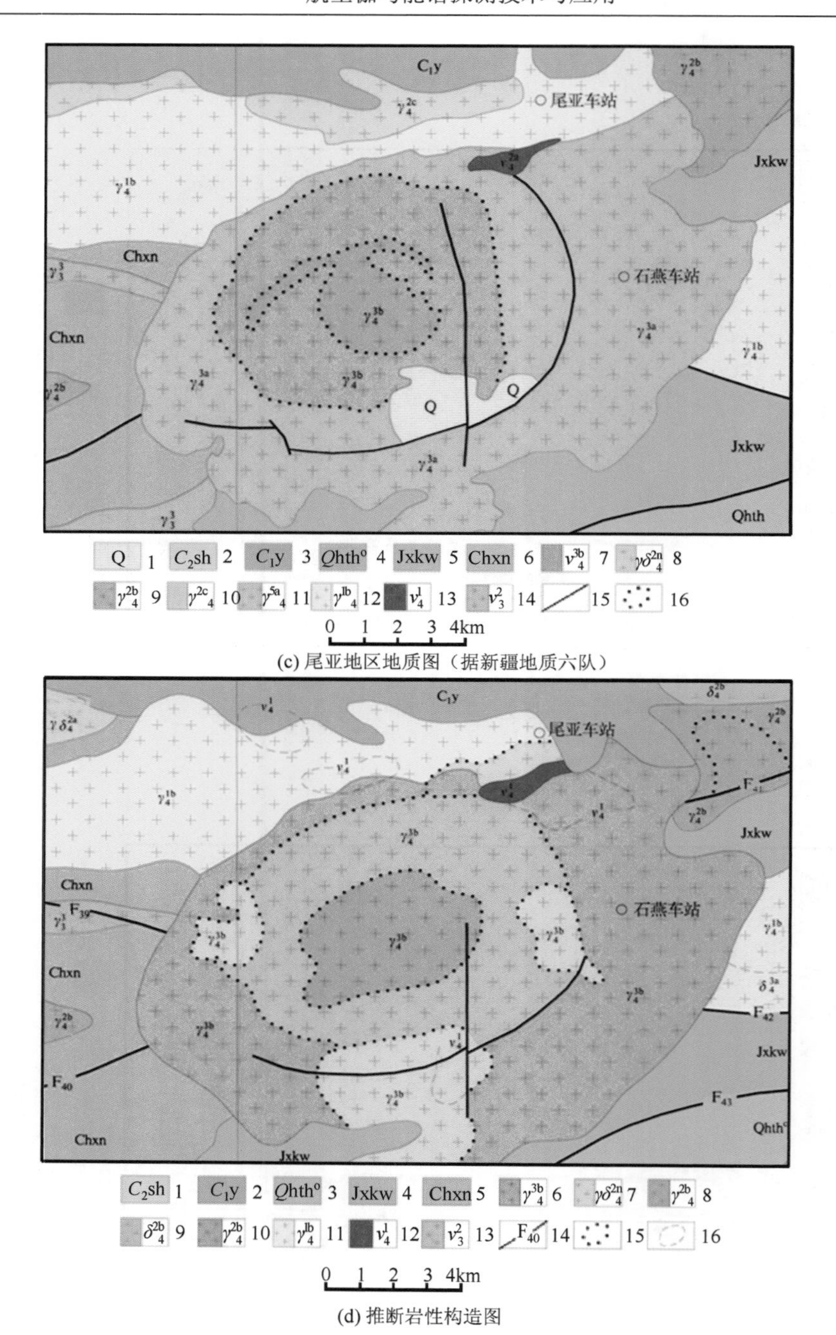

(c) 尾亚地区地质图（据新疆地质六队）

(d) 推断岩性构造图

图 6-4　尾亚岩体伽马能谱场特征（总量）[2]

尾亚地区地质图图例　1：第四系；2：石炭系沙泉子组；3：石炭系雅满苏组；4：元古界青白口系；5：元古界蓟县系；6：元古界星星峡组；7：华力西晚期第二侵入次花岗岩；8：华力西中期第一侵入次花岗闪长岩；9：华力西中期第二侵入次花岗岩；10：华力西中期第三侵入次花岗岩；11：华力西晚期第一侵入次花岗岩；12：华力西早期第二侵入次花岗岩；13：华力西早期基性岩；14：加里东晚期花岗岩；15：断裂；16：岩性分界线

推断岩性构造图图例　1：石炭系沙泉子组；2：石炭系雅满苏组；3：元古界青白口系；4：元古界蓟县系；5：元古界星星峡组；6：华力西晚期第二侵入次花岗岩；7：华力西中期第一侵入次花岗闪长岩；8：华力西中期第二侵入次花岗岩；9：华力西中期第二侵入次闪长岩；10：华力西晚期第二侵入次花岗岩；11：华力西早期第二侵入次花岗岩；12：华力西早期基性岩；13：加里东晚期花岗岩；14：断裂；15：岩性分界线；16：隐伏岩体

6.1.3　实例 3：唐古尔塔格南部花岗斑岩岩体划分应用

新疆东天山地区唐古尔塔格南部，雅满苏大断以南，侵位于下石炭统雅满苏组，岩体呈东西向展布，长为 1～2km，宽为 0.3～0.9km、面积近 $1km^2$，呈肉红色花岗斑岩，细粒花岗结构，块状构造。岩石矿物主要由钾长石、斜长石、石英及绿泥石组成。副矿物为磁铁矿、榍石、磷灰石等。

航空伽马能谱钾含量在花岗斑岩岩体有明显异常（图 6-5），K 含量高值为 1.77%，为花岗斑岩中具有较高钾长石含量的反映。花岗斑岩上的 Th 含量较周围略有降低，Th 含量平均值为 3.72×10^{-6}。花岗斑岩上的 U 含量较周围略有升高，U 含量平均值为 1.81×10^{-6}。航空磁测结果，航磁为平静的负磁背景场中出现的局部升高正异常，ΔT_{max}=180nT，验证了航空伽马能谱对花岗斑岩岩体划分的范围。

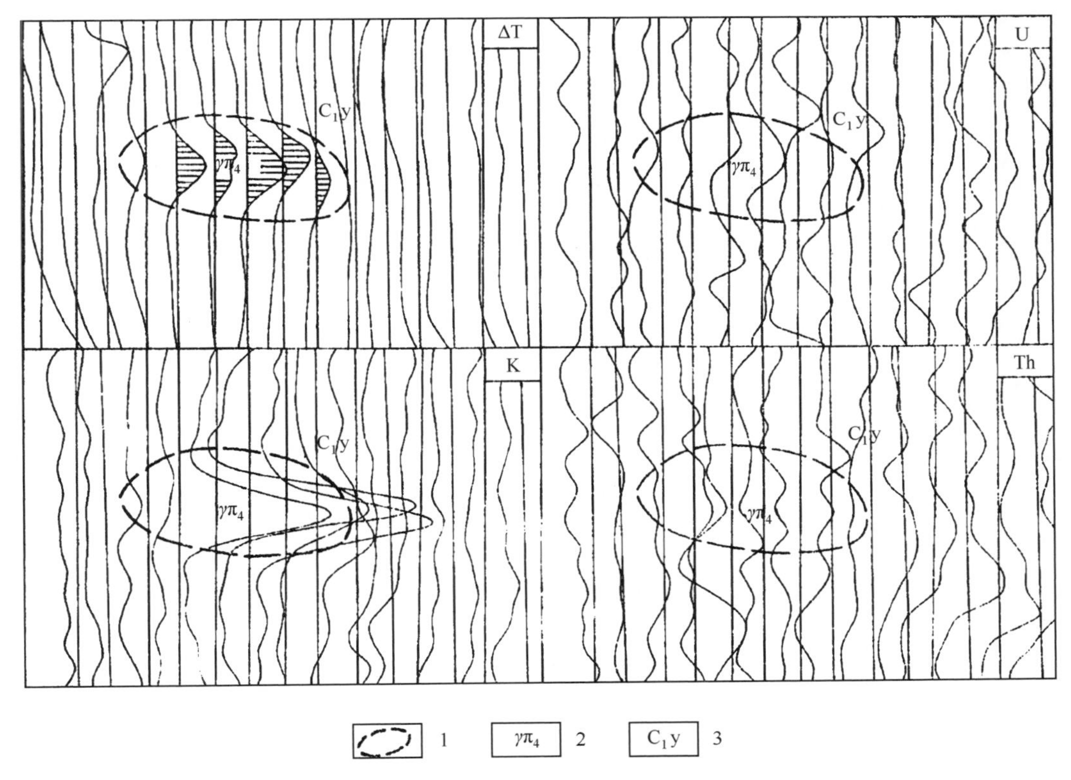

图 6-5　唐古尔塔格南部花岗斑岩航空物探特征[3]

1：岩体边界；2：花岗斑岩（$\gamma\pi_4$）；3：下石炭统雅满苏组

6.1.4　实例 4：镜儿泉闪长岩岩体划分应用

位于东天山镜儿泉以北，航空伽马能谱表现为一个 NEE 走向的菱形异常（图 6-6），与周围航空伽马能谱场相比，呈明显的低值异常特征，航空伽马能谱总量为 2～5Uγ，K 含量为 0～1%，U 含量为 1×10^{-6}～2×10^{-6}，Th 含量为 2×10^{-6}～4×10^{-6}。与伽马能谱低值场相对应，航磁为一个幅值超过 2000nT 的强烈升高异常；从航磁和航空伽马能谱异常特征来看，具有中基性岩体的一些特点。在 1∶20 万地质图上，这里圈出了一个闪长岩体［图 6-6（c）］。

航空物探的推断意见与区调结果有很多地方相近，但存在以下几点差别［图 6-6（d）］。

（1）能谱低值场的中部，有一条 NW 向的线性异常把菱形低值场分为两个三角形部分，航磁也有一条北西向错动带，表明岩体由两个部分组成。

（2）在菱形低值场中，有两处似椭圆形的区域，放射性核素含量值更低，应该是不同岩相的反映，遥感影像图上也表现出明显的灰黑色调，岩石可能更偏基性。

（3）镜儿泉北矿一带，航磁的升高场与北部闪长岩体形成的升高场连在一起，放射性核素含量值也比较低，与典型花岗岩的地球物理场差别较大，因此改填为花岗闪长岩。

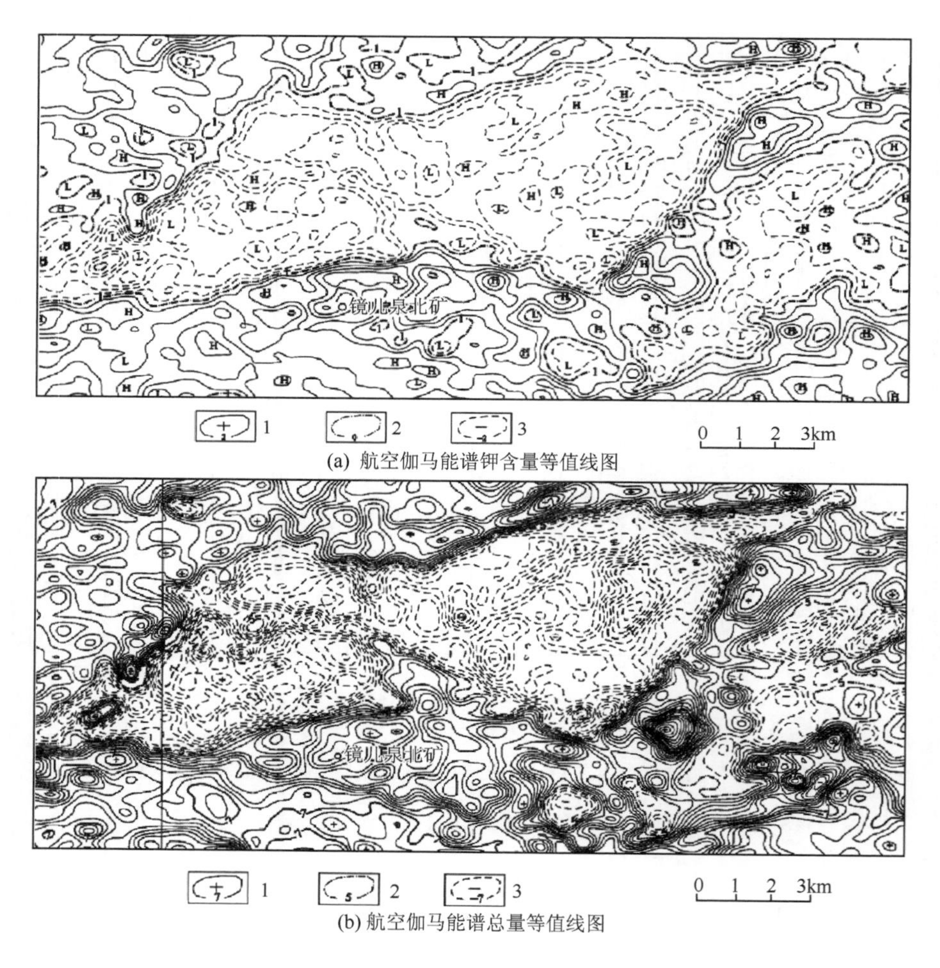

(a) 航空伽马能谱钾含量等值线图

(b) 航空伽马能谱总量等值线图

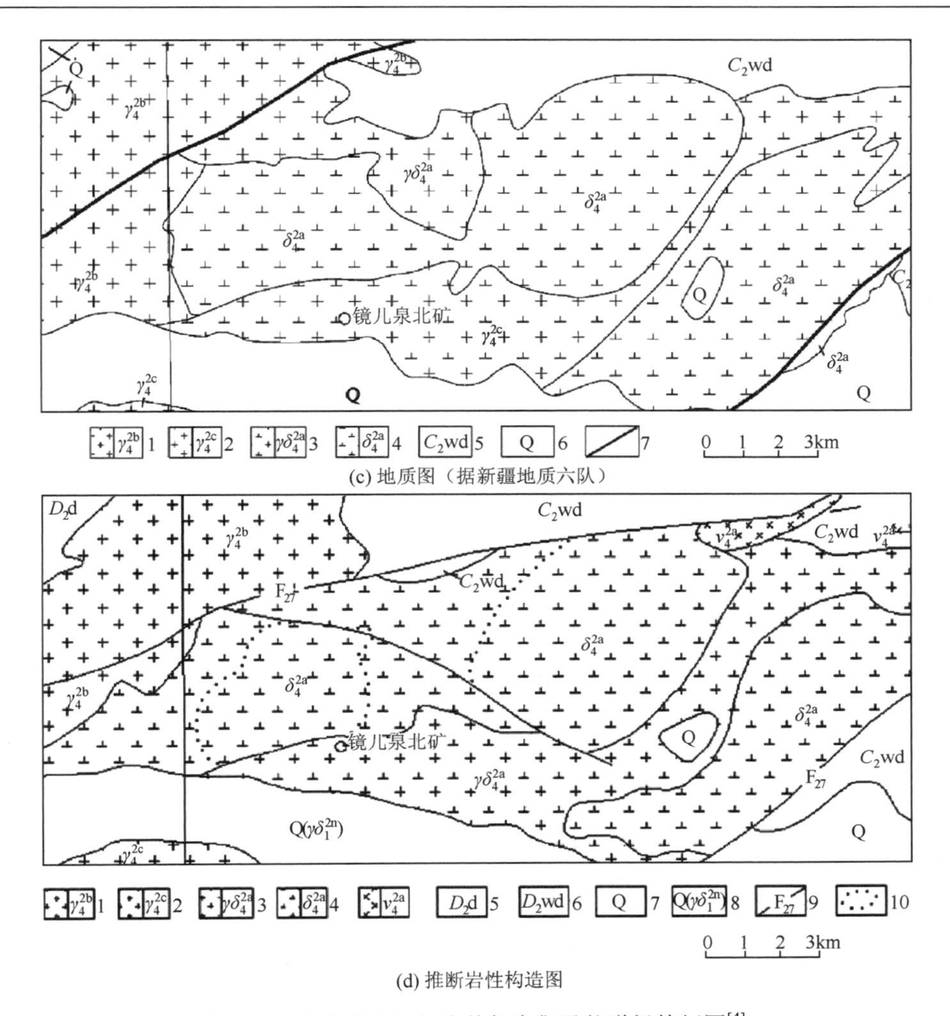

(c) 地质图（据新疆地质六队）

(d) 推断岩性构造图

图 6-6　镜儿泉北闪长岩体航空伽马能谱场特征图[4]

（a）图　1：>1%等值线；2：1%等值线；3：<1%等值线

（b）图　1：>5Uγ 等值线；2：5Uγ 等值线；3：<5Uγ 等值线

（c）图　1：华力西中期第二侵入次花岗岩；2：华力西中期第三侵入次花岗岩；3：华力西中期第一侵入次花岗闪长岩；4：华力西中期第一侵入次闪长岩；5：石炭系梧桐窝子组；6：第四系；7：断裂

（d）图　1：华力西中期第二侵入次花岗岩；2：华力西中期第三侵入次花岗岩；3：华力西中期第一侵入次花岗闪长岩；4：华力西中期第二侵入次闪长岩；5：华力西中期基性岩；6：泥盆系大南湖组；7：石炭系梧桐窝子组；8：第四系；9：推断隐伏于第四系之下的花岗闪长岩；10：断裂

6.1.5　实例 5：别列则克河闪长岩岩体划分应用

在某地区，地质图上分布着四个醒目的中酸性岩体，分别称为萨热乌增、柯立巴依、苏鲁塔勒和希德乌泽克岩体。这些岩体统称为别列则克河岩体或托克萨雷岩体，侵入于 D_2t 地层中。这些岩体在 1∶5 万地质图上定为黑云英闪岩，在 1∶20 万地质图上定为斜长花岗岩。它们无论在航磁图上和伽马能谱图上都有明显的反映；依据等值线图密集带能准确地将其分别圈出来，仅苏鲁塔勒岩体南半部覆盖，地质图上未表示处理，伽马能谱图上显示不清楚，而航磁异常则显示较清楚，如图 6-7 所示。

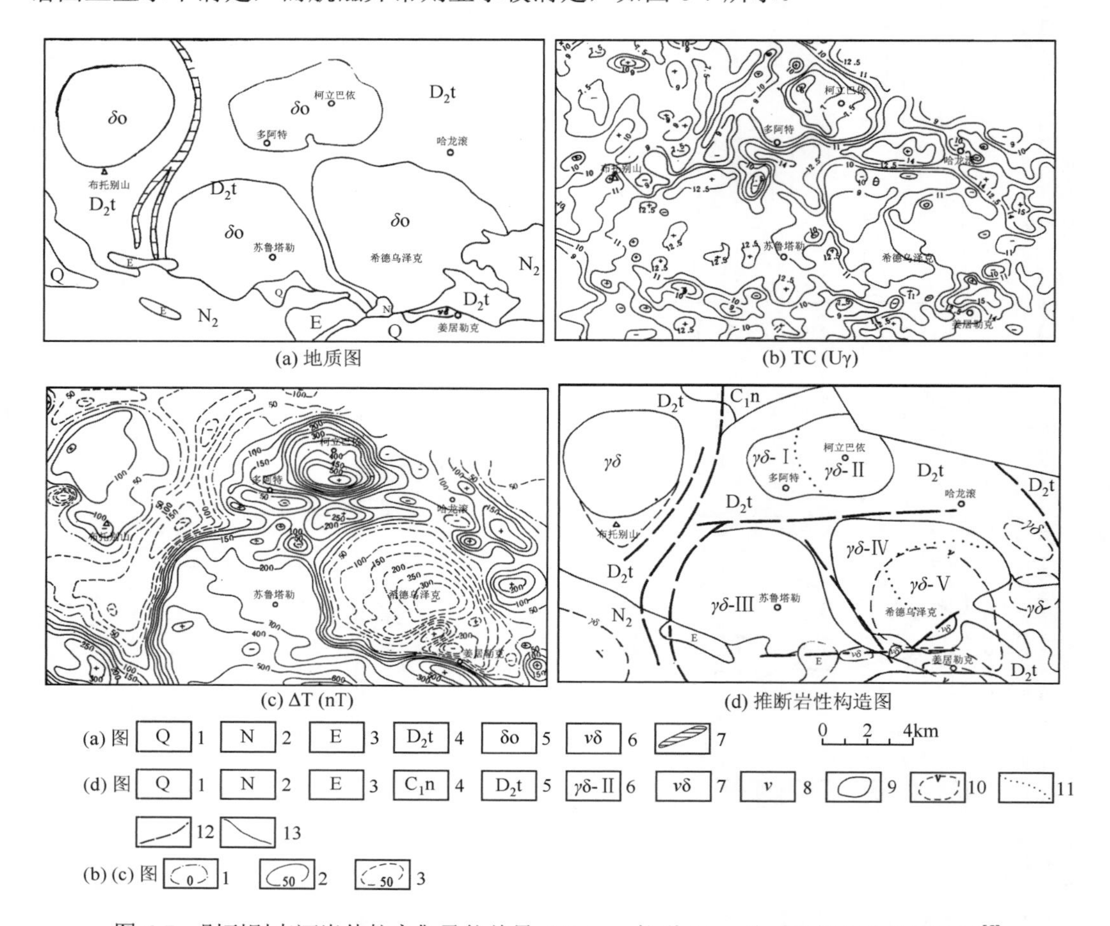

图 6-7　别列则克河岩体航空伽马能总量（Uγ）、航磁 ΔT、地质和推断岩性构造图[5]

（a）图　1：第四系；2：上第三系；3：下第三系；4：托克萨雷组；5：黑云英闪岩；6：中基性岩；7：灰岩带

（d）图　1：第四系；2：上第三系；3：下第三系：4：下石炭统南明水组；5：托克萨雷组；6：推断中酸性侵入岩及岩相代号；7：中基性岩；8：基性岩；9：推断岩性体界线；10：推断隐伏岩体及岩性；11：推断岩相界线；12：推断断裂；13：测区边界航空伽马能总量

（b）（c）图 1：零等值线；2：正等值线；3：负等值线

地面调查表明，这些岩体的岩性主要为英闪岩，其次为石英闪长岩、斜长花岗岩等。值得注意的是，这些岩体的地球物理场面貌不尽相同，其物性参数也有差异。这表明，这几个岩体可能并不像地质上认为的那样简单（4 个岩体均为黑云英闪岩），它们可能具有不同的岩性特征。将这种岩性差异假定为岩体的相带变化，将该类岩体划分成 5 个岩相。各岩体的推断结果见表 6-1。

表 6-1　不同英闪岩体的航空物探特征[5]

岩体名称		航空伽马能谱场特征	航磁特征	推断岩相
萨热乌增		平静的中等场	升高正磁场，强度 50～150nT	伽马 δ
柯立巴依	西半部	变化的中等场	升高正磁场，强度 50～300nT	伽马 δ-I
	东半部	较平静的中低场	高磁场，强度 200～600nT	伽马 δ-II
苏鲁塔勒		平静的中等场	1. 高磁场，强度 200～450nT 2. 强异常，强度 500～700nT	伽马 δ-III，隐伏 ν
希德乌泽克	西半部	平静的中等场	平静负磁场，强度 0～200nT	伽马 δ-IV
	东半部	平静的中高场	降低负磁场，强度 200～350nT	伽马 δ-V，隐伏 ν（反磁化）

总体上讲，萨热乌增岩体磁场特征与东面几个岩体差异较大，前面已推断它是向下“无根”的（“根”不深的）与东部岩体不相连的侵入岩。但它具有与柯立巴依岩体西半部、希德乌泽克岩体西半部类似的能谱场，磁场面貌也较类似，推断它们由具中等放射性和较弱磁性的英闪岩相引起。填图时这些英闪岩体用伽马 δ 表示。

6.1.6　实例 6：红石山基性—超基性岩岩体划分应用

图 6-8 为甘肃省北部红石山地区航空伽马能谱总道（Tc）特征及推断地质构造图。

红石山岩体的岩性主要是橄榄岩和蚀变辉长岩，该岩体呈东西向的纺锤形侵入于下石炭统白山群地层中，又被二长花岗岩体所侵入。红石山岩体具有基性—超基性岩体的一般特征，放射性核素含量非常低，伽马能谱总量基本在 12Uγ 以下，为中低—低场［图 6-8（a)］，K、U、Th 也都有明显的低值异常反应。在航磁图上表现为强烈的升高异常，异常峰值达到 900nT 以上。利用航空伽马能谱和航磁资料，可以很好地划定红石山岩体的分布范围［图 6-8（b)］。

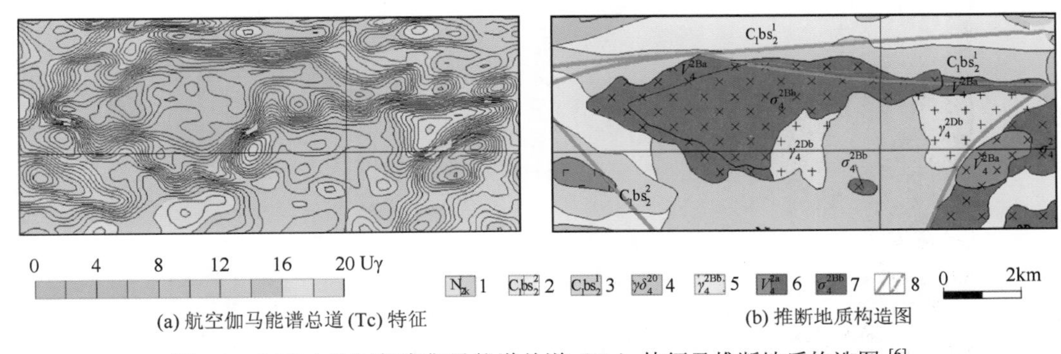

(a) 航空伽马能谱总道 (Tc) 特征　　(b) 推断地质构造图

图 6-8　红石山地区航空伽马能谱总道（Tc）特征及推断地质构造图[6]

1：苦泉组砂、泥岩；2：白山群绢英千枚岩组；3：白山群绿泥千枚岩组；4：华力西中期花岗闪长岩；5：华力西中期二长花岗岩；6：华力西晚期辉长岩；7：华力西晚期橄榄岩；8：断裂、隐伏断裂

6.1.7　实例 7：扫子山北杂岩岩体划分应用

甘肃省北部扫子山北岩体是一个岩性复杂的岩体。在航空伽马能谱图上，为一个椭圆型偏高—高场，总量均值在 12×10^{-6}～24×10^{-6}Uγ，但大部分在 12×10^{-6}～15×10^{-6}Uγ［图 6-9（a）］，遥感影像图上为灰白色调［图 6-9（b）］。

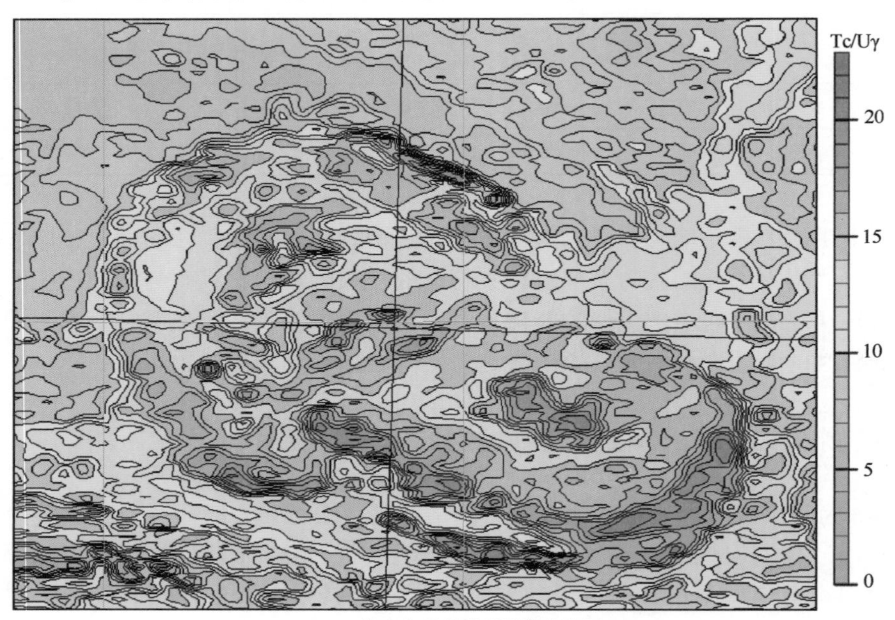

(a) 航空伽马能谱总道等值线图

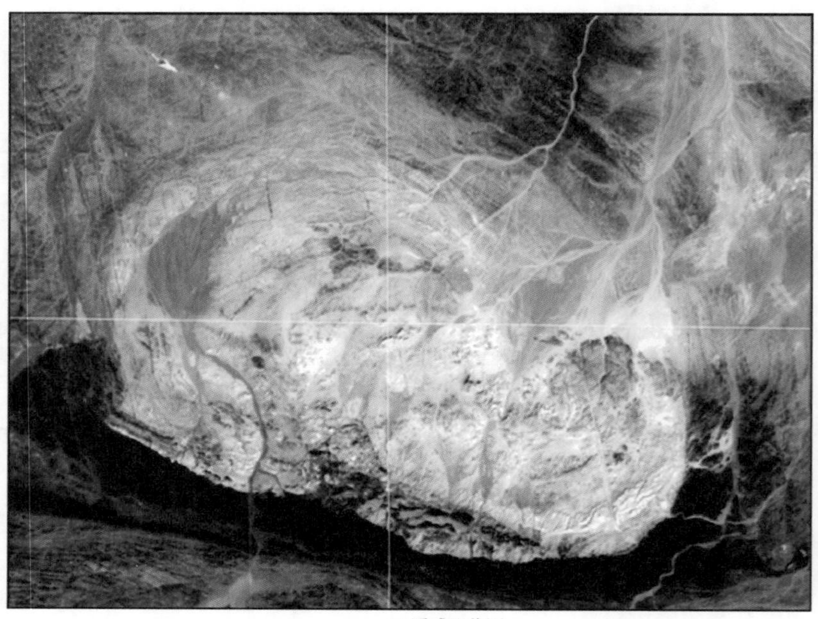

(b) 遥感影像图

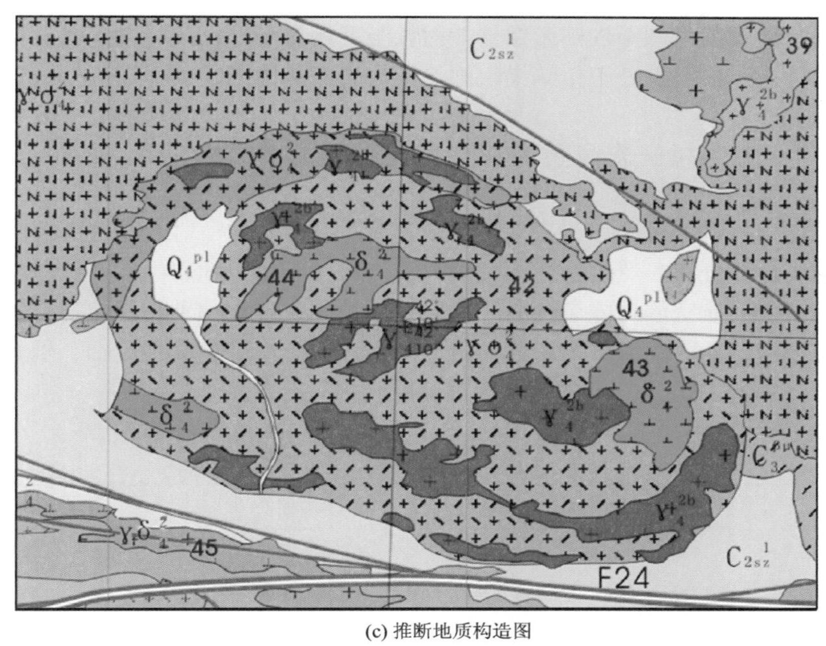

(c) 推断地质构造图

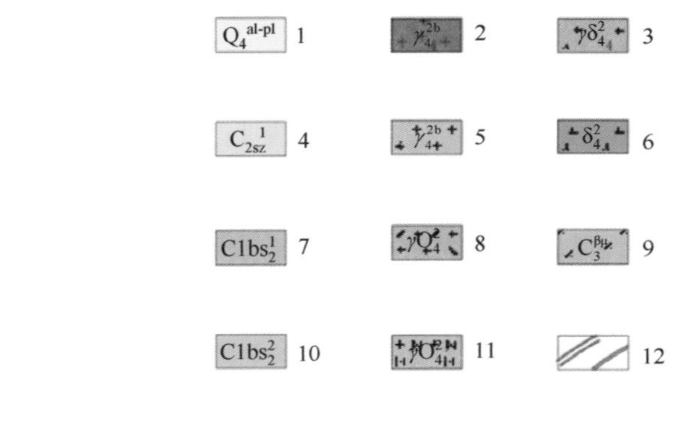

图 6-9　扫子山北岩体伽马能谱场及遥感影像特征[6]

1：全新统：砂砾、砂土；2：华力西中期第二侵入次钾长花岗岩；3：华力西中期花岗闪长岩；4：扫子山群板岩组：粉砂质板岩及泥质板岩夹石英长石砂岩及泥灰岩；5：华力西中期第二侵入次花岗岩；6：华力西中期第一侵入次闪长岩；7：白山群绿泥千枚岩组：绿泥千枚岩、绢云绿泥千枚岩及绿泥绿帘片岩夹铁矿层；8：华力西中期二长花岗岩；9：次火山岩、辉绿玢岩；10：白山群绢英千枚岩组：绢英千枚岩夹凝灰岩及含铁石英岩；11：华力西中期斜长花岗岩；12：深断线裂、断裂

地质图上该岩体为二长花岗岩，地面勘探发现，岩体中的钠长石十分发育。因此，岩体的主体属于二长花岗岩，但地质上对岩体的划分过于简单从航空伽马能谱特征结合遥感影像图分析，岩体内发育很多伽马能谱偏高的环形条带，伽马能谱总量大于 12Uγ，而且伽马能谱钾、铀、钍都有不同程度的偏高，其中钾、钍的含量增高明显，分别为 4%～6%、12×10^{-6}～18×10^{-6}，与这些伽马能谱高值条带相对应，遥感影像图上也有局部乳黄色影像体，其特征表明钾长石含量偏多，因此把这部分岩石填为钾长花岗岩；遥感影

像图上可见到局部灰黑色调不规则影像体，而伽马能谱有局部低值异常，具有花岗闪长岩或闪长岩的特征，根据野外工作结果，把这部分岩石划为闪长岩［图 6-9（c）］。

6.1.8　实例 8：三合村—朱家黄河决口扇沉积岩岩体划分应用

航空伽马能谱测量的各个参量主要是地表（1m 以内）伽马射线强度的反映，而地表伽马场的强弱及其分布、变化特征等又反映了岩石（土壤）的岩性以及地貌、植被、湿度等。因此，利用航空伽马能谱资料，可以划分第四系岩性类别和圈定河流、湖泊、沼泽、洼地等地貌单元。例如，山东黄河口地区，不同类型土壤的钾、铀、钍含量存在不同的特征（表 6-2）。因此，可借此进行岩性地貌划分。

表 6-2　山东黄河口地区土壤钾、铀、钍含量[7]

测试方式	土壤岩性	钾含量/%	铀含量/$\times10^{-6}$	钍含量/$\times10^{-6}$
地面伽马能谱测量	砂土	1.32	1.83	8.56
	亚砂土、亚黏土	1.58	1.99	8.82
	黏土	1.97	2.51	11.49
室内分析	砂土	1.64	1.91	5.80
	黏土	2.12	2.43	12.80
航空伽马能谱测量	砂土	1.50	1.7	6.20
	黏土	1.91	2.3	10.50

山东黄河口地区三合村—朱家一带为地质上确定的黄河口决口扇，地表岩性主要为亚砂土。该区航空伽马能谱总计数率及 K、U、Th 含量较周边地区明显下降（图 6-10）。航空伽马能谱特征（Tc 下降、K/Th 比值升高）圈定的决口扇范围比地质上确定的黄河口决口扇范围略小。引起该区航空伽马能谱变化的原因，一是靠近黄河及其两岸地表水较多；二是黄河多次泛滥、改道、决口，致使地表岩性分布不均。

6.1.9　实例 9：西乌旗—巴林左旗航空伽马能谱岩性构造填图应用

西乌旗—巴林左旗位于内蒙古自治区中东部。2011 年，用新研制的 AGS-863 航空伽马能谱勘查系统在西乌旗—巴林左旗进行了试生产，根据实测的航空伽马能谱数据，结合卫星遥感影像图，开展了地质构造填图（图 6-11）。从图 6-11 中可以看出，推断地质构造图总体上与已知地质构造图接近，表明利用航空伽马能谱资料可以有效地圈定地质单元，如南部地区花岗岩、火山岩的分布基本上与地质图中的相当。同时，推断地质构造图与已知地质构造图又存在一些差异，主要是推断地质构造图划分的更精细。总之，该区的推断地质构造图与已知地质构造图对比分析表明，用 AGS-863 航空伽马能谱勘查系统测量数据完成的填图效果较好。

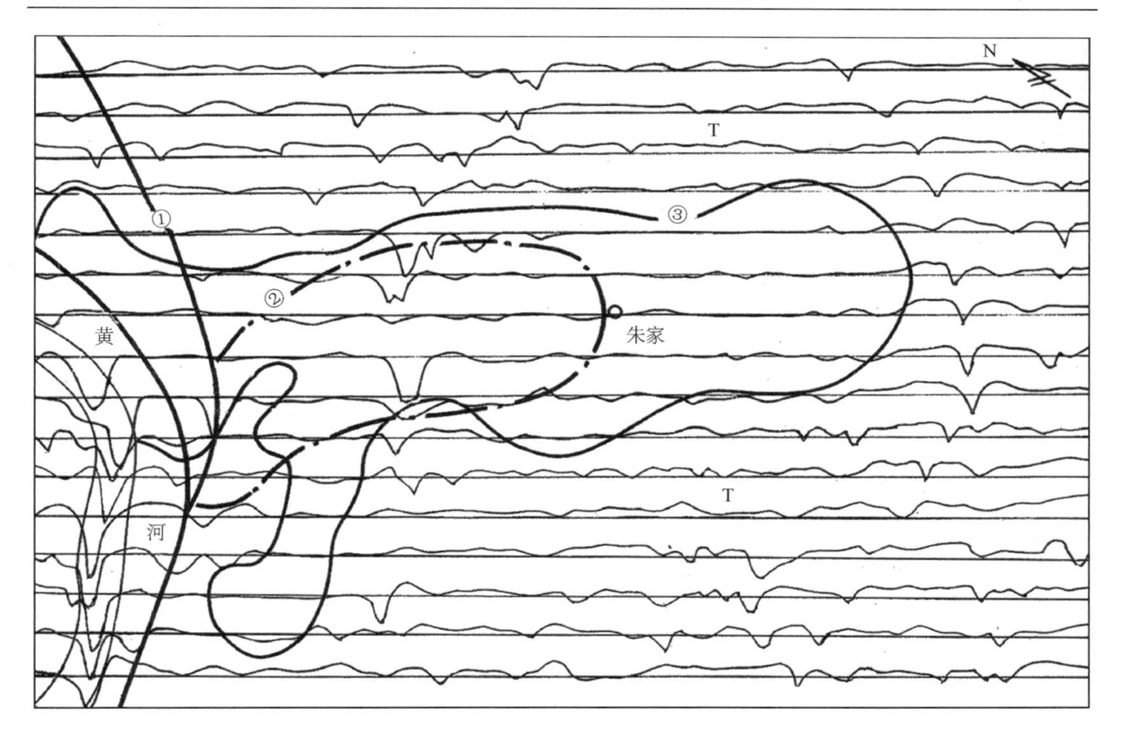

图 6-10　利津县南朱家决口扇航空伽马能谱总道剖面图及地质图[7]

①黄河大堤；②地质上圈定的决口扇范围，T-亚砂土、砂性土；③根据伽马场圈定的决口扇范围

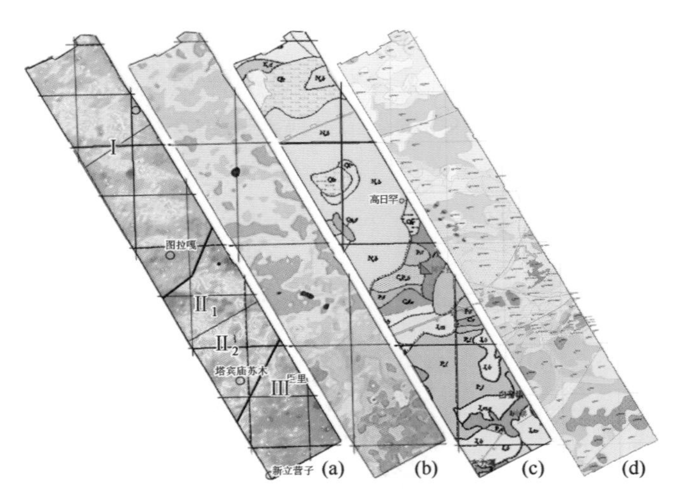

图 6-11　西乌旗—巴林左旗航空伽马能谱填图效果

（a）：航空伽马能谱总量等值线图及区域异常分区图（图中 I 、II 、III代表三种异常区）；
（b）：钾铀钍元素聚类图；（c）：地质构造图；（d）：航空伽马能谱推断地质构造图

6.2　在固体矿产勘查中应用

航空伽马能谱探测技术在固体矿产勘查中的应用非常广泛，主要利用航空伽马能谱探测技术直接探测地面钾、铀和钍的含量高低，直接调查放射性矿产（如铀矿、钾盐矿等），同时也利用航空伽马能谱探测技术直接探测地面钾、铀和钍的含量高低及组合关系，间接调查各类矿产（如蚀变岩型金矿、斑岩型铜矿、稀土矿等）。

6.2.1 航空伽马能谱探测技术直接寻找铀矿

铀矿，其典型特点就是矿物岩体铀含量高。此外，对于残积覆盖区，由于存在着广泛的地球化学晕，覆盖层（浮土）与基岩的铀、钍、钾含量之间存在着正相关的关系，即高放射性含量的基岩，在其上覆风化层中的放射性元素含量也相应地增加，航测所探测到的地表放射性元素含量的变化可以代表基岩中相应元素含量的变化规律。因此，在一定的地质条件下是可以找到隐伏铀矿体的。在上述理论基础上，可以根据航空伽马能谱探测到铀含量高值异常，直接调查是否存在铀矿。

自 20 世纪 50 年代以来至今，我国开展航放测量已经覆盖了全国面积的 1/3，编制了相应比例尺的航空伽马能谱或航空伽马放射性图件。在实际应用中，航空伽马能谱测量调查铀矿体有如下几方面特点。

（1）铀矿体在航空伽马能谱上直接反映铀道计数的异常升高，而且存在铀矿体时，总场强度也往往呈现高值异常特征。从目前实际应用情况还未出现有经济价值的铀矿床落在中、低背景场内，充分证明了航空伽马能谱找矿的效果。

（2）对于地表和近地表富铀矿物，航空伽马能谱测量的铀含量结果与地面矿体存在显著的正相关，在测量条件较好情况下甚至能较为准确地代表地面矿体铀含量。隐伏铀矿体在特定的地质条件下（矿体规模大、含量高等），仍能够在航空伽马测量数据中有明显反映。

（3）在航空伽马能谱测量中，环境污染、地质断裂构造等因素同样会造成测量铀含量异常。因此，采用航空伽马能谱测量方法寻找铀矿资源，需综合调查区的地质条件进行综合判断铀异常是否由铀矿体引起。

1. 实例 1：沙尔德兰铀矿勘查应用

沙尔德兰地区位于一条水流方向呈东西向的古河道的中心，区内地势平坦；其地层上部为第四系冲洪积砂砾石层（砾石为花岗岩）和第四系灰褐色盐碱堆积片，并有明显的盐碱化和铁锰质煤灰色蒸发汽壳；基底为海西中期花岗闪长岩体，河床两侧为石炭统雅满苏组的凝灰岩。

沙尔德兰铀矿位于吐哈盆地中部鄯善地区，为根据航空伽马能谱异常进行地面查证发现的铀矿（化）点，属次生淋滤型铀矿（化）点。

航空伽马能谱测量结果显示[8]，沙尔德兰处有一个明显航空伽马能谱铀异常[图 6-12(a)]，其铀含量为 23×10^{-6}，孤立突出，连续两条测线有明显反映。

2001 年地面伽马能谱测量结果，空地异常对应较好［图 6-12（b）］，地面异常铀含量最大值为 130.2×10^{-6}，以 15×10^{-6} 等值线确定异常范围达 320m×260m。铀含量高值区为第四系灰褐色盐碱堆积片，并具有明显的盐碱化和铁锰质煤灰色蒸发汽壳，其范围大小与异常区吻合较好。

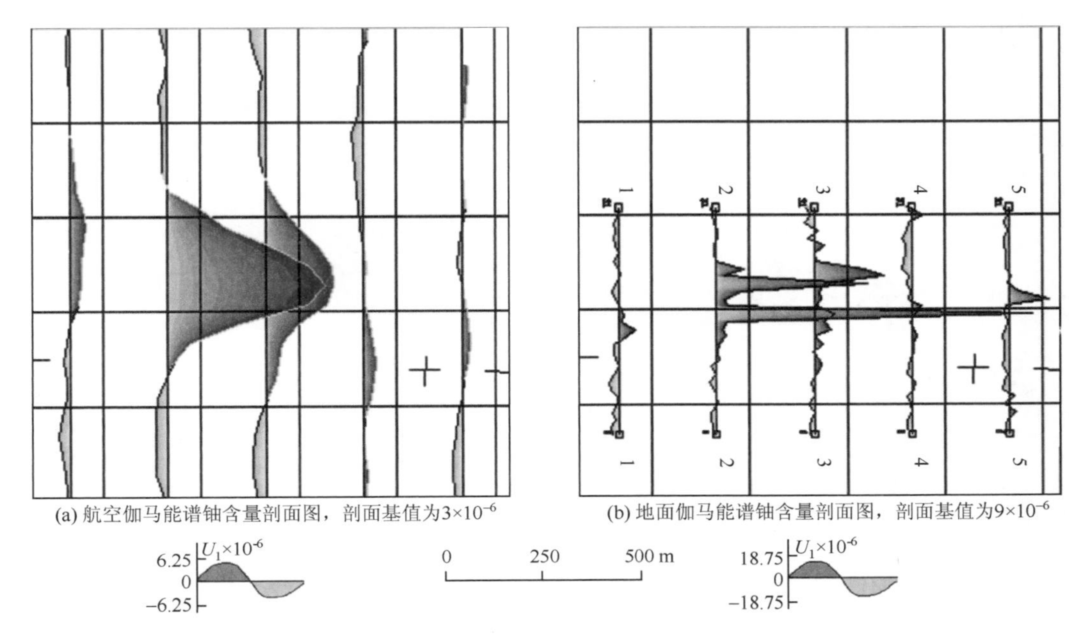

图 6-12　沙尔德兰地区航空和地面伽马能谱铀含量剖面图[9]

2. 实例 2：荷树下铀矿勘查应用

荷树下铀矿位于惠阳市淡水镇地区，为根据航空伽马能谱异常进行地面查证发现的铀矿点，与我国目前最大的火山岩型铀矿-相山铀矿田所处的构造类似。这一铀矿点的发现对在该区寻找火山岩型铀矿床具有重要的指导意义。

荷树下地区出露晚侏罗世和早白垩世火山岩，断裂构造发育。在航空伽马能谱铀含量剖面图上，断裂南部存在一处高铀异常［图 6-13（a）］，总道计数达到 5843cps。

对异常地面放射性检查（图 6-14）发现，该高放射性异常由地表堆积火山岩体造成，并在航空伽马能谱测量异常附近找到了出露原生高放射性地质体。经测定，圈定出矿化体的规模，范围 40m×90m，地面伽马能谱测量结果显示铀含量为 $100\times10^{-6}\sim500\times10^{-6}$，中心位置极大值为 579.1×10^{-6}，已达到工业边界品位。矿脉取样分析结果铀含量 $90\times10^{-6}\sim580\times10^{-6}$，最高为 603×10^{-6}，与地面实测结果吻合。

核工业二九零研究所进一步查证，矿石类型有深灰色黄铁矿化英安质流纹岩（铀含量能谱测量达 0.278%、样品分析结果为 0.459%）、灰绿色绢云母化流纹岩（铀含量能谱测量高达 0.0757%、样品分析结果为 0.0758%）和土红色赤铁矿化绢云母化流纹岩（铀含量能谱测量高达 0.113%、两个刻槽样品分析结果分别为 0.0336%和 0.0331%），其中深灰色黄铁矿化英安质流纹岩矿化较好、品位最高，为主要矿石类型。

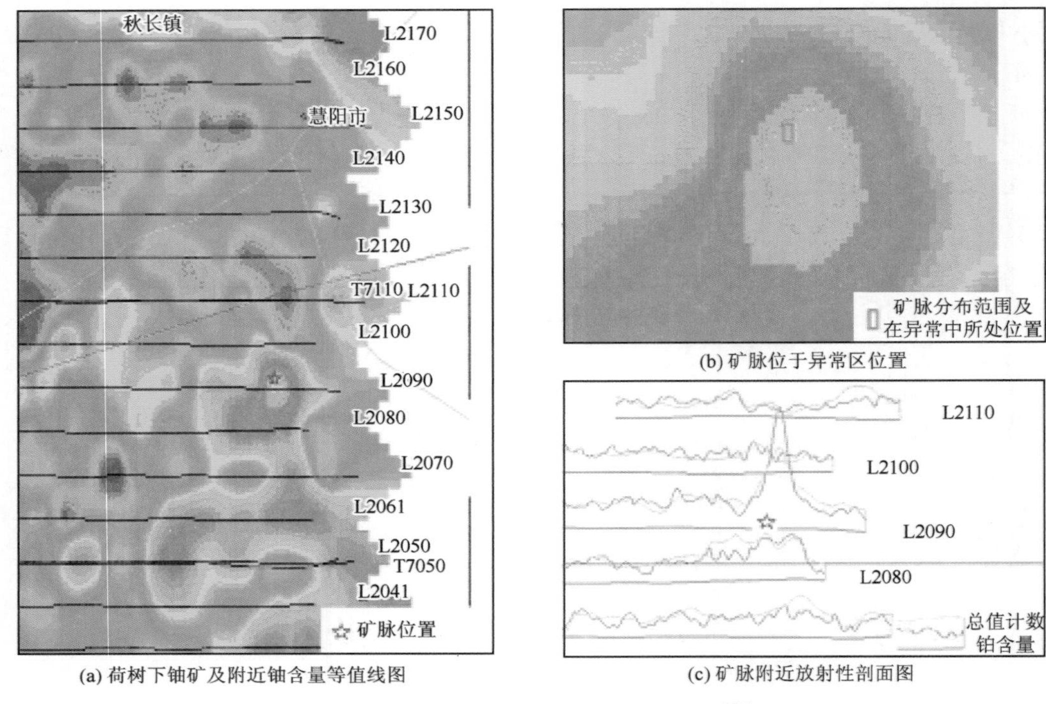

(a) 荷树下铀矿及附近铀含量等值线图　　(b) 矿脉位于异常区位置　　(c) 矿脉附近放射性剖面图

图 6-13　荷树下铀矿航空放射性特征图[10]

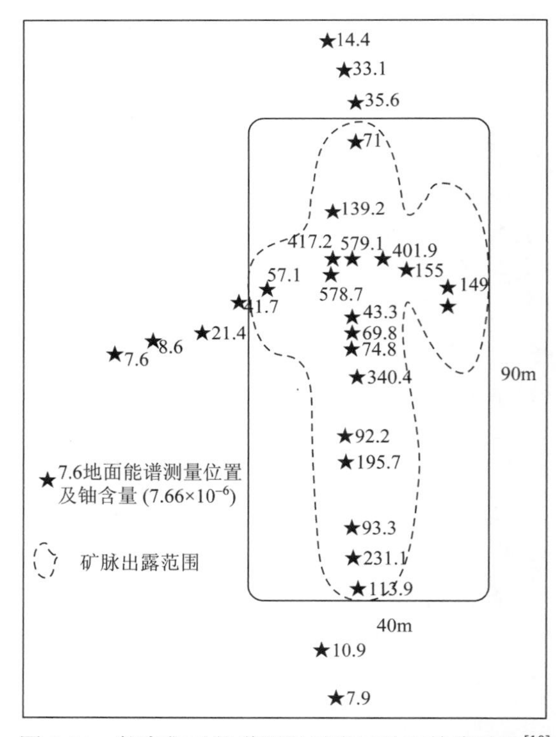

图 6-14　航空伽马能谱测量异常区地面检查结果[10]

3. 实例 3：白石头山以东铀矿化点勘查应用

在甘肃北山地区的航空伽马能谱测量显示，在测区南部、白石头山以东发现一处铀含量异常，航空伽马能谱测量铀异常最大幅值达到了 25×10^{-6}（图 6-15）。

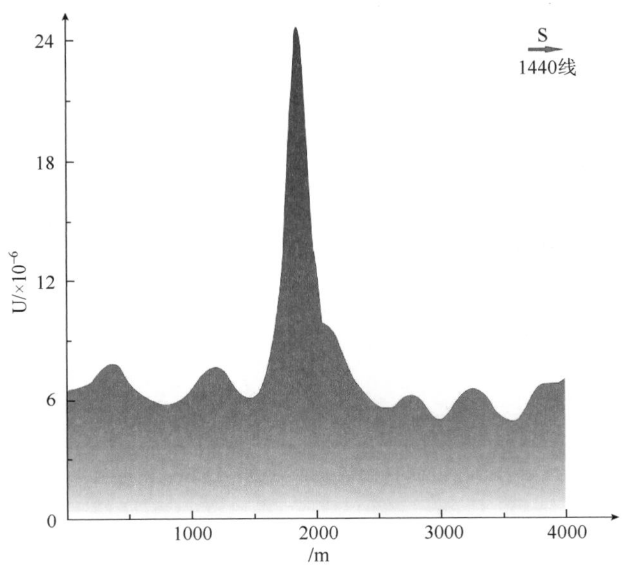

图 6-15　白头山以东铀矿化点的航空伽马能谱铀异常剖面平面图[11]

对该异常进行地面异常检查时发现，铀异常是由黑色炭质粉砂岩引起的（图 6-16）。异常所处粉砂岩体的四周被华力西期花岗岩、闪长岩等中酸性杂岩体所包围。经地面测量，其他岩体如花岗岩、闪长岩、粉砂岩、石英岩等，铀含量均不高，而异常处相邻出露的两黑色炭质粉砂岩地面实测铀含量分别达到 73.11×10^{-6} 和 125.16×10^{-6}。不仅证实了航空伽马能谱测量铀异常，并且说明该处具有较好的砂岩型铀矿找矿前景。

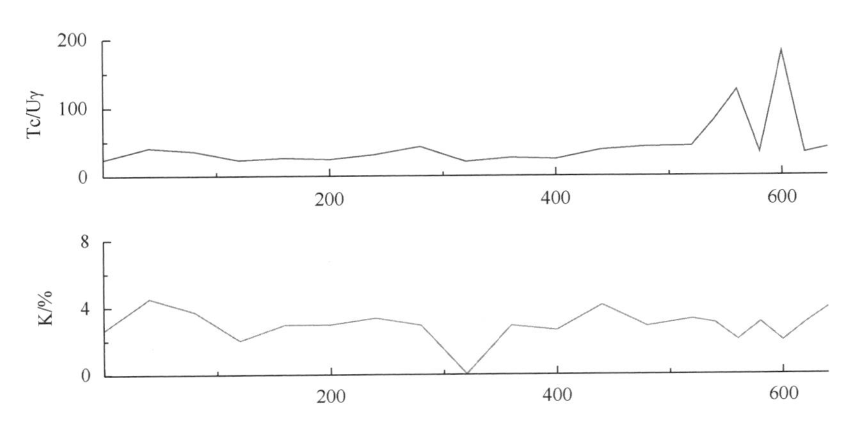

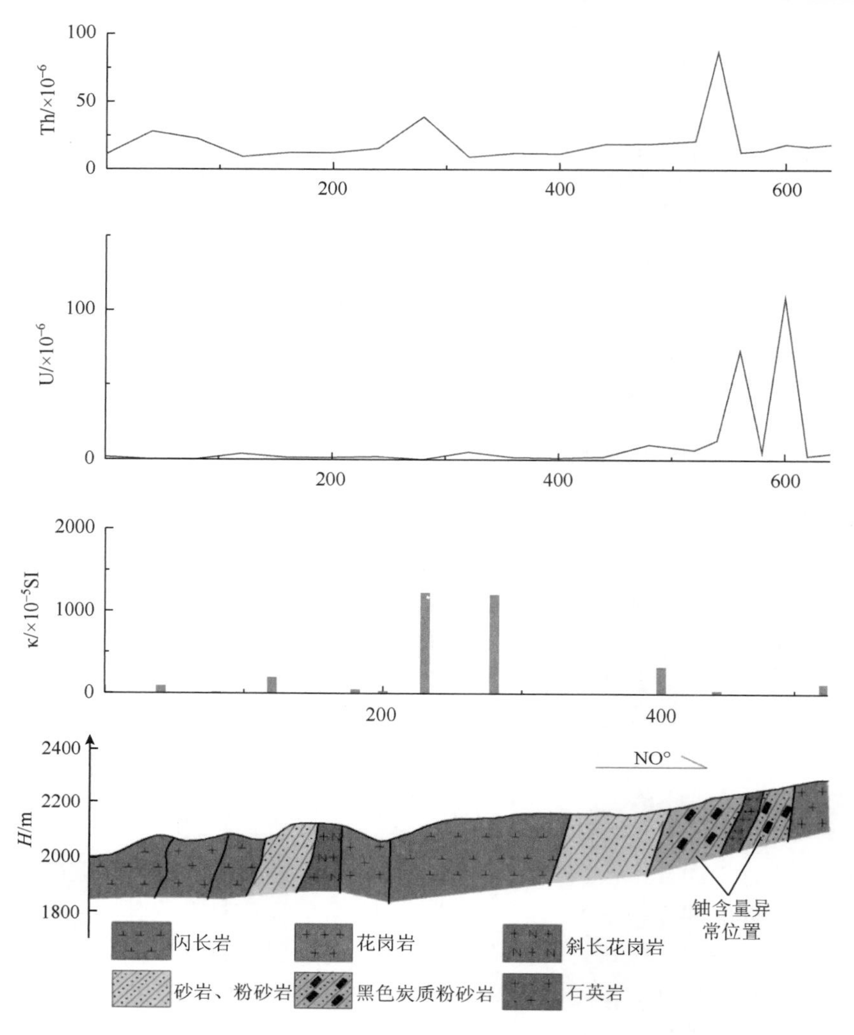

图 6-16　白头山以东铀矿化点地面检查综合剖面图[11]

4. 实例 4：反修山铀矿点勘查应用

反修山铀矿点位于内蒙古自治区额济纳旗野马泉西 11.3km。以往曾作过地表详查和深部揭露工作，只见到铀的次生氧化物硅钙铀矿，铀含量为 0.01%～0.03%，最高为 0.169%，属次生淋滤型铀矿点。

航空伽马能谱测量结果显示，铀矿点位于铀的高场和钍、钾的偏高场中。从综合剖面图（图 6-17）上看，航空伽马能谱总计数率和铀含量曲线均显示出较突出的峰值异常。总道计数在铀矿点位置达到了 20000cps；铀异常形态不规整，双峰特征，最大含量为 15×10^{-6}，钍、钾含量背景偏高，U/Th、U/K 比值异常明显，U/Th＞0.5×10^{-5}。由于该异常处于较平稳的正磁场中，故在磁场和 γ 场二者之间找不出有何相关关系。

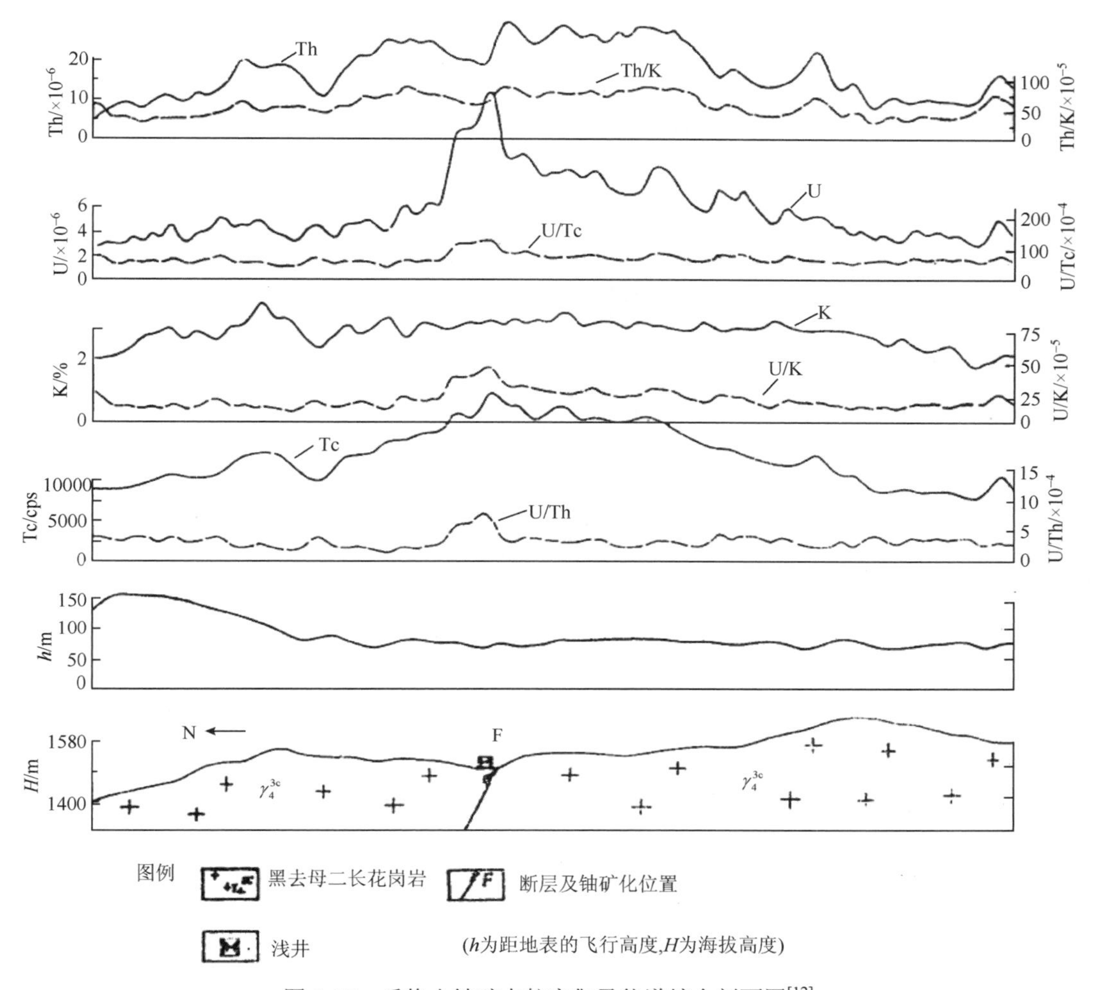

图 6-17　反修山铀矿点航空伽马能谱综合剖面图[12]

经地面查证，异常位于中粗粒黑云母花岗闪长岩和强烈红化、绿泥石化的黑云母二长花岗岩中。异常范围长约 500m、宽约 100m，铀含量背景值为 5×10^{-6}～20×10^{-6}、最高为 421×10^{-6}（图 6-18）。岩石化学分析结果，黑云母花岗闪长岩铀含量为 0.01%～0.019%，黑云母二长花岗岩铀含量为 0.003%～0.028%、最高为 0.053%。钻探证实：200m 以上普遍见有铀的次生矿物（硅钙铀矿、硅镁铀矿、钙铀云母等），302m 处尚见硅钙铀矿。含铀品位为 0.01%～0.03%，最高为 0.169%。

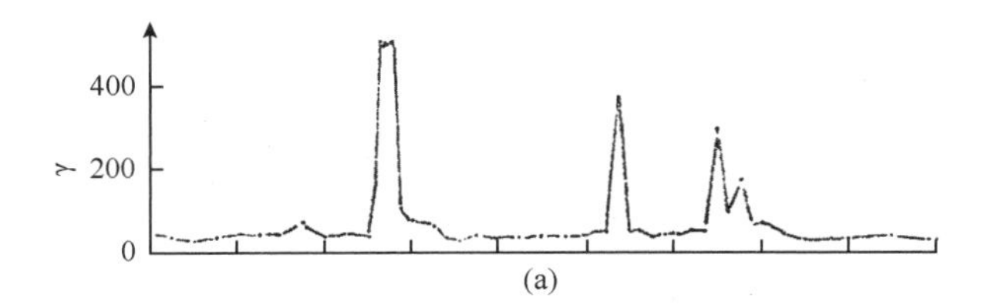

(a)

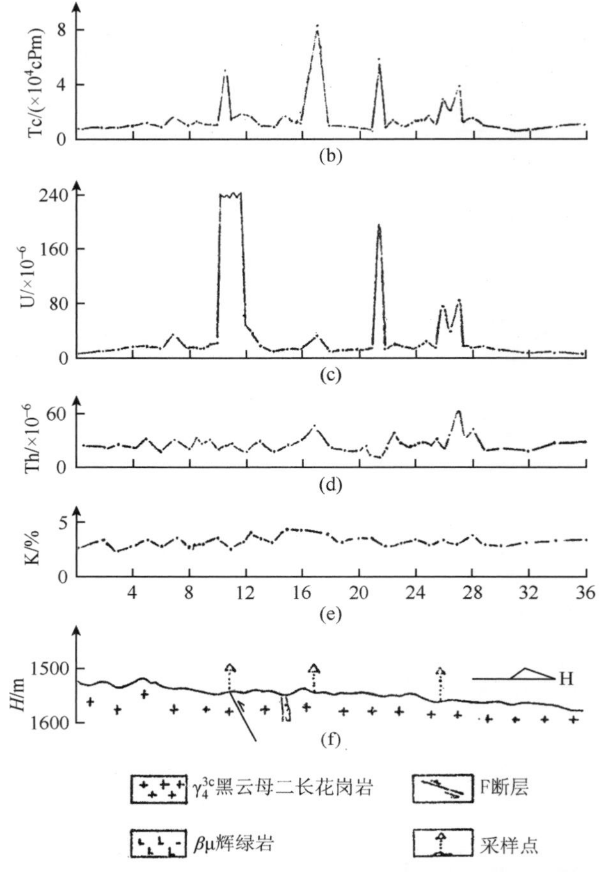

图 6-18　反修山铀矿化点地面伽马能谱测量综合剖面图[12]

5. 实例 5：野马井铀矿点勘查应用

野马井铀矿点位于甘肃省金塔县白土沟泉南东 1.2km，为赋存于含铀性较好的侏罗系上统赤金堡群（J_3ch）粉砂岩、砂质泥岩中，属陆相沉积型铀矿点。

航空伽马能谱测量结果显示，铀矿点位于铀的高场和钍、钾的偏高场中。从综合剖面图（图 6-19）上看，航空伽马能谱总计数率、铀含量均出现明显的异常，其中总计数率高出背景近一倍，铀含量异常形态较规整，在野马井铀矿点位置呈现的异常强度更高，最大含量为 15×10^{-6}；剖面上钍、钾含量无明显异常，U/Th、U/K 比值异常明显，其中 $U/K>0.5\times10^{-5}$。

经地面查证[12]，异常位于野马井中生代盆地内，侏罗系上统赤金堡群（J_3ch）含铀岩系中。地面伽马能谱测量结果，铀含量背景值为 6×10^{-6}，异常地段为 15×10^{-6}～40×10^{-6}，最高为 790×10^{-6}（图 6-20）。岩石化学分析结果：铀含量为 0.005%～0.009%，最高为 0.034%。

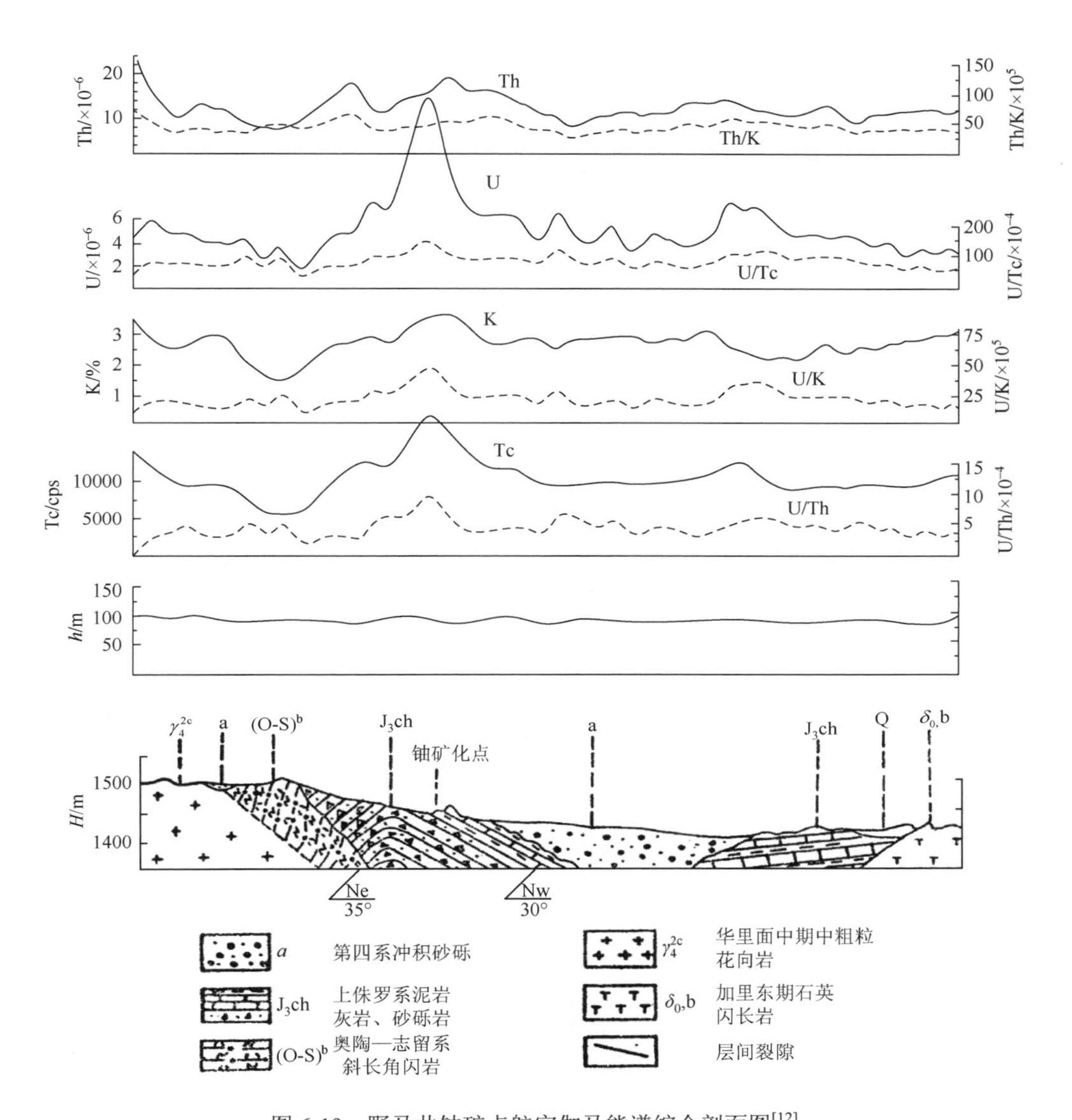

图 6-19　野马井铀矿点航空伽马能谱综合剖面图[12]

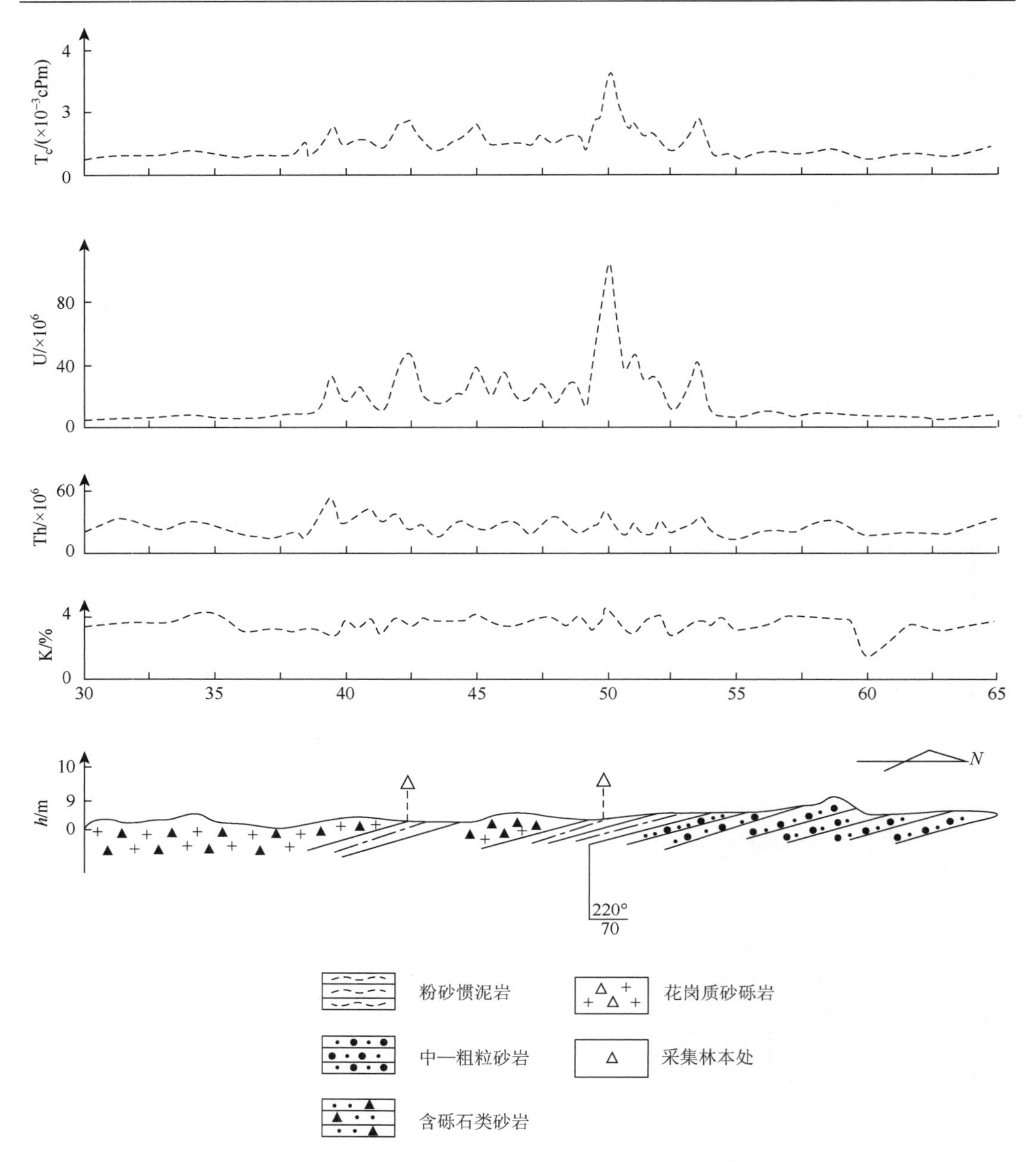

图 6-20　野马井铀矿点地面伽马能谱测量综合剖面图[12]

6. 实例 6：内蒙古某铀矿化点勘查应用

内蒙古某地航空 γ 能谱测量显示存在一铀含量异常，呈 NE 走向，在三条测线上有反映，其特征为：异常曲线规律、尖锐、幅值大，最高含量达 22.4×10^{-6}（图 6-21）。该异常所赋存的赤金堡组地层为一套稳定环境下形成的淡水湖盆沉积。上部为一套土红色夹灰绿色泥质碎屑岩层；中部为灰黄色砂泥质岩层，夹薄层石膏和泥灰岩；下部为灰色、砖红色砾岩、粉砂岩。泥岩、页岩和砂岩地层由于其吸附作用，往往富含放射性核素（主要是铀）。参考国内外沉积型铀矿成矿地质条件，该地区已具备沉积型铀矿床成矿条件，具有很好的寻找铀矿的前景。

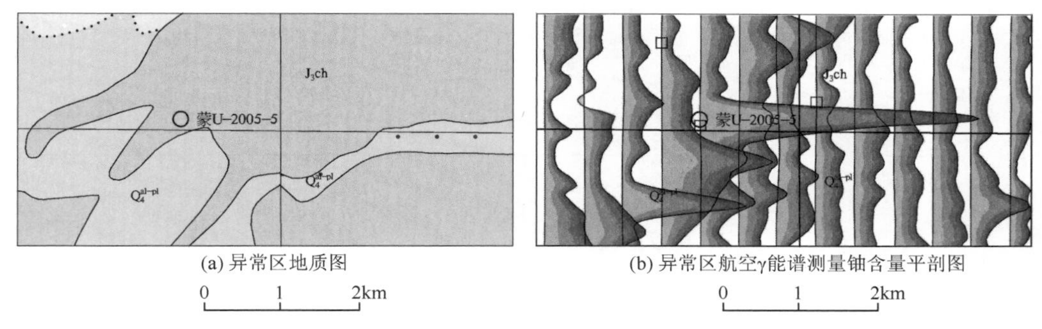

图 6-21　内蒙古某铀矿化点地质图和航空 γ 能谱测量铀含量平剖图[1]

$Q_4^{al\text{-}pl}$：第四系全新统冲击洪积层；J_3ch：侏罗系上统赤金堡组地层

7. 实例 7：新疆伊犁盆地南缘地区铀矿勘查中的应用

伊犁盆地南缘地区是我国第一个层间氧化带砂岩型铀矿床-512 铀矿床的诞生地，已发展为万吨级的大型矿床，并在其东部找到了 511 铀矿床[13]。

1955 年，原二机部 519 大队 21 航测分队在伊犁盆地发现了含铀煤型的航测异常，后发展为 509 铀矿床。为了开展地浸砂岩型铀矿勘查，1991 年，核工业航测遥感中心航测四队在伊犁盆地开展了 1∶10 万比例尺的航空伽马能谱和航磁综合测量[13]。

伊犁航测区位于天山褶皱带中天山隆起带西段伊宁拗陷南部，该拗陷是在巩乃斯石炭纪—二叠纪弧间断陷的基础上发展起来的中新生代山间盆地，其构造背景处于相对稳定的地带。

伊犁盆地的直接基底和盆地南侧的察布查尔山主要由石炭—二叠系和海西期花岗岩构成，石炭—二叠系为一套巨厚的中基性－中酸性火山岩、火山碎屑岩夹碳酸盐岩建造。盆地盖层由三叠系、侏罗系、白垩系、第三系及第四系组成，三叠系中上统和中下侏罗统发育，为河湖相含煤沉积，白垩系在察布查尔山以北缺失，下第三系主要分布于西部，上第三系不发育，第四系广布于盆地。

区域性逆冲断层呈近东西向横贯于察布查尔山北侧山前地带石炭系中，控制着伊犁盆地南缘。盆内地层构成一单斜构造，近东西走向，倾向北，倾角为 5°～15°。

伊犁盆地南缘的铀矿化主要产于侏罗系中下统水西沟群含煤岩系地层中，煤、砂岩、泥岩中均有铀矿化现象，其中含铀煤型铀矿化分布于东部，有 509 和 510 两个已知含铀煤型矿床；砂岩型铀矿化分布于西部，工业铀矿化主要产于五、八煤层之间的Ⅴ旋回的砂岩和Ⅰ、Ⅱ旋回的砂岩中，矿化严格受层间氧化带控制，处于层间氧化带前峰部位，矿体多为不规则的卷状和板状，埋深一般为 190～250m，铀品位为 0.01%～0.42%，最高达 1.0%～0.5%。已发现了 512 和 511 两个砂岩型铀矿。沿伊犁盆地北缘也有已知铀矿化的分布。

航测中，在伊犁航测区发现了两个航测异常。其中 HF-2 航测异常是由已知的 509 铀矿床引起；HF-1 航测异常是由铀矿尾矿堆引起，其航测铀含量达 100×10^{-6} 以上[13]。

在已知的 512 和 511 砂岩型铀矿床上，航放铀含量均没有明显的异常显示，但有较弱的异常信息显示，如图 6-22 和图 6-23 所示。此外，航放总计数率（TC）和航放大气氡浓度也有较弱的异常信息反映。

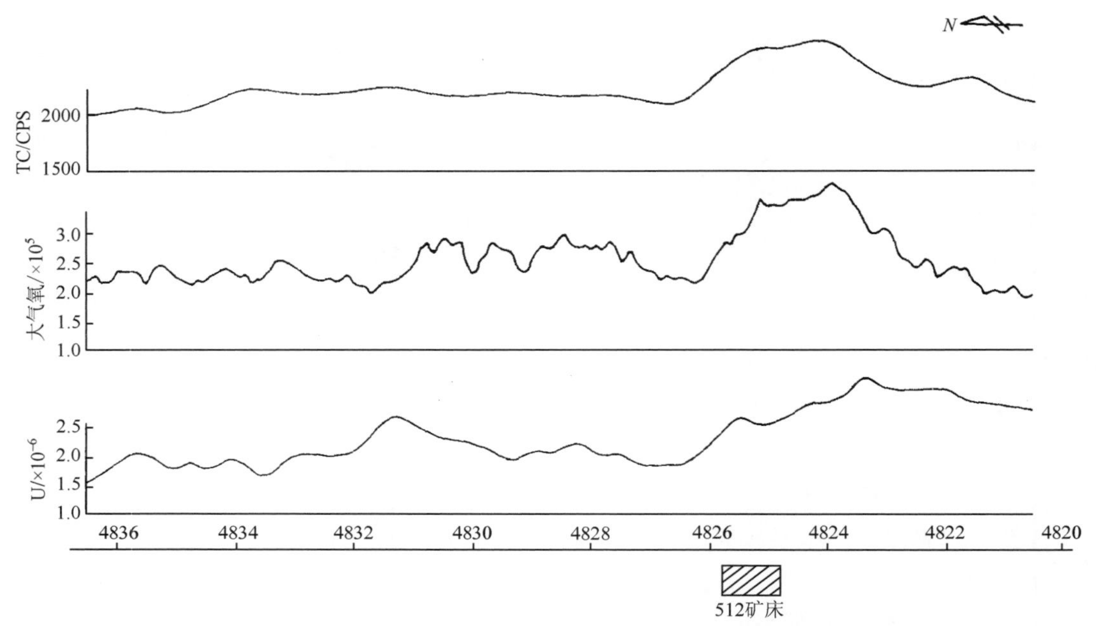

图 6-22　512 铀矿床上 485 航测线航放 TC、U 含量及大气氡浓度剖面曲线[13]

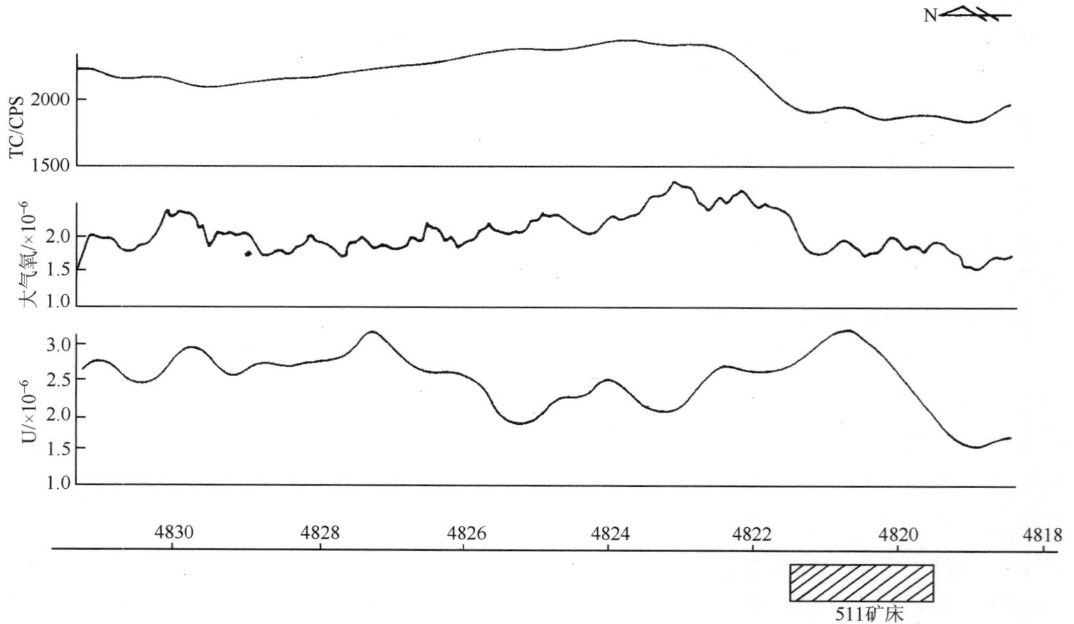

图 6-23　511 铀矿床上 513 航测线航放 TC、U 含量及大气氡浓度剖面曲线[13]

在 512 矿床上，航放 TC 和大气氡浓度出现的“峰”正对于矿床上方，而航放 U 含量的“峰”则偏离正上方约 1000m。在 511 矿床上，航放铀含量在矿床正上方有明显的峰值显示，而大气氡和航放总计数率在矿床正上方没有增高的表现，也偏离约 1000m 处有明显的增高和峰值显示。

随着地浸采铀技术的发展，使铀矿找矿的重点转移到主攻可地浸砂岩型铀矿床上[14]。由于可地浸砂岩型铀矿床通常都具有一定的埋藏深度、品位较低，在航空伽马能谱测量中异常信息的显示必定十分微弱，不易被识别。若不采用较为特殊的方法和手段，这些弱异常信息可能会被遗漏。运用概率论与数据统计、信息论中有关分离异常与提高信噪比的有关方法和技术，增强有用信息，抑制干扰信息，突出与深部铀矿床相关的航空伽马能谱异常信息，使之易于被识别[15]。

通过常规方法、非常规方法、固铀和活化铀分离方法、归一化处理方法、弱信息增强技术等提取方法提取航放弱信息[13, 15, 16]。

经过航放弱信息提取后，在已知地浸砂岩型铀矿床上都具有明显的异常信息显示[16~20]。图 6-24 为 512 铀矿床上的航放弱信息图，其中图 6-24（a）为平面等值图，图 6-24（b）为剖面等值图，与图 6-22 相比，异常信息得到了明显的增强。图 6-25 为 511 铀矿床上的航放弱信息图，图中可见，不仅 511 铀矿床上的异常信息明显，在 510 铀矿床上的异常信息也得到了增强。

对伊犁盆地航空伽马能谱资料进行了航放弱信息的提取，在伊犁盆地南缘地区识别了 13 个航放弱信息显示区。经过铀矿成矿条件综合评价后，预测了找靶区 7 个铀矿找矿靶区，其中 I 级找矿靶区 2 个，II 级找矿靶区 3 个，III级找矿靶区 2 个。

在 I_1、I_2 两个 I 级找矿靶区已分别找到了 512 和 511 两个大型层间氧化带砂岩型铀矿床；在 II_2 级找矿靶区，后来找到了 513 大型层间氧化带砂岩型铀矿床。应用效果明显[13]。

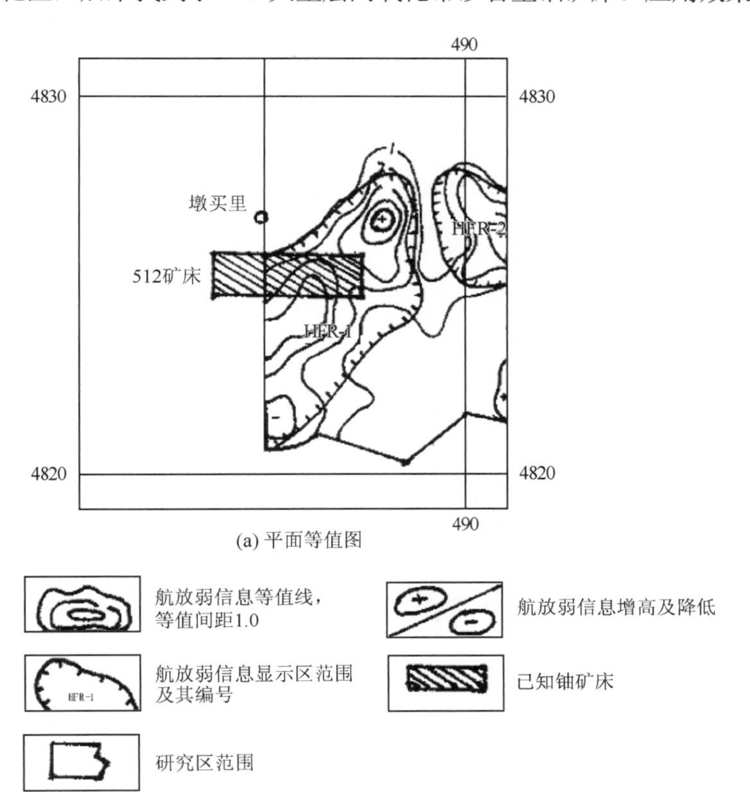

(a) 平面等值图

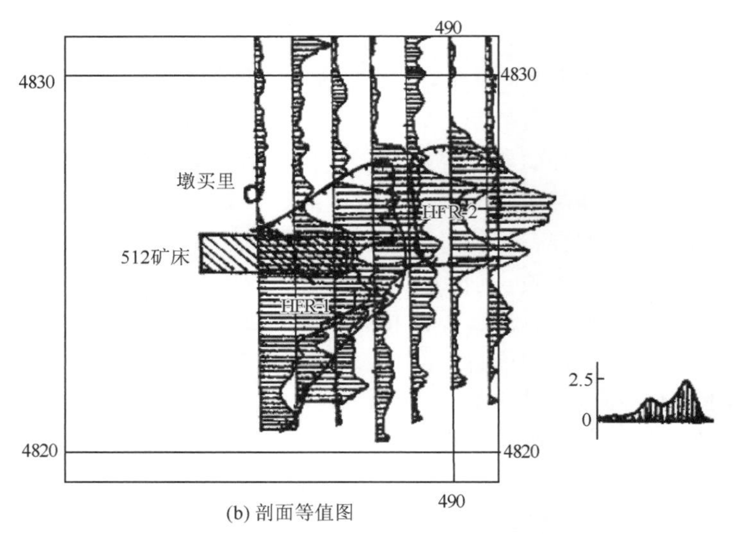

(b) 剖面等值图

图 6-24　提取的 512 铀矿床上航放弱信息图[16]

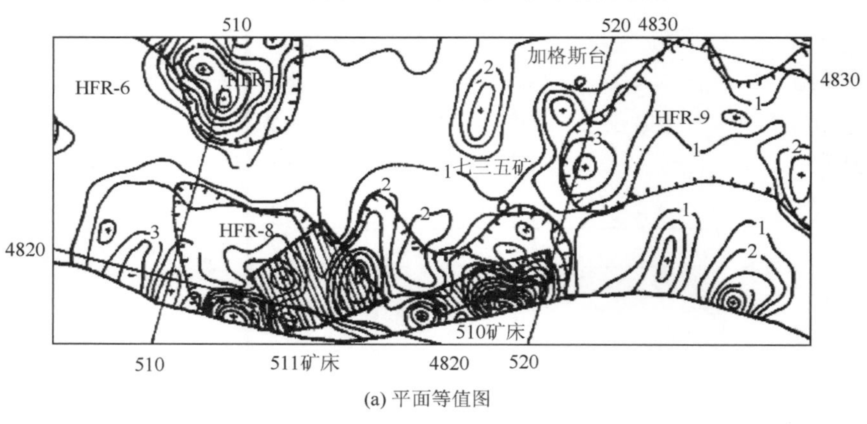

(a) 平面等值图

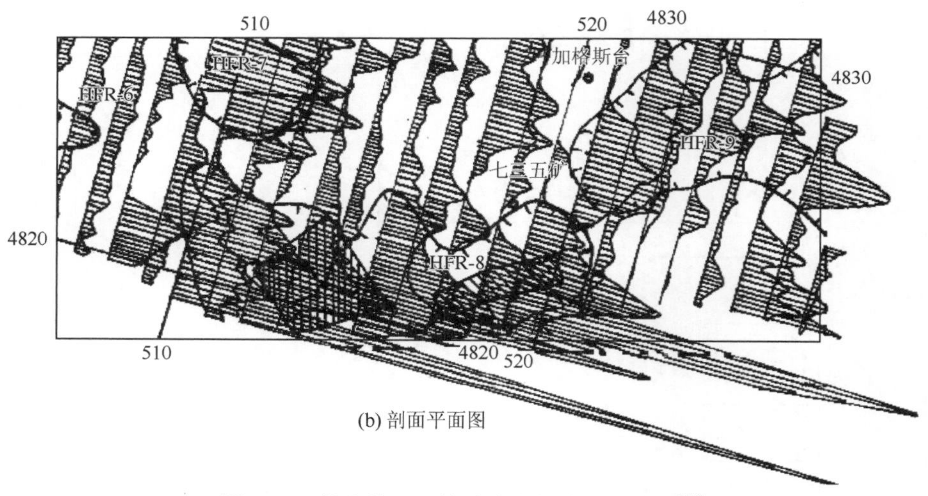

(b) 剖面平面图

图 6-25　提取的 511 铀矿床上航放弱信息图[16]

（图例同图 6-24）

6.2.2 航空伽马能谱探测技术直接寻找钾矿

钾矿，其典型特点就是钾元素含量高。钾矿的天然放射性同位素 ^{40}K 会自发释放单一能量为1.46MeV的伽马射线，因此，可以根据航空伽马能谱探测到的钾含量高值异常及钾、铀和钍的组合关系，直接调查发现地面高钾区或富钾异常。钾矿又可以进一步划分为近现代盐湖沉积型钾盐矿（主要是氯化钾、硫酸钾）和基岩型钾矿（如元古宙页岩型钾矿、花岗岩型钾矿，主要为氧化钾）。其中，目前广泛开采的为前者，后者属于难利用矿产。近几十年来，应用航空伽马能谱探测技术在我国内陆地区寻找近现代盐湖沉积型钾盐矿取得了良好的应用效果。经多次生产科研实践，业已确认是寻找钾盐或富钾岩石的一种有效找矿方法。

通过实际钾矿调查应用，发现了几点航空伽马能谱测量应用现代盐湖沉积型钾盐矿特征。

（1）不同成因类型的第四系沉积物的放射性元素含量差异明显，各呈现出不同的伽马场态，这是不同岩性、不同沉积环境在伽马能谱系列图中的真实反映。

（2）航空伽马能谱测量探测深度受其多种因素的影响。就地质及地球化学条件而言，航空伽马能谱测量发现的钾异常和钾高值区，主要是由地表和近地表富钾矿物所引起的。空中测得的钾含量与距地表70cm以内的KCl含量存在显著正相关关系。在特定的地质条件下（矿体规模大、含量高、铀、钍元素干扰小等），其KCl含量仍与空中测得钾含量有相关关系。

（3）钾盐矿航空伽马能谱测量结果，往往对应于钾高值区和钾异常范围内的铀、钍元素含量低而平稳，而K/Th则明显升高，尤以高品位固体钾矿的K/Th最为显著。

1. 实例1：察尔汗现代钾盐矿区勘查应用

该矿区位于达布逊湖东南钾肥厂地区，即所谓的察尔汗现代钾盐盆地。矿体赋存于第四系全新统石盐层中，矿层主要由含粉砂光卤石石盐及石盐光卤石组成。矿区地形平坦，非常有利于航空伽马能谱调查。

为验证航空伽马能谱测量在柴达木盆地普查钾盐矿的有效性，1984年901队对察尔汗钾矿区进行了试飞测量，并对298航线进行了地面验证工作（图6-26）。空地能谱测量结果，钾异常的曲线形态及钾含量的变化情况基本吻合。证明了航空伽马能谱测量直接找钾矿思路是可行的。

采用航空伽马能谱测量对该矿区普查钾盐矿，测量数据处理获得钾含量平面剖面图，如图6-27所示，航测伽马能谱钾含量图中钾盐矿床反应明显，形成显著的钾异常，共划分出16处含量较高的局部钾异常，主要位于察尔汗钾盐盆地内。上述位于察尔汗现代钾盐矿区的16处对该地钾盐矿的进一步开发具有重要的指导意义。

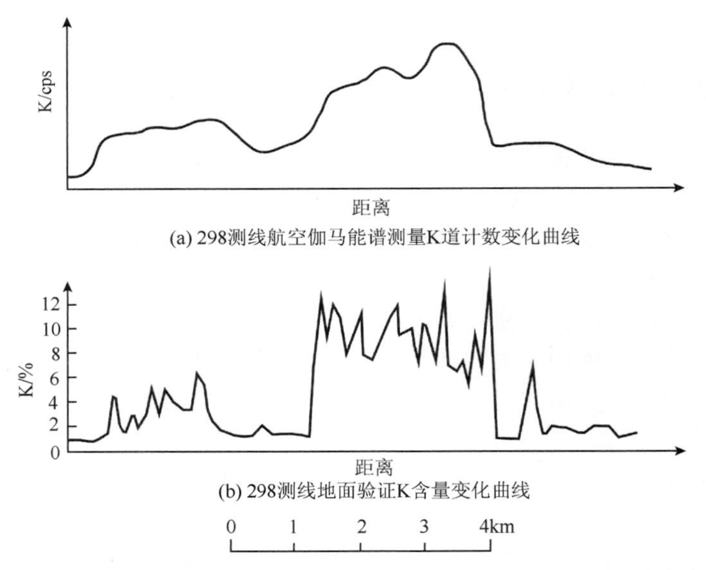

图 6-26　298 测线航空伽马能谱 K 计数率与地面验证 K 含量对比图[21]

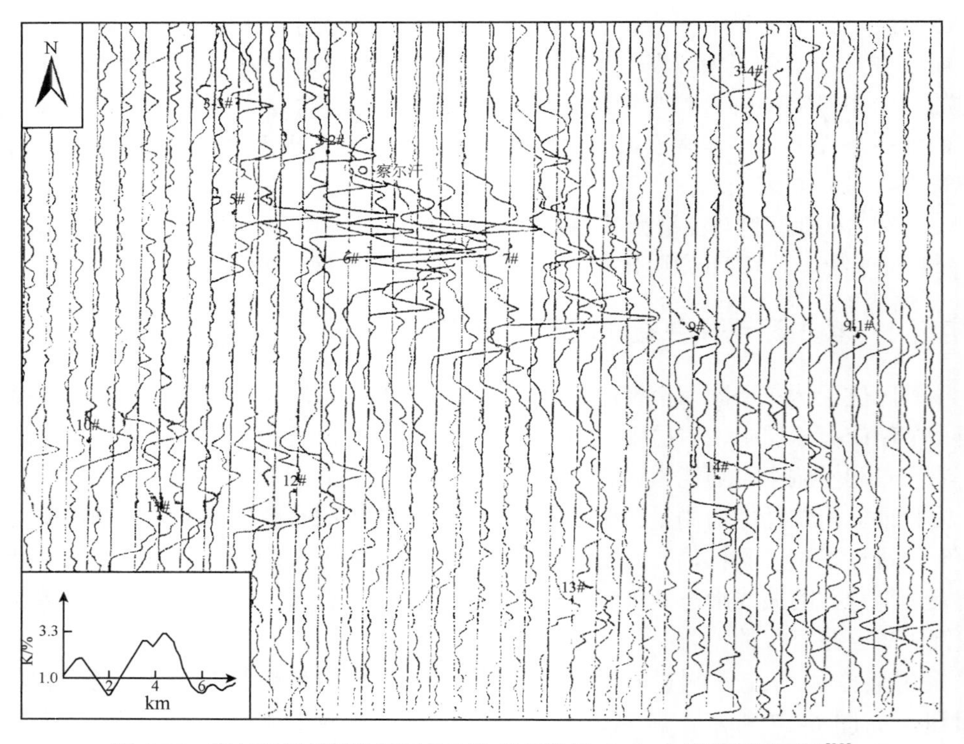

图 6-27　察尔汗现代钾盐矿区航空伽马能谱钾（K）含量平面剖面图[22]

2. 实例 2：达布逊湖北岸钾盐矿区勘查应用

达布逊湖现代光卤石矿床沿湖北岸及东岸，呈条带状分布，南侧与达布逊湖相接，北侧与石盐沉积层毗邻，主要矿物为光卤石、钾石盐。矿层埋藏浅，多出露地表或近地表，为一特殊的湖滨化学沉积矿床。

航空伽马能谱测量达布逊盐湖区的高钾含量异常反应明显，其含量值明显得高于周围石盐沉积层，钾含量值前者一般为 0.7%～0.9%，后者为 0.3%～0.5%。沿湖北缘呈条带状展布的 1#、3#、4#异常等即是达布逊湖现代光卤石矿床的反映，与达布逊盐湖区钾盐矿的分布一致（图 6-28）。2#高钾异常位于 3#已知钾盐矿引起异常北部，说明达布逊湖北岸钾盐矿床北西端具有向北扩大的可能性。

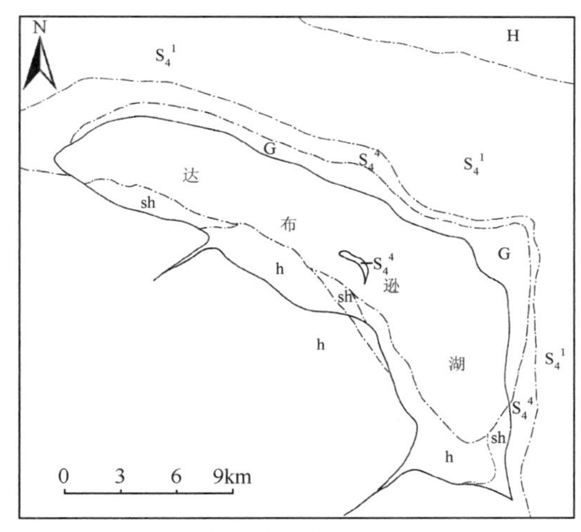

(a) 达布逊盐湖区第四纪沉积物分布图

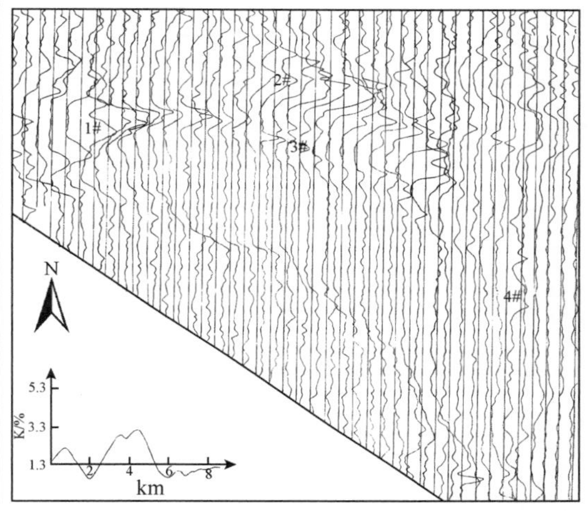

(b) 航空伽马能谱钾含量平面剖面图

图 6-28　达布逊地区第四纪沉积物分布图和航空伽马能谱钾含量平面剖面图[23]

1：1964 年 8 月湖水界线；2：淤泥；3：光卤石带；
4：石盐淤泥；5：新盐沉积；6：老盐沉积；7：砂土带；8：地质界线

3. 实例 3：别勒滩钾镁矿区勘查应用

别勒滩钾镁矿区系察尔汗盐湖西部之构造小洼地，自上更新世以来绝大部分湖水已转入晶间卤水之干盐湖，局部集存有地表卤水。该区段固体及液体矿的总储量丰富，但卤水浓度比较低，固体矿物成分也比较复杂。

别勒滩矿区航空伽马能谱测量结果显示：该矿区在钾含量图中反映的明显，除了石盐沉积区和湖水以及近地表卤水区引起的低值区（即钾含量<1.6%）外，主要以大片钾含量升高区为主，钾含量一般为 3%～3.5%，高者达 4%以上。根据别勒滩矿区各钻孔取样化验的 KCl 含量，编制了取样深度为 0～0.5m 的平均 KCl 等值线图，与航空伽马能谱钾含量等值线图对比，钾元素空间分布特征十分相似，两者基本吻合（图 6-29），证明了航空伽马能谱勘查钾矿结果具有很高的可靠性。

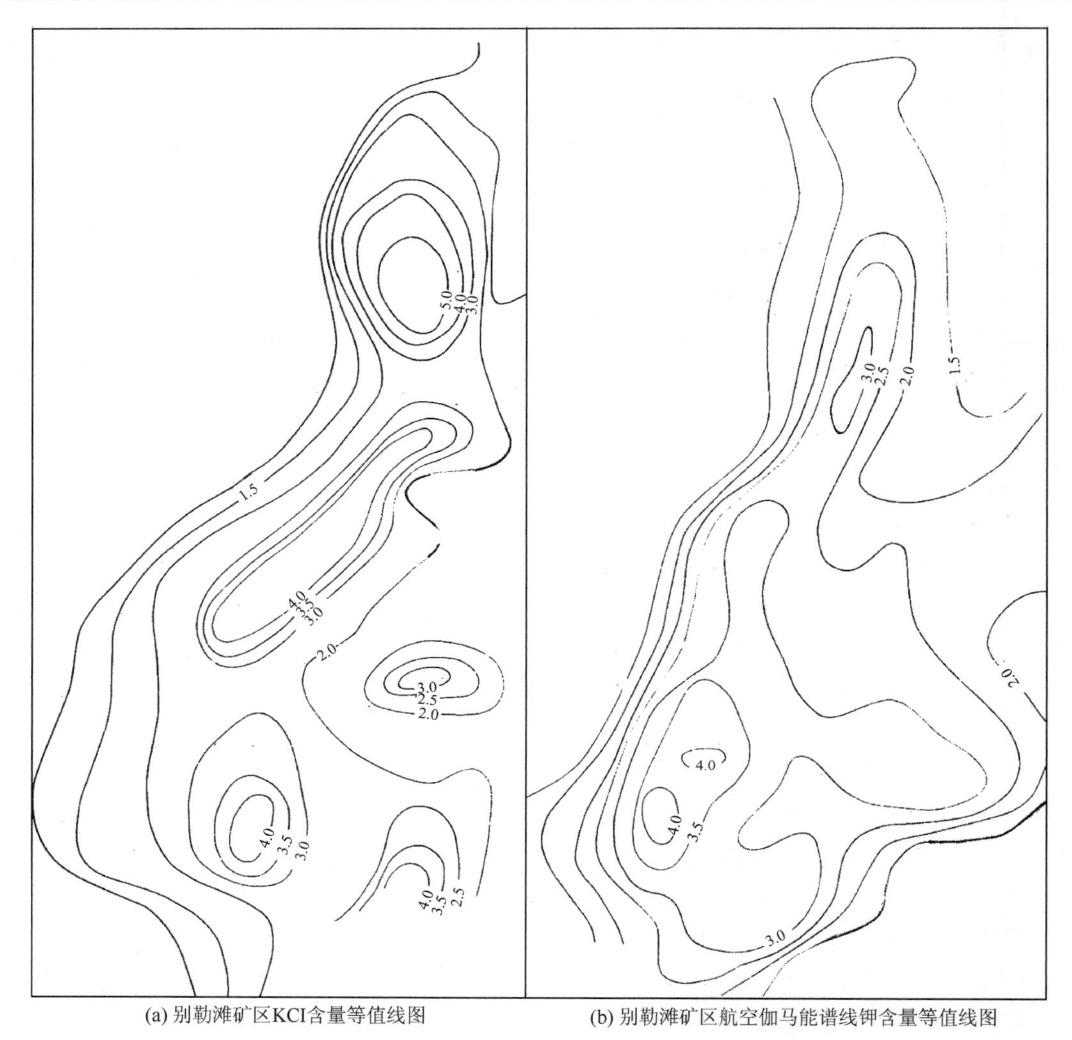

图 6-29　别勒滩矿区航空伽马能谱钾含量与地面采样 KCl 含量对比图[23]

取样深度为 0～0.5m

对航空伽马能谱测量数据研究发现，该区在铀、钍含量平稳含量低为主，除钍含量在钾含量升高区中局部略有升高外，铀、钍含量多接近于零值（图 6-30）。此外，从 560 勘探线（3720 航线）综合剖面图上容易看出以 K/Th 能较好地反映钾盐矿异常。

根据钾盐矿（点）的地球化学找矿标志及成矿地质环境，建立了本区以航空 γ 能谱资料为主要找矿标志的固体钾矿基本模型（图 6-29）。该模型的地质解释是：地表或近地表含钾卤水（含沿断裂上溢至地表的深层承压卤水），在封闭或半封闭环境中，经蒸发－浓缩－析盐－盐溶解反复成盐过程，形成了一个或数个钾元素浓集中心，与此同时在卤水的水平分异和垂直分异作用下，沉积在浓集中心的固体钾盐与其外围及下部的含钾卤水共存。由此得出产于浓集中心区内的局部钾异常（固体钾盐）和其外围的低伽马场（含钾卤水、盐滩）都是寻找固、液相钾盐的有利地区。

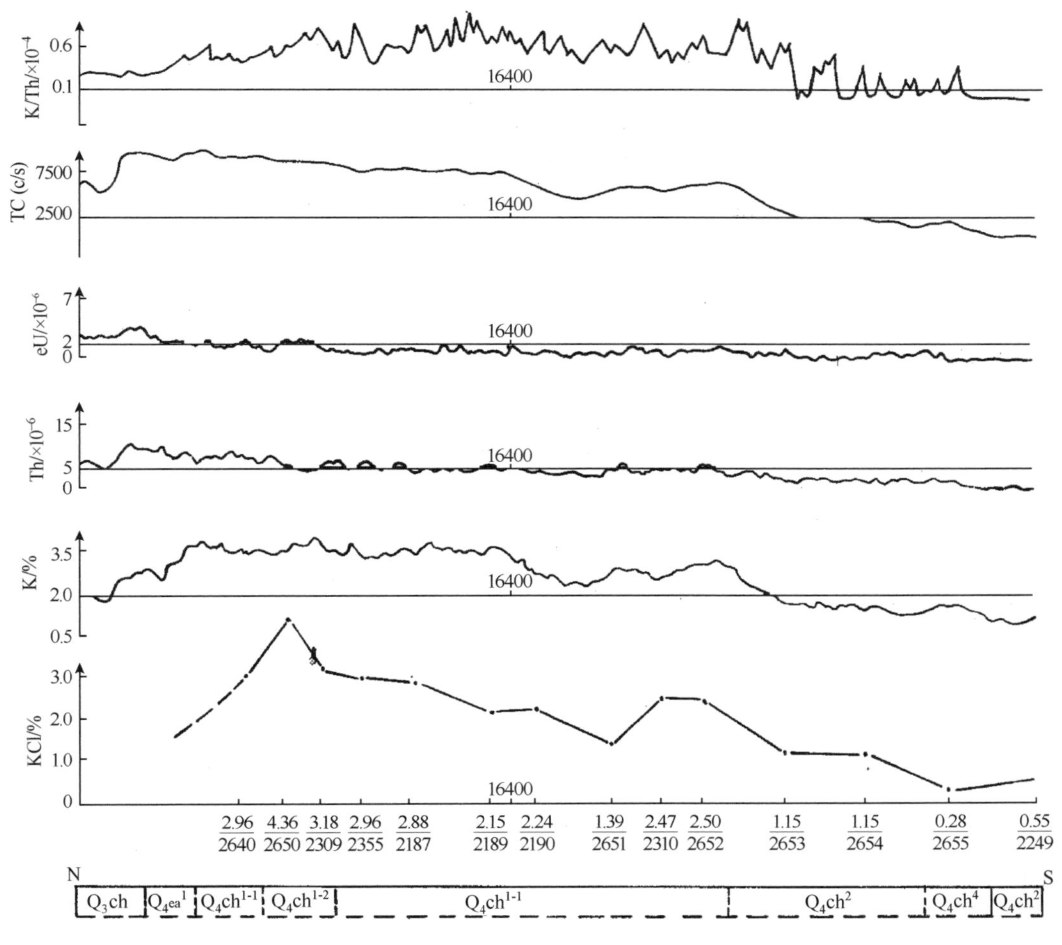

图 6-30　别勒滩钾镁盐矿区 560 勘探线（3720 航线）综合剖面图[12]

Q_3ch：上更新统白色石盐；Q_4ch^2：全新统浅黄色粉砂石盐；Q_4ch^4：全新统白色石盐；

Q_4ch^{1-1}：全新统土黄色粉砂石盐；Q_4ea^1：全新统浅黄色粉细砂；Q_4ch^{1-2}：土褐色含光卤石的粉砂石盐；

$\frac{2.96}{2649}-\frac{\text{KCl/\%}}{\text{钻孔号}}$（注：KCl 含量为 0～50cm 取样深度的平均值）

4. 实例 4：罗布泊地区钾矿勘查应用

1991 年，对罗布泊地区进行了航空物探测量，首次在罗布泊盆地的东北部发现了含钾矿物——光卤石、杂硝矾，初步评价了四处大、中型钾盐石盐、含钾石盐和石盐矿床，开拓了该区找钾前景。

航空伽马能谱测量在该地区中部发现的钾异常是罗布泊地区钾矿找矿前景评价典型代表。异常位于罗布泊测区中部，范围约 120km^2，属于第四系湖泊化学沉积钾异常。该异常在航空伽马能谱系列图中反映得十分明显，且钾异常范围及延伸方向与遥感影像解译图中的 Q_4ch1 钾盐壳（层）分布吻合（图 6-31）。

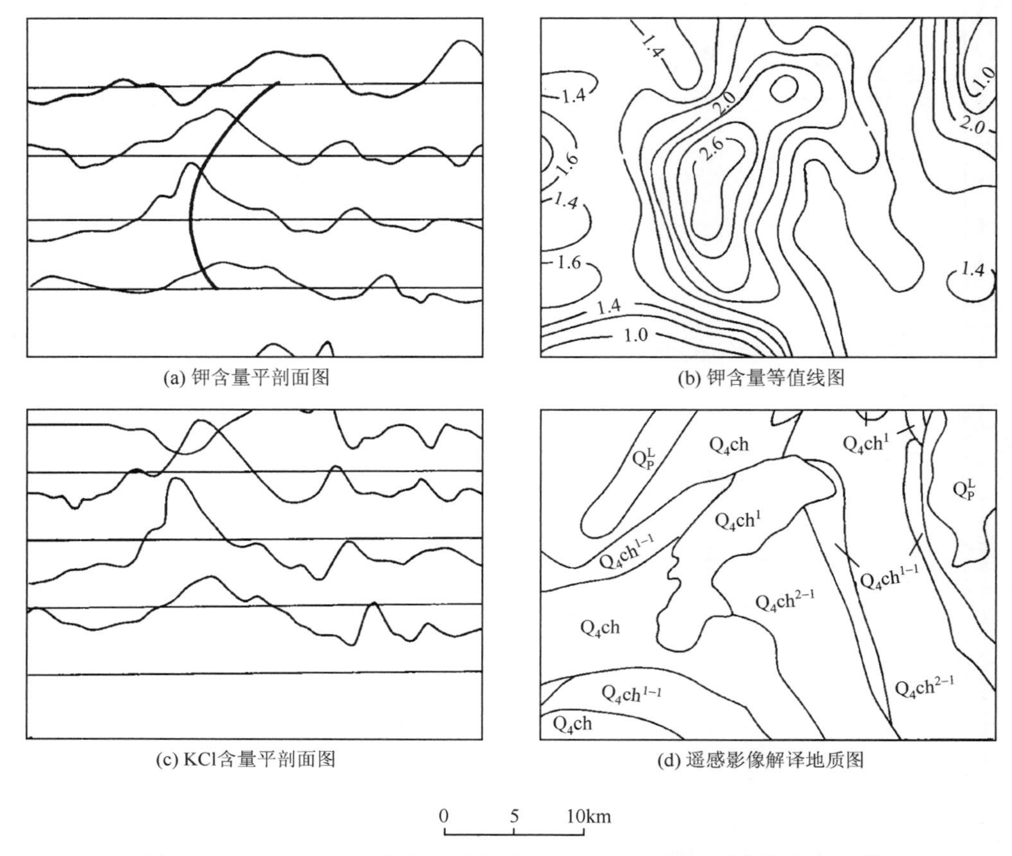

(a) 钾含量平剖面图　　(b) 钾含量等值线图

(c) KCl含量平剖面图　　(d) 遥感影像解译地质图

图 6-31　罗布泊地区中部钾异常航空伽马能谱及遥感影像解译地质图[5]

Q_4ch^1：钾盐壳（层）；Q_4ch：石盐壳（层）；Q_4ch^{1-1}：含钾石盐壳；Q_4ch^{2-1}：干盐滩；Q_P^L：泥岩、含泥石膏

该异常范围铀、钍含量低而平稳，其值分别小于1×10^{-6}eU 和2×10^{-6}eU。钾含量高达 3.3%，KCl 含量大于 5%。K/Th 明显升高（图 6-32）。1992 年，新疆地矿局第三地质大队在异常区内布置一钻孔（钻孔 ZK-3 在钾异常的位置如图 6-32 所示），钻孔内发现高品位含钾卤水，KCl 含量达 1.7%左右，已达到工业开采要求。该实例反映了位于湖泊化学沉积区的钾异常是寻找固、液体钾盐的重要线索。

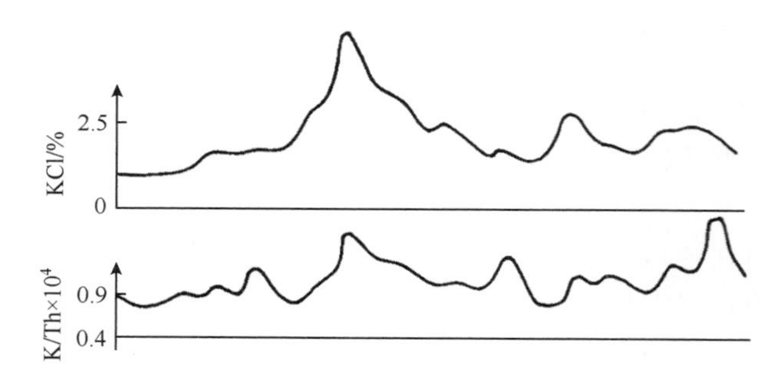

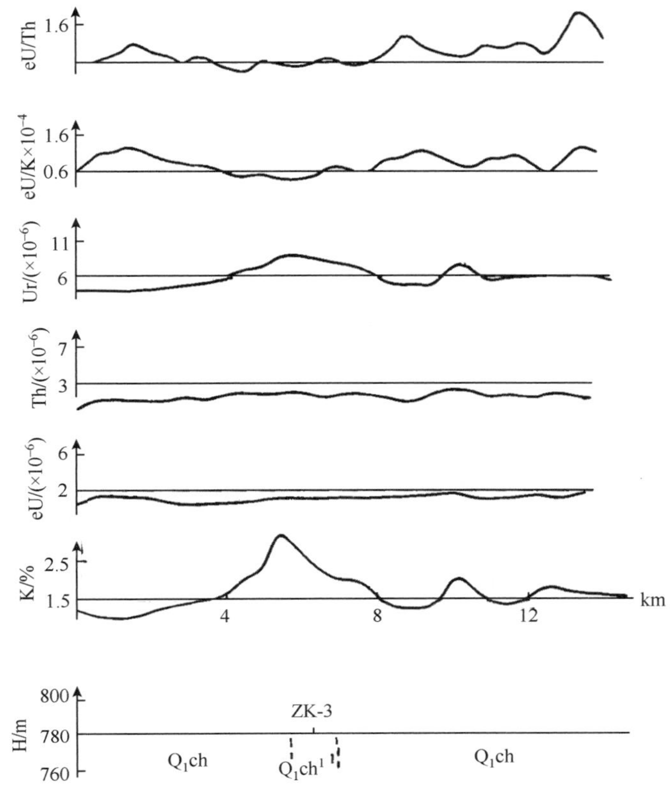

图 6-32　罗布泊中部钾异常航空伽马能谱测量综合剖面图[5]

Q_4ch^1：钾盐壳（层）；Q_4ch：石盐壳（层）

5. 实例 5：诺尔托—蚊子湖—通古楼诺尔地区钾矿勘查应用

该区位于腾格里沙漠腹部，除外围有零星出露的前新生界基岩残山外，全部为沙漠覆盖。与柴达木盆地察尔汗钾盐矿区干旱少雨、强烈蒸发的气象条件非常相似，是形成第四纪蒸发岩型钾盐矿床的理想环境。由于地处腾格里沙漠腹部，交通困难，工作环境险恶，故研究程度很低。

1990 年对该地区进行了航空综合物探，根据航空伽马能谱资料圈出的富钾区（带）（图 6-33），为本区寻找钾盐矿床提供了较重要的找矿线索。

从图 6-33 所示，本区成盐特点酷似“卫星式成盐模式”，主要由成矿地质过程决定的。粗略地将区内 6 片高钾区（Kg-1～Kg-6）划为中心成盐区（Ⅰ），因其卤水浓缩程度较高，且地表已有钾盐沉积，故可列为寻找第四纪蒸发岩型固、液相钾盐的有利靶区。环绕中心成盐区外围为浅水盐洼区，是寻找石膏、芒硝、石盐等类矿床的有利区，如现已发现的哈达图、诺尔图芒硝矿和查干池盐矿等即位于此带内。最外围是湖盆边缘的碎屑岩带，为基岩剥蚀区。

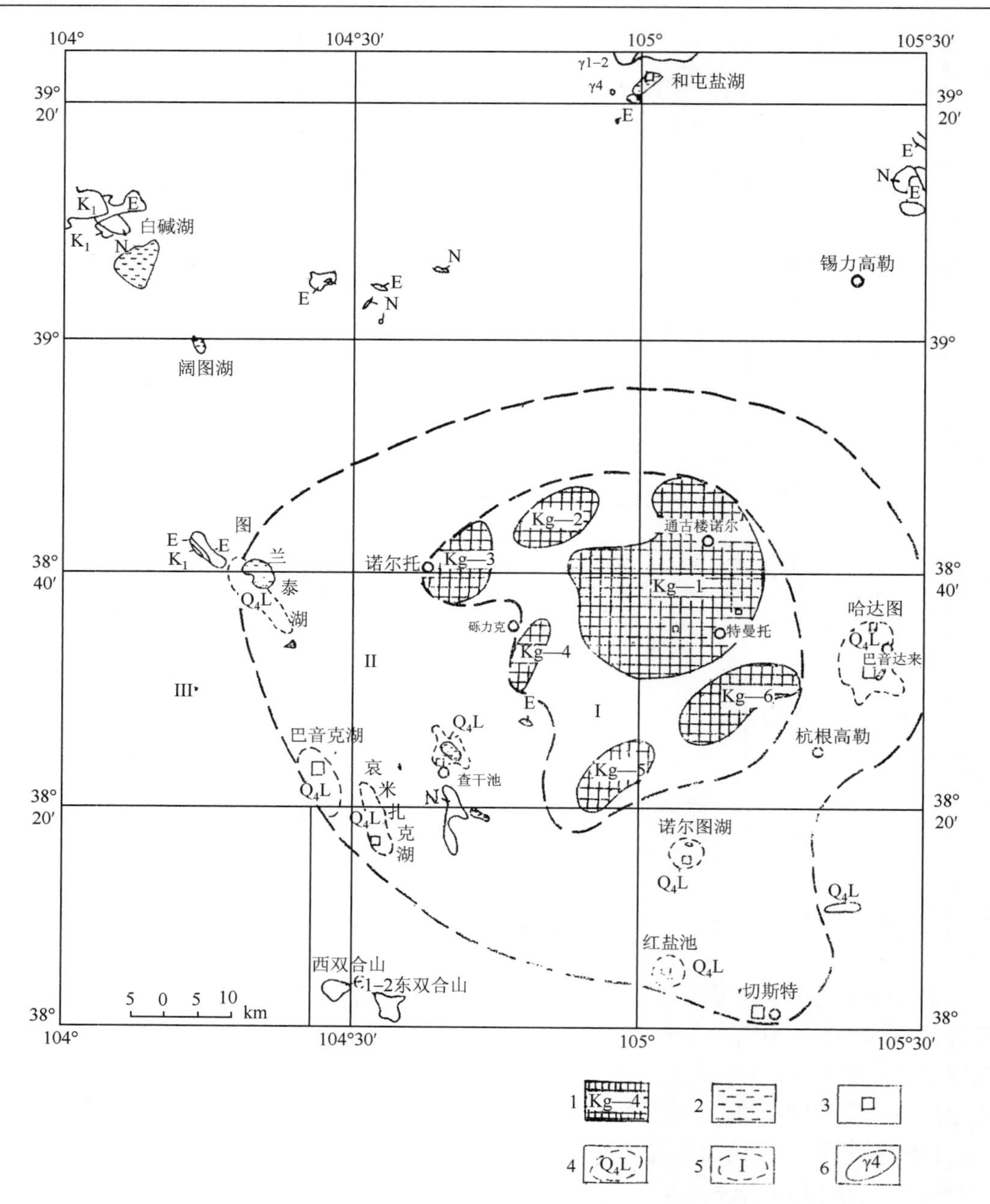

图 6-33　巴彦浩特盆地锡林高勒拗陷西南部高钾区分布及成盐模式图[2]

1：高钾区范围及编号；2：地表水；3：盐类矿床（点）；4：湖相沉积层
5：中心成盐区（Ⅰ）及浅水盐洼区（Ⅱ）；6：地层及岩体边界

6.2.3　航空伽马能谱探测技术间接调查非放射性矿产

非放射性矿产本身不具有放射性，但是当非放射性矿产与某种放射性矿共（伴）生时，可以利用航空伽马能谱探测技术间接调查非放射性矿产；非放射性矿产在成矿过程中，通常存在各种热液活动，会导致放射性元素的迁移、富集，从而出现很有特点的钾、铀和钍的组合关系；另外，虽然没有热液活动，某些沉积型非放射性矿产在沉积过程中对放射性元素也会产生选择性富集。因此，可以根据航空伽马能谱探测到的钾、铀和钍的组合关系，间接调查是否存在非放射性矿产，在这方面也积累了大量的找矿实例。

由于航空伽马能谱测量是一种寻找非放射性矿产的间接方法，因此，采用航空伽马能谱方法寻找非放射性矿产时，应注意以下几个问题。

（1）当地质情况相对较简单，铀、钍和钾含量的变化规律较明显时，可依据航空伽马能谱测量铀、钍和钾含量异常的组合特征，研究地质体矿化蚀变情况，提取找矿信息。

（2）当地质情况复杂，铀、钍和钾含量的变化较大且无规律，或者铀、钍和钾含量的变化不明显时，需要借助对伽马能谱数据的处理，利用伽马能谱的特征参数或地球物理异常表征量将矿化蚀变异常表现出来，如伽马能谱 F 参数和结构自协方差 R。

（a）伽马能谱 F 参数。伽马能谱 F 参数即 K·U/Th，是由叶菲莫夫（苏）于 1978 年提出来的。该参数包含了岩石 Th/U、Th/K 两个重要的特征参数，在许多情况下有助于区分通常具有最高 Th/U 且钾含量增高的碱性岩石与有远景的钾交代作用带等。

（b）伽马能谱异常表征量 R。表征量 R 为一反映地球物理异常的参数，数学上 R_X 为 X 场的结构自协方差，表示 X 场相邻场值的相关程度[18]。结构自协方差可以理解为不同窗口加权滑动平均值与最大窗口加权滑动平均值之差的平方和，数学表达如下：

$$R_x(k)=\sum_{l=1}^{l_{\max}}\left[\frac{1}{l}\sum_{-l}^{l}h_l\cdot x_{i-l}-\frac{1}{l_{\max}}\sum_{-l_{\max}}^{l_{\max}}h_{l_{\max}}\cdot X_{i-l\max}\right]^2 \tag{6-1}$$

式中，X_i 为第 i 测点 X 场的原始数据；$R_{X(i)}$为第 i 测点 X 场的自协方差；l、$l_{\max}$ 分别为平滑窗口变量和最大平滑窗口，l=1, 2, ⋯, k+1。k 为计算 R_X时沿 l 的步长；h_l 为平滑滤波器的权系数。

为使 $R_{X(k)}$ 有正负异常值之分，也可将式中的平方项去掉，可能更适合于解释者的习惯。

（3）由于航空伽马能谱测量不能直接反映非放射性矿产的特征，因此，在查找非放射性矿产时，往往需要结合成矿地质条件和其他物探勘查结果来综合判断调查区找矿前景和找矿方向。

1. 实例 1：多拉纳萨依金矿外围找矿勘查应用

多拉纳萨依金矿产于中泥盆统托克萨雷组（D_2t^3）地层中，主要含矿岩层是不纯灰岩、绿泥石绢云母千枚岩、炭质粉砂岩等。矿床主要受一组总体呈 NNE 面、呈反“S”形的挤压破碎带控制。矿区东西两侧分布有 3 个大型英闪岩体，它们是成矿的主要热源。区内脉岩发育，其中石英脉和英闪岩脉是主要的含金载体。矿区围岩蚀变发育，与金矿化关系最为密切的有硅化、绢云母化、黄铁矿化和高岭土化等。该矿床属于构造破碎蚀变岩型金矿（图 6-34）。

航空伽马能谱反映为低值背景中的钾、铀元素含量局部升高，图 6-35 是金矿区

（带）中南部的 R_{Ur} 和金化探异常图。由图可见，R_{Ur} 异常分布范围与 Au 化探异常大致吻合，R_{Ur} 异常集中分布在 Au 异常的浓集中心附近；R_{Ur} 与矿区的蚀变灰岩带完全吻合，并清晰地显示出两条矿化蚀变破碎带有向南延伸的趋势，一直延伸到萨热喀默斯附近。综合航电异常和地面电磁证实，认为由已知矿带向南延伸是该矿外围找矿的一个重要远景地段。

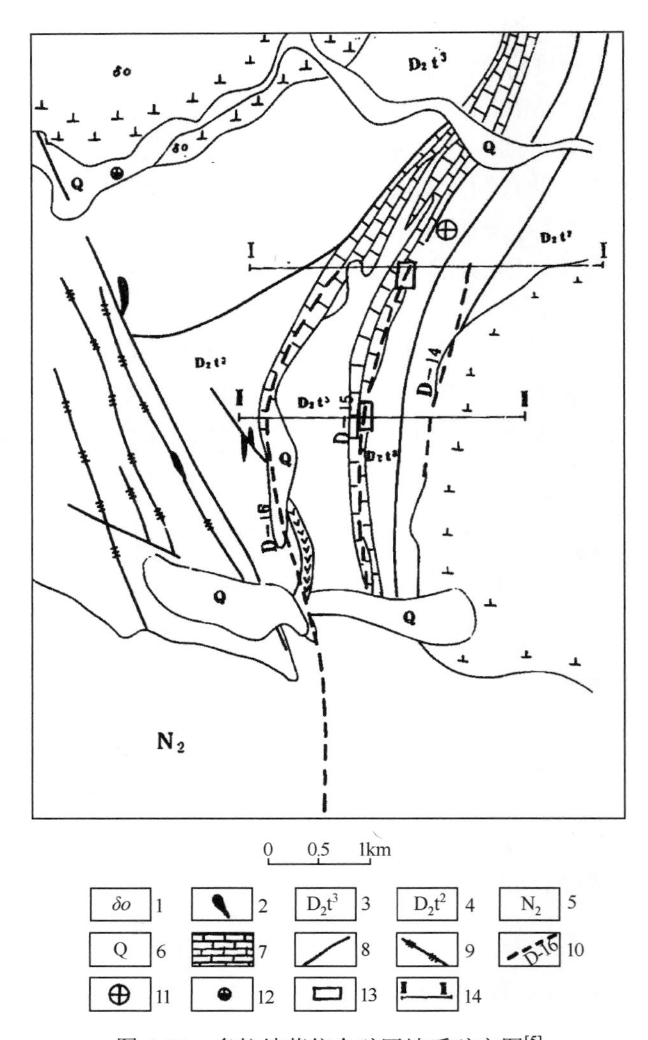

图 6-34　多拉纳萨依金矿区地质矿产图[5]

1：英闪岩；2：岩脉；3：托克萨雷组第三亚组；4：托克萨雷组第二亚组；5：第三系；6：第四系；7：灰岩；8：断裂；9：挤压破碎带；10：航电异常轴线及编号；11：金矿；12：砂金矿；13：采矿位置；14：地检剖面位置及编号

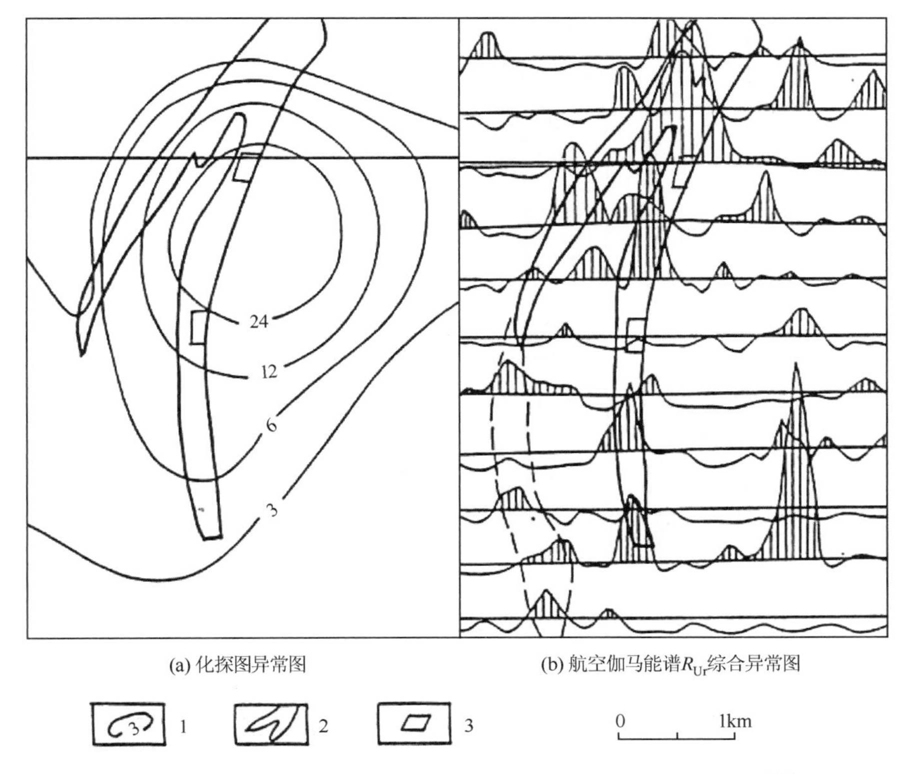

图 6-35　多拉纳萨依金矿化探与航空伽马能谱 R_{Ur} 综合异常图[24]

1：化探 Au 含量等值线（$\times10^{-9}$）；2：蚀变灰岩带；3：金矿区采矿场位置

2. 实例 2：托库孜巴依金矿外围找矿勘查应用

托库孜巴依金矿位于新疆维吾尔自治区阿勒泰地区哈巴河县城北东 18km。金矿产于中泥盆统托克萨雷组地层中，以上亚组（D_2t^3）为主，主要岩性为浅灰色粉砂岩、灰色千枚岩、中细粒变质石英长石砂岩、灰质和泥质片岩及灰岩夹层。构造以断裂构造为主，玛尔卡库里断裂呈北西向纵贯全区，形成宽约 1km 的破碎带，次级断裂构造极其发育，主要为北西向、东西向及北东向断裂，其中北西向构造是控矿构造，北东向断裂为后期断裂，它切割北西向断裂和矿体、矿化体。矿区位于哈巴河岩体的南侧外接触带，沿岩体内破碎蚀变带金矿化明显。

图 6-36 是托库孜巴依金矿区的 R_{Ur} 与 R_K 异常图。由图可见，在已知金矿带上 R_{Ur}、R_K 异常相对集中分布，它们指示了该矿的矿化蚀变带分布特征。

根据已知矿区的 R_{Ur} 与 R_K 异常特征结合其他资料分析，认为该区的 R_{Ur} 与 R_K 异常图指示出了矿区外围两处重要的找矿远景地段：①矿区西北部Ⅰ号异常区，该区位于矿带向西北的自然延伸方向上，地球物理场特征及地质构造条件与矿区类似，是矿区外围找矿的首选地段；②矿带西南侧的Ⅱ号异常带，与已知矿带大致平行分布，地质条件类似，且有地面激电异常分布，找矿前景不容忽视。

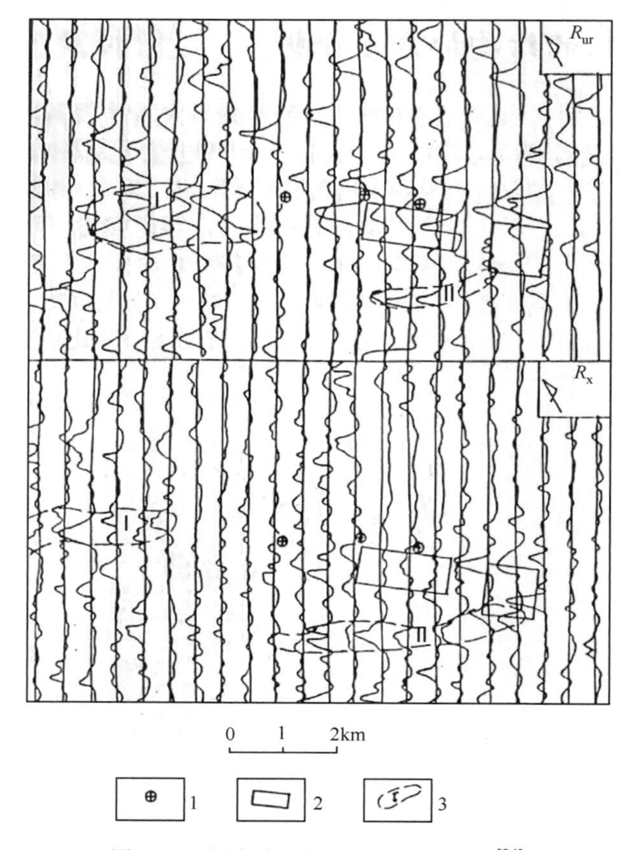

图 6-36　托库孜巴依金矿区 R 异常图[24]

1：金矿点；2：矿区位置；3：R 异常范围及编号

3. 实例 3：沙尔布拉克金矿带勘查应用

该区地表出露下石炭统南明水组砂岩、粉砂岩夹灰岩层等，岩石普遍矿化蚀变，断裂构造发育［图 6-37（a）］。

在沙尔布拉克金矿带上，航空伽马能谱测量结果对矿化带有所反应，钍含量对矿化带的反映为低值明显，而钾含量对矿化带反映为高值异常，铀含量对矿化带反映则不明显；K/U 也表现出对矿化带的反映（图 6-38）。其他伽马能谱反映参数，如 F 参数，虽由于矿区地质构造复杂，仍对该矿区金矿化蚀变反映呈现弱尖峰异常。根据航空伽马能谱测量结果在矿区南侧外围新发现了一条矿化蚀变带。

沙尔布拉克金矿区地质综合图上［图 6-37（a）］显示出两条呈北西方向大致平行展布的异常带，北带连续性较好，南带（F 异常曲线打实线的范围）断续分布。

1）北异常带

北异常带与已知金矿带对应，F 参数值一般在 1.0～2.5，呈跳跃变化。在金矿区做了两条地面综合剖面，图 6-38 所示为穿过南、北两个矿化带的 I-I′剖面。由图 6-38 可见，在已知金矿带上（对应北异常带）出现了明显的地面伽马能谱钾含量升高，钍含量降低，铀含量局部升高的地面伽马能谱特征。

综合分析航空伽马能谱和地检资料，认为钾含量高异常和局部铀含量升高由大面积绢云母化等围岩蚀变引起；钍含量低异常可能与褐铁矿化有关，均系金矿矿化蚀变带的反映。*F* 参数局部尖峰异常往往与矿体有较好的对应关系，可能反映了矿化集中的地段。对应该异常带分布有一条范围相当的航电异常带［图 6-37（c）］。航磁反映为由北向南呈台阶状降低的平稳磁场区，地磁剖面对应矿化带两侧出现两个小的梯度带图 6-38，可能反映了两条控制矿化带分布的断裂带。

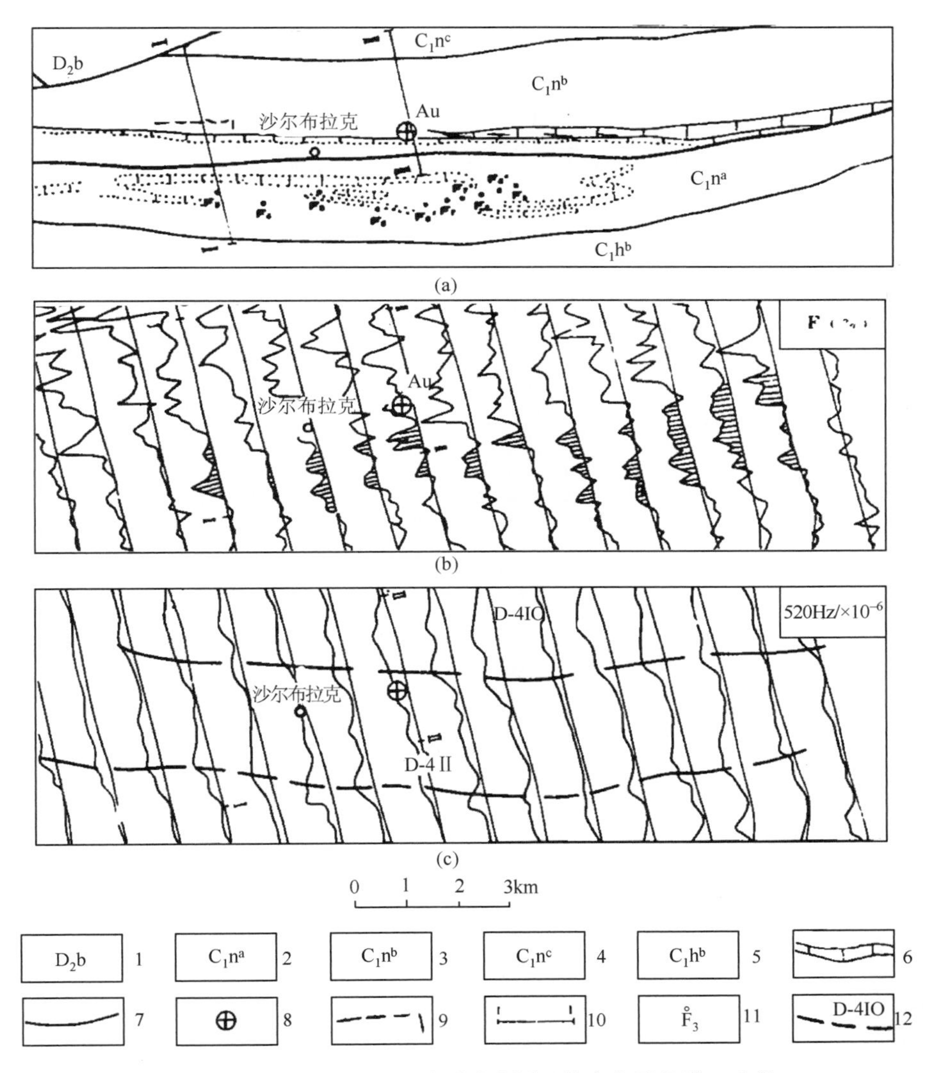

图 6-37　沙尔布拉克金矿区地质综合图及航空伽马能谱 *F* 参数、航空电磁（520Hz 虚分量）场剖面平面图[5]

1：北塔山组；2：南明水组第一亚组；3：南明水组第二亚组；4：南明水组第三亚组；5：黑山头组第二亚组；6：灰岩；7：断裂；8：矿床；9：矿体；10：地检剖面及编号；11：地面踏勘点；12：航电异常轴线及编号

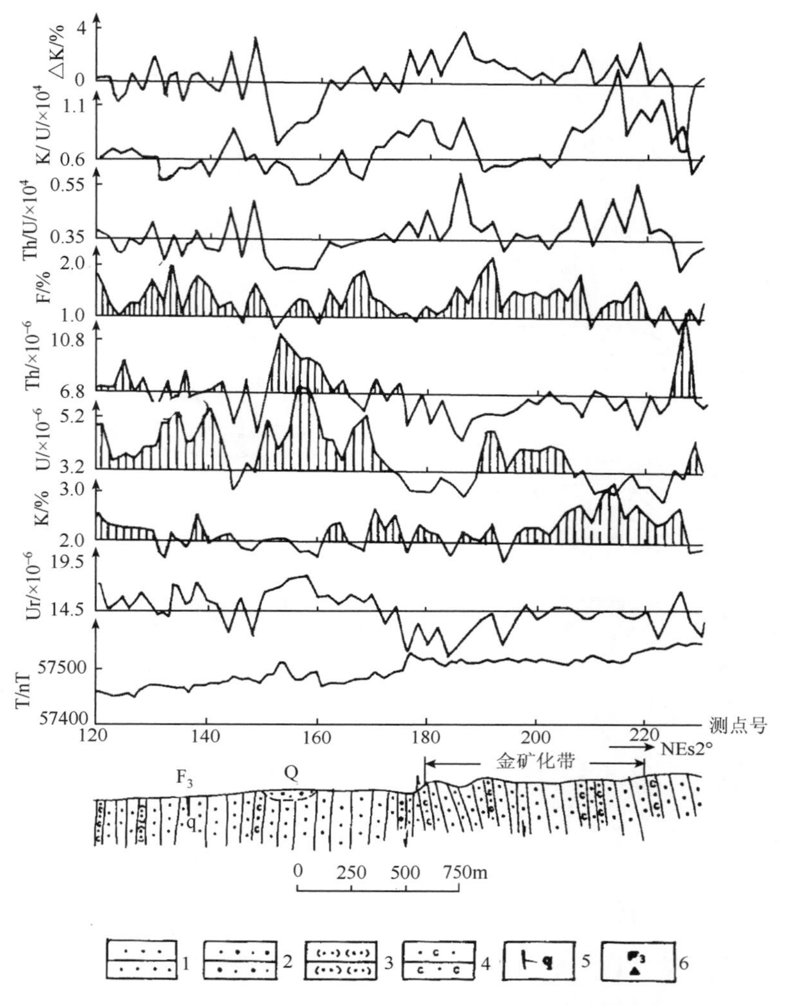

图 6-38　沙尔布拉克金矿区地检 I-I′线地面物探-地质剖面[5]

1：砂岩；2：含砾砂岩；3：石英砂岩；4：炭质砂岩；5：石英脉；6：化探取样点及编号

综上所述，沙尔布拉克金矿带具有如下航空伽马能谱特征：航空伽马能谱钾含量升高和钍含量降低、*F* 参数表现尖锋异常；化探 Au、As、Sb、Bi 等多元素异常（图 6-39）。

2）南异常带

在沙尔布拉克金矿带（北异常带）南侧 0.5～1km 处，断续分布有一条大致平行于北异常带的钾含量升高、钍含量降低的异常带，其特征与北带相似，只是规模较小而已；所处地质构造条件与北带完全相同；另外，还同样对应有航电异常［图 6-37（c）］，磁场特征也相似。化探结果表明，处于蚀变带中部的样品的 Au、As、Sb 等元素含量异常高，尤其是 As 元素含量，最高达 141.3×10^{-6}。在 I-I′剖面（图 6-38）对应该异常带的 3 号测点取土样，Au 含量达 630×10^{-9}。因此认为，该异常带也是金矿带。

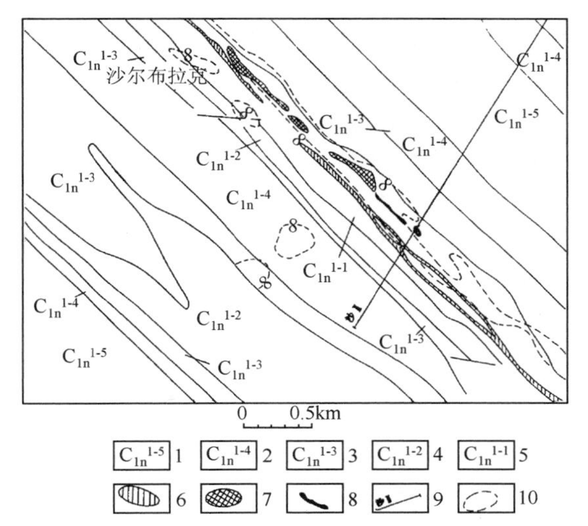

图 6-39　沙尔布拉克金矿区化探-地质综合图（据新疆第四地质大队）

1～5：下石炭统南明水组各亚组地层；6：生物灰岩；7：毒砂化褐铁矿化；
8：金矿体；9：地检剖面及编号；10：化探 Au 异常及含量

4. 实例 4：新疆康古尔塔格地区金多金属矿床勘查应用

新疆康古尔塔格地区地质构造复杂，区内矿物资源丰富，主要矿床有康古尔金矿、马头滩金矿和元宝山铜硫矿。上述矿床在航空伽马能谱调查结果上都呈现出不同程度的异常，反映航空伽马能谱测量对寻找非放射性矿具有一定的效果。航空伽马能谱测量在康古尔金矿、马头滩金矿和元宝山铜硫矿测线位置如图 6-40 所示。

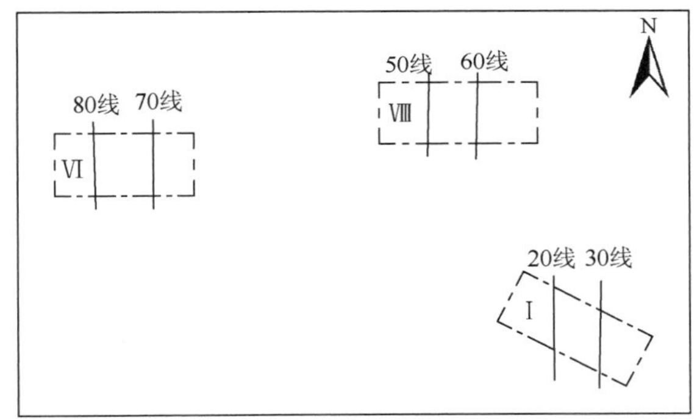

图 6-40　康古尔塔格地区航空伽马能谱调查测线位置示意图[3]

Ⅵ号：康古尔金矿；Ⅷ号：马头滩金矿；Ⅰ号：元宝山铜硫矿；50 线：航空伽马能谱勘查测线

1）康古尔金矿床勘查应用

康古尔金矿床为中低温火山—变质热液型金—多金属矿床，含金蚀变带主要受东西向构造变形带及安山岩与凝灰岩接触带控制。该构造变形带长十几公里，其东段为糜棱岩或碎裂岩，西段为碎裂岩或糜棱岩化岩石。

航空伽马能谱测量在康古尔金矿体及围岩上反映如图 6-41 所示。南侧酸性凝灰岩上，伽马能谱总量及钾、铀、钍含量为略低的背景值；北侧中基性安山岩上，伽马能谱总量及钾、铀、钍含量则相比稍高。含金矿化蚀变带位于两种火山岩的接触带上，含金矿化蚀变带上，总量及钾含量显示出明显的高值异常，铀含量有弱异常显示，钍含量有明显的低值异常，反映蚀变带内存在明显的钾化蚀变。

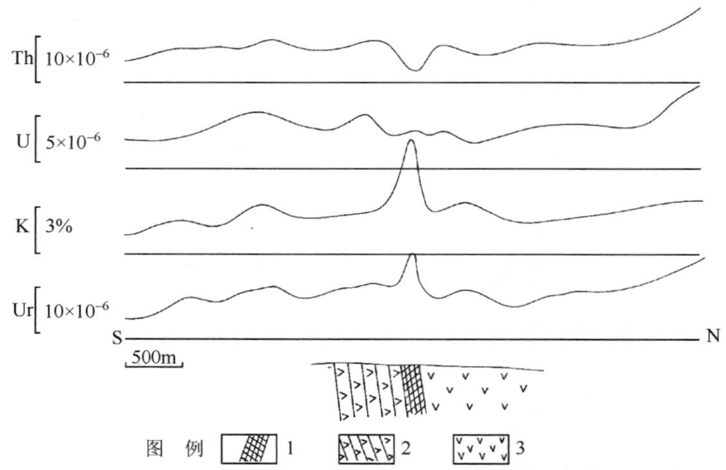

图 6-41　康古尔金矿 70 线上空 40m 航空伽马能谱测量综合剖面图[3]

1：含金矿化带；2：凝灰岩；3：安山岩

2）马头滩金矿床勘查应用

马头滩金蚀变岩型金矿床与康古尔金矿位于同一含金蚀变带，航空物探测量在马头滩金矿床带及围岩上反映如图 6-42 所示。在含金矿化蚀变带上，钾含量为高值异常，铀和钍含量为低值异常，反映出蚀变带为钾化蚀变，与康古尔金矿含金蚀变带伽马能谱特征反映一致。

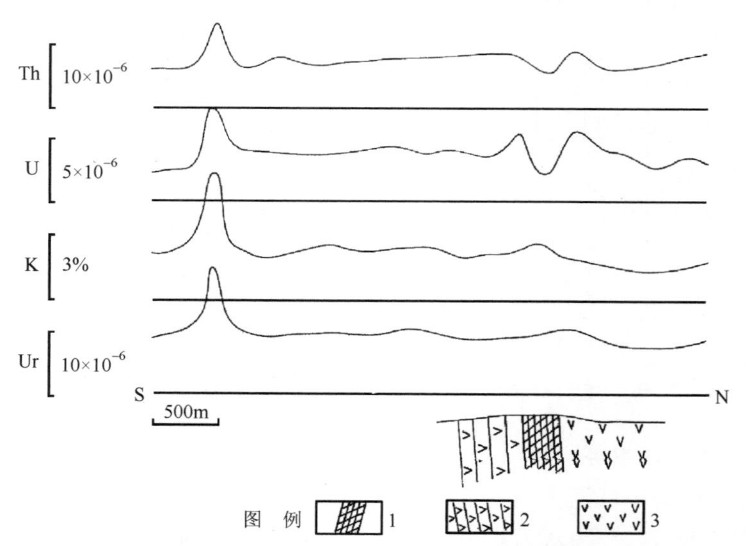

图 6-42　马头滩金矿 50 线上空 40m 航空伽马测量综合剖面图[3]

1：含金矿化带；2：凝灰岩；3：安山岩

3）元宝山铜硫矿床勘查应用

元宝山铜硫矿床为产于下石炭统雅满苏组英安质凝灰岩、安山岩及含砾长石砂岩中的火山沉积型含铜黄铁矿床。地表大面积出露的紫黑色硅铁帽是矿化蚀变较醒目的标志，在铁帽下部发现达工业品位铜矿，硫达工业品位地段与黄铜矿体重叠，较铜矿体大。

航空伽马能谱测量在元宝山铜硫矿床矿带及围岩上反映如图 6-43 所示。从图 6-43 中可以看出，在铁帽及铜硫矿带上，伽马能谱总量及钾、铀、钍含量出现明显高值异常，而南北两侧的凝灰岩及硅质岩则为低背景值。航空伽马能谱测量结果对地表出露的矿化蚀变紫黑色硅铁帽反应灵敏。

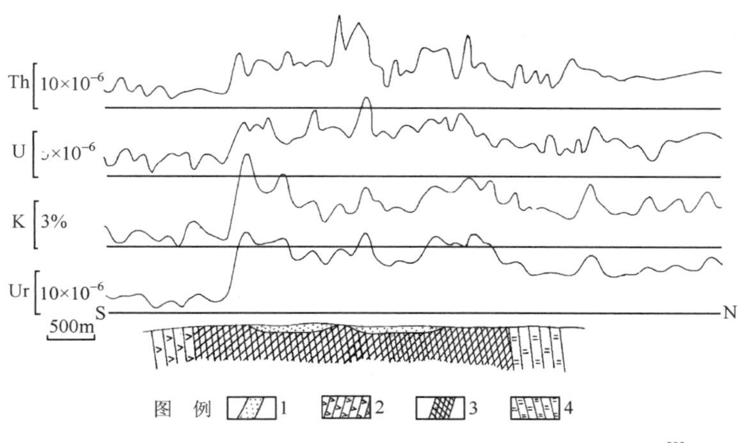

图 6-43　元宝山铜硫矿上空 40m 航空伽马测量综合剖面图[3]

1：砂岩；2：凝灰岩；3：铁帽；4：硅质岩

5. 实例 5：黑龙江多宝山地区铜多金属矿床勘查应用

多宝山位于黑龙江省北部，地区矿产资源丰富，已查明矿床有：宝山斑岩型铜（钼）矿床、铜山铜矿床和三矿沟铜（铁）矿床。采用航空伽马能谱测量方法对该地区矿床调查取得了较好成果，反映出航空伽马能谱测量是一种对非放射性金属矿床同样有效的物探方法。

1）多宝山铜（钼）矿床勘查应用

该区出露地层主要为中奥陶系多宝山组灰绿色角砾熔岩、安山岩、凝灰岩及铜山组灰绿色石英砂砾岩、凝灰砂岩等。侵入岩以华力西中期花岗闪长岩、花岗闪长斑岩为主，次为华力西晚期斜长花岗岩、更长花岗岩。矿区 NW 向压—压扭性弧形断层和华夏系 NE 向压性断层发育。矿床受矿区北西部两组断层压性结构面的复合部位控制，花岗闪长岩是铜钼矿床的成矿母岩。蚀变、矿化多围绕花岗闪长岩和花岗闪长斑岩发生，主矿体产于斑岩体上盘。

航空伽马能谱测量综合剖面如图 6-44 所示。在矿体位置虽然航空伽马总量计数率对应一低值点，而铀、钍、钾含量没有明显地表现出对矿体特征的反映。故采用伽马能谱 F 参数反映矿体特征，从图上可以看出，在矿体位置 F 参数呈现出明显的高值异常，反映出宝山斑岩型铜（钼）矿床的钾化蚀变特征。

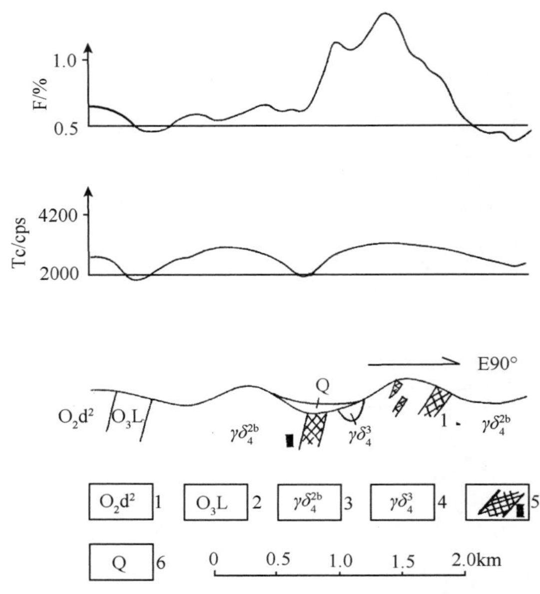

图 6-44　多宝山铜钼矿航空伽马能谱测量综合剖面图[25]

1：中奥陶系多宝山组；2：上奥陶系裸河组；3：花岗闪长岩；4：更长花岗岩；5：铜钼矿体；6：第四系沉积物

2）铜山铜（钼）矿床

矿床受北西向弧形断裂和东西向断裂控制，与多宝山铜钼矿相同，为斑岩型中温热液矿床。航空伽马能谱测量综合剖面如图 6-45 所示，伽马能谱测量总道值在矿带上对应高值，但伽马能谱 F 参数对矿体反映更为明显，对应一强烈的高值异常，异常高值点正好位于矿体上。

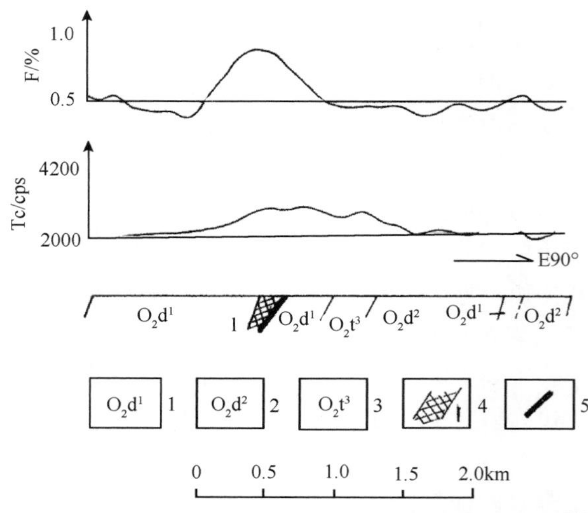

图 6-45　铜山铜钼矿床航空伽马能谱测量综合剖面图[25]

1：中奥陶系多宝山组一段；2：中奥陶系铜山组二段；3：中奥陶系铜山组三段；4：铜矿体；5：断层

3）三矿沟铜（铁）矿床

该矿床位于燕山期斜长花岗岩与奥陶系多宝山组地层的接触带上。铜（铁）矿体主要赋存于矽卡岩（钙铁榴石矽卡岩）中。航空物探综合测量在元宝山地区三矿沟铜（铁）矿床反映如图 6-46 所示。从航空物探综合剖面图 6-46 上能够明显表明矿床上航空伽马能谱特征：钾为低背景上的弱突起，升高幅值 1.2%；铀为升高异常，铀含量最高达到 5.9×10^{-6}；钍为区域降低场；航磁 ΔT 为强异常上出现的次级叠加异常。

野外实地物性测定验证，矿化矽卡岩铀含量较高，且磁性较强，说明铀异常及磁次级异常与矿化矽卡岩有关，而大范围强磁异常场是大规模的花岗岩基引起的。因此，对于航磁异常被高磁性围岩掩饰的矽卡岩型矿床勘查，可以尝试以航放测量异常作为主要的找矿指示。

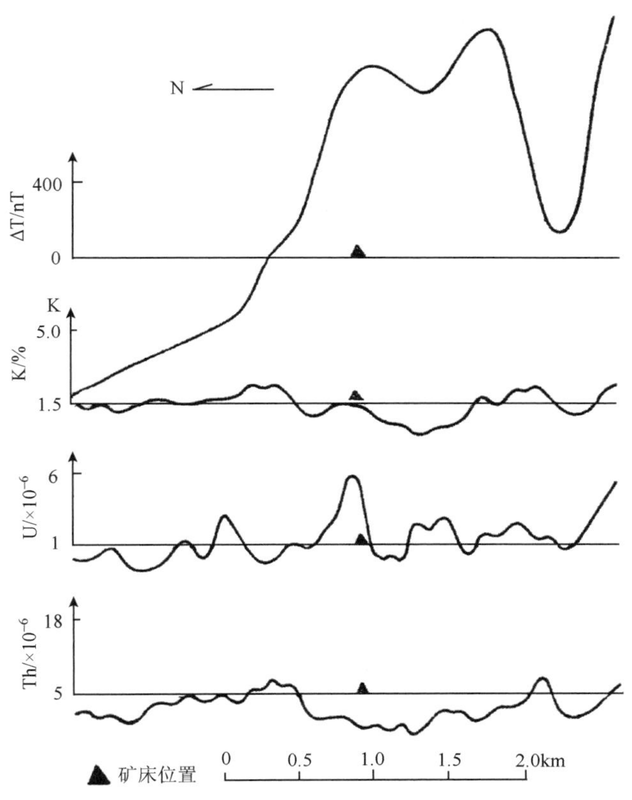

图 6-46　三矿沟铜（铁）矿床航空物探综合测量剖面图[25]

6. 实例 6：甘肃天仓北铁铜矿勘查应用

天仓北铁铜矿位于甘肃天仓北西约 5km，产于中震旦统硅化大理岩中，其间有华力西中期花岗岩侵入，发育南北向正断层，矿体受断裂和裂隙控制。磁铁矿分布地带具绿泥石化、蛇纹石化及绿帘石化。矿石呈块状及浸染状，含铁不大于 40%，储量约 3 万 t，属于热液型。

在矿点分布区及附近，航空伽马能谱反映为钾含量的相对升高，并出现 F 参数高值（图 6-47），推断是与矿化有关的热液蚀变部位之反映。地面检查结果，矿化即产于岩体与中震旦统地层之接触带部位，与航空伽马能谱反映的异常位置一致。

图 6-47　天仓北铁铜矿点及附近地区航空物探地质综合平面图[26]

1：中震旦统上组；2：中震旦统下组；3：第三系疏勒河组；4：花岗岩；5：天仓北铁铜矿点；6：断裂；7：物性点位置及编号；8：正等值线；9：零等值线；10：负等值线

7. 实例 7：阿舍勒铜多金属矿区外围找矿勘查应用

阿舍勒铜多金属矿是 20 世纪 80 年代中期发现的一处大型火山沉积型块状硫化物矿

床，矿床产于中泥盆统阿舍勒组第二岩性段火山岩及火山碎屑岩中，矿体产于中酸性火山岩与基性火山岩直接接触的火山碎屑岩一侧，基性火山岩（辉绿岩）与成矿关系密切。矿床严格受近南北的断裂构造控制，矿区地质情况如图 6-48 所示。

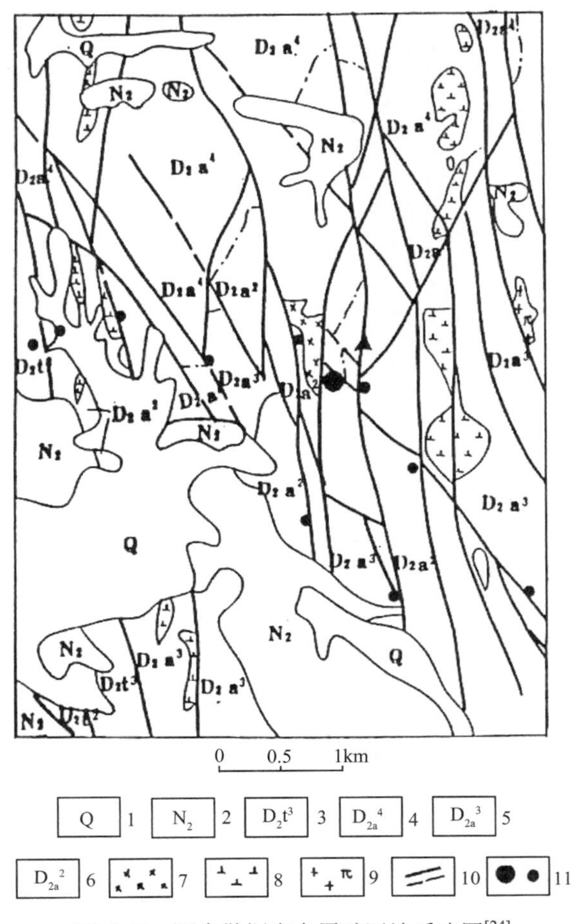

图 6-48　阿舍勒铜多金属矿区地质略图[24]

1：第四系；2：第三系；3：中泥盆统托克萨雷组；4：中泥盆统舍勒组第四段；5：中泥盆统舍勒组第三段；6：中泥盆统舍勒组第二段；7：辉绿岩（玄武岩）；8：闪长岩；9：花岗斑岩；10：断裂；11：矿床或矿点

矿区整体上处于低放射性背景场中，航空伽马能谱测量铀、钍和钾含量对该矿床有一定的特征性反映，但这类特征不明显，难于在外围直接指导找矿。依据航空伽马测量结果，阿舍勒铜矿区铀含量结构自协方差 R_U 和 F 参数能够较好地指示矿区的找矿方向（图 6-49）。从图可看出 R_U 值和 F 值异常均能较好地反映矿区矿化蚀变带的位置，但 R_U 参数分辨蚀变带的能力强于 F 参数，以 R_U 值异常圈定了 5 个较好异常带（点），异常均分布在已知矿床、矿点或矿化带和 1/5 万原生晕和次生晕化探综合异常区内或附近，所处构造条件极为有利，具有较好的找矿意义，指示了阿舍勒铜多金属矿区的找矿方向。

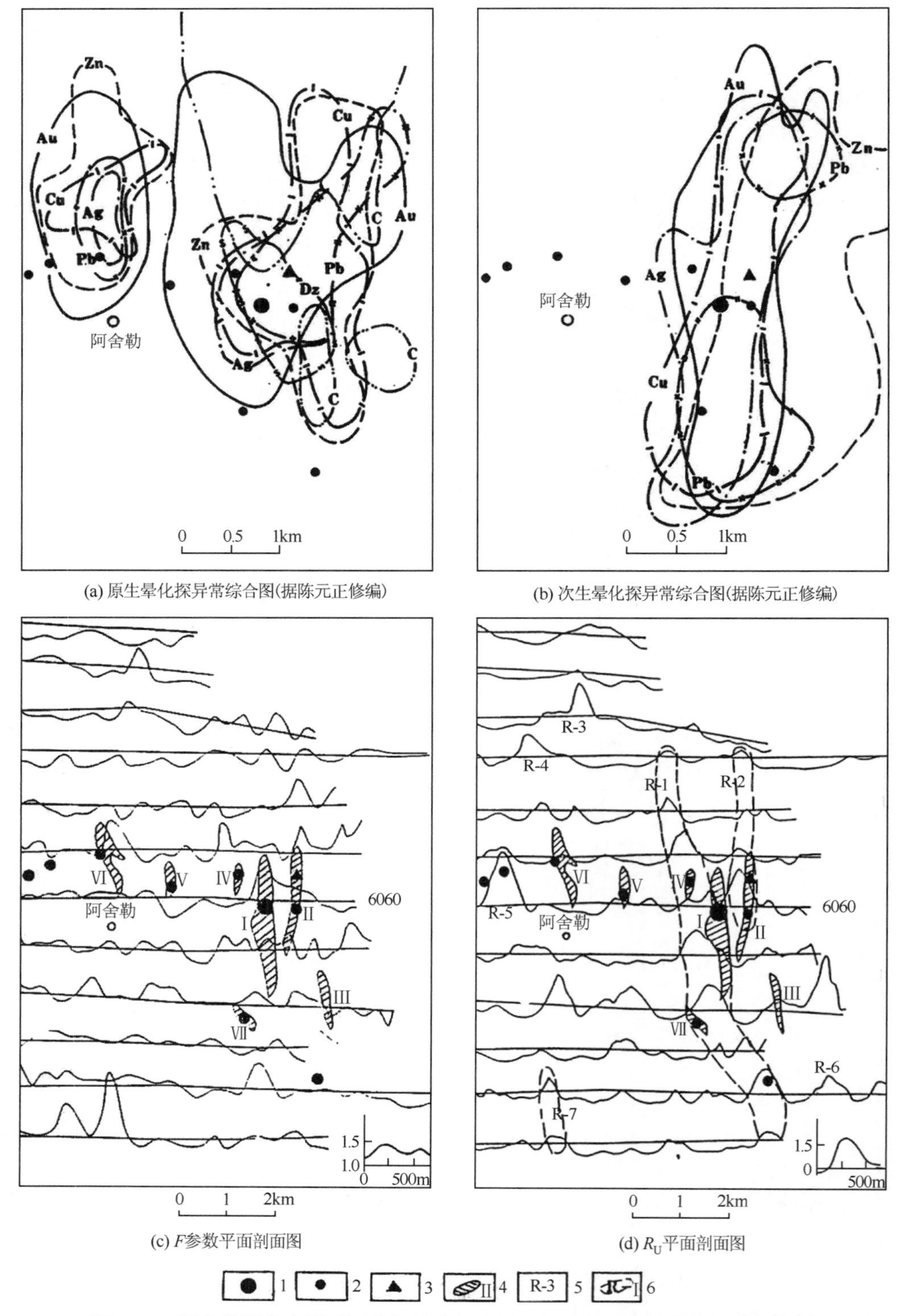

图 6-49　阿舍勒铜多金属矿区化探异常综合图和航空伽马能谱平面剖面图[5, 24]

1：大型铜矿床；2：铜矿点或矿化点；3：重晶石矿床；4：矿化带范围及编号；5：异常编号；6：异常范围

8. 实例 8：大珠子稀土矿勘查应用

稀土矿是伴生放射性矿物之一，其除了含有所需的稀土矿用成分外，同时伴有高于规定水平的天然放射性物质的矿物资源，因此，应用航空伽马能谱测量寻找稀土矿是一种可行且高效的方法。

该矿产于元古界五莲群海眼口组变质地层中，受丁家庄—大珠子背斜内的破碎带的控制，是与区域变质作用和区域性的伟晶岩化作用有关的近似层状的矿化，含矿岩石以变质期后伟晶岩化岩石为主，多以含矿花岗伟晶质碎裂岩及糜棱岩为主。主要稀土矿物为独居石（占 81.5%），其次为锆石（占 10.5%），金红石（占 7.91%），为大型独居石矿和中小型锆石矿。

大珠子稀土矿区航空伽马能谱测量结果如图 6-50 所示。图上明显反映出伽马能谱场上有

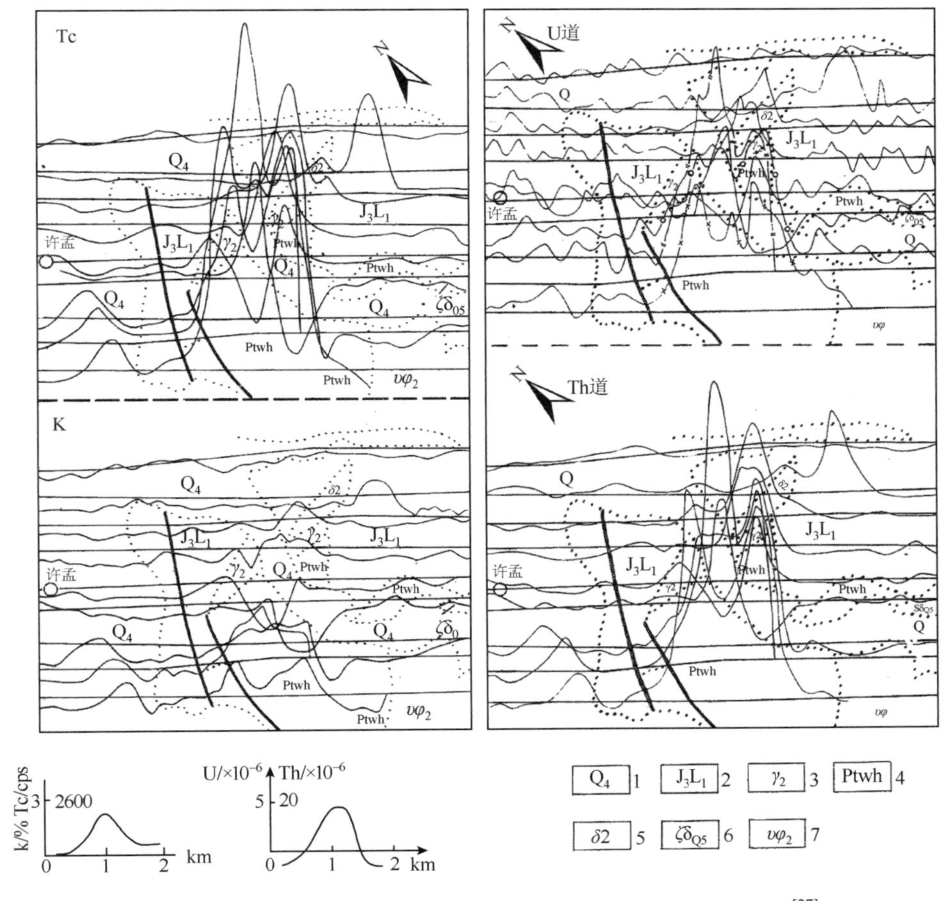

图 6-50　大珠子稀土矿航空伽马能谱 Tc、钾、铀、钍道平剖图[27]

1：第四系；2：侏罗系地层；3：花岗岩；4：五莲群海眼口组地层；5：闪长岩；6：石英正长闪长岩；7：变辉长岩；Tc：总计数率；K：钾元素；U：铀元素；Th：钍元素

较大的异常。伽马能谱异常总计数率反映强度大，梯度陡明显突出，为钾、钍、铀含量高的混合型异常。总计数率最高值达 18460cps，钾元素平均含量 4.0%，局部最高钾元素含量 5.7%；钍元素平均含量 43×10^{-6}，局部最高钍元素含量在 108×10^{-6}；铀元素平均含量为 8×10^{-6}，局部铀元素含量为 22.0×10^{-6}。异常范围约 $5km^2$。虽然异常南侧因飞行超高，异常反映不完整。

地面检查结果，花岗伟晶质碎裂岩放射性强度大（800～1000γ），充分证明航空伽马能谱是一种有效的寻找稀土矿的勘查方法。

9. 实例 9：红旗山井稀土矿点勘查应用

红旗山井北稀土矿点位于甘肃省玉门市红旗山井北，为根据航空伽马能谱异常进行地面查证发现的稀土矿（化）点，属花岗伟晶岩脉稀土矿（化）点。

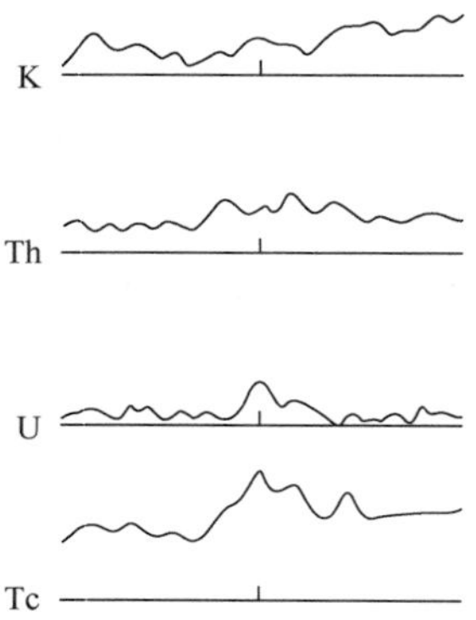

航空伽马能谱测量结果[12]，总道计数率和铀含量在矿化点位置出现明显异常，在其他 6 条测线上铀含量都明显升高，背景场铀含量 3×10^{-6}，异常幅值 3×10^{-6}；钍含量在矿化点附近也有小幅增高，异常表现比铀含量剖面弱；剖面上钾含量无明显的峰值异常反映（图 6-51）。

图 6-51 红旗山井稀土矿点地面伽马能谱测量剖面图[12]

异常区属于二道井—红旗山复背斜的南翼，区内出露奥陶—志留系第二岩性段（O-S），该岩性段为主要含铀层位。附近混合岩化作用强烈，后期含铀性较好的花岗伟晶岩脉、中酸性岩脉比较发育。

地面伽马能谱测量，异常与花岗伟晶岩脉对应较好，铀含量为 0.002%～0.006%，最高 0.01%，并含锆（0.01%～0.03%）、钇（0.005%～0.02%）、镱（0.001%～0.002%）。

10. 实例 10：航空伽马能谱测量在昆明地区磷矿勘查中的应用

航空伽马能谱测量方法应用于磷矿资源勘查，具有独特的优势。无论是内生磷灰石型磷矿，还是外生磷块岩型磷矿，磷与放射性元素之间都具有一定的共生关系。内生磷灰石型磷矿，常与放射性元素钍关系较密切；而外生磷块岩型磷矿，常与放射性元素铀关系较为密切[28, 29]，这是应用航空伽马能谱测量方法勘查磷矿的地质——地球物理基础。

1）地质——地球化学-地球物理前提

磷是一种典型的生物元素，生物在生命循环中都要汲取磷。各种来源的磷质在海盆地的特征活动区，通过生物作用富集，形成磷块岩矿床。大多数磷块岩都是胶磷矿和微晶碳-氟磷灰石或其类质同象系列组成。

铀在海水中蕴藏量很大，并具有很强的活动性。U^{4+}的离子半径（0.97×10^{-10}m）和 Ca^{2+}的离子半径（0.98×10^{-10}m）很相近。铀可以转换磷酸盐矿物中的钙。海水中绝大多数铀以 UO_2^{2+}的形式存在，UO_2^{2+}在还原剂的作用下被还原成 U^{4+}。磷灰石在沉淀过程中将吸附被还原的铀。先前沉积的磷灰石也通过离子交换捕获铀。沉积物堆积的缓慢速率明显有利于此过程的进行。

磷块岩矿床形成后，可以从地下水中继续捕获铀。磷块岩矿床出露地表后，又可以从地表水中吸附铀。可见，磷酸盐无论在形成磷块岩矿床之前，还是之后，均具有吸附铀的能力。

有研究资料报道[30~34]，铀往往随着 P_2O_5 含量的增高而增高。U 与 P_2O_5 之间具有正相关关系，相关系数为 0.80～0.96。

铀是一种放射性元素，应用航空伽马能谱测量方法，能够轻易地识别到地层中铀含量的增高。这为应用航空伽马能谱测量方法进行磷矿资源勘查创造了条件。

2）昆明地区地质简况及其磷矿床分布

云南昆明地区是我国磷矿资源较为丰富的地区，其磷矿为磷块岩型。昆明地区的磷矿床分布在昆阳地区和王家湾地区。

昆阳磷矿区位于昆明西南、滇池西侧。区内有昆阳磷矿、海口桃树箐磷矿和观音山磷矿 3 个大型磷矿床。如图 6-52 所示，昆阳磷矿和桃树箐磷矿分别处于近 EW 向的香条冲背斜的南北两翼。背斜核部为震旦系灯影组地层，局部出露有下元古界昆阳群地层，背

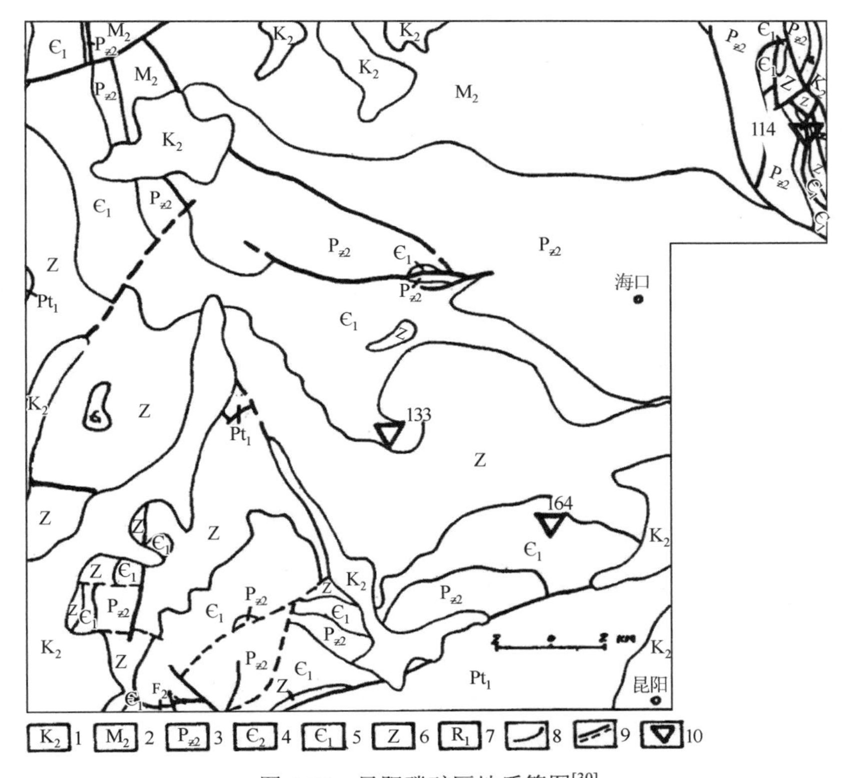

图 6-52　昆阳磷矿区地质简图[30]

1：新生界砂砾岩、泥岩及砂、黏土；2：中生界砂岩、页岩、泥岩；3：晚下古生界砂岩、页岩、白云岩及顶部玄武岩；4：中寒武统白云质灰岩、砂岩；5：下寒武统磷无发展前途岩、含磷砂岩、页岩、粉砂岩及白云岩；6：震旦系硅质岩、白云岩、灰岩及砂砾岩；7：下元古界（昆阳群）板岩、页岩、粉砂岩及灰岩；8：地质界线；9：断裂；10：磷矿床

斜两翼由下寒武统筇竹寺组、沧浪组、泥盆系、石炭系和二叠系地层组成。观音山磷矿处于近南北向逆冲断裂带内，出露有震旦系、下寒武统筇竹寺组、泥盆系、石炭系和二叠系地层。在磷矿区外，还出露有三叠系、侏罗系、白垩系及第三系地层。三个大型磷矿床均产于下寒武统筇竹寺组地层中，筇竹寺组地层厚44～156.5m，有两个磷矿层，形成区域性的上矿层和下矿层，下矿层呈假整合覆于震旦系灯影组之上。含磷地层为一套页岩、粉砂岩、硅质白云岩、磷酸盐岩。在两个磷矿层之间夹有含磷白云岩、黏土页岩或页岩、粉砂岩的过渡层。磷矿层由胶磷矿岩组成。磷矿层延伸长，达7～10km；平均厚度为7.2～9.5m。磷矿层层位稳定，岩性相对简单，矿层中P_2O_5含量为19.77%～32.83%，含磷岩中P_2O_5含量为0.88%～8.74%。另外，海绿石砂岩中含钾。

王家湾磷矿区位于玉溪市东北的抚仙湖西侧，分布有王家湾磷矿、多雨山磷矿和白玉寨磷矿。王家湾磷矿床位于王家湾向斜西翼，构造线近于南北向；多雨山磷矿床位于龙马山向斜的东端；白玉寨磷矿床位于白玉寨向斜的南翼。出露有下元古界昆阳群、震旦系、下寒武统筇竹寺组、上古生界及中生界地层，磷矿均产于下寒武统筇竹寺组地层中。矿层分成区域性的上矿层和下矿层，胶磷矿产于细砂岩、泥岩、白云质、硅质碳酸盐岩中。含矿层底板为页岩、粉砂岩及震旦系灯影组白云岩，顶板为页岩、粉砂岩及白云岩。区内一般下矿层较好，矿层厚为0～36.1m，含磷品位0.88%～26.24%，最高达37.99%，一般为20%左右。上矿层厚0～30m，含磷品位0%～24.6%。王家湾磷矿属区域性的下矿层，矿体长16km，走向NW340°～360°，倾向东或北东，矿体沿倾向延伸220m左右，矿层P_2O_5含量最高达37.99%，平均为22.92%，为大型矿床。多雨山磷矿为区域性的上矿层，矿层平均厚8m，平均P_2O_5含量为22.49%，为大型矿床。白玉寨磷矿以区域性的上矿层为主，属中型矿床。

3）磷矿区航空伽马能谱特征

核工业航测遥感中心于1989年在云南昆明地区开展了1∶10万比例尺的航空伽马能谱测量，获取了该地区的航放总计数率（TC）、航放铀、钾、钍元素含量及航放铀/钍等资料。根据这些资料，总结磷矿区的放射性特征。

A. 昆阳磷矿区

在昆阳磷矿区，航放总计数率值为1200～5000cps，如图6-53（a）所示。含磷的下寒武统筇竹寺组地层的航放TC为2400～3600cps；处于香条冲背斜核部，夹于含磷层之间的震旦系灯影组硅质岩、白云质灰岩，其航放TC值较高，大于3000cps，最高达5200，其他地段震旦系的航放TC为1800～3000cps；其余不含磷地层的航放TC均在3000cps以下。昆阳磷矿和海口桃树箐磷矿均处于高值（大于3000cps）的边缘，观音山磷矿则位于2400～3000cps中值圈内。

下寒武统筇竹寺组含磷层和震旦系灯影组地层内航放铀含量普遍较高，为大于5×10^{-6}，如图6-53（b）所示，含磷地段铀有局部富集，达8×10^{-6}～20×10^{-6}。昆阳磷矿和桃树箐磷矿均处于航放铀含量大于10×10^{-6}高值圈边缘部位；观音山磷矿（114）在5×10^{-6}～8×10^{-6}等值圈内，与8×10^{-6}～10×10^{-6}等值圈相邻。其余不含磷地层的航放铀含量都小于5×10^{-6}。

航放钍含量在昆阳磷矿区内对于含磷地层为8×10^{-6}～16×10^{-6}的正常值；3个大型磷矿床均处于此等值圈内，如图6-53（c）所示。不含磷地层的航放钍含量虽也为正常值，但局部有增高；震旦系灯影组地层中局部分布着航放钍含量 16×10^{-6}～20×10^{-6} 增高值；石炭系和二叠系的含铝土质岩中航放钍含量分布着大于 20×10^{-6} 的高值，有别于含磷地层。

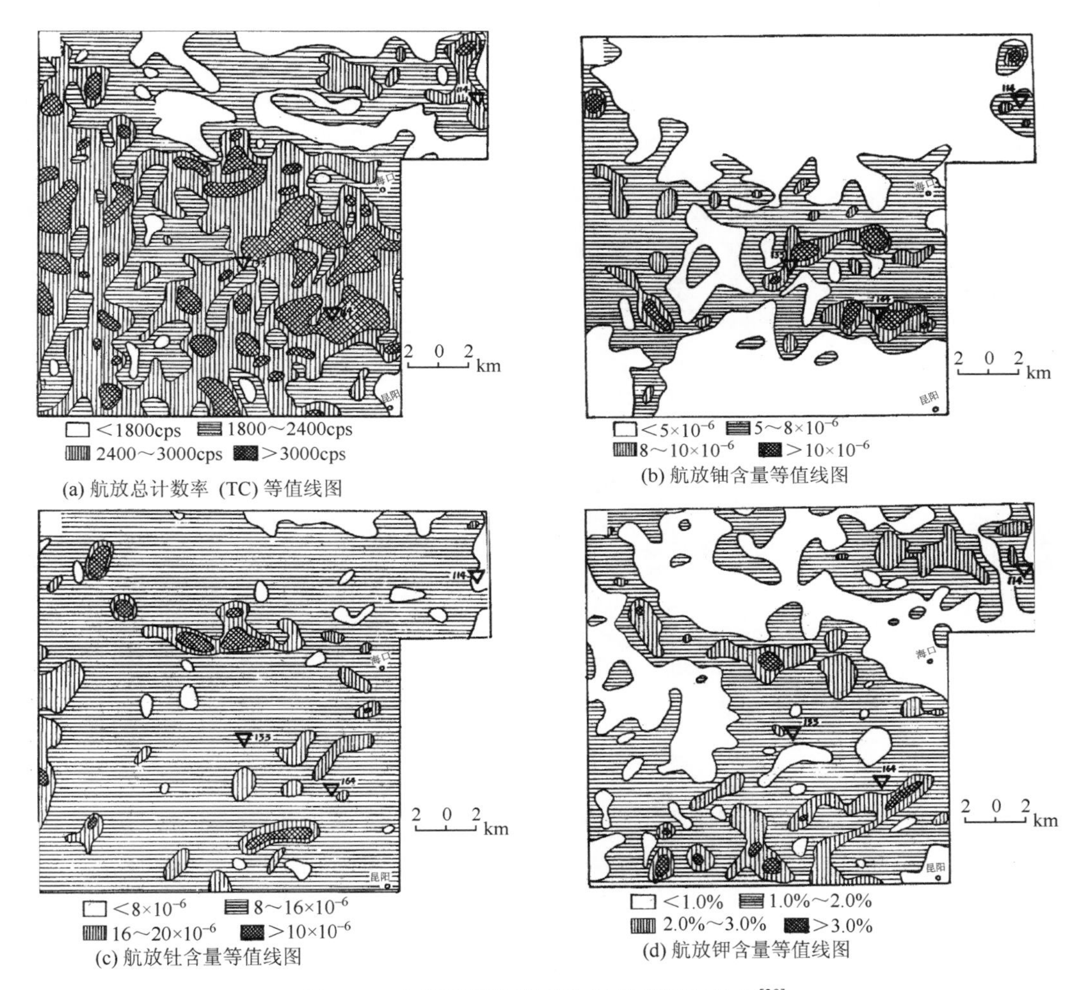

(a) 航放总计数率 (TC) 等值线图

(b) 航放铀含量等值线图

(c) 航放钍含量等值线图

(d) 航放钾含量等值线图

图 6-53　昆阳磷矿区航空伽马能谱测量结果[30]

由于昆阳磷矿区含磷层上部为含钾的海绿石粉砂岩、页岩等，在此层位出露处，航放钾含量分布着 2×10^{-2}～3×10^{-2} 和大于 3×10^{-2} 的中高值，如图 6-53（d）所示。磷矿床都处于航放钾含量为 1×10^{-2}～2×10^{-2} 的等值区内，且靠近 2×10^{-2}～3×10^{-2} 的中值圈或大于 3×10^{-2} 的高值圈，说明磷矿层位于含钾的海绿石粉砂岩、页岩下部。区内其余地层都展布着航放钾含量 1×10^{-2}～2×10^{-2} 或小于 1×10^{-2} 的低值。

昆阳磷矿区，航放 U/Th 都处于 0.8～1.0 的等值圈内，且都处于大于 1.0 等值圈的边缘部位。大于 0.5 的等值圈可以大致圈定出下寒武统筇竹寺组含磷层和震旦系灯影组硅质岩、白云质灰岩，而大于 0.8 的等值圈基本上都展布于筇竹寺组含磷层中。其余不含磷地层的航放 U/Th 都小于 0.5。

在昆阳磷矿，通过地面伽马能谱测量，测得胶磷矿层中铀含量为 31.926×10^{-6}～$50.549\times$

10^{-6}，钍含量为 8.85×10^{-6}～13.787×10^{-6}；含磷砂岩、页岩中铀含量为 11.244×10^{-6}～20.511×10^{-6}，钍含量为 3.85×10^{-6}～9.01×10^{-6}，验证了含磷岩和磷矿层中铀含量确实偏高，而钍为正常值；且铀含量随着 P_2O_5 含量的增高而增高。

B. 王家湾磷矿区

在王家湾磷矿区，航放总计数率（TC）在下寒武统筇竹寺组含磷层为 2400～3000cps，如图 6-54（a）所示，上古生界铝土质岩的航放 TC 出现大于 3000cps 的较高值，其余不

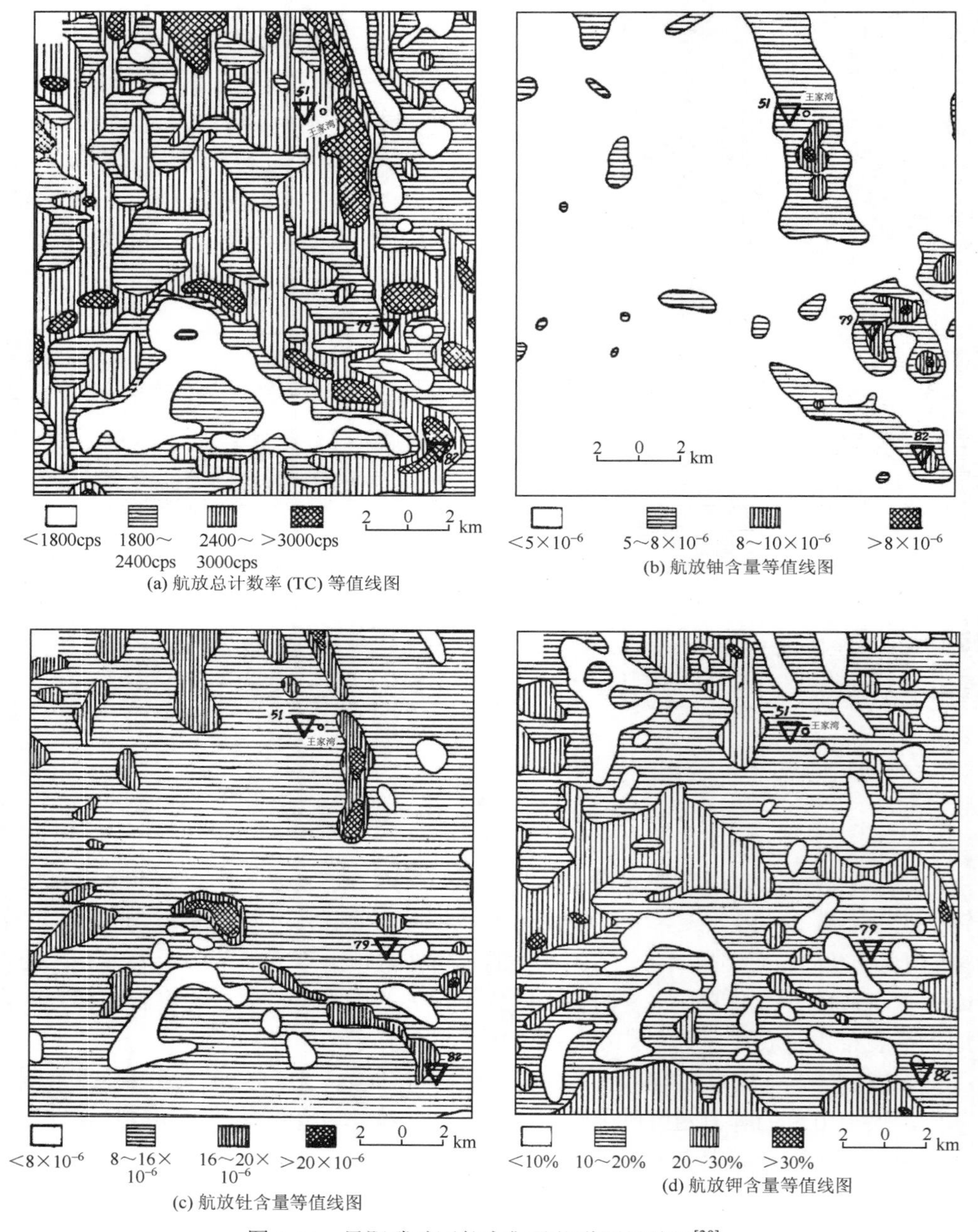

(a) 航放总计数率 (TC) 等值线图

(b) 航放铀含量等值线图

(c) 航放钍含量等值线图

(d) 航放钾含量等值线图

图 6-54　昆阳磷矿区航空伽马能谱测量结果[30]

含磷地层的航放 TC 为 2400～3000cps 和小于 2400cps。王家湾磷矿和白玉寨磷矿均位于 2400～3000cps 等值区内，且靠近大于 3000cps 的较高值；多雨山磷矿处于高值圈有边缘部位。

王家湾磷矿区，航放铀含量大于 5×10^{-6} 的等值圈可以圈定下寒武统筇竹寺组含磷地层的大致出露范围，如图 6-54（b）所示。白玉寨磷矿和多雨山磷矿都处于航放铀含量 8×10^{-6}～10×10^{-6} 等值圈的边缘部位，王家湾磷矿靠近 8×10^{-6}～10×10^{-6} 等值圈；不含磷地层的航放铀含量都小于 5×10^{-6}。

航放钍含量在王家湾磷矿区为 8×10^{-6}～16×10^{-6} 的正常值，含磷层（包括 3 个磷矿床）均处于此等值圈内，如图 6-54（c）所示。不含磷的上古生界铝土质岩和震旦系、元古界昆阳群地层中航放钍含量较高，为 16×10^{-6}～20×10^{-6}，局部大于 20×10^{-6} 的高值；其余不含磷地层均小于 16×10^{-6}。

航放钾含量对于含磷地层为 1×10^{-2}～2×10^{-2} 的中低值，3 个磷矿床都处于此等值区内，如图 6-54（d）所示。大于 2×10^{-2} 的中高值对应为震旦系、元古界昆阳群地层，其余不含磷地层为航放钾含量 1×10^{-2}～2×10^{-2} 和小于 1×10^{-2} 的低值。

用航放 U/Th 大于 0.5 的等值圈可以圈定出含磷层的位置，3 个磷矿床都处于 0.8～1.0 或大于 1.0 等值圈的边缘部位，航放 U/Th 都小于 0.5 的等值区对应为不含磷地层出露区。

4）*磷矿区航空伽马能谱数据处理技术与评价参数 F 的特征*

根据海相磷块岩中磷铀共生的地球化学相关性，对磷矿区航空伽马能谱资料，提出了一种增强有用信息、抑制干扰的数据处理模式，其数学表达式[32, 33]为

$$F_i = \frac{\mathrm{U}_i^2}{\mathrm{Th}_i} \tag{6-2}$$

式中，F_i 为测点 i 的航放评价参数，单位为 10^{-6}；U_i、Th_i 分别为测点 i 的航放铀含量和钍含量，单位均为 10^{-6}。

根据式（6-2），评价参数 F 的地球化学含义可以理解为，对于第一个航测点的航放铀含量值，做了铀/钍的修正。据费尔斯曼等的研究，在地质体形成初期，铀钍之间存在一定的比值关系。由于长期的地质作用，使各地质体内铀与钍的比例关系发生了变化，评价参数 F 在一定程度上反映了地质体中铀的富集与贫化，更加突出地显示了与含磷相关的信息。

应用式（6-2），对昆阳磷矿区和王家湾磷矿区进行了评价参数 F 的计算，绘制 F 等值线图，如图 6-55 所示。

将评价参数 F 等值线图与磷矿区地质图进行比较，评价参数 F 大于 2.5×10^{-6} 的区域展布形态和范围基本上反映了含磷层——下寒武统筇竹寺组的地表出露范围，因而由此值圈定含磷层在近地表的展布。磷矿床一般产于评价参数 F 值梯度变化大的部位，且在 F 值出现高值（大于 8.0×10^{-6}）的区内，昆阳磷矿、桃树箐磷矿、白玉寨磷矿及多雨山磷矿都产在 F 值梯度变化且出现大于 8.0×10^{-6} 的高值处；观音山磷矿和王家湾磷矿产在评价参数 F 值梯度变化较大处，F 值介于 4.0×10^{-6}～6.4×10^{-6}。

与航放铀含量图和钍含量图相比，评价参数 F 等值线图更加突出地显示磷矿床的产出部位，且对昆阳地区香条冲背斜核部不含磷的震旦系灯影组具有明显的干扰抑制作用。

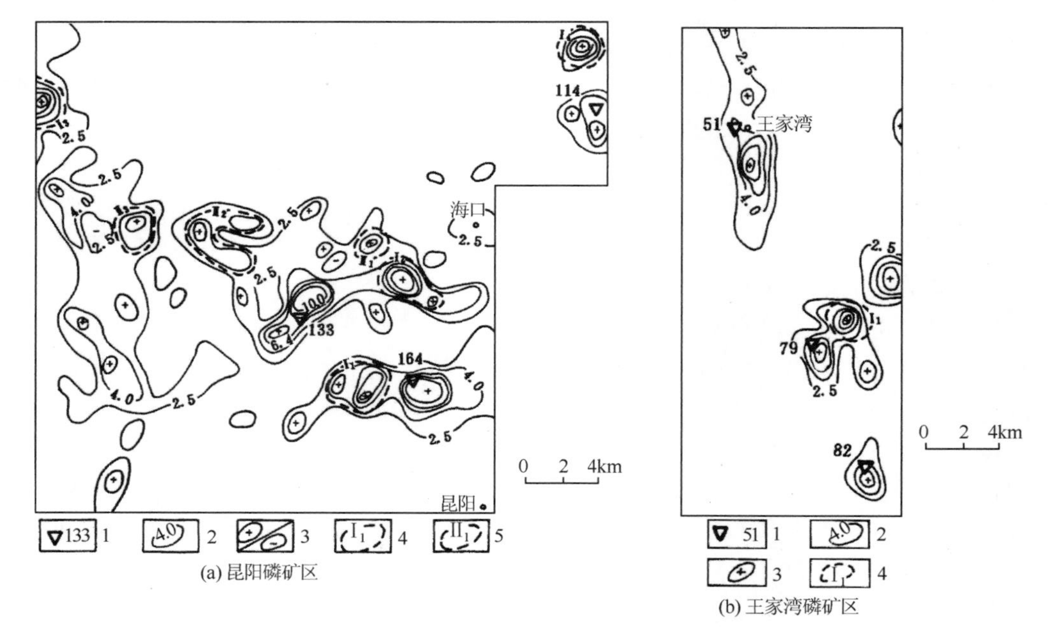

图 6-55　昆明地区评价参数 F 等值线图[32]

1：已知磷矿床及其编号；2：评价参数 F 等值线；3：F 值增高与减弱区；4：Ⅰ类靶区及其编号；5：Ⅱ类靶区及其编号

5）预测磷矿找矿靶区

通过对昆明地区磷矿床上航空伽马能谱特征分析，掌握了含磷层和磷矿床上放射性元素的分布规律，结合评价参数 F 图，总结了在昆明地区应用航空伽马能谱资料确定磷找矿靶区的几条评价准则。

（1）评价区内有含磷地层（海相磷块岩）的分布。昆明地区分布着早寒武世筇竹寺期含磷地层。

（2）含磷地段航放钍含量为正常值，航放钾含量为中低值。昆明地区航放钍含量正常值为 8×10^{-6}～16×10^{-6}，航放钾含量小于 2×10^{-2}。

（3）含磷层中航放铀含量高于不含磷地层，且磷矿产于航放铀含量高值区的边缘或与高值区相近处。昆明地区可按航放铀含量大于 5×10^{-6} 等值线圈出含磷层的大致范围。磷矿通常产于航放铀含量 8×10^{-6}～10×10^{-6} 的范围内或大于 10×10^{-6} 区的边缘或相近处。

（4）航放铀钍比值大于 0.5 的区域大致反映了含磷层的展布范围。磷矿产于 0.8～1.0 比值区内，或处于高值区的边缘部位。

（5）评价参数 F 可以评价或圈定含磷层的出露位置和展布范围。磷矿床产于 F 值梯度变化大且有高值（大于 8×10^{-6}）展布的部位。在昆明地区，按 2.5×10^{-6} 的 F 值可以圈定含磷层的展布范围。

在昆明地区的昆阳磷矿区和王家湾磷矿区外围，结合具体地质条件，应用磷矿找矿靶区的评价准则，确定了 8 片磷矿找矿靶区，如图 6-55 所示。

在昆阳磷矿区的已知磷矿床外围，确定了 I 级找矿靶区 4 片和 II 级找矿靶区 3 片。其中 I_3 靶区为白登大型磷矿所在地，磷矿产于评价参数 F 梯度变化大的部位。I_1 靶区现已划归观音山大型磷矿的一部分。I_2 靶区为正开采的昆阳磷矿的一部分。

在王家湾地区的已知磷矿区外围，确定了 1 片 I 级找矿靶区 I_1，该靶区可能为白玉寨磷矿的一部分。另外，在 I_1 靶区东北有一片评价参数 F 的高值区，该区 F 梯度变化较大，虽然地质资料表明该处富含磷地层出露，但应对地区引起重视。

值得说明的是，在研究中使用的是 1969 年和 1970 年的地质和矿产资料，航空伽马能谱测量是 1989 年。据报道[35]，云南省昆明地区找到的磷矿正好处于预测的磷矿找矿靶区内。

6.3　在油气勘探中应用

20 世纪 20 年代在苏联已知含油区开展放射性油气普查以来，研究着从未停止过该项非地震找油方法的研究，许多资料都报道了油气田的放射性异常特征，认为放射性异常与油气藏之间关系密切，指出大多数油气田上方都显现出较外围伽马场幅值相对降低的伽马场特征，其相对落差一般为 10%～20%。根据苏联及美国在已知油气田的试验结果，有 60%～70%的油气田反映为放射性低值异常，10%～30%的油气田反映为高值异常，还有少数油气田并无异常反映[2]。

1983 年，M·G 摩西尔在前人研究的基础上，以烃及核素垂向运移的概念，提出了放射性油气异常的理想模式（图 6-56），进一步对油气藏上方出现的放射性低值异常的形成机制进行了解释。近年来工作实践表明，确有不少油气田显现出与此理想模式基本相似、清晰程度不等的伽马场特征。

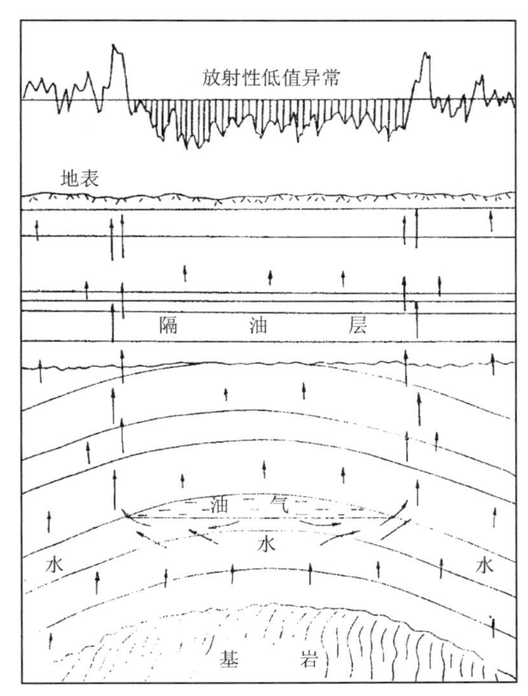

图 6-56　油气田放射性异常理想模式图
箭头长短表示水迁移的相对数量和放射性元素的饱和程度；该图引自 Weart 和 Heimberg（1981）

尽管油气藏上方形成的放射性异常性质目前尚有不同的理论解释，但是更多的情况是放射性总强度的低值异常范围较好地反映了油气藏的分布轮廓。这点已在不同国家的油气田地区得到证实。

结合国内外航空伽马能谱测量应用于油气勘探的经验，本书总结了以下几个在油气勘探中需注意的问题。

（1）油气藏勘探中发现，放射性总强度低值异常又往往被连续或不连续的高峰值所环绕，而高峰值正是反映了地下油气藏的边界。

（2）地下存在油气藏时，出现放射性异常非常微弱时（一般异常区的平均场值仅比周围背景场低 10%左右）。在对异常检查时，需要结合该地区地质背景完成和已有地面工程，以排除如地表水域或者洼地湿度大、地表不同岩性和地表植被覆盖等其他原因造成的可能产生类似油气异常特征的假异常。

（3）许多矿例表明，油气田上方显示的放射性低值异常多与油田区内铀含量降低或铀、钾含量降低有关，而钍元素则无明显的变化规律。因此，航空伽马能谱在油气勘探应用方面，还有进一步研究充分利用航空伽马能谱测量信息的空间。

6.3.1 实例 1：莎尔图油田勘查

1960 年 9 月，首次在松辽平原北部大庆长垣地区进行了航空放射性试验测量，并依据试验结果总结了油田放射性场的特征及规律，同时对影响油田放射性场的各种干扰因素进行了分析、总结各种干扰的放射性的特征。研究结果表明，莎尔图和喇嘛甸子含油地区航空伽马射性异常明显，且储油构造应向西继续延伸。

莎尔图为已知的良好储油构造，面积大，幅度也大，钻探证明油水边界为 1050m 等深线，其航空伽马场特征（图 6-57）为以下几点。

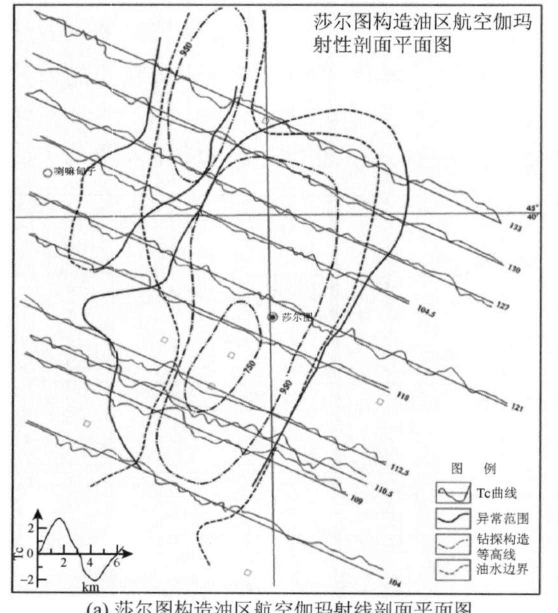

(a) 莎尔图构造油区航空伽玛射线剖面平面图

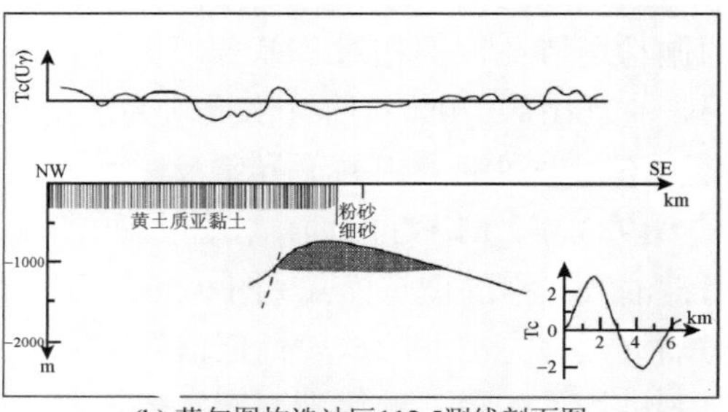

(b) 莎尔图构造油区112.5测线剖面图

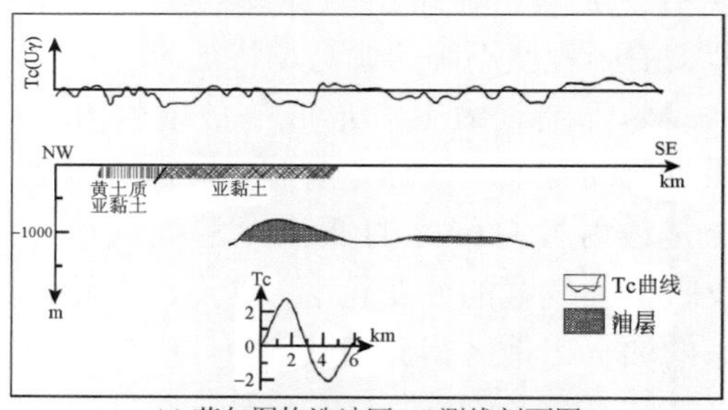

(c) 莎尔图构造油区113测线剖面图

图 6-57　莎尔图构造油区航空伽马射性特征图[36]

（1）伽马异常为较稳定的低值带，但因湖泊多，其边缘的特殊物理化学场的干扰显著，使在伽马场平行的背景上，产生局部活化现象，形成正向跳跃。

（2）油田低值异常范围 γ 强度与周围伽马值场强度相对落差为 0.6～1.5γ（平均值）。

（3）象征着油水边界的边缘，伽马高值表现不明显，仅在局部测线上出现，如 110.5、109、128 等线之东界。

（4）异常封闭程度较好，东界自然背景场清晰，西界则成局部条带状分布。

（5）异常的形状、面积基本上与钻探构造符合，尤其走向一致。但西界上的 NNE 向断层显示为狭窄而规律的高值带，强度平均与背景场一致，并且成为油水边界的伽马场界线。

6.3.2　实例 2：羊三木油田勘查

1960 年 12 月，相关人员在济黄盆地进行了试验生产测量，并且作为一种新的方法参加了华北平原石油普查勘探工作的大会战。测量结果表明，在羊三木、东营等已见到油流的油藏区存在明显的航空放射性异常，共同特征是：油藏顶部显示为稳定规律的自然伽马场低值带（异常），油田边界出现极高值（活化值）现象，如羊三木油藏区航空放射性异常东南界高值（活化值）十分明显（图 6-58）。

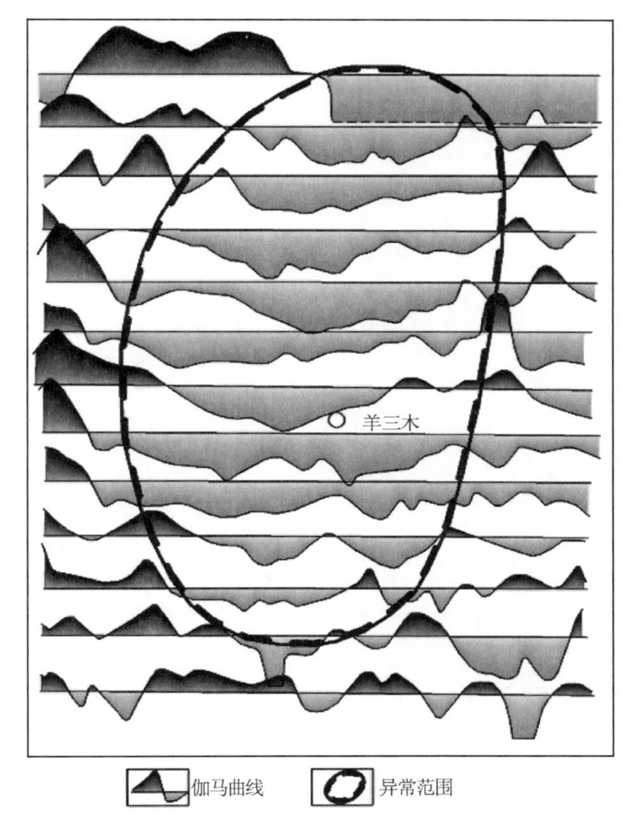

图 6-58　羊三木油藏航空伽马异常特征[37]

6.3.3　实例 3：枣园油田勘查

枣园油田位于沧州地区枣园村，孔店主断层西侧。在航空伽马能谱测量总计数率图上，油田范围显示低值伽马场，油田区的总计数率较外围的总计数率平均值低，相对落差约 15%，从航空伽马能谱总道（Tc）剩余异常等值线图显示更为明显，外围环绕伽马高值场（图 6-59 和图 6-60）。在铀、钾含量在油田区同样显示低值场，相对落差分别为 21%、20%，而钍含量则无明显降低趋势。经与土壤类型图、地形图对比，发现在油田区水系不发育，地表为同一种性质的砂质黏土和黏质砂土的混合土壤，排除了低值场是地表干扰因素的影响。因此，油田上方的伽马能谱低值场是油气藏的近地表反映。

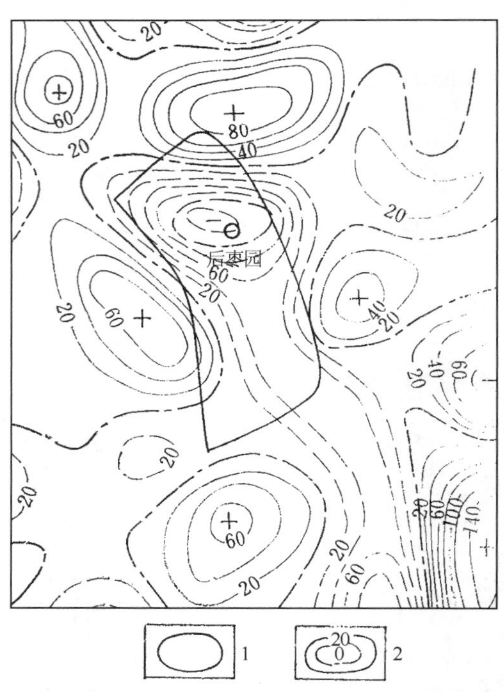

图 6-59　枣园油田航空伽马能谱总道 Tc 剩余异常等值线图[38, 39]

1：油田范围（据八五年勘探成果图）；2：剩余异常等值线/cps

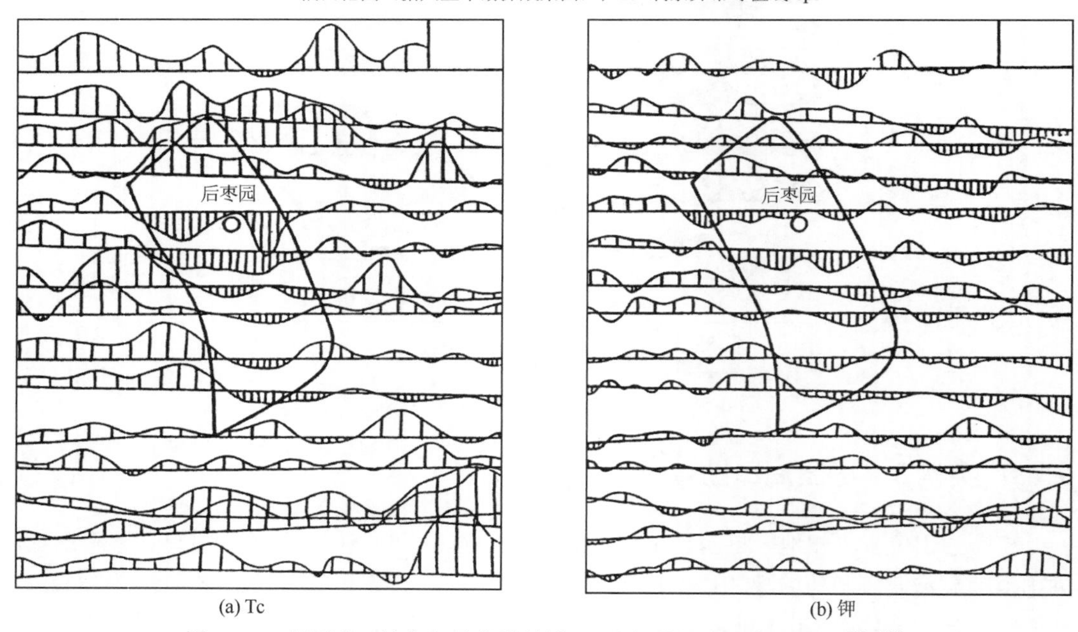

图 6-60　枣园油田航空伽马能谱总道 Tc 和钾道计数平剖平面图[38, 39]

6.3.4　实例 4：临盘油田勘查

山东临盘油田航空伽马能谱调查显示，临盘油田上空的伽马能谱场特征符合油气田上方的伽马场异常理想模式。在能谱测量剖面图上看得最清楚，低值异常明显，边界清楚。低值异常的伽马总场值较周围背景场值低 10%～15%，在钾、铀、钍含量图上也有相应的低值异常显示（图 6-61）。临盘油田范围与低值伽马异常范围对比图（6-62）显示：该异常的范围与油田吻合得相当好，油田几乎全部处在伽马场低值异常之中（图 6-62）。

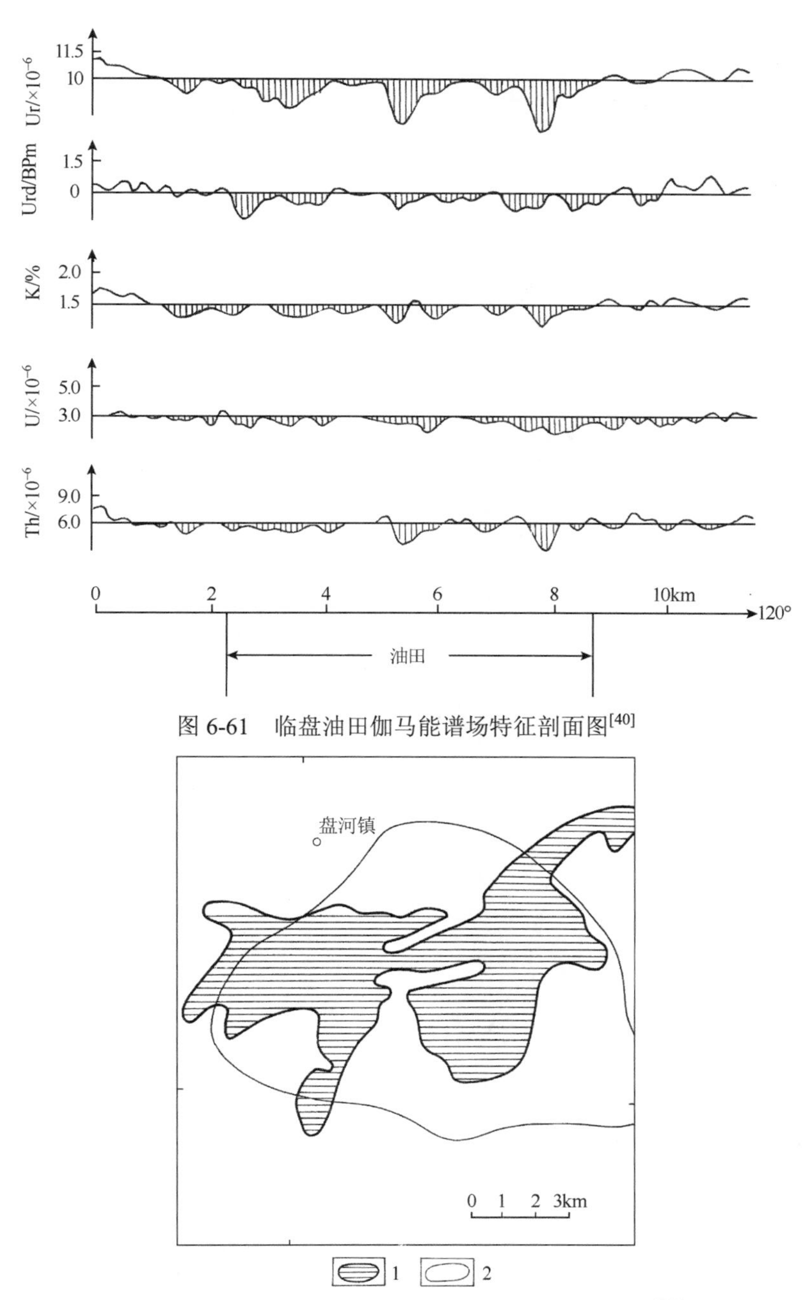

图 6-61　临盘油田伽马能谱场特征剖面图[40]

图 6-62　临盘油田范围与低值伽马异常范围对比图[40]

1：已知油田范围；2：低值伽马异常范围

6.3.5 实例 5：双河油田勘查

双河油田位于泌阳凹陷南部，航空伽马能谱调查显示，双河油田上方的伽马场形态与其四周相比截然不同（图 6-63）。油田范围航空伽马能谱测量显示低值异常，经统计，油田上方总计数率较油田外围正常背景值下降 13%～20%，异常衬度为 84%左右。围绕低值区边缘出现的环形升高场较外围仅上升约 5%，虽反映不很明显，但与低值区相互映衬，使双河油田低而变化的伽马场特征显的更为醒目，该低值异常在总计数率剩余异常图上显示更为明显。与油田范围对比，该异常与油田吻合很好，重叠面积达 95%左右。

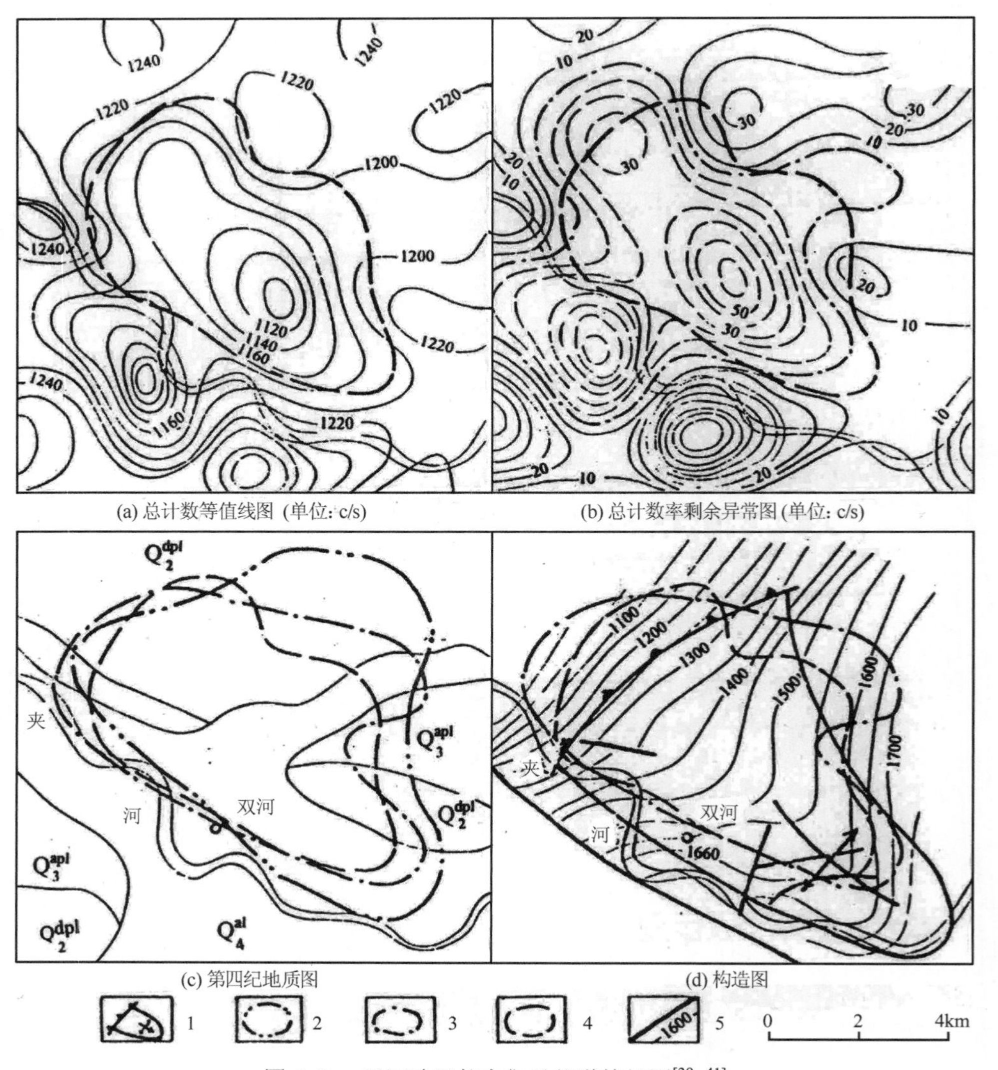

图 6-63 双河油田航空伽马能谱特征图[39, 41]

1：砂岩尖灭岩性圈闭及鼻状构造；2：综合化探异常；3：伽马能谱异常；4：油田范围；5：断层及构造等深线/m

沿航测某测线实测的地面伽马能谱测量综合剖面如图 6-64 所示。对应油田上方测得的总计数率及铀含量明显降低，与航测伽马能谱结果一致。钾、钍含量变化不大，铀/钍、铀/钾也降低说明了油田范围伽马低值异常为铀性异常。地面伽马能谱验证排除地面干扰因素的影响，确认了航测伽马低值异常由该地区油气藏引起。

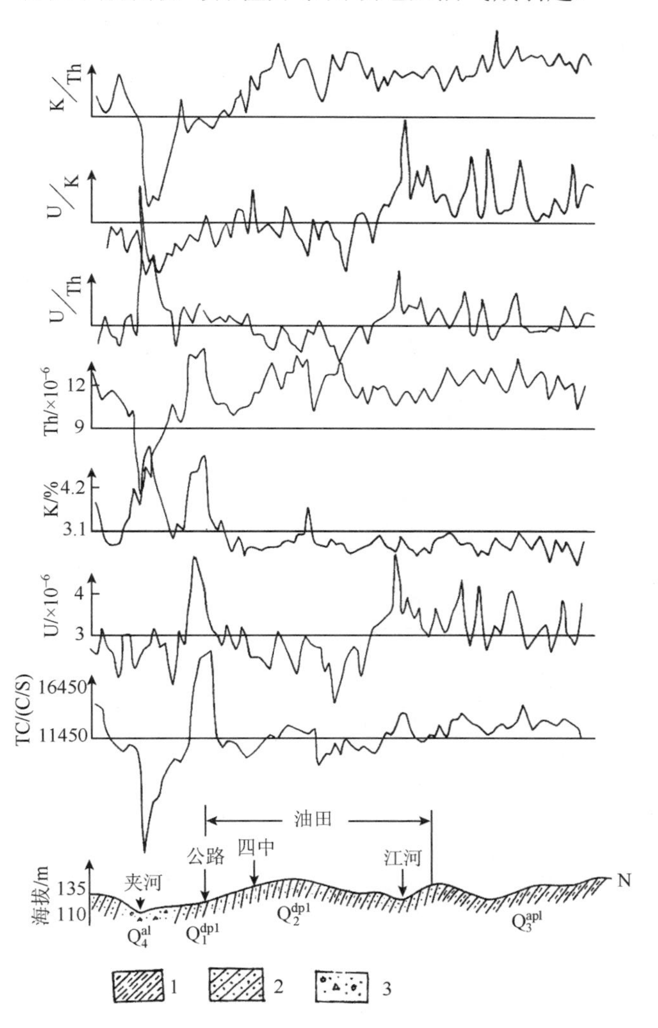

图 6-64　双河油田某航空测线地面伽马能谱测量综合剖面图[41]

1：Q_2^{dpl} 褐色亚黏土；2：Q_3^{apl} 黄褐色亚黏土；3：Q_4^{al} 砂砾

地面伽马能谱剖面引之成都地质学院实测资料

6.3.6　实例 6：井楼油田勘查

井楼油田位于夹河北岸，是位于泌阳凹陷北部的一个以背斜圈闭为主的复合油气藏。

根据对井楼油田地区伽马能谱结果提取了两处符合油气田伽马特征的微弱低值异常区（Tc-87-5 和 Tc-87-6），在总计数率剩余异常图上，异常显示得更加清晰（图 6-65）。

Tc-87-5 异常区内钾、钍元素为土壤中的正常含量，铀含量低值区范围与异常吻合很好，也是总计数率降低的原因。与油田最新资料对比，该异常区范围与井楼油田吻合很好，反映该异常是井楼油田的航空伽马特征表现（图 6-66）。

井楼油田西南约 6km 处的 Tc-87-6 异常，在总计数率剩余异常图中显示了两个低值中心。铀含量及总计数率在异常区内普遍降低，在异常边缘环形升高场映衬下，符合一般油气田上方放射性理想模型。同时参考相关地质矿产资料，该异常具备多种油气藏信息，推断是与油气藏有关的重要找油靶区。

6.3.7 实例 7：柴达木盆地冷湖地区油田勘查

柴达木盆地冷湖-西部地区完成的航空伽马能谱测量显示在该地区有多个伽马能谱异常位置，且该地区伽马能谱测量异常主要为低值异常。结合该地区以往的油气钻探工作和地质构造背景，反映该地区的伽马低值异常为与油气关系密切的异常，以潜-1、冷六-2 为例介绍。

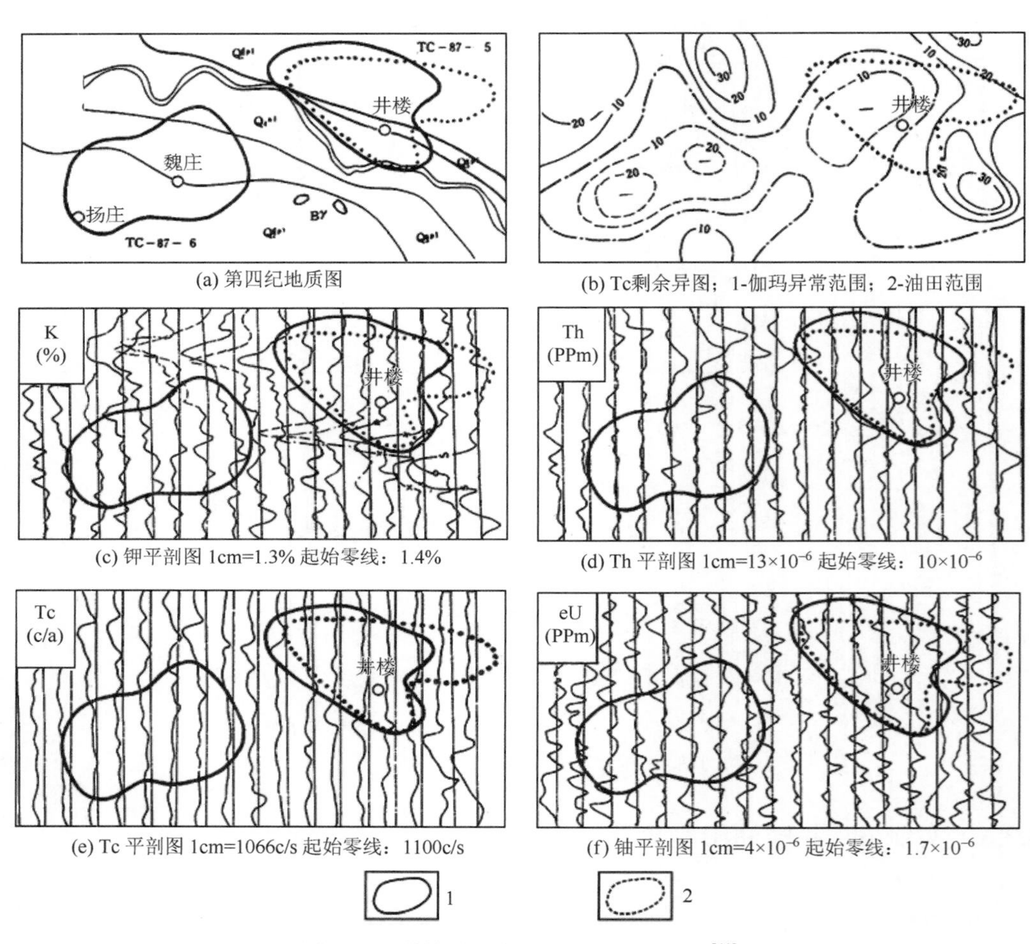

图 6-65 井楼油田航空伽马能谱特征图[41]

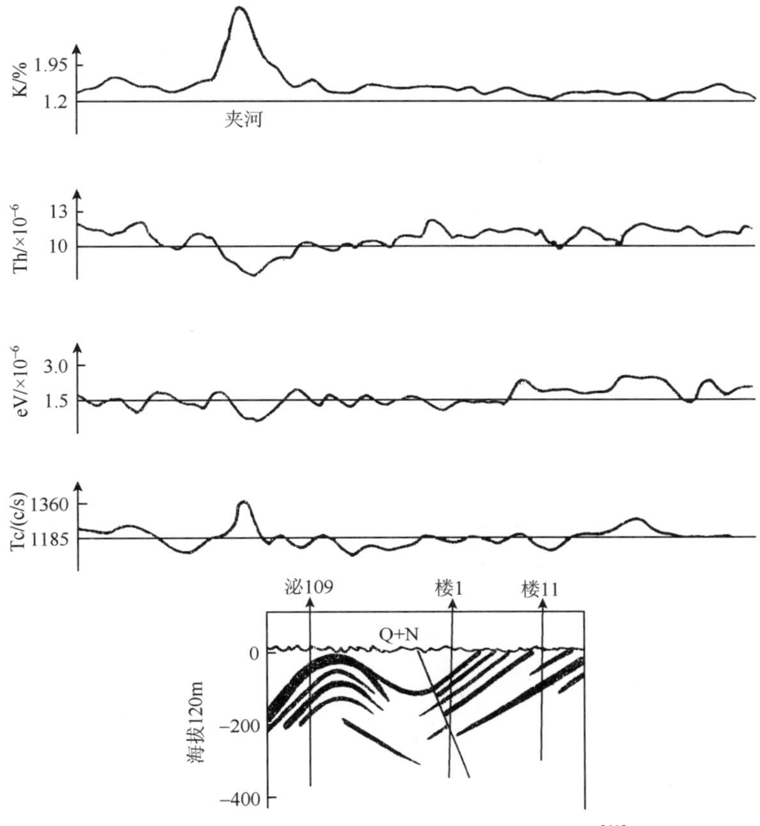

图 6-66　井楼油田航空伽马能谱综合剖面图[41]

该剖面相当于 10910 测线；油藏剖面系根据《泌阳凹陷油气藏形成条件及分布规律》报告附图缩制而成，油层厚度因合并已不准确

1. 潜-1 异常

航空伽马能谱测量反映潜-1 异常在总计数率（Tc）显示为较好的相对低值异常，虽然该地区在一定程度上受到地表干扰的影响，其异常边界仍然比较清晰（图 6-67）。该异常在总计数率图上异常特征比较明显，边界清楚，异常相对落差为 10%～24%。从地震反射 T_R 层深度图可知，潜-1 异常正好与潜深 5 井断鼻吻合，该构造位于赛什腾断陷北缘，是油气运移聚集的有利地段。同时，在该异常上的潜深 5 井有油气显示，证明了潜-1 异常为与油气关系密切的异常。

2. 冷六-2 异常

冷六-2 异常在航空伽马能谱测量成果上很好地符合油气田上方放射性降低的一般模式，异常边界清晰。图 6-68 为该异常在总计数率图上的反映情况，异常相对落差为 47%～80%。从地质图上看，该异常正好沿冷湖六号构造西北端的构造轴线分布，如图 6-64 所示，是油气聚集的有利位置，且该异常上的陡深 2 井及邻近的陡深 1 井均见油气显示。

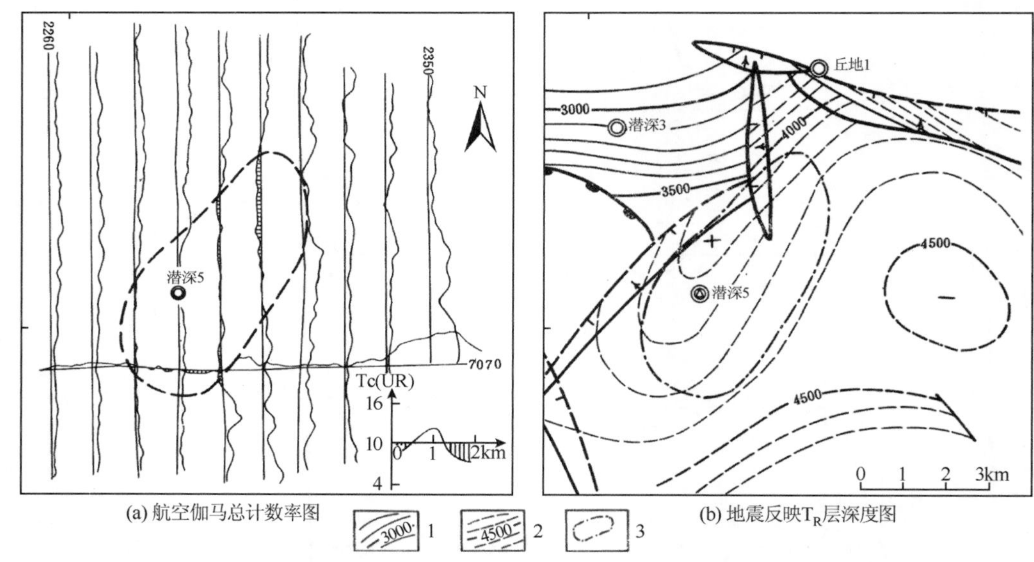

(a) 航空伽马总计数率图　　(b) 地震反映T_R层深度图

图 6-67　潜-1 异常在航空伽马总计数率图和地震反映 T_R 层深度图上的反映[42]

1：地震等深线/m；2：资料不足等深线；3：伽马能谱异常

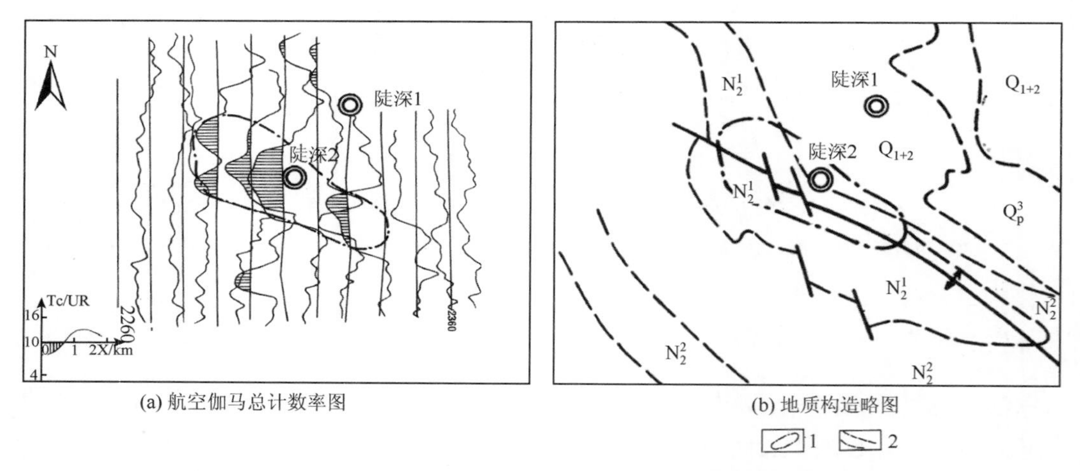

(a) 航空伽马总计数率图　　(b) 地质构造略图

图 6-68　冷六-2 异常在总计数率图上的反映及与构造的对应关系[42]

1：伽马能谱异常界线；2：地质界线

6.3.8　实例 8：二连盆地南部地区油田勘查

1990 年，对二连盆地南部地区完成综合航空物探测量，指导该地区油气藏的进一步开发。该地区土壤放射线含量较高，为高背景伽马场。航空伽马能谱测量总量平剖图显示因油气引起的低值异常相当微弱，对油气异常范围圈定带来较大的困难。以钍为校正元素，能谱总量归一化后，抑制高背景，减少了岩性干扰，从而突出了一些可能有意义的局部异常。二连盆地南部地区航空伽马能谱总量归一化前后对比如图 6-69 所示。

依据航空伽马能谱总量归一化平面图，在该地区圈定了与油气有关的总量低值异常区。与石油勘探资料对比，该地区现已有的 9 口产油井均处在低值伽马能谱异常中或异常的附近（图 6-69）。产油井所处的能谱总量低值异常的场值较背景场降低 15%左右。证明了依据航空伽马能谱测量结果圈定的异常区是与油气藏有关的找油靶区，具有很好的找油前景。

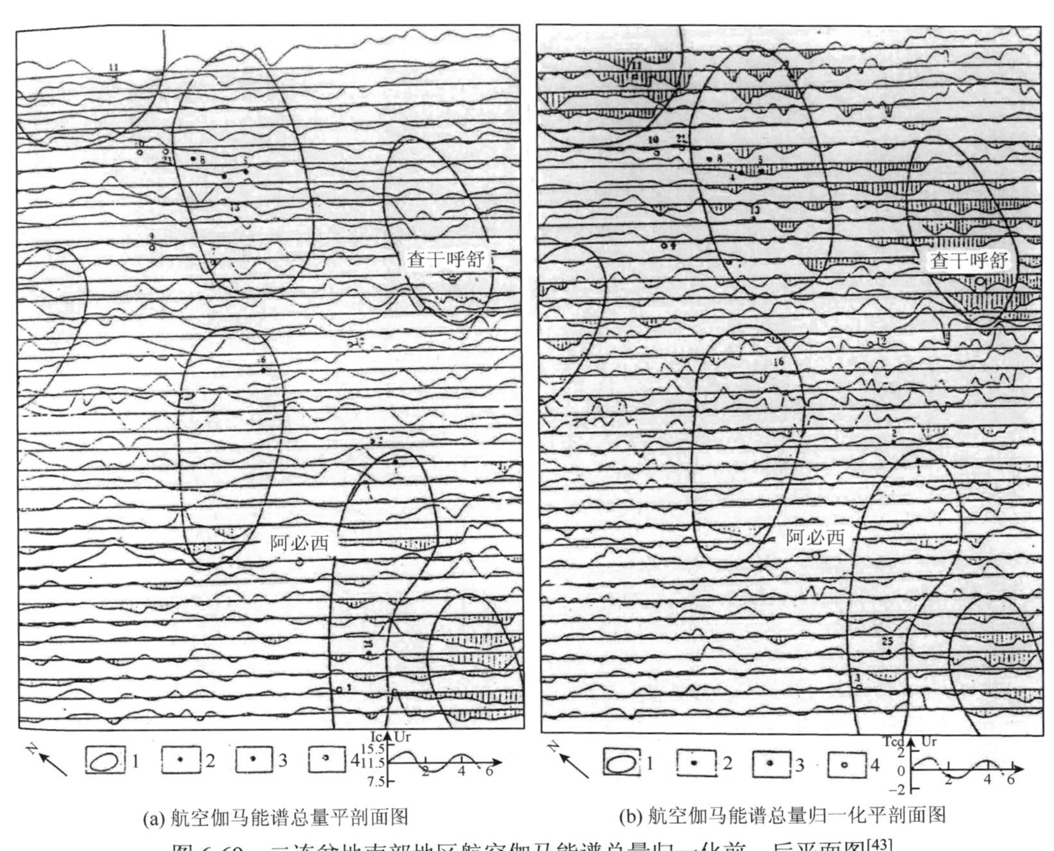

(a) 航空伽马能谱总量平剖面图　(b) 航空伽马能谱总量归一化平剖面图

图 6-69　二连盆地南部地区航空伽马能谱总量归一化前、后平面图[43]

1：能谱异常范围；2：工业油井及编号；3：低产油井及编号；4：干井及编号

6.3.9　实例 9：任丘油田勘查

该油田位于冀中拗陷，储油层为中上元古界，在航空伽马能谱总量平剖图上反映为明显的低值异常，相对落差约 15%，钾、钍元素含量也略有所降低。

该油田在航空伽马能谱聚类分析图上反映更为清晰（图 6-70）。在分类图中共有 4 个类别，见表 6-3。

从表 6-3 中可以看出 2、3 类区的铀、钍、钾含量很接近，可将 2、3 类合为同一类，总面积占全区 74.8%，为测区的背景值。因此，全区可归为三部分，即高值区（4 类）、背景区（2、3 类）和低值区（1 类），与 1∶20 万的土壤分布图对比，高值区主要与壤质黏土吻合，高值是由该类土壤引起的，低值区与土壤分布无明显关系，而与油田范围吻合很好，可认为是油田的反映。

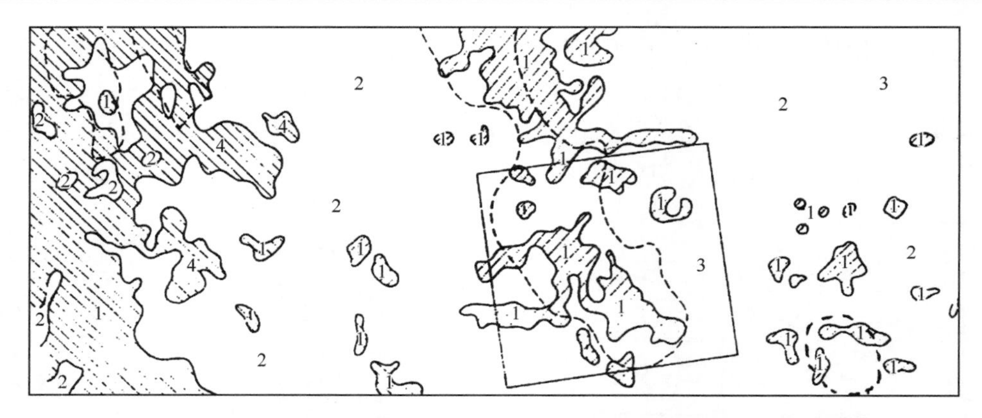

图 6-70　任丘油田航空伽马能谱数据聚类分析图总计数率剖面平面图[39]

1：低值区；2、3：背景区；4：高值区

表 6-3　任丘油田航空伽马能谱数据聚类分析分类统计表[39]

类别	钾含量 /%	铀含量 /$\times 10^{-6}$	钍含量 /$\times 10^{-6}$	占总面积比值 /%	备注
1	1.84	1.88	5.88	10.08	预测区内中部三个已知油田范围基本吻合
2	2.02	1.93	6.93	54.86	交替出现
3	2.07	2.09	6.65	19.96	
4	2.12	2.10	9.22	15.09	在测区两侧

图 6-71 所示为该油田及外围地区经岩性归一化后的航空伽马能谱总量等值线图。从图中可以看到，三处已知油田均与低值区相对应。按照低值区反映油田范围的原则，还推断在地面测区左方可能有一处小油田存在，由此可说明，以聚类分析为基础的岩性归一化方法在排除岩性干扰，突出油田信息方面是有效的。

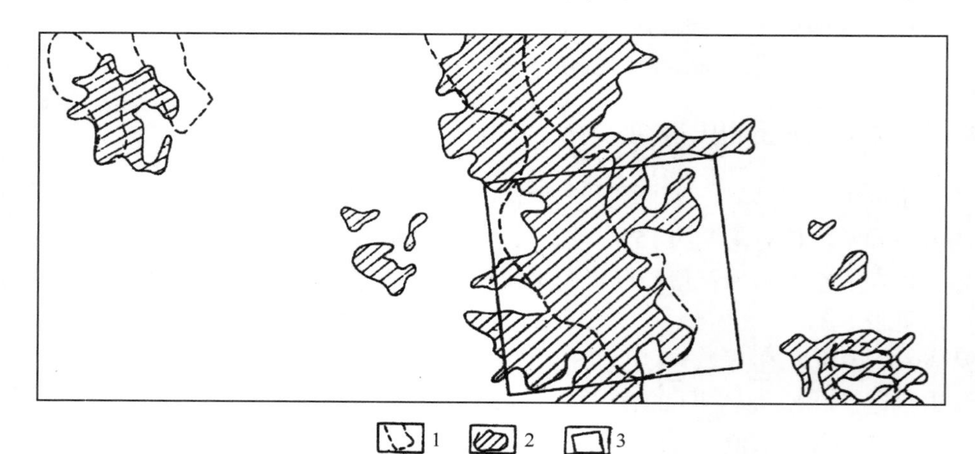

图 6-71　任丘油田航空伽马能谱总计数归一化等值图[39]

1：已知油田边界；2：总计数率低值区；3：地面测区范围

6.4　在辐射环境调查中的应用

天然伽马射线主要来自地表介质中天然放射性核素的核衰变，极少部分来自宇宙射线。UNSCEAR 1982 年报告中指出，地球伽马辐射主要产生于地壳表面的岩石、土壤中的天然放射性核素。地层中的天然放射性，也主要是由铀、钍和钾等一系列核素所决定的，它们在地球各个区域的浓度，决定了该地区的天然辐射伽马剂量的大小。此外，人类社会活动能力的增强也能够造成局部地区辐射水平的异常。

随着社会的发展和技术的进步，放射性测量的应用范围逐渐从区域性地质调查和放射性矿产勘查领域扩展到环境监测领域。特别是在日本广岛原子弹爆炸后和美国三里岛核电站、原苏联切尔诺贝利核电站事故发生后，人们对放射性危害有了深刻的认识。核电站周围地区的环境放射性水平、核污染物的迁移扩散规律的监测及核事故应急问题引起了世界范围内的广泛关注，同时放射性高本底地区低剂量持续照射的研究也逐渐被引起重视。据不完全统计，目前世界上已有 23 个国家和地区采用航空和地面 γ 测量方法，以估算天然辐射所致居民剂量为目的，开展了环境放射性水平调查。我国环保部门也于 1983～1990 年组织了全国环境天然放射性水平调查。

利用航空测量技术调查放射性水平速度快、区域广、可靠性强，已成为核事故应急响应和快速区域性放射性水平（本底）调查的有效手段，被世界许多国家所采用。采用航空伽马能谱测量方法进行辐射环境调查具有以下特点。

（1）航空伽马能谱测量较国家环保部门的辐射水平调查要求具有采样点密（64 点/km^2）、测量精度高、干扰因素少等优点，故换算出的照射量率和吸收剂量率更具代表性。

（2）航空伽马能谱测量能够快速完成环境调查任务，尤其对大范围辐射环境本底测量具有较明显的优势，是一种高效、成熟的辐射环境调查方法。

6.4.1　实例 1：北京南部地区天然辐射环境评价

对于天然辐射水平评价，国际原子能机构 1990 年和 1991 年在维也纳发布的 566 号、323 号技术文件《利用伽马射线数据解释天然辐射环境》和《航空伽马能谱测量》，详细阐述了用航空伽马能谱测量铀、钍、钾含量转换空气吸收剂量率的公式，即

$$D(\text{nGy/h})=13.08\times \text{K}(\%)+5.674\times \text{U}(10^{-6})+2.495\times \text{Th}(10^{-6}) \qquad (6\text{-}3)$$

根据式（6-3），将北京南部地区的航空伽马能谱数据转换为空气吸收剂量率（图 6-72）。结果显示，北京大兴到通州一带的空气吸收剂量率为 50～60nGy/h，与潘自强等 1980～1981 年用高压电离室和塑料闪烁体计量仪测得的结果（54.9nGy/h）基本相符，说明用航空伽马能谱数据转换的空气吸收剂量率是正确的。

由图 6-72 上可看出，绝大多数地方的空气吸收剂量率都小于 60nGy/h，表明该地区天然伽马辐射不强，属中等偏低。表 6-4 列出了我国一些地区和国际土壤的空气吸收剂量率的比较。北京、廊坊、涿州、涞水、徐水、容城、霸州、固安、永清等城市的天然伽马辐射水平都较低，对人类生产、生活无影响。

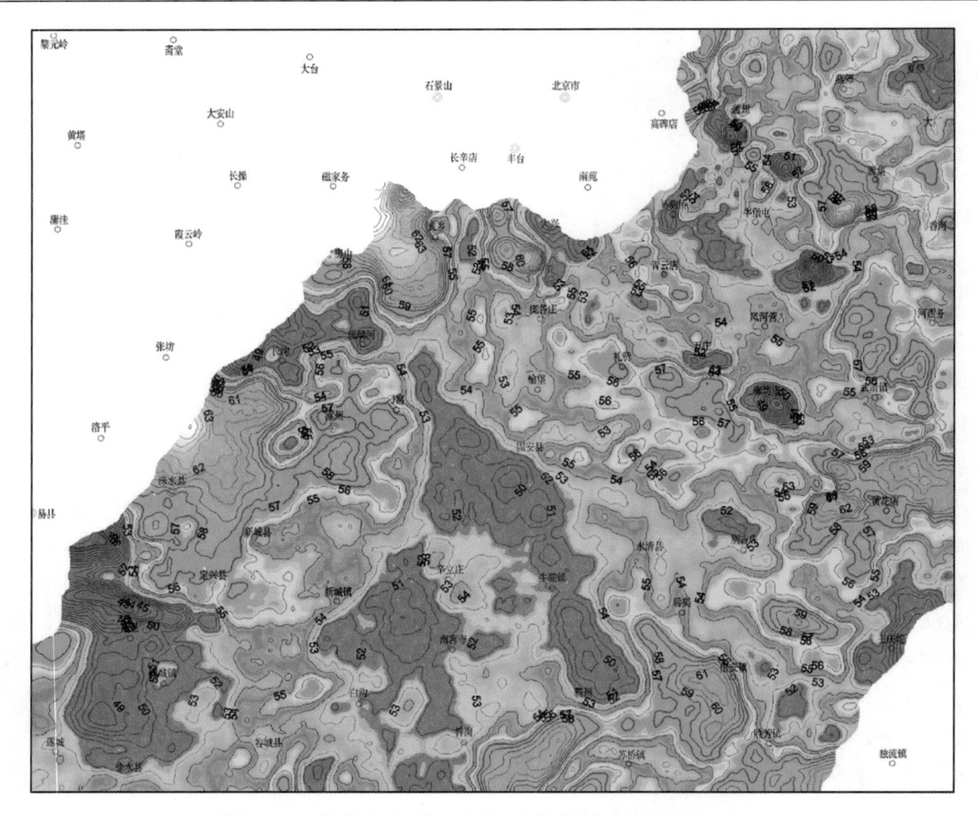

图 6-72　北京南部地区空气吸收剂量率图/（nGy/h）

据文献[44]修编

表 6-4　我国一些地区和国际土壤的空气吸收剂量率[44]

地区	测量点数	测量时间/年	D/（nGy/h）	备注
北京	637	1980～1981	54.90[46]	高压电离室和塑料闪烁体计量仪测量
河北	316	1986	61.60[46]	高压电离室测量
阳泉			72.10[46]	高压电离室测量
石家庄	34792	1988	58.10[46]	GR-800D 测量
石家庄	37717	1991	61.70[46]	MCA-2 测量
秦山	40003	1994	52.60[46]	MCA-2 测量
上海	106054	1994	52.20[46]	MCA-2 测量
吉林		1984～1989	55.80[45]	
黄河口地区		1996	49.94[47]	GR-800D 测量
中国长江以北地区			69.85[47]	中国环保部门测定
			42.77[47]	1990 年 UNSCEAR 对土壤的统计值

天然伽马辐射水平较高的地区主要为上万—坨里—良乡—窦店地区和涞水—定兴—新城—涿州地区，空气吸收剂量率都大于 60nGy/h，个别地方达到 80nGy/h 以上。

大石河洪冲积扇和拒马河洪冲积扇天然伽马辐射水平也较高。主要原因是：河流上游流经具有高放射性核素含量的地质体，地质体在河流的搬运作用下，迁移至冲洪积扇位置沉积。

6.4.2　实例 2：广东南部珠海—深圳地区天然辐射环境评价

2002 年在广东南部珠海—深圳地区开展了航空物探综合测量。对航空伽马能谱测量数据各项改正和换算后，得到了珠海和深圳工作区地表钾、铀、钍核素含量和由钾、铀、钍核素引起的地面 1m 高度天然放射性空气吸收剂量率结果（图 6-73）。

珠海测区面积为 10890km^2，包括珠海市、中山市、斗门县、江门市、鹤山市、新会市、台山市、开平市、恩平市、阳东县。该区总体放射性水平为 81nGy/h，分布在 30～180nGy/h 范围内，但是，主要集中于 60nGy/h。与广东 86.5 nGy/h 相比属于中等偏低水平，与全国水平 62.10nGy/h 相比，应属于中等偏高水平。

深圳测区面积为 4660km^2，包括深圳市、东莞市、惠州市、惠阳县。该区总体放射性水平为 90nGy/h，分布在 50～150nGy/h 范围内，但是，主要集中于 80nGy/h。与广东 86.5nGy/h 相比属于中等水平，与全国水平 62.10nGy/h 相比，应属于偏高水平。

6.4.3　实例 3：东营市放射性污染调查

1996 年应用航空伽马能谱测量对东营放射性污染进行监测，在东营市地区发现了 3 处较大的异常，分布在东营市区的现河采油厂东南的耿井村—耿井水库、测井公司和辛安水库等地（图 6-73）。位于东营市区内的上述 3 处放射性异常，不仅范围大，且铀、钍含量也高，就其异常形态而言，具有以下特征。

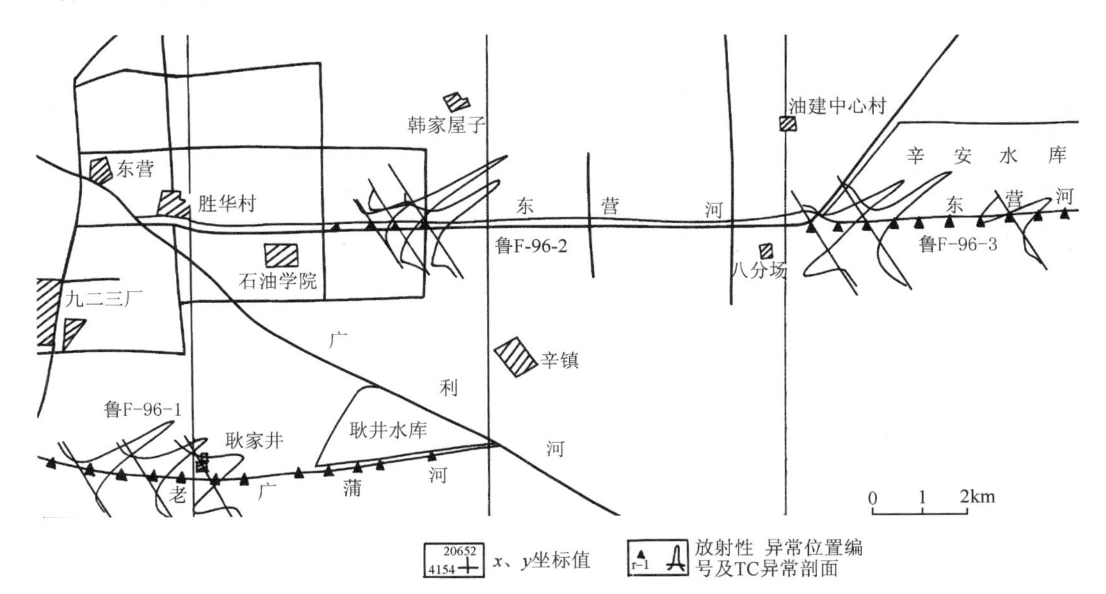

图 6-73　东营市区放射性异常平面位置示意图[7]

（1）异常峰值尖锐、窄狭，呈条带状展布，长达数公里。

（2）总计数率及铀、钍含量高，大于背景场的 3 倍；钾含量无变化，均属铀、钍混合类型。

为查明放射性异常成因，确定异常位置，对东营市区内的以下 3 处异常进行了地面查证，其结果如表 6-5 和图 6-74 及图 6-75 所示。

表 6-5　东营市及周围地区放射性异常一览表[7]

异常编号	异常中心位置	异常范围/km²	异常性质	放射性元素含量			地面查证结论与建议
				K/%	eU/×10⁻⁶	eTh/×10⁻⁶	
鲁 F-96-1	东营市耿井村南广浦沟两岸	7×0.2	铀钍混合	1.6	12.0	22.0	异常是由广浦沟两岸的黑灰色淤泥引起。当地称之为油沟，是一处范围较大的放射性污染源，建议尽早治理
鲁 F-96-2	东营市测井公司大门前，泰安路北	1.5×0.2	铀钍混合	1.7	11.0	21.0	位于测井公司门前东侧杂草中尚残留有未被掩盖的黑灰色淤泥坑。结合异常特征，推断该异常是由原东营河两岸的石油废弃物所引起，建议尽早治理
鲁 F-96-3	东营市辛安水源—辛安水库南侧	5×0.2	铀钍混合	1.8	14.0	22.0	异常是由河床两岸淤积或倾倒的石油废弃物所引起。是一处范围较大，紧靠水库的放射性污染源，建议尽早治理

图 6-74　鲁 F-96-1 异常区污染景观[7]

拍于 1997 年 9 月 14 日

图 6-75　鲁 F-96-2 异常区内污染景观[7]

拍于 1997 年 9 月 15 日

6.4.4　实例 4：新疆尾亚放射性污染调查

对新疆东天山尾亚地区进行了航空伽马能谱测量，根据铀道测量结果，在测区中部野马泉西北约 14km 地区发现了一高铀异常点。铀异常呈北西走向，长度约 2km，在 4 条测线上有明显反映（图 6-76）。

铀含量异常位于侏罗系水西沟组地层中，周围是第四系覆盖，地面较平坦。在铀异常地区，钍含量为背景值，无明显异常。根据航空伽马能谱特征，认为铀含量异常是由泥岩、煤系等沉积层中铀元素局部富集所致。

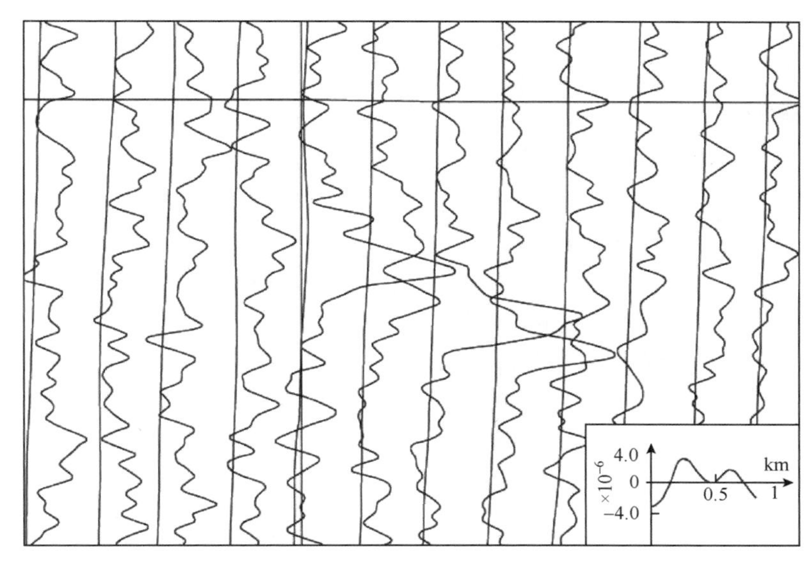

图 6-76　野马泉异常铀含量平剖图[4]

后经地面异常查证，在铀含量异常附近存在已开采的小煤窑，尾矿石的铀含量较高，因此认为尾矿石堆是引起异常的一个主要因素。

6.4.5　实例 5：上海市辐射环境航空测量调查

1. 辐射环境航空测量调查概况

测量时间：1994 年 3～5 月。

使用仪器：MCA-2 型航空伽马能谱测量系统，包括体积为 50341.06cm^3（下测）/ 8390.177cm^3（上测）NaI（Tl）晶体闪烁探测器、MCA-2 型 512 道航空伽马能谱仪、CDI-7 数据收录系统、GPS 导航定位系统、雷达高度计、气压高度计、机外温度计以及电源分配器等。采样时间为 1s。

使用飞机型号：运-五型飞机，机号 Y-5-8701。

测量系统刻度：在石家庄航空放射性测量模型标准设施及人工放射性核素点源上进行了刻度。

测量内容：空气吸收剂量率、天然放射性核素 ^{238}U、^{232}Th、^{40}K 质量活度、监测人工放射性核素 ^{137}Cs 面活度、寻找放射性污染热点。

测量比例尺：1∶100000（测线距 1000m）。

测量高度：60～150m，局部 150～180m。

测量面积：4833km^2，包括与浙江省接壤的上海市城区、郊区及郊县区域。

使用机场：嘉兴机场。

测量单位：核工业航测遥感中心 703 研究所。

任务来源：上海市政府。

2. 辐射环境航空测量结果[45, 46]

通过上海市地区的航空伽马能谱测量，获得了上海市地区的天然辐射空气吸收剂量率、天然放射性核素 ^{238}U、^{232}Th、^{40}K 质量活度图、人工放射性核素 ^{137}Cs 面活度图及航测高度图、航迹图。

航空测量结果表明，上海市地区处于正常的辐射环境水平，平均空气吸收剂量率为 49.1nGy/h，低于 59.0～62.1nGy/h 的全国环境辐射平均水平[47]。图 6-77 为上海市地区的天然辐射空气吸收剂量率等值线图，图中可见，城区的空气吸收剂量率大于 60nGy/h 要高于郊区和郊县地区；郊区和郊县地区小于 60nGy/h。航空测量中，人工放射性核素 ^{137}Cs 面活度低于探测限，未发现人工放射性核素 ^{137}Cs 热点，表明秦山核电站运行后，未对上海市地区造成任何辐射污染影响。

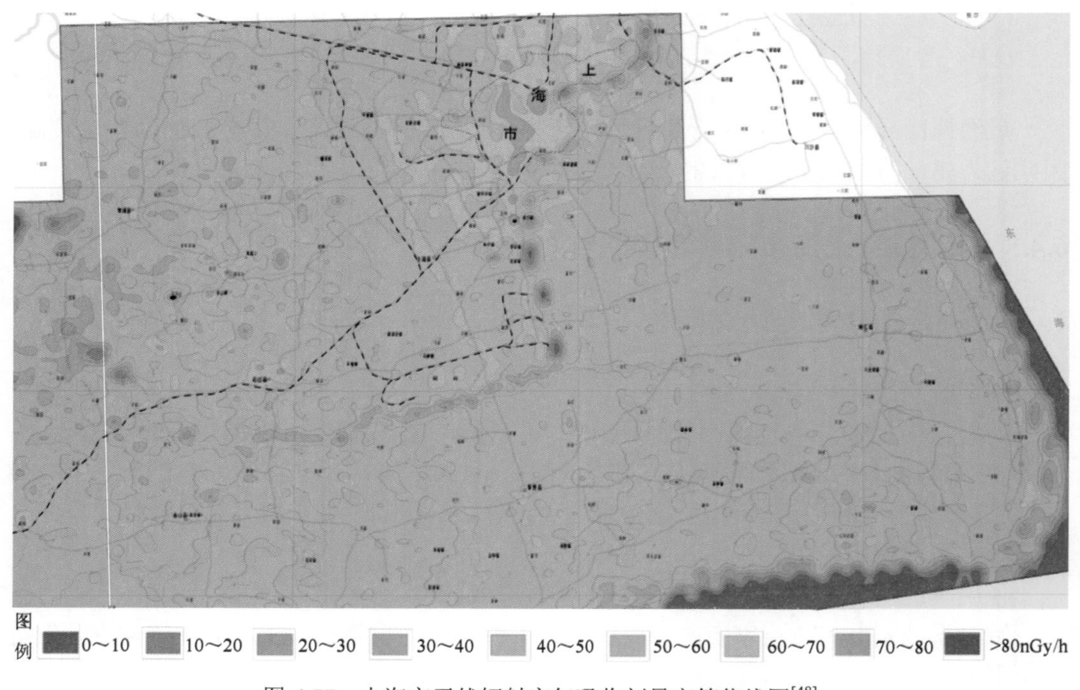

图 6-77　上海市天然辐射空气吸收剂量率等值线图[48]

在航空测量中，发现了一个辐射热点，图 6-78（a）为该热点的空气吸收剂量率图，中心区域大于 80nGy/h，明显高于周围 40～60nGy/h 背景。经过对该辐射热点进行实地查证确认，是由上海青村磷肥厂引起，图 6-78（b），该磷肥厂原料一磷矿粉是从摩洛哥进口，其中天然放射性铀含量偏高。

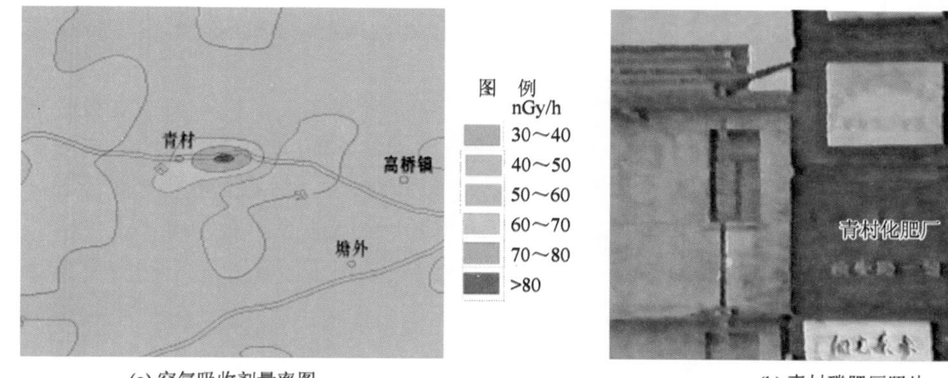

(a) 空气吸收剂量率图　　(b) 青村磷肥厂照片

图 6-78　上海青村辐射热点空气吸收剂量率图和引起热点的青村磷肥厂照片 [51]

6.4.6　实例 6：石家庄市辐射环境航空测量调查

1. 辐射环境航空测量调查概况

测量时间：1988 年 5 月 8 日～11 日。

使用仪器：GR800D 型航空伽马能谱测量系统，包括体积为 50341.06cm^3（下测）/8390.177cm^3（上测）NaI（Tl）晶体闪烁探测器、GR800D 型航空伽马能谱仪、G714 型数据收录系统、雷达高度计、气压高度计、机外温度计以及电源分配器等。采样时间为 1s。

使用飞机型号：运-五型飞机，机号 Y-5-8460。

测量系统刻度：在石家庄航空放射性测量模型标准设施上进行了刻度。

测量内容：天然辐射照射量率、天然放射性核素 ^{238}U、^{232}Th、^{40}K 质量活度、寻找放射性污染热点。

测量比例尺：1∶100000（测线距 1000m）。

测量高度：60～150m，局部 150～200m，平均高度为 124.4m。

测量面积：大于 400km^2，包括石家庄市城区、郊区及部分郊县区域。

使用机场：大郭村机场。

测量单位：北京七〇三航测队（核工业航测遥感中心的前身）。

任务来源：石家庄市科学技术委员会。

2. 辐射环境航空测量结果

通过石家庄地区的航空伽马能谱测量，取得了近 30 万个航空测量数据，经过相应的数据修正处理后，获得了石家庄市天然辐射空气吸收剂量率图、天然放射性核素 ^{238}U、^{232}Th、^{40}K 质量活度图以及航测高度图和航迹图[46, 48]。

通过航空测量，对石家庄市环境天然辐射水平有了清晰的了解，石家庄市平均空气吸收剂量率为 58.1nGy/h，低于 59.0～62.1nGy/h 的全国环境辐射平均水平[50]。石家庄市城区及南部郊区天然辐射剂量率高于北部郊区和郊县地区，城区东北部及航测区东北部剂量率为区内较低区域。

航空测量中发现在市区东北部苹果园附近的滹沱河低背景场上，显示为空气吸收剂量率大于 110nGy/h 的辐射污染区，其中 ^{226}Ra 的比活度大于 99Bq/kg，^{232}Th 的比活度大于 110Bq/kg，高出周围背景（正常值）3 倍以上，污染面积约 1.5km^2。通过实地检查，该污染区是石家庄市发电厂储灰池及其散布于周围的煤灰污染造成。在发现了煤灰中天然放射性铀含量偏高后，改变了电厂粉煤灰的用途，将原来用于制作建筑用砖改变为高速公路路基的充填料，避免了造成二次环境污染。

6.5　在核应急中的应用

众所周知，核能是一种洁净和安全的能源，但一旦核电站发生核事故，将会造成周围环境的辐射污染。核事故初期，航空监测将发挥覆盖面大、快速高效、不受交通条件限制的作用，可以迅速、有效测定放射性烟羽的飘向及轮廓；在核事故中后期，航空监测能够快速、全面提供污染区域的整体辐射现状和附加剂量率[46，48～51]。

6.5.1　航空伽马能谱测量在核应急中效能

核电站一旦发生事故，放射性烟羽的飘流是最受关注的核应急监测之一。核事故早期，主要应用航空监测并追踪核事故中放射性烟羽云扩散与飘流方向，根据当时风场的实际进行航空监测，接近放射性烟羽云时，应提高飞行高度，不能穿越放射性烟羽云，以防止人员受到辐射照射和航空监测飞机及仪器受到放射性烟羽的沾染。只能在放射性烟羽云上方保持一定高度以“之”字形测线进行监测飞行，并往下风方向追踪。当核事故场所当地风场变化无常时，航空监测应采用同心圆飞行方式，这是以核设施场所为中心，进行同心圆状的航空监测飞行，从探测到的能谱及窗计数率等的变化，确定放射性烟羽云的飘流方向[46，48，50]。

核事故后（中后期），由于降水等天气，放射性烟羽中的“放射性尘埃”会沉降到地面，这时作为核应急响应监测手段之一的航空监测，可以发挥其快速监测、全面提供污染区域的整体辐射现状和附加剂量率的优势，及时地为核应急决策部门作出快速的决策[46，48，50]。

核应急航空监测中监测到的源项有 4 类[46，48，50，52]：天然本底辐射、核事故产生的放射性烟羽云、核事故后沉降在地表的放射性核素及干扰辐射。这些源项在核事故应急航空监测中并不会都出现，而是随核应急航空监测所处的核事故后的不同时段变化。

1）天然本底辐射

对核事故应急航空监测而言，天然本底辐射由以下几种成分构成：①宇宙射线；②飞机和仪器的本底辐射；③大气氡（主要是其衰变子体 ^{214}Bi）；④地表天然本底辐射—天然放射性元素，即铀系放射性核素、钍系放射性核素及 ^{40}K 核素。

2）核事故产生的放射性烟羽云

在核事故应急的早中期，由核事故产生的放射性尘埃，在当地风场的作用下，形成放射性烟羽云，在空中扩散和飘移。在核事故早期，放射性烟羽云也可能会从烟囱中排放出。放射性烟羽云中的放射性核素及其伽马射线能谱成分极为复杂，大多数是较短寿的核素，并且为能量较低的伽马射线能谱成分。

3）核事故后沉降在地表的放射性

在核事故应急的中后期，由核事故产生的放射性尘埃大部分已沉降到地表，相应的核素和伽马射线能谱成分，随着核事故后时间的推移，短寿的核素基本上衰变完，余下相对较长寿的核素及其伽马射线能谱成分。

4）干扰辐射

随核事故应急航空监测所处核事故后的不同时段，可能会出现不同的干扰辐射。在核事故应急的早中期进行核事故应急航空监测，飞机穿越放射性烟羽云时，飞机上沾污的放射性，造成了干扰辐射；在核事故应急的中后期，干扰辐射源有两种：一是在空气中残留的少量放射性；二是飞机上沾污的放射性。

6.5.2　核应急航空监测方法

根据核事故应急航空监测的不同目的，航空监测方法有同心圆飞行方式、追踪放射性烟羽云及扫描式 3 种方法[46, 49]。

1）追踪放射性烟羽云的航空监测方法

追踪放射性烟羽云扩散与飘流的航空监测，应根据当时风场的实际情况，沿放射性烟羽云中心轴边横穿轴线，边以“之”字形测线监测飞行，并往下风方向追踪。在这种场合，需边监测能谱和相应窗计数率的变化，边推断烟羽云中心轴的位置。

2）同心圆飞行方式的航空监测方法

同心圆飞行方式的航空监测方法作为探寻放射性烟羽云中心轴的一种飞行方式[2]，是以核设施场所为中心，进行同心圆状的航空监测飞行，从探测到的能谱及窗计数率等的变化，确定放射性烟羽云的飘流方向。

3）扫描式航空监测方法

这是为了对核事故或核事件发生后周围地区进行辐射污染影响评价而采用的航空监测方法。发生核事故后在可能的辐射影响区域内，按一定的间距平行地布置航空监测线，并在一定的航空测量高度上进行飞行测量。

这种方法应用较广，在大多数的航空监测中都采用这种方法。

1. 实例 1：日本福岛核电站事故后核应急航空监测

日本地震引发核泄漏事件后，核泄漏是否对我国近海会产生影响，成为大家关注的问题。对此，国土资源部中国地质调查局紧急启动了航空放射性监测工作，中国国土资源航空物探遥感中心应急航测飞机在东部沿海区域执行了三架次航空放射性应急监测调查。

我国东部沿海区域进行的航空放射性测量在低能模式下测量，旨在捕获大气中的^{137}Cs和^{131}I核素放出的低能伽马射线，其伽马能射线能量分别为0.661MeV和0.364MeV，并以总道（能量范围为0～3.0MeV）伽马射线强度来换算空气中的吸收剂量率。

2011年3月18日、19日和22日共进行了3个架次航空放射性应急监测，此次调查区域为江苏省南部、上海市及以东50km的东海近海海域上空，图6-79为飞行航线图，图6-80为沿飞行航线测点的剂量换算曲线图，表6-6为利用3个架次分时航空放射性测量结果换算的空气伽马射线吸收剂量率。结果表明：3个架次飞行未发现^{137}Cs和^{131}I核素等放射性污染物质（截至2011年，环境保护部启动的地面监测活动也未发现^{137}Cs和^{131}I核素等放射性污染物质）；空中（1000m）伽马射线吸收剂量率在22～32nGy/h；地面空气伽马射线吸收剂量率在70～80nGy/h，该数值与环境保护部公布的南京和上海地区辐射剂量水平相当，均为正常的航空放射性本底。

图6-79　航空伽马能谱测量路线图

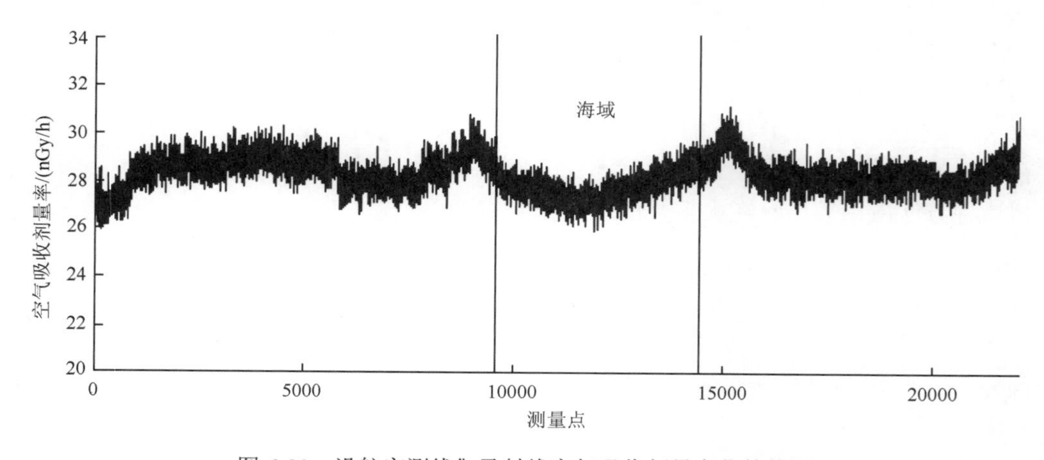

图6-80　沿航空测线伽马射线空气吸收剂量变化趋势图

表 6-6　东部沿海 3 架次航空伽马核应急测量结果

测量时间		平均离地高度/m	测量区域	空气吸收剂量率/（nGy/h）	备注
3 月 18 日	10：18～10：40	977	江苏南部	30.73	启东市
	10：42～10：45	1440	江苏南部	28.64	
	10：45～10：50	991	江苏南部	28.23	
	10：51～11：30	984	启明市上空	27.43	
	11：34～12：23	994	上海东部近海海域上空	24.72	
	12：26～12：58	1003	上海东部近海海域上空	25.31	
	13：12～14：16	989	江苏南部上空	33.05	
3 月 19 日	9：00～9：47	1500	江苏南部上空	31.11	
	9：49～10：03	1200	江苏南部上空	30.28	
	10：05～10：43	1196	上海东部近海海域上空	30.38	
	10：47～11：22	1197	上海东部近海海域上空	30.98	
	11：23～12：16	1193	江苏南部上空	31.30	
3 月 22 日	10：11～10：50	1454	江苏南部	30.93	1500m 出航
	10：58～11：27	1438	上海东部海域	31.44	海上
	10：29～12：15	1436	上海东部海域	31.83	海上
	12：24～13：12	1146	江苏南部	29.73	1200m 返航

2. 实例 2：我国最早核应急航空监测行动-应对苏联“宇宙-1402”号核动力卫星坠落核事件

核应急对象：苏联“宇宙-1402”号核动力海洋监测卫星坠落核事件。

核应急响应时间：1983 年 1 月 11 日～1983 年 2 月 10 日。

核应急命令下达部门：二机部（核工业部前身）。

核应急启动命令下达时间：1983 年 1 月 11 日。

核应急行动解除时间：1983 年 2 月 7 日。

核应急监测飞机：二架 BELL-212 直升飞机（B-721、B-7703）。

核应急航空监测系统：二套 GR-800 型航空伽马能谱测量系统。

核应急使用机场：天津张贵庄机场。

核应急响应单位：北京七〇三航测队（核工业航测遥感中心的前身）。

核应急准备与响应任务：①在机场应急待命；②一旦苏联“宇宙-1402”号核动力海洋监测卫星重返大气层并坠落入我国境内陆地时，紧急启动核应急航空监测行动，监测其放射性碎片散落到我国境内何地、散落范围、辐射程度等。

核应急航空监测行动总结：1983 年 2 月 7 日，苏联“宇宙-1402”号核动力海洋监测卫星重返大气层并坠落入我国境外的公海，至此，解除了核应急行动。通过这次核应急行动，树立了核应急意识，锻炼了队伍，证明用于铀矿勘查的航空伽马能谱测量系统完全能够承担起核应急航空监测的任务。这次核应急行动是我国首次核应急航空监测行动。图 6-81 为承担我国首次核应急行动的飞机，正在应急待命中。

图 6-81　我国最早启动核应急航空监测行动的飞机[51]

3. 实例 3：航空监测核设施排放放射性烟羽的试验

2001 年 3 月 8 日，为了试验航空监测放射性烟羽的有效性，在某核研究反应堆上空进行了航空监测[46，51，53]。

通过航空监测，放射性 ^{41}Ar 烟羽云的基本轮廓和烟羽的弥散方向非常清晰，图 6-82

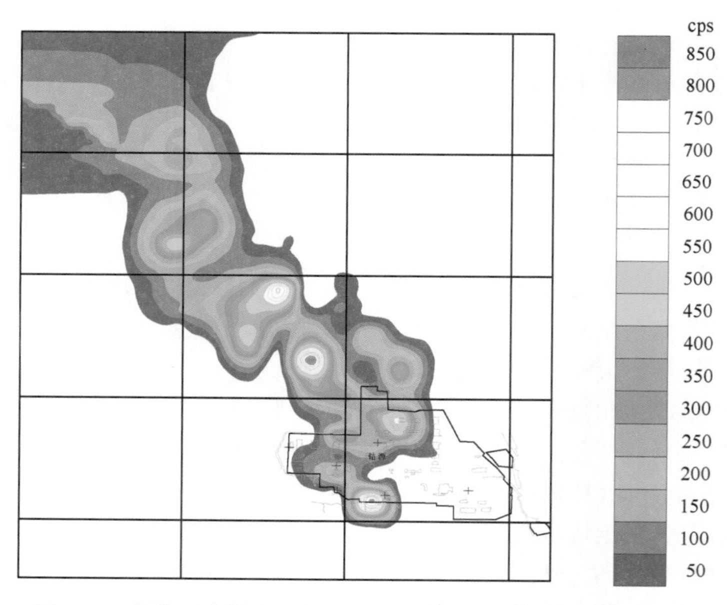

图 6-82　某核研究堆上空航空监测的 ^{41}Ar 放射性烟羽云图[51，54]

是航空监测到的放射性烟羽云图。航空监测发现，从反应堆排放口（烟囱）放出的放射性 ^{41}Ar 烟羽云在风场的作用下，向 NW327°方向扩散和飘移，其形态呈团簇状。远离排放口，扩散范围变大。在平面上，垂直于烟羽云中心轴，放射性 ^{41}Ar 烟羽云的扩散宽度约为 1000m，在距离排放口 700～800m 处，航空监测到极大值。应用航空监测的放射性 ^{41}Ar 烟羽云平面图，结合风场的风速数据，假设烟羽云气团为圆柱体，可以估算出放射性 ^{41}Ar 烟羽云的排放量率（排放速率）。经过估算，放射性 ^{41}Ar 烟羽中 ^{41}Ar 核素的体密度为 59.8Bq/m^3，放射性 ^{41}Ar 烟羽云的排放量率为 0.85×10^7～1.69×10^7Bq/s。

放射性烟羽监测试验表明，航空监测较为有效，能够较快地监测出放射性烟羽的扩散方向和飘移远近，也能初步估算放射性烟羽云的排放量率，可及时地为应急响应决策提供有力的支持。

4. 实例 4:“神盾-2009”我国首次国家核应急联合演习中核应急航空监测的应用

核应急演习对象：假想田湾核电站“核泄漏”。

核应急演习时间：2009 年 11 月 10 日。

核应急命令下达部门：国家核事故应急办公室。

核应急监测飞机：Y12 固定翼飞机（B-3838）。

核应急航空监测系统：703-I 型核应急航空监测系统。

核应急使用机场：山东临沂机场。

核应急演习天气情况：临沂机场的天气为晴，能见度较好，阵风，风力较大，风速 15m/s；连云港田湾核电站核应急演习地区的天气为晴，能见度较好，阵风，风力较大，风速 16～18m/s。

核应急响应单位：核工业航测遥感中心、国家核应急航空监测中心核应急航空监测分队。

核应急演习开始时间：2009 年 11 月 10 日正下午 14：20。

启动核应急航空监测第一道命令时间：2009 年 11 月 10 日下午 15：02；

命令内容为航空监测分队做好准备。

核应急航空监测第二道命令时间：2009 年 11 月 10 日下午 15：36；

命令内容为航空监测分队飞赴田湾核电站。

接到命令后，航空监测分队飞机快速起飞，飞赴田湾核电站。2009 年 11 月 10 日下午 16：02，航空监测分队飞机飞临核应急演习区域—田湾核电站上空，将航空监测数据和图像实时传输到了地面接收站[54, 55]，并传输到了国家核应急指挥中心。

核应急演习终止时间：2009 年 11 月 10 日下午 17：00。

核应急航空监测行动总结：“神盾-2009”首次国家核应急联合演习，核应急航空监测分队首次参与核应急演习，在规定的时间节点到达了指定的演习区域上空，并实施了航空监测，成功地将航空监测数据和图像实时传输到了地面接收站，并传输到国家核应急指挥中心，成为了这次核应急演习的一大“亮点”，得到了演习总指挥（时任工业与信息化部李毅中部长）的表扬。这次核应急演习，虽然锻炼了国家核应急航空监测分队队伍，每个队员明确了各自所承担的任务；但也暴露出了一些问题，如与其他专业救援分队间的配合等。图 6-83～图 6-89 为参加“神盾-2009”首次国家核应急联合演习的有关图片。

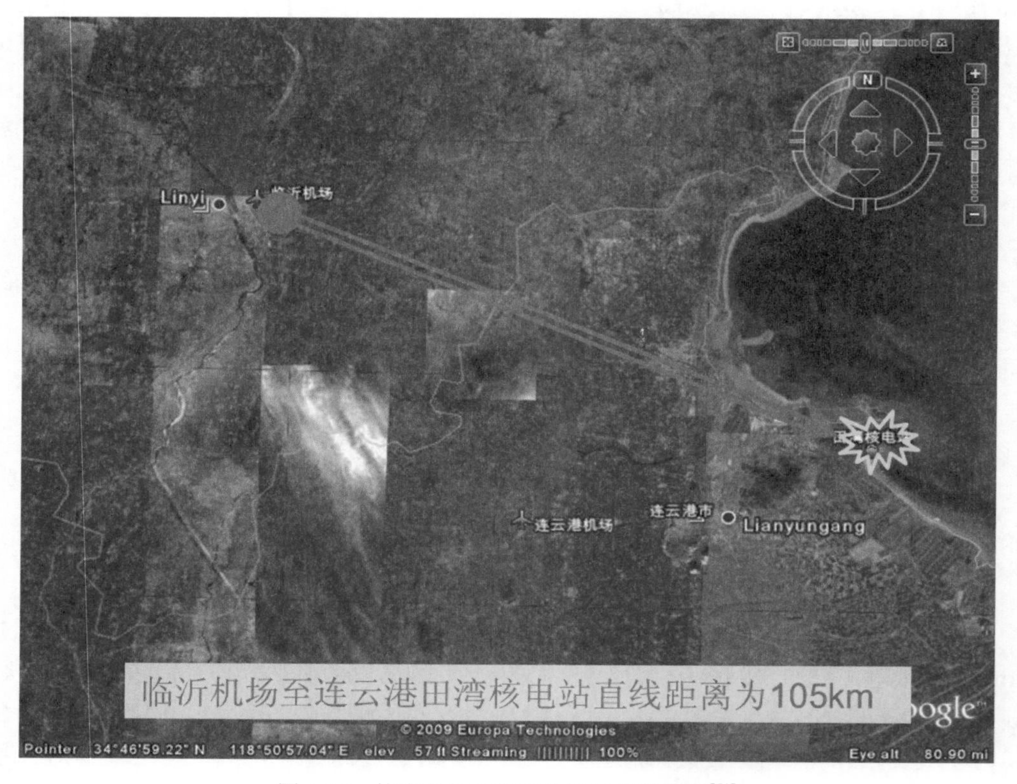

图 6-83　核应急航空监测分队飞机航线图[51]

图 6-84　接到准备命令后核应急航空监测分队飞机正待命[51]

图 6-85　接到起飞命令后核应急航空监测分队飞机飞赴核应急演习区[51]

图 6-86　演习评估组专家在核应急航空监测分队地面接收站现场[51]

图 6-87　地面接收站正接收核应急航空监测数据与图像[51]

图 6-88　核应急航空监测飞机在核岛正上方传输下来的图像[51]

图 6-89　参加“神盾-2009”核应急演习的全体核应急航空监测分队合影[51]

参 考 文 献

[1] 梁月明，周道卿，黄旭钊，等. 内蒙古北山地区 1∶5 万航空物探综合站勘查成果报告. 北京：中国国土资源航空物探遥感中心，2006

[2] 徐昆，李新弟，徐东宸，等. 巴彦浩特盆地航空物探（磁、伽马能谱）勘查成果报告. 北京：地矿部航空物探技术中心，1990

[3] 张天阁，吴其反，王庆华，等. 新疆康古尔塔格地区高精度航空物探综合研究报告. 北京：中国国土资源航空物探遥感中心，1994

[4] 梁月明，徐昆，黄旭钊，等. 新疆东天山尾亚地区 1∶5 万航空物探综合站勘查成果报告. 北京：中国国土资源航空物探遥感中心，2001

[5] 张文斌，熊盛青，徐东宸，等. 高精度航空综合站测量在找矿中的应用研究报告. 北京：地矿部航空物探遥感中心，1994

[6] 梁月明，周道卿，黄旭钊，等. 甘肃北山地区 1∶5 万万航空物探综合站勘查成果报告. 北京：中国国土资源航空物探遥感中心，2005

[7] 王卫平，徐东宸，王启辉，等. 山东黄河口地区航空物探（磁、电、伽马能谱）勘查成果报告. 北京：地矿部航空物探遥感中心，1998
[8] 梁月明，王德发，王越胜，等. 新疆底格尔地区航空物探（磁、电、放）勘查成果报告. 北京：地矿部航空物探遥感中心，1995
[9] 于长春，范正国，万骏，等. 复杂地形条件下航空伽马能谱解释方法研究. 北京：中国国土资源航空物探遥感中心，2002
[10] 吴其反，卢建忠，方迎尧，等. 广东南部珠海—深圳地区水文环境航空物探勘查成果报告. 北京：中国国土资源航空物探遥感中心，2003
[11] 梁月明，黄旭钊，徐昆，等. 新疆—甘肃北山地区西段固体矿产航空物探勘查成果报告. 北京：中国国土资源航空物探遥感中心，2003
[12] 徐东宸，冯秀轩，李永年，等. 甘肃省嘉峪关北部地区航空伽马能谱、磁力综合测量成果报告. 北京：地矿部航空物探总队，1984
[13] 倪卫冲，徐国苍，张红建，等. 可地浸砂岩型铀矿普查中航放航磁弱信息提取的研究. 石家庄：核工业航测遥感中心，1998
[14] 倪卫冲. 乌兹别克斯坦的航空物探及其在寻找地浸砂岩型铀矿中的作用和实例. 航测与遥感，2001，（1-2）：15-18
[15] 倪卫冲. 在伊犁盆地南缘地区开展航放航磁弱信息提取的应用效果. 航测与遥感，2000，（1-2）：8-19
[16] 倪卫冲，徐国苍，张红建，等. 航测生产中航放航磁弱信息提取的应用试验. 石家庄：核工业航测遥感中心，2000
[17] 倪卫冲. 深部铀矿床上航放弱信息形成机理的探讨. 航测与遥感，1998，（3）：5-15
[18] 倪卫冲. 航空伽马能谱弱异常信息的提取. 航测与遥感，1999，（3-4）：1-9
[19] 倪卫冲，徐国苍. 新疆石红滩地区航放航磁弱异常信息提取方法的应用及其效果. 航测与遥感，2002，（1-2）：15-27
[20] 倪卫冲. 航放航磁弱信息提取中干扰信息抑制方法的研究. 航测与遥感，2002，（3-4）：1-9
[21] 徐东宸，张玉君，等. 青海省柴达木盆地中部地区航空伽马能谱、磁力综合测量成果报告. 北京：中国国土资源航空物探遥感中心，1985
[22] 王德发，孙玉富，黄健，等. 青海柴达木盆地东部地区航空物探（伽马能谱）勘查成果报告. 北京：地矿部航空物探遥感中心，1993
[23] 徐东宸，张玉君，等. 柴达木盆地中部地区航空伽马能谱测量寻找钾盐的方法技术及应用研究. 北京：中国国土资源航空物探遥感中心，1988
[24] 熊盛青. 矿产资源快速勘查评价中航空物探解释新方法研究及应用. 北京：中国地质大学博士学位论文，1997
[25] 范正国，赵玉刚，郝春荣，等. 黑龙江省多宝山地区航空物探（磁、电、放）勘查成果报告. 北京：中国国土资源航空物探遥感中心，1994
[26] 熊盛青，周坚鑫，郑宝生，等. 甘肃省合黎山地区航空物探（磁、伽马能谱）勘查成果报告. 北京：中国国土资源航空物探遥感中心，1991
[27] 张天革，卢建中，刘振军，等. 山东省诸城—莒南地区航空物探（磁、伽马能谱、电磁）勘查成果报告. 北京：中国国土资源航空物探遥感中心，1990
[28] 周镭庭. 放射性测量新技术. 第 3 集. 北京：地质出版社，1986
[29] 沃罗比约夫 B.п.. 金属矿床的航空伽马能谱测量方法（方法指南）. 张文斌译. 北京：地质出版社，1985
[30] 倪卫冲. 昆明地区磷矿床的航空伽马能谱特征及分析. 航测与遥感，1992，（2）：174-179
[31] 倪卫冲. 航空伽马能谱资料在昆明地区磷矿普查中的初步应用. 石家庄：河北省地球物理学会首届青年学术讨论会文集，1992
[32] 倪卫冲. 磷矿普查中航空伽马能谱资料的数据处理技术及其初步应用. 航测与遥感，1997，（1）：16-20
[33] 倪卫冲. 航空伽马能谱资料在昆明地区磷矿普查中的应用. 铀矿地质，1998，（3）：174-179
[34] 倪卫冲. 云南昆明地区航空伽马能谱测量成果报告. 石家庄：核工业航测遥感中心，1990
[35] 王正瑞. 滇池沿岸探明国内最大磷矿基地. 中国地质矿产报，1990
[36] 范秉学，张良怀，等. 松辽平原北部石油航空放射性测量试验结果报告. 北京：地质部航空物探大队，1961
[37] 范秉学，张良怀，等. 华北平原济黄盆地石油航空放射性测量结果初步报告. 北京：地质部航空物探大队，1961
[38] 何富强，王永江，孙景文，等. 黄骅南部地区高精度航磁及伽马能谱测量成果报告. 北京：地矿部航空物探技术中心，1989
[39] 王平，熊盛青，等. 油气放射性勘查原理方法与应用. 北京：地质出版社，1997
[40] 梁月明，李新弟，杨华，等. 山东惠民地区航空物探（磁、能谱）勘查成果报告. 北京：中国国土资源航空物探遥感中心，1993

[41] 徐东宸，等. 河南省南阳—泌阳地区航空伽马能谱测量油气普查成果报告. 北京：中国国土资源航空物探技术中心，1988
[42] 乔日新，李芦玲，刘天猛，等. 柴达木盆地冷湖—西部地区高精度航空物探（磁、伽马能谱）测量成果报告. 北京：地矿部航空物探遥感中心，1993
[43] 乔日新，李为民，范江，等. 二连盆地南部地区航空物探（磁、伽马能谱）勘查成果报告. 北京：中国国土资源航空物探遥感中心，1990
[44] 范正国，方迎尧，乔春贵，等. 航空物探遥感在 1∶25 万地质填图中的应用试验. 北京：中国国土资源航空物探遥感中心，2002
[45] 顾仁康，侯振荣，沈恩升，等. 秦山核电站及上海地区放射性水平航空检测. 辐射防护，1997，17（3）：167-187
[46] 倪卫冲，顾仁康. 核应急航空监测方法. 铀矿地质，2003，19（6）：366-373
[47] 潘自强等. 中国核工业辐射水平与效应. 核科学技术丛书. 北京：原子能出版社，1996
[48] 倪卫冲. 航空监测与遥感技术在我国核电站建设与核应急中的应用. 石家庄：河北省核电和核应用技术产业发展研讨会文集，2007
[49] 倪卫冲，顾仁康. 核应急核反恐航空监测方法研究. 成都：第四次全国核应急工作研讨会论文集，2006
[50] 倪卫冲.内陆核电站核与辐射安全的航空监测.中国核科学技术进展报告（第一卷）中国核学会 2009 年学术年会论文集（第 5 册辐射防护分卷）. 北京：原子能出版社，2010
[51] 倪卫冲. 核应急航空监测准备与响应. 北京：国际核应急技术学术会论文集，2012
[52] 倪卫冲. 航空伽马射线全能谱分析方法的理论研究. 铀矿地质，2011，27（4）：231-242
[53] 倪卫冲，顾仁康，胡明考，等. 航空检测人工放射性核素中探测能力的分析与航测比例尺的选择. 航测与遥感，2004，（3-4）：1-15
[54] 倪卫冲. 我国核应急航空监测平台建设现状及今后发展. 北京：国家核安全局核与辐射应急准备与响应经验交流会论文集，2007
[55] 倪卫冲，张胜，李素岐. 核应急航空监测数据实时传输系统建设调研. 长沙：全国核应急信息化建设研讨会论文汇编，2007
[56] 谢中岩，等. 吉林省环境天然放射性水平研究. 北京：全国天然伽马辐射照射与控制研讨会论文集，2000
[57] 侯振荣，等. 利用已有航测找铀资料评价天然辐射水平. 北京：全国天然伽马辐射照射与控制研讨会论文集，2000
[58] 王卫平，等. 航空 γ 能谱测量在环境放射性辐射水平及评价中的应用. 北京：全国天然伽马辐射照射与控制研讨会论文集，2000